財會理論與教學研究

四川大學錦江學院會計學院 編

目　　錄

國有物流企業薪酬體系再設計　　　　　　　　　　　　　　　　/1
　　　歐陽玉涵
「互聯網+」對會計行業的影響　　　　　　　　　　　　　　　/21
　　　胡曉雅
基於應用型高校教學方法的多樣性分析
　　——以財務管理實訓課程為例　　　　　　　　　　　　　/31
　　　歐陽玉涵
中國商業銀行表外業務的風險管理　　　　　　　　　　　　　/37
　　　冷麗君
論利率市場化對中小商業銀行的影響及經營對策研究　　　　　/49
　　　龍夏秋　徐子惟
前兩大股東的股權特徵對企業價值影響的實證研究　　　　　　/61
　　　羅仁風
The Determinants of the Dividend Payout Ratio of UK Listed Firms　/79
　　　AIYUAN YONG
中國中小企業應收帳款證券化融資可行性研究　　　　　　　　/105
　　　雍藹媛
基於民辦高校服務地方經濟的課程教學改革
　　——以財務報表分析課程為例　　　　　　　　　　　　　/109
　　　鄭適
中國石油企業跨國并購影響因素研究　　　　　　　　　　　　/113
　　　周婷媛

基於灰色關聯法的中國上市商業銀行經營績效評價研究　　　　　　　　　/124
　　　朱運敏
基於成本視角的審計定價研究　　　　　　　　　　　　　　　　　　　/144
　　　劉翠萍
掏空、支持與實際控製人主導的資產重組
　　——基於東方銀星的案例分析　　　　　　　　　　　　　　　　　/157
　　　邱娜
中國房地產上市公司風險信息披露質量影響因素研究　　　　　　　　　/174
　　　吳曉娟
中國上市公司股權分置改革與經營績效研究
　　——以電子行業上市公司為例　　　　　　　　　　　　　　　　　/192
　　　吳越
上市公司資本結構和經營績效相關性研究　　　　　　　　　　　　　　/208
　　　辛亦維
房地產業「營改增」問題的探討　　　　　　　　　　　　　　　　　　/222
　　　徐鶯
應用型大學會計實訓課程教學改革研究
　　——以「基礎會計實訓」課程為例　　　　　　　　　　　　　　　/231
　　　許蓉
國家治理視角下的國家預算執行審計問題研究
　　——基於審計結果公告　　　　　　　　　　　　　　　　　　　　/235
　　　楊凌彥
淺析《會計師事務所從事中國內地企業境外上市審計業務暫行規定》　　/252
　　　楊世麒
中小企業融資國際經驗及啟示　　　　　　　　　　　　　　　　　　　/261
　　　袁雪霽
中國上市公司委託理財投資及影響因素研究　　　　　　　　　　　　　/273
　　　張明星

基於可持續增長率的財務困境預警模型實證研究　　　　　　　　/287
　　　馮世全
基於應用型人才培養的財務管理教學改革研究　　　　　　　　/311
　　　馮世全
對西藏小貸公司經營發展現狀的觀察和思考
　　——以14家已向中國人民銀行備案的小貸公司為例　　　　/323
　　　李俊蓉　胡霞
新常態下西藏商業銀行經營轉型及創新研究
　　——以西藏分行為例　　　　　　　　　　　　　　　　　/329
　　　胡霞　李俊蓉
企業盈餘質量與資本成本關係的實證分析
　　——來自中國資本市場的經驗數據　　　　　　　　　　　/337
　　　李建紅
市場需求視角的審計人才培養創新模式研究　　　　　　　　　/360
　　　審計教研室

國有物流企業薪酬體系再設計

歐陽玉涵

四通一達物流公司的前身是大型國有企業的一個職能部門——物流部門，其在 2014 年 6 月掛牌成立為一個獨立結算的物流公司。物流公司的定位是具有區域競爭力的現代物流商務公司。因此，物流公司需要變革，其目前的薪酬福利體系也需要重新設計，以符合公司市場化取向。

公司應根據現有人力資源管理體系、用工現狀和內部管理體系等，找到與市場化運作物流公司之間的差異，逐步建立與市場經濟接軌的薪酬激勵機制，激發員工活力，并根據行業改革要求，結合企業實際，制訂薪酬分配實施方案。

此次對物流公司薪酬福利體系的改革，對國有物流企業有一定的借鑑意義。企業薪酬管理在不斷變化，應按照現行製度的要求，在做到定崗、定員、定責的基礎上，遵循按勞分配和公平效率的原則，合理確定各崗位的薪酬水平，以崗定薪，易崗易薪。在行業的整體管理框架下，建立符合公司實際且獨立運行的薪酬體系，調動員工工作積極性，實現崗位績效薪酬的科學合理分配，從而更好地開發企業的人力資源，同時也起到留住有經驗的員工的作用，激勵積極有衝勁的員工、使用合適的員工為公司服務，最終提高公司的核心競爭力。總之，要找到適合物流公司的新的薪酬福利製度代替該公司舊的工資體系。

一、物流企業的薪酬現狀

首先，介紹一下該物流公司用工分類情況。公司的 A 類、B 類、C 類三種類型員工人數在物流公司的總員工人數中的比例分別占 24.32%、44.56%、31.03%。其中應該特別注意的是，C 類外包人員的人數比例占到了 31.03%。編外人員占比太多，存在同工不同酬，大量基層員工的流動性很強，不利於企業的長遠發展。其中，在每類員工的薪酬

內部結構中存在很多差異,沒有達到公平性。物流公司原來的薪酬總額是採取成本加成的方式,雖然核算簡單但是激勵效果卻不理想。A、B類員工的工資總額是從工資基金中劃出,C類外包人員的工資則記在物流公司的財務帳面,屬於費用類,在稅前扣除。這樣的薪酬政策,不僅激勵效果不好,而且也很容易導致國有資產的損害。

該企業各類員工工資間的差異如表1所示。

表1　　　　　　　　　　物流公司各類員工的薪酬情況

員工類型		平均薪酬（元）	最低薪酬（元）	最高薪酬（元）
A類員工	有保留工資員工	8,288.67	5,485.13	20,210.67
	無保留工資員工	5,453	2,596	12,029.68
B類員工		4,528.76	1,996	10,599.83
C類員工		2,758.68	1,608	4,819.05

為了全方位瞭解物流公司以及瞭解A、B、C類員工們對自己薪酬的想法,筆者主要採取了訪談法和統計分析法,以事實數據說話。筆者一共訪談了30位基層員工,橫跨公司9個部門,包含A、B、C三類。

二、物流公司目前薪酬福利政策的不足

（一）薪酬製度需要更新

為了匹配物流公司的市場定位和公司將來的發展戰略並且配合公司的長遠可持續發展戰略目標,與市場化掛鉤的薪點工資製度應運而生。薪點工資製度在國外很多著名企業已經被採用了。

（二）員工普遍認為薪酬偏低

筆者發放了30份調查問卷,統計匯總的結果反應,員工普遍感覺薪酬偏低。只有一兩個員工覺得工資達到預期,且他們屬於A類員工。很多員工反應薪酬的漲幅與物價的上漲速度不匹配。大部分員工認為有必要增加工資,這樣就必須要求公司增加工資總額,如總額不變卻要增加工資,實施的確是很困難的。

（三）物流公司的薪酬結構不合理

①物流公司員工的身分多樣,有A類（含保留工資）員工、A類（不含保留工資）員工、B類員工、C類員工。從物流公司員工的薪酬分析可以看出,A類含保留工資的員工比其他任何員工的工資都高很多。②在調查工作中發現,41名A類含保留工資的員工所從事的基層操作崗位的價值並不高,卻僅僅因為身分和合同的區別,他們

的工資比做同樣工作的員工的工資高幾倍。③物流公司目前執行的薪酬福利製度嚴重缺乏公平性。不公平會造成員工尤其是年輕員工的工作積極性不高，不利於公司的長遠可持續發展。公司的長遠發展和不斷壯大主要靠年輕員工的奉獻。④保留工資的實施，給公司人力管理帶來了一定的負面效應，主要集中體現在「同崗不同酬」，這在很大程度上挫傷了無保留工資的員工的積極性。

（四）C類員工的薪酬偏低

大部分C類員工都認為目前的薪酬水平沒有吸引力，因此物流公司留不住一線技術員工。即便留下的一線員工，都是一些希望在這個地方買社保到退休的年長員工，不利於公司的長遠發展。C類員工流動性很強，這導致了在銷售旺季，公司一線操作員工嚴重缺乏。這也給該公司人力資源管理帶來了挑戰。大量C類員工辭職的事件多次出現在銷售旺季。即便是人力資源部門能立刻找到新的員工，這些員工也很難立刻上手工作。在物流業務旺季，公司大量C類員工離開，使公司的配送和分揀都很難按時完成。

（五）績效工資偏低

計算所有員工的績效工資和崗位工資的比例，其結果都是崗位工資遠比績效工資高。從公司的A類含保留工資、A類不含保留工資、B類員工們的績效工資分別為5.91%、2.93%、5.18%可以看出，績效工資比例明顯大大低於同行業。對四通一達物流企業的外部調研發現，在以市場化為導向的物流企業中，員工們薪酬占比中更多的是績效工資。

三、物流公司崗位價值評估

圖1為企業薪酬福利體系設計的流程，筆者根據以下流程對物流公司的薪酬福利進行了設計。

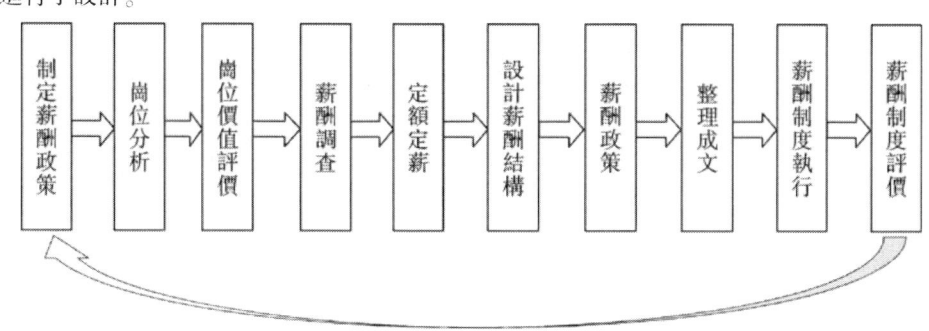

制定薪酬政策 → 崗位分析 → 崗位價值評價 → 薪酬調查 → 定額定薪 → 設計薪酬結構 → 薪酬政策 → 整理成文 → 薪酬制度執行 → 薪酬制度評價

圖1　設計薪酬製度的步驟

如圖1所示，崗位價值評價是薪酬製度設計過程中的一個非常重要的環節。

（一）崗位評價的意義

（1）崗位價值評價為管理者提供了公開的依據。在崗位價值評價之前建立的工作說明書要把每個崗位的職責和需要承擔的責任，具體工作要完成什麼，需要具備什麼樣的條件都明確了。這些都能為人力資源管理提供明確的依據。崗位價值評估可以作為公司以後招聘、晉升和培訓的明確指引目標。

（2）崗位價值評價是公開、公正、公平的。崗位價值評價，能夠把工作中的繁瑣事務具體化。為了使員工們對崗位的報酬達成一致性意見，在確定崗位價值評價時需要員工和管理者都參與評定，所以崗位評價的結果能夠被公司的員工所接受。

（3）緩和了員工與管理者之間的關係，使公司內部人際關係達到良性循環。崗位價值評價使員工明確了自己的工作流程、責任，增強了在崗位評價過程中的參與性，改善了單一被管理者定工作內容的情況。

（4）在公平的基礎上實現了同工同酬，打破了因身分不同而導致薪酬不同的局面。

（二）評價原則

（1）崗位價值評價只針對崗位，不針對某個員工。崗位評價的依據就只有崗位說明書。崗位價值評價不考慮人為因素，兼顧客觀公正，也不需要顧及勞動力人才市場的價格與條件。

（2）崗位價值評價遵循相對價值原則。崗位價值評價是在一個公司內部一個崗位的相對價值，而不是該崗位的絕對價值。同一種崗位在不同公司的價值是不一樣的，沒有絕對性。崗位評價只考慮某個崗位對目標公司的價值貢獻，不用考慮對其他公司的貢獻。

（3）根據之前設計的思路，事先確定衡量標準，根據崗位的性質設定系數，逐一對公司各個崗位的主要影響指標進行思考、測定和評分，最後統計計算。在最後整理數據和計算時，應盡量規避人為因素導致的崗位價值的偏差。

（三）海氏評價法簡介

Hays職位評估系統又叫「指導圖表-形狀構成法」，是在1951年由美國工資設計專家艾德華·海開發出來的。海氏評價法被開發出來之後有效地解決了量化的崗位價值的難題，因為其科學公正性，已經在世界各國上萬家大型企業和政府機構中使用了。世界500強企業中有1/3的企業都在使用海氏評價法。在全球前50的大公司中，有一半以上也使用海氏崗位價值評價法。

海氏評價法[1]是崗位價值評估的一種方法，合理避免了要素評價法中主觀因素的影

---

[1] 海氏評估系統是由愛德華·海和他的同事在20世紀50年代研究開發出來的，它是一個基於「點因素」方法的計劃，是一種常用的工作分級方法。

響，所以與要素評價法相比更加客觀。海氏評價法把崗位分解為三個因素：知識水平和技能技巧（Know-How）、解決問題能力（Problem Solving）、承擔的崗位責任（Accountability），并依此形成相應的三個分表分別進行評分。每一個付酬因素又分別由幾個子因素構成。具體描述見表2。

表2　　　　　　　　海氏工作評價系統付酬因素描述

因素	因素解釋	子因素	子因素解釋
知識水平和技能技巧（Know-How）	指要使工作績效達到可接受的水平所必需的專門業務知識及相應的實際運作技能的總和	專業知識與技術（Technical/Specialized Skills）	指對該崗位要求從事的職業領域的理論、實際方法與專門知識的瞭解
		管理技巧（Managerial Skills）	指為達到要求績效水平而具備的計劃、組織、執行、控製、評價的能力與技巧
		人際關係技巧（Human Relations Skills）	指該崗位所需要的溝通、協調、激勵、培訓、關係處理等方面主動而活躍的活動技巧
解決問題的能力（Problem Solving）	指在工作中發現問題，分析診斷問題、提出對策、權衡與評價、做出決策等方面的要求	思維環境（Thinking Environment）	指定環境對崗位擔任者思想所設的限制的鬆緊，是對環境約束性的評價
		思維難度（Thinking Challenge）	指解決問題時對當事者需要進行創造性思維的程度，是對思維創造性的評價
承擔的崗位責任（Accountability）	不是指崗位規定必須履行的職責或所擁有的權限，而是指崗位擔任者的行動對工作最終後果可能造成的影響	行動的自由度（Freedom to Act）	指該崗位能在多大程度上對其工作進行個人性的指導與控製
		崗位對後果形成所起作用（Scope）	指對工作結果的影響是直接的還是間接的
		財務責任（Impact）	指可能造成的經濟性正、負後果（一般按照負後果理解應用）

資料來源：Hay Group, Inc. Hay_job_evaluation [EB/OL]. https://www.haygroup.com/downloads/au/Guide_Chart-Profile_Method_of_Job_Evaluation_Brochure_web.pdf.

參加崗位價值評估的人員由公司決策層、管理層、作業層和人力資源部門組成，具體人員如下：

（1）決策層：總經理、黨總支書記、副總經理。

（2）管理層：各部門負責人。

（3）作業層：選取多名為人正直、對整個企業業務流程和崗位熟悉的職工代表。

（4）人力資源部門：為人正直公平的老員工和參加過輪崗的員工。

指導評分小組成員正確地使用海氏評價法的三張表格（見表3、表4、表5），對各

個崗位進行評分。

表3　　海氏評價法分析因素一：知識水平和技能技巧指導量表①

			管理技巧												
			起碼的			有關的			多樣的			廣博的			全面的		
人際關系技巧			基本	重要	關鍵	基本	重要	關鍵	基本	重要	關鍵	基本	重要	關鍵	基本	重要	關鍵
專業知識與技術	基本的業務水平		50	57	66	66	76	87	87	100	115	115	132	152	152	175	200
			57	66	76	76	87	100	100	115	132	132	152	175	175	200	230
			66	76	87	87	100	115	115	132	152	152	175	200	200	230	264
	初等的業務水平		66	76	87	87	100	115	115	132	152	152	175	200	200	264	304
			76	87	100	100	115	132	132	152	175	175	200	230	230	304	350
			87	100	115	115	132	152	152	175	200	200	230	264	264	350	400
	中等的業務水平		87	100	115	115	132	152	152	175	200	200	230	264	264	304	350
			100	115	132	132	152	175	175	200	230	230	264	304	304	350	400
			115	132	152	152	175	200	200	230	264	264	304	350	350	400	460
	高等的業務水平		115	132	152	152	175	200	200	230	264	264	304	350	350	400	460
			132	152	175	175	200	230	230	264	304	304	350	400	400	460	528
			152	175	200	200	230	264	264	304	350	350	400	460	460	528	608
	基本的專門技術		152	175	200	200	230	264	264	304	350	350	400	460	460	528	608
			175	200	230	230	264	304	304	350	400	400	460	528	528	608	700
			200	230	264	264	304	350	350	400	460	460	528	608	608	700	800
	熟練的專門技術		200	230	264	264	304	350	350	400	460	460	528	608	608	700	800
			230	264	304	304	350	400	400	460	528	528	608	700	700	800	920
			264	304	350	350	400	460	460	528	608	608	700	800	800	920	1056
	精通的專門技術		264	304	350	350	400	460	460	528	608	608	700	800	800	920	1056
			304	350	400	400	460	528	528	608	700	700	800	920	920	1056	1216
			350	400	460	460	528	608	608	700	800	800	920	1056	1056	1216	1400
	權威的專門技術		350	400	460	460	528	608	608	700	800	800	920	1056	1056	1216	1400
			400	460	528	528	608	700	700	800	920	920	1056	1216	1216	1400	1600
			460	528	608	608	700	800	800	920	1056	1056	1216	1400	1400	1600	1840

表4　　海氏評價法分析因素二：解決問題能力評分指導量表②

		思維難度				
		重複性的	模式化的	中間型的	適應性的	無先例的
思維環境	高度常規性的	10%	14%	19%	25%	33%
		12%	16%	22%	29%	38%
	常規性的	12%	16%	22%	29%	38%
		14%	19%	25%	33%	43%
	半常規性的	14%	19%	25%	33%	43%
		16%	22%	29%	38%	50%
	標準化的	16%	22%	29%	38%	50%
		19%	25%	33%	43%	57%
	有明確的規定	19%	25%	33%	43%	57%
		22%	29%	38%	50%	66%
	規定較為廣泛	22%	29%	38%	50%	66%
		25%	33%	43%	57%	76%
	只有一般規定	25%	33%	43%	57%	76%
		29%	38%	50%	66%	87%
	抽象規定	29%	38%	50%	66%	87%
		33%	43%	57%	76%	100%

---

① 資料來源：《海氏系統法》。
② 資料來源：《海氏系統法》。

表 5　海氏評價法分析因素三：承擔的崗位責任評分指導量表[1]

職務責任職務對結果的作用	大小等級金額範圍	甚小 間接 後勤	甚小 間接 輔助	甚小 間接 分攤	甚小 直接 主要	略有 間接 後勤	略有 間接 輔助	略有 間接 分攤	略有 直接 主要	中等 間接 後勤	中等 間接 輔助	中等 間接 分攤	中等 直接 主要	巨大 間接 後勤	巨大 間接 輔助	巨大 間接 分攤	巨大 直接 主要
行動的自主程度	有規定的	10	14	19	25	14	19	25	33	19	25	33	43	25	33	43	57
		12	16	22	29	16	22	29	38	22	29	38	50	29	38	50	66
		14	19	25	33	19	25	33	43	25	33	43	57	33	43	57	76
	受控制的	16	22	29	38	22	29	38	50	29	38	50	66	38	50	66	87
		19	25	33	43	25	33	43	57	33	43	57	76	43	57	76	100
		22	29	38	50	29	38	50	66	38	50	66	87	50	66	87	115
	標準化的	25	33	43	57	33	43	57	76	43	57	76	100	57	76	100	132
		29	38	50	66	38	50	66	87	50	66	87	115	66	87	115	152
		33	43	57	76	43	57	76	100	57	76	100	132	76	100	132	175
	一般性的	38	50	66	87	50	66	87	115	66	87	115	152	87	115	152	200
		43	57	76	100	57	76	100	132	76	100	132	175	100	132	175	230
		50	66	87	115	66	87	115	152	87	115	152	200	115	152	200	264
	有指導的	57	76	100	132	76	100	132	175	100	132	175	230	132	175	230	304
		66	87	115	152	87	115	152	200	115	152	200	264	152	200	264	350
		76	100	132	175	100	132	175	230	132	175	230	304	175	230	304	400
	受到方向性指導	87	115	152	200	115	152	200	264	152	200	264	350	200	264	350	460
		100	132	175	230	132	175	230	304	175	230	304	400	230	304	400	528
		115	152	200	264	152	200	264	350	200	264	350	460	264	350	460	608
	受到廣泛性指引	132	175	230	304	175	230	304	400	230	304	400	528	304	400	528	700
		152	200	264	350	200	264	350	460	264	350	460	608	350	460	608	800
		175	230	304	400	230	304	400	528	304	400	528	700	400	528	700	920
	受到戰略性指引	200	264	350	460	264	350	460	608	350	460	608	800	460	608	800	1056
		230	304	400	528	304	400	528	700	400	528	700	920	528	700	920	1216
		264	350	460	608	350	460	608	800	460	608	800	1056	608	800	1056	1400
	僅有一般性指引	304	400	528	700	400	528	700	920	528	700	920	1216	700	920	1216	1600
		350	460	608	800	460	608	800	1056	608	800	1056	1400	800	1056	1400	1840
		400	528	700	920	528	700	920	1216	700	920	1216	1600	920	1216	1600	2112

在選取的標杆人物填完調查問卷之後，匯總統計每個崗位價值。

例一　物流公司的設備技術副部長（53號崗位）的評分情況為：

參照海氏評價的第一張表（表3：知識水平和技能技巧指導量表），該崗位對知識技能的要求是專門技術為「熟練」，管理能力的因素為「有關」，人際處理能力的子因素為「關鍵」。最後參照第一張表，根據「熟練」「有關」「關鍵」三個參數，找出其崗位得分460分。參照第二張表（表4：解決問題能力指導量表），思維環境子因素為「明確規定」，難度為「適應性的」，參考該表得出分值50%。參照第三張表（表5：崗位責任指導量表），自由程度子因素為「有指導的」，崗位對結果作用子因素為「有直接分攤作用」，責任子因素為「中等」，參照該表得分為230。

該崗位 α 系數為45%，β 系數為55%。最後53號崗位設備技術副部長崗位價值得分=第一張表得分×第二張表得分×α 系數+第三張表得分×β 系數=460×50%×45%+230×55%=230。

物流公司共計63個崗位，每個崗位計算的結果見表6。

---

[1] 資料來源：《海氏系統法》。

表 6　　　　　　　　　　　　　　海氏評價法崗位評價結果和薪點數表①

崗位編號	崗位名稱	一、知識水平和技能技巧指導量表				二、解決問題能力指導量表			三、崗位責任指導量表				α	β	總分	薪點數
		知識技能	管理	人際	分值	思維環境	難度	分值	自由程度	作用	責任	分值				
52	設備技術部部長	熟練專門技術	有崗	關鍵	460	規定較為廣泛	無先例	76%	方向性指導	分攤	中等	350	0.4	0.6	349.84	350.00
59	市場部經理	熟練專門技術	有崗	關鍵	460	規定較為廣泛	無先例	76%	方向性指導	分攤	中等	350	0.4	0.6	349.84	350.00
1	辦公室主任	熟練專門技術	有崗	關鍵	460	規定較為廣泛	適應性	57%	方向性指導	分攤	中等	350	0.4	0.6	314.88	315.00
9	安全管理部部長	熟練專門技術	有崗	關鍵	460	規定較為廣泛	適應性	57%	方向性指導	分攤	中等	350	0.4	0.6	314.88	315.00
17	財務部部長	熟練專門技術	有崗	關鍵	460	規定較為廣泛	適應性	57%	方向性指導	分攤	中等	350	0.4	0.6	314.88	315.00
25	人力資源部部長	熟練專門技術	有崗	關鍵	460	規定較為廣泛	適應性	57%	方向性指導	分攤	中等	350	0.4	0.6	314.88	315.00
31	儲配部部長	熟練專門技術	有崗	關鍵	460	規定較為廣泛	適應性	57%	方向性指導	分攤	中等	350	0.4	0.6	314.88	315.00
41	送貨部部長	熟練專門技術	有崗	關鍵	460	規定較為廣泛	適應性	57%	方向性指導	分攤	中等	350	0.4	0.6	314.88	315.00
53	設備技術部副部長	熟練專門技術	有崗	關鍵	460	明確規定	適應性	50%	有指導	分攤	中等	230	0.45	0.55	230.00	230.00
60	市場部副經理	熟練專門技術	有崗	關鍵	460	明確規定	適應性	50%	有指導	分攤	中等	230	0.45	0.55	230.00	230.00
2	辦公室副主任	熟練專門技術	有崗	關鍵	460	明確規定	中間型	38%	有指導	分攤	中等	230	0.45	0.55	205.16	205.00
10	安全管理部副部長	熟練專門技術	有崗	關鍵	460	明確規定	中間型	38%	有指導	分攤	中等	230	0.45	0.55	205.16	205.00
18	財務部副部長	熟練專門技術	有崗	關鍵	460	明確規定	中間型	38%	有指導	分攤	中等	230	0.45	0.55	205.16	205.00
26	人力資源部副部長	熟練專門技術	有崗	關鍵	460	明確規定	中間型	38%	有指導	分攤	中等	230	0.45	0.55	205.16	205.00
32	儲配部副部長	熟練專門技術	有崗	關鍵	460	明確規定	中間型	38%	有指導	分攤	中等	230	0.45	0.55	205.16	205.00
42	送貨部副部長	熟練專門技術	有崗	關鍵	460	明確規定	中間型	38%	有指導	分攤	中等	230	0.45	0.55	205.16	205.00
3	辦公室文秘	基本專門技術	起碼	重要	230	標準化	模式化	25%	一般性規範	輔助	略有	87	0.6	0.4	69.30	69.00
4	辦公室法規員	基本專門技術	起碼	重要	230	標準化	模式化	25%	一般性規範	輔助	略有	87	0.6	0.4	69.30	69.00
5	辦公室審計員	基本專門技術	起碼	重要	230	標準化	模式化	25%	一般性規範	輔助	略有	87	0.6	0.4	69.30	69.00
6	辦公室體系管理（精益改善）員	基本專門技術	起碼	重要	230	標準化	模式化	25%	一般性規範	輔助	略有	87	0.6	0.4	69.30	69.00
27	人力資源部勞資員	基本專門技術	起碼	重要	230	標準化	模式化	25%	一般性規範	輔助	略有	87	0.6	0.4	69.30	69.00
28	人力資源部人事管理員	基本專門技術	起碼	重要	230	標準化	模式化	25%	一般性規範	輔助	略有	87	0.6	0.4	69.30	69.00
29	人力資源部培訓管理員	基本專門技術	起碼	重要	230	標準化	模式化	25%	一般性規範	輔助	略有	87	0.6	0.4	69.30	69.00
30	人力資源部政工員	基本專門技術	起碼	重要	230	標準化	模式化	25%	一般性規範	輔助	略有	87	0.6	0.4	69.30	69.00
61	市場部市場管理員	基本專門技術	起碼	重要	230	標準化	中間型	33%	標準化	輔助	略有	57	0.6	0.4	68.34	68.00
62	市場部直營店片區管理員	基本專門技術	起碼	重要	230	標準化	中間型	33%	標準化	輔助	略有	57	0.6	0.4	68.34	68.00
7	辦公室採購管理員	基本專門技術	起碼	重要	230	平常規性	模式化	22%	一般性規範	輔助	略有	87	0.6	0.4	65.16	65.00
54	設備技術部信息員	基本專門技術	起碼	基本	200	標準化	中間型	33%	標準化	輔助	略有	57	0.6	0.4	62.40	62.00
55	設備技術部設備員	基本專門技術	起碼	基本	200	標準化	中間型	33%	標準化	輔助	略有	57	0.6	0.4	62.40	62.00
56	設備技術部設備維修工	基本專門技術	起碼	基本	200	標準化	中間型	33%	標準化	輔助	略有	57	0.6	0.4	62.40	62.00
57	設備技術部水電維修工	基本專門技術	起碼	基本	200	標準化	中間型	33%	標準化	輔助	略有	57	0.6	0.4	62.40	62.00
48	送貨部對點配送員	基本專門技術	起碼	重要	230	平常規性	中間型	29%	受控製	輔助	略有	38	0.6	0.5	55.22	55.00
45	送貨部車輛調度員	基本專門技術	起碼	基本	200	標準化	模式化	25%	標準化	輔助	略有	57	0.6	0.5	53.50	54.00
36	儲配部分揀線機長	基本專門技術	有崗	重要	304	平常規性	模式化	22%	受控製	輔助	略有	29	0.6	0.5	51.73	52.00
44	送貨部片區管理員	基本專門技術	起碼	基本	200	平常規性	模式化	22%	標準化	輔助	略有	57	0.6	0.5	50.50	51.00
19	財務部稽核會計	基本專門技術	起碼	基本	200	平常規性	模式化	22%	標準化	輔助	略有	57	0.6	0.5	50.50	51.00
20	財務部核算會計	基本專門技術	起碼	基本	200	平常規性	模式化	22%	標準化	輔助	略有	57	0.6	0.5	50.50	51.00
21	財務部商品核算會計	基本專門技術	起碼	基本	200	平常規性	模式化	22%	標準化	輔助	略有	57	0.6	0.5	50.50	51.00
22	財務部貨款核算會計	基本專門技術	起碼	基本	200	平常規性	模式化	22%	標準化	輔助	略有	57	0.6	0.5	50.50	51.00
23	財務部管理會計	基本專門技術	起碼	基本	200	平常規性	模式化	22%	標準化	輔助	略有	57	0.6	0.5	50.50	51.00
24	財務部出納	基本專門技術	起碼	基本	200	標準化	重視性	19%	標準化	輔助	略有	57	0.6	0.5	47.50	48.00
43	送貨部信息管理員	高等業務水平	起碼	基本	152	平常規性	模式化	22%	標準化	輔助	略有	57	0.6	0.5	45.22	45.00
33	儲配部保管員	基本專門技術	起碼	基本	200	高度常規性	重視性	12%	受控製	分攤	中等	66	0.6	0.5	45.00	45.00
34	儲配部現場管理員	基本專門技術	起碼	重要	230	平常規性	模式化	22%	受控製	輔助	略有	38	0.6	0.5	44.30	44.00
11	安全管理部技術安全員（消防）	高等業務水平	起碼	基本	152	平常規性	模式化	22%	標準化	輔助	略有	57	0.6	0.4	42.86	43.00
12	安全管理部技術安全員（內保）	高等業務水平	起碼	基本	152	平常規性	模式化	22%	標準化	輔助	略有	57	0.6	0.4	42.86	43.00
13	安全管理部技術安全員（設備安全）	高等業務水平	起碼	基本	152	平常規性	模式化	22%	標準化	輔助	略有	57	0.6	0.4	42.86	43.00
14	安全管理部技術安全員（內勤）	高等業務水平	起碼	基本	152	平常規性	模式化	22%	標準化	輔助	略有	57	0.6	0.4	42.86	43.00

① 數據根據本研究整理計算所得。

表6(續)

崗位編號	崗位名稱	一、知識水平和技能技巧指導量表				二、解決問題能力指導量表			三、崗位責任指導量表				α	β	總分	薪點數
		知識技能	管理	人際	分值	思維環境	難度	分值	自由程度	作用	責任	分值				
15	安全管理部車輛管理員	高等業務水平	起碼	基本	152	半常規性	模式化	22%	標準化	輔助	略有	57	0.6	0.4	42.86	43.00
8	辦公室綜合管理員	高等業務水平	起碼	重要	175	半常規性	重視性	16%	標準化	輔助	略有	57	0.5	0.5	42.50	43.00
35	儲配部綜合管理員	高等業務水平	起碼	基本	152	半常規性	重視性	16%	標準化	輔助	略有	57	0.5	0.5	40.66	41.00
46	送貨部綜合管理員	高等業務水平	起碼	基本	152	半常規性	重視性	16%	標準化	輔助	略有	57	0.5	0.5	40.66	41.00
58	設備技術部綜合管理員	高等業務水平	起碼	基本	152	半常規性	重視性	16%	標準化	輔助	略有	57	0.5	0.5	40.66	41.00
49	送貨部送貨員	中等業務水平	起碼	重要	132	常規性		14%	標準化	輔助	略有	57	0.5	0.5	37.74	38.00
51	送貨部機動送貨員	中等業務水平	起碼	重要	132	常規性		14%	標準化	輔助	略有	57	0.5	0.5	37.74	38.00
63	市場部綜合管理員	高等業務水平	起碼	基本	152	半常規性	重視性	16%	標準化	輔助	略有	57	0.6	0.4	37.39	37.00
39	儲配部搬運組組長	中等業務水平	起碼	重要	132	常規性	模式化	19%	受控制	後勤	略有	29	0.6	0.4	26.65	27.00
47	送貨部大車駕駛員	高等業務水平	起碼	基本	152	高度常規性		12%	受控制	輔助	略有	38	0.6	0.4	26.14	26.00
50	送貨部駕駛員	高等業務水平	起碼	基本	152	高度常規性	重視性	12%	受控制	輔助	略有	38	0.6	0.4	26.14	26.00
16	安全管理部安防監控操作員	初等業務水平	起碼	基本	87	高度常規性	重視性	12%	受控制	後勤	微小	22	0.4	0.6	17.38	17.00
37	儲配部補貨操作員	高等業務水平	起碼	基本	152	高度常規性	重視性	12%	有規定	後勤	微小	14	0.6	0.4	16.54	17.00
38	儲配部工位操作員	初等業務水平	起碼	基本	87	高度常規性	重視性	12%	有規定	後勤	略有	19	0.6	0.4	13.86	14.00
40	儲配部搬運員	基本業務水平	起碼	基本	66	高度常規性	重視性	12%	有規定	後勤	微小	14	0.6	0.4	10.35	10.00

（四）崗位劃分與評估

在人力資源部門的配合下，筆者一共發放了50份問卷，收回問卷47份，有3名預計的市場部評委組成員當天不在公司。然後，根據每個崗位性質屬性的不同而設置不同的權重（α系數、β系數），最後再計算出加權總分，即為該崗位對公司的貢獻分值。在數據處理上，先去掉本部門的調查問卷結果，匯總其他部門的調查問卷，去掉最高分和最低分之後取平均值，最後再對平均數進行取整處理。評價的結果見表6。

四、薪酬結構設計

（一）確定薪酬結構工資總額，獎金總額和福利總額

新的薪酬結構包括員工的工資、員工的獎金和員工的福利三個部分。其中員工的工資包括與崗位價值相關的固定工資部分和與員工個人績效、公司績效相關的浮動工資部分；獎金包括年終獎和特別獎勵；福利包括社會保險、住房公積金、補充保險和自助福利。為了匹配物流公司的市場化戰略，本文設計了自主福利計劃，應用在公司以後的實際操作中。

（二）固定工資和浮動工資的確定

根據物流公司的生產經營實際情況，我們將員工分為管理類、專業技術類和生產操作類。由於這三類員工的工作性質、工作特點以及人員偏好等因素不同，故應將他們的固定工資和浮動工資設置成不同的比例系數，并賦予不同的薪點值。

物流公司的薪酬總額由工資的總額、獎金的總額和福利的總額三部分構成。

（1）工資總額。工資占了薪酬福利體系中很大的一部分，新的薪酬福利體系中，

工資的總額與公司的銷售收入直接掛鈎。在預測銷售數據時，使用 Excel 軟件，為物流公司編制了該公司的預測模型。該模型能夠相對科學地輸出計劃銷售收入，取代了「拍腦袋」決定的管理模式。

本文工資的設計思想是工資總額=固定工資總額+浮動工資總額。在固定工資總額部分，設計有固定的計提比例；在浮動的工資總額部分，設計有浮動計提比例，并且浮動的比例可以不同於固定計提比例。

$$TS_{yfix} = PR_y \times I_{fix}$$

上式中：TS_{yfix} 表示工資總額固定部分，PR_y 表示公司計劃銷售收入，I_{fix} 表示固定工資計提比例。

$$TS_{yfloat} = (AR_y - PR_y) \times I_{float}$$

上式中：TS_{yfloat} 表示工資總額浮動部分，AR_y 表示年度實際銷售收入，PR_y 表示年度計劃銷售收入，I_{float} 表示浮動工資計提比例。

目前的薪酬制度很難讓人直觀地看出公司到底是盈利還是虧損，且也不能快速傳遞公司的經營情況。但在新的薪酬福利體制下，管理者只需要改變固定計提比例和浮動計提比例，就能夠做到控制公司的工資總額，使工資總額維持在一定範圍內。在新的薪酬福利製度下，員工能直觀地感受到公司每個月的銷售收入的高低，有利於將公司的經營情況傳達給每一位員工。

（2）獎金總額。物流公司獎金的總額取決於物流公司獲得利潤的情況，特殊獎勵總額由具體情況而定。

$$TB = NI \times I_{bonus}$$

上式中：TB 表示年度獎金總額，NI 表示公司年度實際獲得的利潤，I_{bonus} 表示獎金計提比例。

獎金計提比例可以和工資部分的計提比例不相同。具體數據需要根據公司實行的獎金政策來確定。獎金計提比例也可以和工資計提比例一樣，先使用 Excel 模擬軟件試用模擬運行之後再做決策。

（3）福利總額。福利總額主要分三個方向。第一個是國家規定的福利總額，按照國家法律由公司代繳納。第二個是企業補充保險總額，由員工的工齡、年齡和薪點數決定（目前為員工繳納補充保險的企業不多），設計這塊主要是考慮物流公司之後拓展和不斷壯大時需要準備。第三個是自助福利，比如公司組織旅遊或者自助假期時，這塊自助福利總額由員工的薪點數和績效共同來決定。

（三）確定員工工資薪點數與薪點值

薪點工資製度的關鍵是如何去確定每個員工的薪點數以及如何去確定薪酬福利每種製度的薪點值。下面具體展示薪點工資製度中薪點數和薪點值的確定方法。

1. 員工固定工資薪點數與薪點值的確定

員工固定工資主要有三個影響因素：員工所在崗位的薪點數、崗位的性質和固定工資薪點值。在新的薪酬製度中，即使崗位評分一樣，但是由於崗位的性質不一樣，員工的固定工資也會不同。把物流公司的所有崗位分為三個類別：管理崗、專業技術崗和操作崗。崗位不同，固定崗位系數和浮動崗位系數也不同（見圖2）。例如操作類員工的崗位固定系數偏高，他承擔的責任相對偏小；專業技術類處於中間層；管理類承擔的責任偏大，故其固定工資占比小而浮動工資占比大。

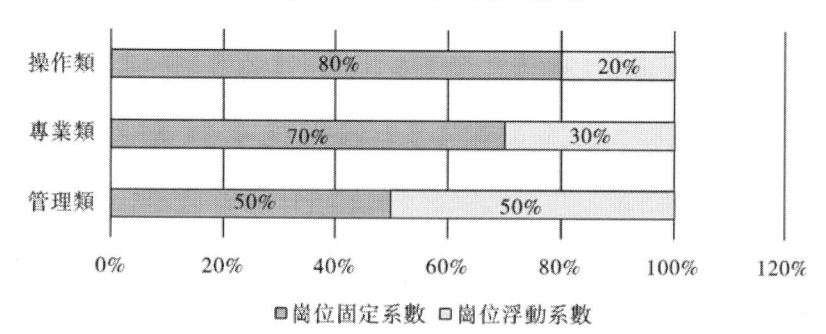

图2 物流公司崗位類別固定系數和浮動系數圖①

$Job_{fix} = JE_i \times k_{fix}$

上式中：Job_{fix} 為員工固定工資薪點數，JE_i 表示 i 崗位價值得分，k_{fix} 表示崗位固定系數。

例二　財務部部長固定薪點數的計算。財務部部長是17號崗位，由崗位價值評分得到財務部部長崗位薪點值 $JE_{17} = 315$，財務部部長崗位性質是管理類崗位，其崗位固定系數為 $k_{fix} = 50\%$。

財務部部長的固定薪點數＝財務部部長崗位薪點數×管理類崗位固定系數

即：財務部部長的固定薪點數 $Job_{17-fix} = JE_{17} \times k_{fix} = 315 \times 50\% = 157.5$。

固定薪點值的計算，就是確定1個薪點數值多少錢，固定薪點數與公司的計劃銷售收入掛鈎。

$Point_{fix} = TS_{yfix} \div 12 \div \sum Job_{fix} = TS_{mfix} \div \sum Job_{fix}$

上式中：$Point_{fix}$ 表示固定薪點值，$\sum Job_{fix}$ 表示所有員工的固定薪點數，TS_{mfix} 表示月度固定工資總額。

薪點值工資製度中，每個員工的固定薪點值都是一樣的，保證了公平性。

接例二，如果固定薪點值 $Point_{fix} = 50$，$Job_{17-fix} = 157.5$，假設當月財務部部長全勤，則計算如下：

---

① 數據來源：根據本研究設計。

財務部部長每月固定工資$S_{17-mfix} = Job_{17-fix} \times Point_{fix} = 157.5 \times 50 = 7,875$（元）

2. 員工浮動工資薪點數與薪點值的含義

與員工固定薪點數相一致，把員工所在崗位價值評分乘以之前設定的崗位浮動系數k_{float}定義為員工浮動薪點數。

$$Job_{float} = JE_i \times k_{float}$$

上式中：Job_{float}為員工浮動工資薪點數，JE_i表示i崗位薪點值即崗位價值，k_{float}表示崗位浮動系數。

詳細計算見下面的例子：

例三 設備技術部水電維修工是56號崗位，其浮動薪點數計算如下。由於崗位價值的薪點數為$JE_{56} = 62$，設備技術部水電維修工崗位屬於專業技術類，其崗位浮動系數$k_{float} = 30\%$。

設備技術部水電維修工浮動薪點數＝設備技術部水電維修工的崗位薪點數×專業技術類浮動系數，即$Job_{56-float} = JE_{56} \times k_{float} = 62 \times 30\% = 18.6$。

浮動薪點值的確定，類似於固定薪點值，只是在固定薪點值的基礎上加入了員工個人考核因素。其用公式表示如下：

$$TS_{mfloat} = (AR_m - PR_m) \times I_{float}$$

上式中：TS_{mfloat}表示月度浮動工資總額，AR_m表示當月實際銷售收入，PR_m表示每月計劃銷售收入，I_{float}表示浮動計提比例。

其中每月計劃銷售收入為公司當年計劃銷售收入除以12個月。

$$Point_{float} = \frac{TS_{mfloat}}{\sum (Job_{float} \times WP_q)}$$

上式中：$Point_{float}$表示浮動薪點數，TS_{mfloat}表示月度浮動工資總額，$\sum (Job_{float} \times WP_q)$表示$\sum$（員工個人浮動薪點數×員工個人考核分），$WP_q$表示$q$員工個人績效考核。從公式可以看出每個人的績效考核都會影響到$Point_{float}$，整個公司被看作是一個整體。

薪點工資製度非常靈活，管理者可以將其設計為既考核個人也考核部門，只需要在原來的公式中多乘以DP_q的值。（註：DP_q表示員工所屬部門的績效得分。）

員工月度考核系數由物流公司績效考核決定。

例如：員工績效考核優秀，考核系數分為1.5；員工績效考核一般，考核系數為1；員工績效考核良好，考核系數為0.8；員工績效考核差，績效考核系數為0.5。

3. 員工工資的計算

$$S_m = S_{mfix} + S_{mfloat}$$

上式中：S_m表示員工每月工資，S_{mfix}表示員工每月固定工資，S_{mfloat}表示員工每月浮

動工資。

　　因為固定工資額取決於員工出勤的天數，如果員工當月一天都沒有上班，該員工固定工資自然也就為0。

$$S_{mfix} = Job_{fix} \times Point_{fix} \times N_{at} \div N_{st}$$

　　上式中：S_{mfix} 表示員工固定工資，Job_{fix} 表示該員工固定薪點數，$Point_{fix}$ 表示固定薪點值，N_{at} 表示正常出勤天數，N_{st} 表示標準出勤天數。

　　正常出勤天數是中國勞動法規定的標準工作時間內的實際出勤天數。正常出勤天數不包括加班。企業在經營環境和戰略影響因素的綜合考慮下，根據上一年度的公司經營狀況，預測明年公司的經營目標和工資計劃。$Point_{fix}$ 每年制訂一次，所以 $Point_{fix}$ 受到發放的 TS_{yfix} 固定薪酬總額的影響。

　　員工的浮動工資部分，其設計原理主要是激勵作用。浮動工資應該與公司的月度實際銷售收入掛鉤而不是計算銷售收入，并且還要把員工個人績效考核的情況也作為其影響因素。浮動工資僅隨企業當月實際經營效益的好壞而波動。

　　員工浮動工資計算如下：

$$S_{mfloat} = Job_{float} \times Point_{float} \times WP_q$$

　　上式中：S_{mfloat} 表示員工月浮動工資，Job_{float} 表示員工浮動工資薪點數，$Point_{float}$ 表示員工個人浮動薪點數，WP_q 表示 q 員工月度考核系數。

　　浮動薪點值每個月根據企業當月經營狀況的變化而有所不同。月浮動工資的計算公式可以根據實際情況做相應調整。如果要在工資體系中加入小組群體或者部門的影響因素，也可以把部門績效考核的情況像個人考核一樣乘在公式裡，如下所示：

$$S_{mfloat} = Job_{float} \times Point_{float} \times WP_q \times DP_q$$

　　另外，相應的浮動薪點值的公式也要隨之改變：

$$Point_{float} = \frac{TS_{mfloat}}{\sum (Job_{float} \times WP_q \times DP_q)}$$

　　上式中：S_{mfloat} 表示員工月浮動工資，Job_{float} 表示員工浮動工資薪點數，$Point_{float}$ 表示員工個人浮動薪點數，WP_q 表示 q 員工月度考核系數，DP_q 表示 q 員工所在部門考核系數，TS_{mfloat} 表示月度浮動工資總額。

　　多種設計體現了薪點制工資體系的靈活性。管理者們可以使用各種微調，使公司的薪酬福利製度更適合公司的不同發展階段。

詳細見圖 3 和例四：

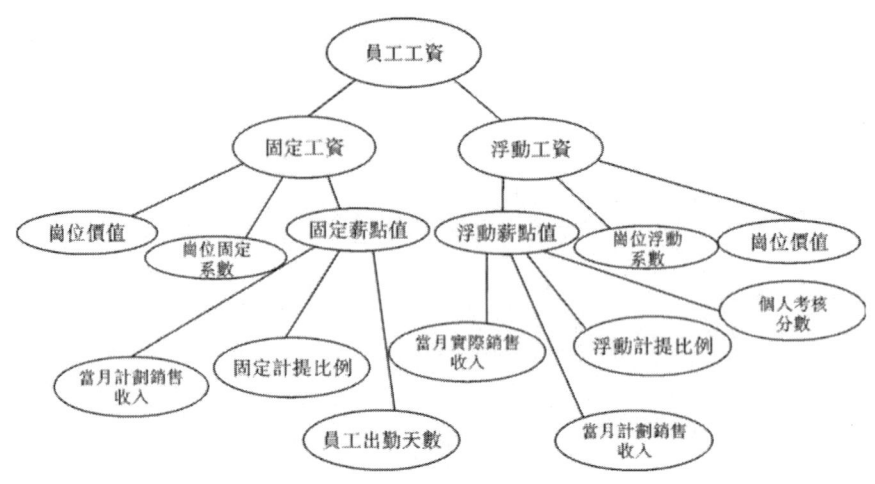

圖 3　員工工資結構和影響因素①

例四　設備技術部水電維修工工資的計算。該崗位是 56 號崗位，崗位價值的薪點數 $JE_{56}=62$，崗位性質屬於專業技術類，崗位固定係數 $k_{fix}=70\%$，崗位浮動係數 $k_{float}=30\%$，固定薪點數 $Point_{fix}=50$，浮動薪點數 $Point_{float}=120$，個人績效考核 $WP_q=1.2$。假設該員工全勤，法定工作日 $N_{st}=22$ 天，實際出勤天數 $N_{at}=22$ 天。

該名員工當月最後的工資 $S_{56-m}=S_{56-mfix}+S_{56-mfloat}$
$= Job_{56-fix} \times Point_{fix} \times N_{at} \div N_{st} + Job_{float} \times Point_{float} \times WP_q$
$= JE_{56} \times k_{fix} \times Point_{fix} \times N_{at} \div N_{st} + JE_{56} \times k_{float} \times Point_{float} \times WP_q$
$= 62 \times 70\% \times 50 \times 22 \div 22 + 62 \times 30\% \times 120 \times 1.2$
$= 4,848.4$（元）

其中 $62 \times 70\% \times 50$ 為固定工資，在一個會計自然年度中每個月是不變的。只有當公司的銷售計劃 PR_y 變化或者每年固定計提比例 I_{fix} 改變時，固定工資才會發生變化。所以當員工職位不變時，其固定工資在一個會計年度內是不發生變化的。因此該名員工崗位發生變化時（例如晉升或者降級），該員工的全勤固定工資才會發生改變。$62 \times 30\% \times 120 \times 1.2$ 這部分為該員工當月的浮動工資。這部分浮動工資隨著每月實際發生的銷售收入的變化而變化。

該員工的浮動工資體現出了公司當月的實際市場表現。即使在同一會計自然年度內，該員工每個月的浮動工資也很可能不相同。這就改善了物流公司浮動工資低以及浮動工資沒有反應市場情況的弊端。浮動計提比例 I_{float} 可以一年後根據企業實際情況微

---

① 資料來源：根據本研究整理。

調，也可以幾年後微調，操作相當靈活。管理者通過提高 I_{float} 就能立刻改善物流公司目前薪酬體系中浮動工資占比較低的現狀。

從宏觀上分析，員工的浮動工資受到浮動比例 I_{float} 和實際銷售收入 AR_m 的影響。從微觀上分析，該員工的浮動工資還受到員工個人績效評分 WP_q 和浮動系數 k_{float} 的影響。但是在同一個月度中，固定薪點值 $Point_{fix} = 50$ 元和浮動薪點值 $Point_{float} = 120$ 元，對該企業每一個員工都是一樣的，所以對所有員工來說是公平的。

接例四：該設備技術部水電維修工的崗位是 56 號崗位，崗位價值的薪點數 $JE_{56} = 62$，崗位性質屬於專業技術類，崗位固定系數 $k_{fix} = 70\%$，崗位浮動系數 $k_{float} = 30\%$。但這個月過節前實際銷售收入大幅上漲 30%，物流公司的固定薪點數仍然不變，$Point_{fix} = 50$，浮動薪點數卻會發生改變，$Point_{float} = 200$，個人績效考核 $WP_q = 1.3$。假設該員工全勤，法定工作日 $N_{st} = 22$ 天，實際出勤天數 26 天，加班 4 天正常出勤天數 $N_{at} = 22$，該員工工資計算如下：

該名員工當月最後的工資 S_{56-m}

$= S_{56-mfix} + S_{56-mfloat}$

$= Job_{56-fix} \times Point_{fix} \times N_{at} \div N_{st} + Job_{float} \times Point_{float} \times WP_q$

$= JE_{56} \times k_{fix} \times Point_{fix} \times N_{at} \div N_{st} + JE_{56} \times k_{float} \times Point_{float} \times WP_q$

$= 62 \times 70\% \times 50 \times 22 \div 22 + 62 \times 30\% \times 200 \times 1.3$

$= 7,006$（元）

由例四的兩種情況可以看出，物流公司當月實際銷售大幅增加時，該員工的工資也會隨之大幅增加。

（四）員工年終獎製度

1. 年終獎發放原則

第一，物流公司年終獎直接和該企業利潤掛鉤。該獎金是工資形式之外的一種報酬。獎金只有在企業有利潤時才發放。就如同上市公司有利潤，才會考慮回報股東股利。把員工和股東的角色放在一起，把企業的利潤和員工自身的獎金捆綁在一起，可以充分體現員工當家做主。這樣的設計給了員工很大激勵，因為公司利潤越多，員工的年終獎就越多。如果經濟下行或者行業萎縮時，企業當年經營沒有獲得利潤，就不發放年終獎，這樣既可以緩解公司的財務壓力，又可以促使公司員工為獲得獎金而努力工作。

第二，分享原則。讓員工們享受股東一樣的待遇，可以使每一位員工分享公司利潤中的一部分。這種分享拉近了員工們與企業的關係。國外很多大型國有控股企業已經在實行這種年終獎與企業利潤掛鉤的獎金製度了。例如新加坡的大型國有控股企業新加坡科技服務公司（Singapore Aerospace Services Co-operative Ltd, SASCO），該企業員工的年終獎也是直接和企業當年利潤掛鉤的，其拿出了利潤中的一部分分享給每一

位員工。SASCO是新加坡國有控股也是勞動密集型企業，可以視為物流公司。薪點制年終獎發放模式已經在該公司實行了很多年了。

第三，公平原則。這裡的公平原則并不是要企業的每一位員工都拿到相同數額的年終獎，而是體現在年終獎的薪點值$Point_{bonus}$是相同的。員工的年終獎要考慮該員工在這一年中為企業奉獻了多少，這部分主要是由員工個人年度考核與員工所在部門的年度考核共同來決定的。通過年終獎把個人員工與部門聯繫在一起，以團體帶動效益，促進員工與部門榮辱與共。

2. 年終獎發放方法

關於年終獎計提比例I_{bonus}的確定，管理者可以借鑑物流公司歷年發放的獎金占利潤的比例。在實際操作時可以綜合考慮全體員工的總收入波動是否太大。管理者應綜合多種因素來確定年終獎計提比例。

員工年終獎的計算如下：

$Bonus_q = Point_{bonus} \times Job_{bonus}$

上式中：$Bonus_q$表示q員工年終獎，$Point_{bonus}$表示年終獎薪點值，Job_{bonus}表示員工年終獎薪點數。

$Job_{bonus} = JE_i \times WP_y \times DP_y \times N_{bonus}$

上式中：Job_{bonus}表示員工年終獎薪點數，JE_i表示i崗位價值的薪點數，WP_y表示個人年度考核分，DP_y表示部門年度考核分，N_{bonus}表示計獎月數。

其實員工年終獎薪點數可以微調，也可以靈活設置。

例如下面另外一種設置方式可以作為參考：

$Job_{bonus} = (Job_{fix} \times N_{at} \div N_{st} + Job_{float} \times WP_y \times DP_y) N_{bonus}$

上式中：Job_{fix}表示該員工固定薪點數，N_{at}表示正常出勤天數，N_{st}表示標準出勤天數，Job_{float}表示員工浮動工資薪點數，WP_y表示個人年度考核分，DP_y表示部門年度考核分，N_{bonus}表示計獎月數。

$Point_{bonus} = TB \div \sum Job_{bonus}$

上式中：$Point_{bonus}$表示年終獎薪點值，TB表示年終獎總額，Job_{bonus}表示員工年終獎薪點數。

$TB = NI \times I_{bonus}$

上式中：TB表示年度獎金總額，NI表示公司年度實際獲得的利潤，I_{bonus}表示獎金計提比例。

年終獎影響因素詳見圖4：

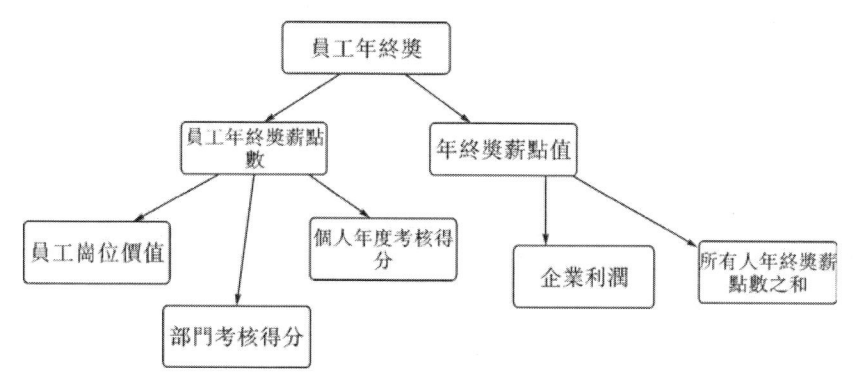

圖4 員工年終獎影響因素①

例五 財務部部長年終獎計算。財務部部長是17號崗位，按其崗位價值評分得到財務部部長崗位價值的薪點數 $JE_{17} = 315$，假設公司利潤 $NI = 1,800$ 萬元，年終獎計提比例 $I_{bonus} = 15\%$，假設所有人員的年終獎薪點數之和 $\sum Job_{bonus} = 52,000$，年度部門考核得分 $DP_y = 1.3$，年度財務部部長個人考核 $WP_y = 1.5$，計獎月數 $N_{bonus} = 1$。具體計算如下：

年度獎金總額 $TB = NI \times I_{bonus} = 1,800$（萬元）$\times 15\% = 270$（萬元）

年終獎薪點值 $Point_{bonus} = TB \div \sum Job_{bonus} = 270$（萬元）$\div 5.2$（萬元）$= 51.9$

該財務部部長年終獎 = 崗位價值×年終獎薪點值×部門考核得分×個人考核得分×計獎月數 = $JE_{17} \times Point_{bonus} \times DP_y \times WP_y \times N_{bonus}$

$= 315 \times 51.9 \times 1.3 \times 1.5 \times 1$

$= 31,879.6$（元）

（五）福利製度

1. 法定福利

國家規定的保險、公積金包括社會養老、醫療保險和住房公積金。社會養老保險和醫療保險的基數由員工的固定工資乘以當地法律要求的比例。住房公積金提取基數用社會保險基數。

2. 自助福利

公司的自助福利項目包括旅遊、帶薪假期和商業保險等，但是為了激勵員工為公司創造價值，這些自助福利需要設置一個使用門檻。具體門檻由管理者們制定，例如當某些員工績效考核分數達到設定門檻時（例如考核分數達到良好以上），這些員工才

---

① 資料來源：根據本研究整理。

具有享受自助福利的資格。同時自助福利也并不是每個人都一樣，設計自助福利與享受福利的員工們的薪點數和考核結果掛鈎。自助福利可以是金錢也可以是休假時間。下面為自助福利計算公式：

$Welfare = Point_{welfare} \times Job_{welfare} \times Yes/No$

上式中：$Welfare$ 表示自助福利，$Point_{welfare}$ 表示福利薪點值，$Job_{welfare}$ 表示該員工自助福利薪點數，Yes/No 表示如果員工績效分數達到門檻值（例如滿足良好，則為 Yes，付數值為1；例如不滿足良好，則為 No，付數值為0）。

$Point_{welfare} = TW \div \sum (Job_{welfare} \times Yes/No)$

[註：TW 表示自助福利總額，$\sum(Job_{welfare} \times Yes/No)$ 表示考核結果為良好以上員工的薪點數×該員工考核結果的加總。]

$Job_{welfare} = JE_i \times WP_q$

上式中：$Job_{welfare}$ 表示該員工自助福利薪點數，JE_i 表示 i 崗位價值薪點數，WP_q 表示 q 員工的績效得分。

以帶薪年假的自助福利為例，在讓員工享受法定假日的基礎上，公司可以設定自己的自助福利帶薪休假時間，來獎勵員工對公司的長期奉獻。

例六　假定每份自助年假 $Point_{welfare} = 0.8$ 小時，以此計算設備技術部水電維修工帶薪年假的天數。由於設備技術部水電維修工的崗位是56號崗位，崗位價值的薪點數 $JE_{56} = 62$，個人績效考核分數 $WP_{張三} = 1.2$（滿足管理者設計的資助福利。例如，在良好以上，該員工可以享受自助福利）。

設備技術部帶薪年假天數 $Welfare_{張三} = Point_{welfare} \times Job_{welfare} \times Yes/No$

$= Point_{welfare} \times JE_{56} \times WP_q Yes/No = 0.8 \times 62 \times 1.2 \times 1$

$= 59.5$ 小時（取整為60小時）

那麼，即表示在法定假日之外，該設備技術部水電維修工可以享受自助帶薪年假2.5天。

如果在滿足自助福利設定績效門檻的基礎上，該名高管績效考核為良好以上，由於高管的崗位價值 JE_i 比較大，所以他能夠享受的自助帶薪年假時間就會比較長。

接例五　17號崗財務部部長的 $JE_{17} = 315$，該財務部部長績效考核得分 $WP_y = 1.5$。

$Welfare_{財務部部長} = Point_{welfare} \times Job_{welfare} \times Yes/No$

$= Point_{welfare} \times JE_{17} \times WP_q \times Yes/No = 0.8 \times 315 \times 1.5 \times 1$

$= 378$ 小時 $= 15.75$ 天（取整為16天）

為了防止經濟風險，高管們享受帶薪年假時間一旦超過7天，人力資源部需要關注該名高管是否做好工作交接記錄，以免自助福利休假時間過長而影響公司正常經營。

五、薪酬體系的調整和評價

(一) 薪酬體系的調整

整體薪酬體系靈活簡單。薪酬結構每個部分的工資、獎金、福利都與員工的崗位價值的薪點數 JE_i 掛鈎。員工工資水平的調整，可以通過兩種模式實現，即宏觀上的調整和微觀上的調整。

(1) 在宏觀上對工資總額、獎金總額、自助福利總額進行調整。主要是調節每年計劃銷售收入 PR_y、固定工資計提比例 I_{fix}、浮動工資計提比例 I_{float}、獎金計提比例 I_{bonus}，來控製這些總額。隨著經濟的發展，通貨膨脹會造成貨幣貶值，生活物價上漲。由於公司決策層制定的不同戰略、公司主營業務的拓展和公司經營狀況的變化都要影響薪酬製度，管理者們需要針對這些變化提高或者降低各項計提比例，把整個企業的工資水平維持在合理的範圍內。

(2) 在微觀上對員工工資水平進行調整。管理者通過調整崗位固定系數 k_{fix} 和崗位浮動系數 k_{float} 來調整工資的結構，從而達到調整員工工資的目的。在實際操作中可以根據情況合理改變參數，有利於管理者更好地在薪酬福利上協調企業和員工之間相互依存的關係。

(二) 薪酬體系的評價

物流公司舊的薪酬福利體系有如下特點：

(1) 人力資源部計算每個員工的工資時程序冗雜，不同的工種、不同的合同，公司的薪酬政策均不同。公司中存在著只是因為合同不一樣、員工身分不一樣，工資就相差很大的情況，違反了勞動合同法規定的同工同酬。這些問題員工們私下都知道，也會抱怨，但卻沒有實質性的改變發生。

(2) 很多 B、C 類員工對自己的工資不滿意，尤其是一線的 C 類員工，這樣就導致物流公司一線員工的流動性很大，無形之中也給物流公司的人力資源部帶來不斷招新和培訓新員工的額外工作量。尤其在業務繁忙的時候，很多老員工選擇辭職，這種舉動無疑是給公司業務雪上加霜。

(3) 在物流公司現行的薪酬製度下，員工的績效系數與崗位價值系數掛鈎。這種製度是不科學也是不公平的。人力資源的管理人員在制定工資製度時，應該充分明確：績效考核是針對員工個人的，不是針對崗位的；崗位價值評估是針對崗位的，不是針對個人的。所以績效應該和個人表現績效評分掛鈎，而不是和崗位掛鈎。同時，不能理解為崗位級別高的員工，績效表現就一定比崗位低的員工好。崗位級別和績效之間并沒有呈正比例的關係，所以目前使用的薪酬福利製度存在著不合理性。

（4）部分員工享有保留工資，與沒有保留工資的員工拉大了差距，這不符合同工同酬的要求。

新的薪酬福利製度的優點如下：

（1）固定薪點值、浮動薪點值、年終獎薪點值、福利薪點值的確定是在除以所有員工的薪點數的基礎上求出來的，所以對每一位員工都是一樣的，做到了公平性。

（2）工資總額中的固定計提比例和浮動計提比例都是可以調整的，方便了管理者掌控薪酬總額，也方便了管理者靈活調動浮動比例系數或者獎金比例系數，來加大或者降低浮動薪酬和獎金對員工的激勵效果。

（3）工資計算方式簡單，每位員工的工資計算過程都是一樣的，做到了公平性和簡單操作性的統一。薪點工資製度很大程度上簡化了物流公司工資計算的難度，簡化了人力資源管理工作。

（4）浮動工資占整個工資的比重相對於以前舊薪酬體系來說增大了很多，在薪酬福利製度上配合了公司市場化戰略。

（5）新的薪酬製度，能夠將公司的經營狀況，直接以工資的變化形式快速傳達給每一位員工。

（6）管理者只需要控製幾個變量，即每年計劃銷售收入 PR_y、固定工資計提比例 I_{fix}、浮動工資計提比例 I_{float}、獎金計提比例 I_{bonus}、崗位固定系數 k_{fix}、崗位浮動系數 k_{float}，以及 SAP 系統中的個人績效得分和部門績效得分，全公司每個人的工資就能從 Excel 軟件中導出，從而管理者能夠很靈活地進行微調，很好地控製公司的整體情況。

參考文獻：

[1] 馬雲平，王迪，臧建玲.民營企業薪酬體系存在的問題及對策［J］.中國鄉鎮企業會計，2012（5）：158.

[2] 胡寧.薪酬結構對員工工作行為影響實證研究［J］.湖南社會科學，2012（2）：130-133.

[3] 陳曦.淺談國企薪酬製度現狀及優化［J］.人口與經濟，2009（S1）：28-29.

[4] 裴斐然.JN供電局薪酬體系評價與重構［J］.中國商貿，2012（33）：81-82.

[5] 胡小勇.市場機制決定企業自主分配政府宏觀調控——深圳企業收入分配新體制探索［J］.中國勞動，2000（9）：22-25.

[6] 王守安.效率·分配·激勵·理論與實證研究［M］.北京：企業管理出版社，1998（9）：166-204.

「互聯網+」對會計行業的影響

胡曉雅

一、引言

(一) 互聯網企業的興起

21世紀是信息技術高速發展的時代。在這個時期，計算機得到了普及，互聯網也成為人們生活中必不可少的一部分。在互聯網的大背景下，人們的生活乃至工作方式也開始發生巨大的變革。大批的互聯網企業開始進入人們的視線，阿里巴巴的誕生開啟了B2B的電子商務模式，而淘寶的出現又讓人們進入到C2C的時代，隨後京東開始迅速崛起，微商也開始受到越來越多的關注。電商企業開始逐漸地滲透到人們生活的方方面面，如專注書籍銷售的當當網，以銷售3C數碼聞名的京東，以化妝品為核心業務的聚美優品……這些以互聯網為依託的企業逐步衝擊著傳統的零售業——天貓的「雙11」交易量年年創新高，京東的存在也使得國美、蘇寧不得不開啟線上業務，支付寶的產生更是極大地促進了網路交易。

(二) 互聯網技術與行業的結合

隨著互聯網商業持續升溫，越來越多的行業開始關注行業與互聯網的結合。在淘寶獲得巨大肯定後，依託淘寶平臺的支付寶成功改變了人們的支付方式。之後，支付寶進一步推出餘額寶業務，邁出了互聯網金融的第一步。隨著餘額寶業務的普及，騰訊、京東等公司相繼推出相應的金融理財業務：理財通、京東金融等，希望在互聯網金融市場占得一席之地。除了互聯網金融，阿里巴巴還結合了淘寶和超市的特點，推出了天貓超市業務，同時其競爭對手京東也推出了京東到家的業務，這些互聯網與傳統超市的結合，又進一步改變了人們購買日常用品的習慣。滴滴、Uber等打車軟件的

推廣，使得出租車行業出現了新的變革，餓了麽的快速崛起又開啓了互聯網外賣的新時代。可是面對這些新興業務的快速發展，如何對這些新興業務進行會計處理，成為會計行業不得不面對的一項重大挑戰。

二、「互聯網+」的基本概述

（一）「互聯網+」的概念

「互聯網+」是創新2.0下的互聯網發展的新業態，是知識社會創新2.0推動下的互聯網形態演進及其催生的經濟社會發展新形態。「互聯網+」是互聯網思維的進一步實踐成果，其推動經濟形態不斷地發生演變，從而帶動社會經濟實體的生命力，為改革、創新、發展提供了廣闊的網路平臺。

「互聯網+」最強大的力量就是把互聯網技術和傳統行業進行整合，然而「互聯網+」并不是把互聯網和傳統行業簡單結合，而是利用信息技術和互聯網平臺把二者結合起來重新創造出新的社會生產力以滿足信息時代下新的社會需求。

（二）「互聯網+」的提出及其發展

「互聯網+」於2012年11月，在第五屆移動互聯網博覽會由易觀國際股份有限公司董事長兼首席執行官於揚首次提出。他認為，將來「互聯網+」公式應該是行業的產品和服務，在與將來的全網跨平臺用戶相結合從而產生的一種化學公式。2015年3月，在全國的「兩會」上，全國人大代表——騰訊公司的馬化騰，提交了《關於以「互聯網+」為驅動，推進中國經濟社會創新發展的建議》的議案。[①]同年3月5日，李克強總理在政府工作報告中首次提出「互聯網+」行動計劃，并提出「制訂『互聯網+'行動計劃，推動移動互聯網、雲計算、大數據、物聯網等與現代製造業結合，促進電子商務、工業互聯網和互聯網金融（ITFIN）健康發展，引導互聯網企業拓展國際市場」。[②]

（三）「互聯網+」會計的含義

「互聯網+」并不是簡單地把互聯網和其他行業結合起來，「互聯網+」會計也不是單純把互聯網和會計結合起來，而是希望把會計行業與互聯網平臺和信息技術有效結合起來，利用大數據大平臺，更好地服務於企業與社會。其實20世紀90年代中國開始推行的會計電算化，就是「互聯網+」會計的初級階段。不同的是，電算化改變的是會計的操作方式，只是以軟件推動會計信息來取代手工帳，還沒有真正充分地利用互聯

[①] 蘇賀、馬化騰.「互聯網+」將為經濟轉型升級提供重要機遇［EB/OL］.［2015-03-05］. http://news.youth.cn/gn/201503/t2015_0305_6504274.htm.

[②] 馬化騰.「互聯網+」激活更多信息能源［EB/OL］.［2015-07-09］. http://www.netofthings.cn/GuoNei/2015-0715705.html.

網的資源和會計數據。但隨著互聯網技術的發展，網路報帳、雲報銷等結合互聯網工具的會計時代正在到來。

三、中國互聯網環境分析

21世紀是信息技術高速發展的一個時代。中國作為最大的發展中國家，在互聯網領域也呈現了迅猛發展的態勢。截至2015年年底，中國的互聯網普及率已經達到50.3%，網民人數達到了6.9億，相比2012年增加了22%。國家統計局《2015年國民經濟統計公報》顯示，這一年中國在信息傳輸、軟件與信息服務行業的固定投資達到5,517億元，比上年增加了34.5%，位居各行業固定資產投資增長之首，而該行業的直接對外投資額更是高達57.8億美元，比上年增長了240%，這也充分地說明了互聯網相關產業在中國經濟中舉足輕重的地位。

（一）網民基本情況分析

1. 總體網民規模分析

中國作為世界上的人口大國，網民的數量不容小覷。2011—2015年中國居民寬帶接入用戶呈現逐年增加的趨勢，尤其是移動寬帶用戶的數量，具體數據如圖1所示。從圖1中，我們可以明顯看出2015年中國固定互聯網寬帶接入用戶21,337萬戶，比上年增加了5%，而移動寬帶用戶增加了30%以上，達到78,533萬戶。

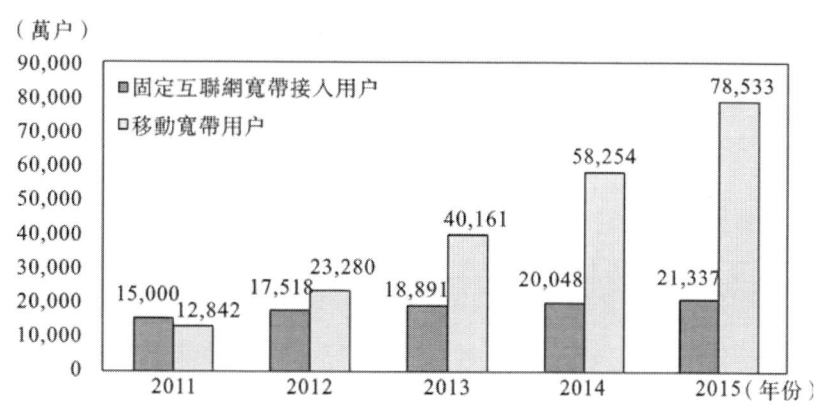

圖1 2011—2015年年末中國固定互聯網寬帶接入用戶和移動寬帶用戶數①

如此迅猛的增長速度，讓我們清晰地看到了互聯網產業在中國深厚的群眾基礎。

---

① 數據來源：《2015國民經濟和社會發展統計公報》。

而 2015 年移動互聯網接入流量比 2014 年增長了一倍，達到了 41.9 億 G，這也再次印證了中國網民對數據流量的巨大需求。

2. 手機網民規模分析

在中國眾多的網民中，手機網民在其中佔有舉足輕重的地位。國家統計局 2015 年的數據顯示，電信業全年電話交換機容量達到 211,066 萬戶，2015 年年末全國電話用戶總數達到 153,673 萬戶。移動電話的普及率上升至 95.5 部/百人，幾乎是人手一部電話。中國 6.8 億的網民中手機上網人數就占到 6.2 億人。正是因為存在如此之多的手機網民，許多互聯網企業紛紛推出相應的手機 APP 軟件以方便用戶對本企業服務的使用，從而增加企業的客戶數量並擴大企業自身品牌影響力。

（二）網民互聯網應用狀況

中國龐大的網民數量，是中國互聯網行業能夠取得長足發展的基礎。下面從信息獲取工具的發展情況、電子商務交易的發展情況和交流溝通的現狀分析三個角度來說明中國網民對互聯網的應用情況。

1. 信息獲取工具的發展情況

由於互聯網通信的便捷，人們可以通過網路迅速獲得自己需要的信息，從而促進搜索引擎行業的高速發展。在中國，互聯網三大明星企業之一就是百度，一個以搜索引擎成為國內互聯網巨頭的 IT 公司。隨著百度的成功，國內許多企業也創建了自己的搜索引擎工具，如搜狗、360 等。

2. 電子商務交易的發展情況

近幾年來，電子商務的繁榮，對傳統的零售行業造成了巨大的衝擊。2015 年中國社會消費品零售總額比上年增加了 10.7%，而網上的零售交易額就增加了 33.3%，達到了 38,773 億元。僅以淘寶「雙 11」數據為例，2015 年僅「雙 11」一天，淘寶的交易額就達到了 912.17 億元，比 2014 年的 571 億元增加了將近一倍。再考慮到當天其他電商平臺如京東、蘇寧、唯品會、聚美優品等的交易額，「雙 11」儼然已經成了全國網民消費的重大節日。

3. 交流溝通現狀分析

隨著互聯網的發展，即時通信的工具也開始逐步發展變化——從早期的電話發展到現在越來越多的即時通信軟件。雖然目前通信行業在人們日常生活中的地位並未動搖，但隨著互聯網的深入，通信行業正在面臨前所未有的挑戰。即時通信軟件 QQ、微信、Facebook 等已經使得傳統的三大通信巨頭移動、聯通、電信逐步淪為互聯網流量的提供者，使昔日通信商紅火的短信業務名存實亡。而網路電話也因其低廉的收費開始流行。隨著互聯網技術的進一步成熟，相信人們之間的交流和溝通將變得更加便利。

四、互聯網環境下會計行業的影響

（一）「互聯網+」對會計理論的影響

經濟學中各種理論體系通常都有其前提、假設，會計理論體系也不例外。傳統的會計理論包含四大假設：會計主體假設、持續經營假設、會計分期假設和貨幣計量假設。

1.「互聯網+」對會計主體的影響

會計主體通常是指被會計核算的一個獨立企業。它的提出是為了明確核算主體的空間範圍。因而在這個假設中，會計主體是一個確定的經濟實體。然而隨著互聯網的快速發展，互聯網企業開始迅猛發展，逐步出現了虛擬企業的概念。虛擬企業就是在網路環境中，由獨立個體、組織或機構組成的集合體，通過信息手段或通信技術完成整個經營過程。由於這類企業整個經營過程都是在網路中操作完成的，企業組織就可以十分靈活，可根據實際需要隨時建立、兼并或解散，因而企業的主體可以多元化，那麼對這類不確定的虛、實體如何進行核算和管理，成為會計領域的新問題。

2.「互聯網+」對可持續經營的影響

會計的經典假設——可持續經營假設，是指企業的經營活動在可預見的未來可以持續發展下去，并用會計信息記錄其發展過程。然而在互聯網經營模式下，企業的經營可以根據實際的情形靈活地變動。企業會根據自身的需要進行重組、并購，甚至在完成既定需要以後解散，這就使得企業可持續經營變得難以預計。比如手機打車服務，在此服務推出之初，各公司以高額補貼迅速點燃市場的熱情。儘管高速燒錢的策略迅速地改變了人們傳統的出行方式，但是這樣的經營方式卻難以支持企業長遠發展，因此很快滴滴和快的公司完成了并購。轉眼只過去了一年半，滴滴又宣布收購 Uber 中國。可見新興的互聯網企業，在機會與挑戰共存的情況下，經營風險也大大增加，能否持續經營也變得更加不可捉摸。

3.「互聯網+」對會計分期的影響

會計分期假設是在可持續經營的基礎上進一步提出的。它把企業的經營時間按相應的信息劃定了界限，以方便對會計數據進行整理、分析、匯總。然而在網路經營中，企業的結構更為鬆散，組織的分合成為常態，交易甚至經營的週期都可能極為短暫，在這樣的情況下再進行人為分期已顯得意義不大。過去進行會計分期是為了更好地核算、分析和評價已經發生的經濟業務，并為之後企業的經濟發展指明方向，然而在互聯網經營下，網路會計已經可以對企業的帳務進行實時處理，及時呈現實時財務報表。在這樣的背景下，會計分期就失去了最初的價值。以傳統企業為例，最常見的會計分

期是一年，即從每年的 1 月 1 日到當年的 12 月 31 日，而新興的網路紅包業務，在農曆春節達到峰值。農曆新年與新曆新年時間上的差異，使得該業務團隊的成本費用與收益的計算都因人為的會計分期跨越了兩個會計年度。這大大增加了會計處理的複雜度。

4.「互聯網+」對會計貨幣計量的影響

傳統的貨幣計量假設是指對可持續經營企業的核算以貨幣作為單位進行計量，然而在互聯模式的衝擊下，以貨幣來反應企業價值的依據被逐漸弱化。首先，電子貨幣或數字貨幣會對傳統的貨幣產生巨大衝擊。以騰訊為例，Q 幣已經作為其旗下所有產品的虛擬貨幣在該企業的經營中流通；同樣，京東也推出京豆，可以在京東平臺同人民幣一樣消費。而在美國，比特幣甚至可以像美元一樣正常交易、流通。這些虛擬貨幣流通範圍的擴大無疑會對傳統的貨幣計量產生不可估量的影響。其次，在信息技術日新月異的今天，對知識產權、對人才、對創新的競爭也達到空前的程度。在一些新興的互聯網企業中，這些無形資產甚至遠遠超過了固定資產，而傳統的貨幣計量方式對這些無形資產的計價卻顯得力不從心。在這樣的背景下，如何對企業的資產乃至業務進行貨幣計量、核算也是會計行業不得不面對的問題。

(二)「互聯網+」對會計實務的影響

1.「互聯網+」對會計計價方式的影響

在傳統會計中，歷史成本原則以其客觀性、可驗證性得到了普遍認可。然而隨著互聯網的高速發展，人們已經可以通過互聯網便利地獲得資產的實時價格，因而歷史成本能夠提供給需求者的信息價值已經降低，甚至在某些情況下會給經營者、投資者乃至債務人以錯誤的導向。尤其是在目前的高通貨膨脹率下，由於貨幣的快速貶值，歷史成本計價已經受到越來越多的抨擊。隨著時間的推移，對普通資產的計價可能會同交易性金融資產一樣採用以公允價值計價的方式，以實時的價格來確定資產的價值，從而避免歷史成本計價給信息的需求者帶來誤導的信息。然而如果完全採用實時計價的方式，又會使企業的資產總是處於不斷波動的狀態，難以維持企業資產的穩定。因而在互聯網的幫助下，及時獲得資產實時價格後如何處理資產實時價格與歷史價格之間的差異，也成了會計領域不得不面對的問題。

2.「互聯網+」對會計信息傳遞處理方式的影響

除了資產的計價方式被熱烈討論外，信息的傳遞也受到越來越多的關注。在信息化時代，會計信息的傳遞也發生了很大的變化，從以紙質為載體轉向了數字化媒介。眾所周知，財務報表反應了一個企業的核心財務數據，不僅可以為企業的管理者提供策略支持，也可以為企業的投資人、債務人提供決策依據。在傳統環境中，企業一般是在特定的時間編制財務報表，如月報、季報、年報等。然而在數字化的時代，通過互聯網對大數據的整理，以及計算機軟件的應用，實時財務報表的出現已經成為可能。這樣流程化的數據傳遞和處理，使得財務的監控，從事後的監督反饋真正轉向事中控

製，從靜態的管理逐步過渡到動態的監控過程。

另外，在大數據時代，由於會計信息的共享，企業掌握了更多與業務本身相關聯的數據，使自己對業務的認識更加清晰。這樣，企業的管理者在制定管理決策時也會更加準確。同時對投資人、債權人而言，他們也可以通過收集多方的會計信息來瞭解企業經營的真實性，盡量減少由於脫離對企業的實際管理而造成的對企業瞭解的不客觀性，從而減少甚至避免不必要的損失。

在大數據時代，社會可以通過互聯網平臺得到更多的信息，這對企業以及相關者而言，都是一件好事。然而凡事都是一把雙刃劍。對企業內部來說，會計信息是一個企業的核心數據、關鍵數據，而對企業外部來說，某些會計信息甚至是機密數據，然而由於互聯網的開放性，這些機密的會計數據在網路間傳遞就可能被競爭對手、網路黑客截取，同時也容易出現因操作不當而造成的對原始數據的非法篡改、刪除。在享受數字化傳遞帶給我們的便利的同時，如何保證會計數據的安全已經成為企業越來越重視的問題。這也就不難解釋為什麼很多大型的企業往往願意以高昂的代價去定制專門的會計軟件，并且會在這些軟件的設計中加上企業要求的權限控製，同時也只允許一些軟件在局域網中運行，以此來防止一些敏感的財務數據外泄。

因此，在「互聯網+」時代，企業一方面要利用大數據平臺提供的豐富的會計信息為企業服務，另一方面也要注意對可能涉及商業機密的企業核心會計數據進行保密，從而保護企業自己的利益不受損害。

3. 對會計職能的影響

傳統的會計工作在時間、空間以及業務流程上都相對固定，工作分工也十分明確，會計的職責更偏向於會計的核算，會計服務仍舊是提供標準化、模式化的財務信息。然而在「互聯網+」的會計中，會計服務更加強調會計對成本的控製、對決策的支持、對投資和對經營的幫助等管理會計的職能。這也是會計行業一直強調的要把會計的職能從會計核算轉換成會計管理。然而在實際的操作中，會計人員由於繁重的會計核算任務，仍然不能將會計的重心放在會計管理上。

然而，「互聯網+」會計卻為會計職能的轉換提供了條件和可能。因為在電子商務的過程中，會計核算已經可以得到簡化。以支付寶為例，現在支付寶已經推出記帳功能，可以清晰地呈現每一筆收入和支出。通過類似的軟件，會計核算的速度將大大提高，因而會計工作者能夠有時間和精力，把重心放在會計的管理職能上。通過會計核算呈現的會計信息，會計人員可以更好地幫助管理者調整經營思路、進行市場定位、制定價格策略，甚至對企業未來的發展方向提供思路和借鑑。由於會計人員從繁重的會計核算中解脫出來了，因此會計的監督和管理可以變得更加充分和及時。這樣就能徹底解決傳統會計只能進行靜態反饋的不足，使會計能夠真正做到實時反饋、實時監督。這樣的事中監督和管理方式，可以及時幫助企業改進不足，使會計真正融入企業

的高層管理。

4. 對會計從業人員的影響

在「互聯網+」時代，會計人員不僅要能記帳、算帳，還必須具備履行會計管理職能所必需的素質。因而在「互聯網+」的環境下，對會計人員的要求也會有所提高——除了應具備會計的基本素質，還需要瞭解相應的計算機、軟件以及互聯網的知識。隨著對會計管理職能的重視程度逐漸提高，中國以後對高素質會計從業人員的需求也會越來越高。

由於會計工作是一項龐大且複雜的工作，因此企業的會計往往不是由一個人完成的。而由於地理位置、企業本身業務的複雜程度等，會計人員的配置並不均衡。財政部門的數據顯示，在中國1,600萬持有會計從業資格證的人員中，有28%以上并沒有從事會計工作。而中國有超過6,500萬小微企業需要會計服務。并且由於中國區域經濟發展的不平衡，西部的從業人員水平相對較低，并且需求也往往低於東部。在這種供給、結構都不均衡的情況下，通過互聯網開放的平臺，可以對會計人員進行有效整合，從而實現會計服務的眾包，為小企業節省相應的人力和財務資源，也使得會計人員分工更加明確，專業程度和效率得到提高，從而提高會計服務質量。比如國內的打車軟件就是通過互聯網平臺，整合了閒置的私家車資源，從而徹底改變了人們的出行方式；再比如P2P平臺，也是整合了社會的閒置財富，從而為人們提供了一種理財新方式。另外，在互聯網的平臺下，也可以對會計人員進行整合，為社會提供更加有效和高質量的服務。

五、結語

隨著信息技術的高速發展，大數據時代的到來，我們能接觸到的數據信息也越來越多。我們可以更容易地收集到有關社會經濟的發展情況、各行業的發展現狀的數據，也可以更好地瞭解各個企業的經營進展。這些豐富的會計信息能夠讓會計工作者更好地行使管理會計的職能，幫助企業在戰略決策中發揮更加決定性的作用（比如對市場的細分、對價格的定位、對成本的控製等），從而在降低企業風險的同時擴大企業的經濟效益。同時，這些會計信息也使得投資者做投資決策時可以更加客觀地瞭解項目本身的風險性，使會計信息能夠更好地支撐投資決策。

然而受益於大平臺的數據服務的同時，如何在龐雜的數據中提煉我們需要的會計數據，并把這些數據加以利用，用以指導企業的經營、投資等，又成為會計領域的新問題。當然在大數據時代享受便捷數據服務的同時，「互聯網+」對會計理論的挑戰、對會計實務的衝擊、對會計從業人員不斷提高的要求，都將成為會計行業不得不面對

的挑戰。尤其對企業而言，在數據共享的大環境下如何真正保護機密的會計數據，防止數據洩露，也成為必須重視和思考的問題。

然而正是這樣機遇與挑戰并存的時代，才使得會計行業進入新的發展階段。就像會計從手工帳時期進入電算化時期之後再進入信息化時期一樣，會計行業只有在結合更先進的互聯網技術之後才能更好地行使其管理職能，為企業和社會服務，才能使得大數據時代的會計行業迎來新的春天。

參考文獻：

［1］張林，丁鑫，谷豐.「互聯網+」時代會計改革與發展——中國會計學會2015年學術年會觀點綜述［J］.會計研究.2015（8）.

［2］高一斌.「互聯網+」與大會計時代［J］.金融會計.2015（9）.

［3］毛維筠.基於網路平臺的電子商務與會計運作模式［J］.生產力研究.2011（4）.

［4］蔣文燕，董輝.試論互聯網對會計理論及實踐的影響［J］.經營管理者.2009（1）.

［5］闕傳保.會計信息化對會計理論與實踐的影響［J］.合作經濟與科技.2007（6）.

［6］馬化騰.兩會提案大談「互聯網+」：中國物聯網［EB/OL］.［2015-03-05］.http://www.netofthings.cn/GuoNei/2015-03/5507.html.

［7］網易科技.「互聯網+」未來發展十大趨勢［EB/OL］.［2015-04-03］.http://tech.163.com/15/0403/09/AM919OKU000948V8.html.

［8］中國物聯網.「互聯網+」激活更多信息能源［EB/OL］.［2015-07-09］.http://www.netofthings.cn/GuoNei/2015-07/5705.html.

［9］［英］維克托·邁爾·舍恩伯格.大數據時代：生活、工作與思維的大變革［M］.盛楊燕，周濤，譯.杭州：浙江人民出版社，2013（1）.

［10］陳光鋒.互聯網思維：商業顛覆與重構［M］.北京：機械工業出版社，2014（1）.

［11］金姬.2015：互聯網+元年.新民周刊［J］.2015（21）.

［12］曲振波.「互聯網+」時代下的管理會計.中國經濟.2015（6）.

［13］張新民.大數據：深刻改變未來［M］.北京：科學出版社，2013（12）.

［14］秦榮生.雲計算對會計、審計的挑戰與對策［J］.當代財經.2013（1）.

［15］胡婷婷.網路會計條件下的財務會計問題研究［J］.華北國土資源，2015（2）.

［16］王平.淺談互聯網時代的財務會計與管理新動向［J］.財經界（學術版），2015（14）.

［17］張恒睿，黃秋菊. 論互聯網對財務會計的影響［J］. 品牌（下半月），2015（13）.

［18］劉成民. 網路時代高職財務會計校內實習初探［C］//楊義先. 2011高等職業教育電子信息類專業學術暨教學研討會論文集.［中國］：美國科研出版社，2011.

［19］李輝. 論稅務會計的獨立［C］//中國煤炭學會經濟管理專業委員會. 第五屆中國煤炭經濟管理論壇暨2004年中國煤炭學會經濟管理專業委員會年會論文集. 徐州：中國礦業大學出版社，2004.

基於應用型高校教學方法的多樣性分析
——以財務管理實訓課程為例

歐陽玉涵

四川大學錦江學院是一所應用型大學。該校成立於 2006 年 4 月 12 日，教育部教發函〔2006〕78 號批准四川大學與四川旭峰實業有限公司合作試辦四川大學錦江學院。作者基於四川大學錦江學院財務管理實訓課，分析應用型高校教學方法的多樣性。

財務管理實訓課程是一門考查學生財務管理綜合知識的實訓課程。本課程幫助學生在校園裡提前接觸企業財務管理過程的各種實務。教學目標是掌握并運用財務基礎的理論知識解決財務管理實務中的各種決策問題。學生通過學習本課程，能夠把以前學的各項基礎課程都運用到企業財務決策中，做到實際運用和理論相銜接。在傳統的教育模式下，專業課程的主要教學目標是學生的專業理論和一些財務軟件應用的培養，但對於我校應用型本科來說是不夠的。參照應用型高校的培養目標（培養高層次應用型人才），教師們也應該重視學生能力的培養。

財務管理實訓課屬於應用型課程。應用型課程是相對學科性課程而言的，其需要改變傳統科學型課程「過多依託教材、過多局限課堂、過多傳授知識」的困境，更加強調應用能力的培養。目前應用型課程存在的主要問題有以下幾點：①受傳統課程的影響，課程的實踐性不足；②課程內容因循守舊；③教師資源有限；④現行考核評價機制存在局限。在課程設計時教師們應該做到面向市場需求，優化專業課程結構，增加綜合性課程實驗課程的課時，拓寬專業的口徑。下面筆者主要從教學的三個方面進行分析和改革。

一、基於教學方法的多樣性

高校的教學方法分為四類：①以語言傳遞為主的教學方法；②以直接感知為主的

教學方法；③以實際訓練為主的教學方法；④以引導探索為主的教學方法。

結合財務管理實訓的課程目標（掌握運用財務基礎的理論知識解決財務管理實務中的各種決策問題），以應用型大學本科大三的學生為授課對象，計劃採取以下具體方法來達到更好的教學效果。財務管理實訓課程需要既注重理論知識基礎又培養學生運用理論知識解決實際問題以及適應社會環境的能力，注重培養學生們分析問題、解決問題的能力，注重培養學生們的操作技能以及職業素養。整個財務管理實訓課程可分為三大模塊：短期營運管理、長期投資和長期融資。

（一）講授法

在課程每個模塊的開始階段，教師採取第一種以語言傳遞為主的教學方法，這主要體現為講授法、讀書指導法。講授法主要運用在復習和補充以前的財務管理理論中，目的是讓學生明白部分知識在將來的實務中如何應用，這些知識可以解決什麼樣的問題以及怎麼解決這些問題。教師要讓學生瞭解學習的目的，并使用讀書指導法，給出補充資料供學生們閱讀，以增加學生的信息量。另外，注意在補充資料時注重資料的時效性，在資料上註明哪些地方涉及基礎課程中已經學習過的知識點。該教學方式能夠有效地解決學生們處在大三時期的迷茫問題。學生們通過學習此課程，既可以為自己畢業就進入社會提高競爭力，也可以為自己確定以後考研究生的研究方向。

（二）建構主義的教學方法

在每個模塊的學習期間，最主要的方法就是第四種以引導探索為主的教學方法。以引導探索為主的教學方法主要包括發現法、學導式教學法、研究法、建構主義的教學方法。本課程主要選擇建構主義教學法。所謂建構主義教學法就是指認知結構學習理論在當代的發展。它強調學生的巨大潛能，認為教學要把學生現有的知識經驗作為新知識的生長點，引導他們從原有的知識經驗中「生長」出新的知識經驗。通過前期的講授法鞏固了學生們之前的理論基礎後，再結合建構主義教學方法進行教學，能達到更好的效果。該方法需要教師們從豐富的實際操作經驗中提煉與本課程進度匹配的教學內容。這樣的課堂體現了教師的主導性和學生的主體性相結合的原則。教師也做到了啓發教學，充分調動了學生學習的積極性和主動性，在實踐案例中鍛煉了學生的才能，在理論與實踐的深度互動中提高了學生學習的效率。

在這個階段，教學主要配合 PPT 展示或者小組討論形式展開，根據案例可以採用角色扮演。學生們以小組形式進行練習和討論，老師再進行引導和指導。利用上市公司公開的財務數據，對該公司以前的財務數據進行分析，并對將來的財務數據進行預測。指導學生們運用所學知識練習以下模塊：①上市企業的營運管理，如存貨、應收款、現金等。②長期債券和股權分析，如發債的期限和利率的確定，發債種類的選擇與目前市場上債券的介紹，發債或者借款時公司信用評級方式，分析哪些因素影響公司信用評級以及如何影響，瞭解發行股票的方式，公開發行股票存在哪些流程，公

盡職調查報告的書寫格式、企業價值評估等。③長期投資，包括收購的流程、項目可行性報告的格式以及注意事項、商業計劃書等。老師們可以根據學情適當地選取一兩個作為練習重點，其他大致介紹一下即可。

（三）讀書指導法與練習法相結合

聽課的學生是四川大學錦江學院的大三本科生。他們需要在大三學習很多專業課的應用課程，達到中國建設應用型大學的辦學目的。作為四川大學錦江學院的老師，應該根據學情和教材指導學生們有目的性地閱讀相關資料或者參考書籍。教師指導學生們將精讀、細讀與讀後思考相結合，達到更好的教學效果。其中主要有Excel在財務管理中的使用、ERP系統的使用，并配有一些銀行或者企業內部財務管理的培訓資料。

（四）開放式教學方法

本課程針對個別實驗班或者優秀學生，開展開放式教學。該教學主要是讓學生實際參觀企業，去事務所實習，瞭解新三板業務的財務板塊。考慮到學生的安全和活動的場地情況，本部分主要針對小班制的實驗班或者個別優秀學生。教師組織學生們參加開放式教學。需要負責任的老師帶領優秀的學生們實地走入企業，參觀不同企業的建設和營運情況。學生們參觀之後根據老師的指導完成相關報告，再經老師的指導與修改，完善報告。開放式教學需要老師們課前有充分的準備，事前老師要進行引導式提問，學生要自主學習和準備。完成這部分開放式教學之後，表現優秀的學生可以利用機會，在實習企業認真實踐，為自己爭取工作機會。

二、教學內容的豐富實用化

建立在第一部分多種教學方法的基礎上，自然教學內容也要豐富多彩、具有實際意義。這部分需要老師按照教材的架構（但不局限於教材），通過自己的能力重新組織和添加及時的閱讀材料。上課內容的時效性，不僅能夠增加學生的上課興趣，也可以為學生們將來研究生面試或者找工作面試增加案例分析的經驗。

對於及時的閱讀材料，主要是財務新聞的現象引入和思考，老師要讓學生利用已學知識分析，結合課堂和課下討論展開。老師的引導可以使學生成功解讀財務閱讀資料中含有的財務管理現象和財務含義。學生積極主動地參與課堂、完成作業，老師正確點評，這樣的教學會使學生印象深刻，為自己畢業後進入社會從事相關工作崗位奠定基礎。當學生在以後的職業生涯中遇到類似的情況時，他們就能夠借鑑上課所學知識來解決工作中的問題。這樣的課堂才能夠達到為社會培養高層次的應用型人才的目的，才能實現應用型大學的辦學目標。這樣豐富的課堂需要教師們做到三點。

（一）資源的豐富多樣性彌補課堂教學的局限

課程資源不是指課程活動的本身，而是指構成課程活動所需要的一切素材和條件。高校課程資源是指供給高校課程活動，滿足高校課程活動需要。它包含構成高校課程目標、課程內容的來源和保障課程活動的設備和材料。

高校課程資源有儲備功能和支持功能。儲備功能是指課程資源顯性的物質內容和顯性的觀念內容，這些都是人類文化傳承的載體。支持功能是指課程資源對課程活動具有維護、保障的功效。

高校課程資源的類型分為顯性課程資源和隱性課程資源。顯性課程資源是指看得見摸得著、可以直接運用於教育教學活動的課程資源，如教材和計算機，自然資源和社會資源中的事物和活動。隱性資源是指以潛在的方式對教育教學活動施加影響的課程資源，如學校和社會的風氣、家庭氣氛、師生關係等。

課程資源是一個老師的魅力所在。應用型高校在選擇師資時就應該選擇有豐富從業經驗者，并且應該多組織高校教師們參加社會相關培訓和實際項目，以及定期開展教師之間的交流活動（舊帶新的模式）。

（二）打破時空限制，提供便捷和多樣化的渠道

課程資源可以劃分為校內課程資源、校外課程資源和網路化課程資源。在準備課程資源時，教師要從多方面出發，為學生提供多樣化的渠道。因為學生的探索能力有限，所以需要老師指導和帶領學生們去尋找適合的課程資源。

例如，在如何去收集上市公司歷年的財務數據、根據收集的數據和分析的目的對數據進行加工處理以及如何利用所學知識來進行分析方面，老師可通過實際操作總結和介紹不同渠道收集數據的特色。老師可以讓學生們在新浪財經網、和訊網、巨潮網查找相關數據，或要求學生們瀏覽上市公司官方網站，查找公司歷年年報，再從中提取需要的數據。教學設備最好能夠安排在上網的機房，老師一邊指導，一邊要求學生們完成以上數據的收集和加工，處理學生們在操作中出現的問題。這個過程銜接了如何使用 Excel 進行數據處理的操作。

又如，企業融資模塊涉及公司最優資本的成本計算。在實際操作中專業人士需要通過 Excel 建立動態的二維變量表來幫助企業做出財務決策。這部分通常有專門的財務模板，老師向學生們展示這個模板，學生不僅要學會使用該模板而且要有能力獨立完成一個 Excel 建模。這部分知識要求學生們掌握資本成本概念（大二下學期財務管理課程知識），掌握計算資本成本的目的是什麼，而不是簡單地計算下 WACC。WACC 與企業的價值有關係，在融資和企業價值評估時，都需要計算它。數據處理主要利用 Excel 的數據模擬分析，通過計算機軟件自動完成動態計算。

又如，在企業并購、融資投資等環節都涉及的企業價值評估中，老師應教會學生使用資本資產定價模型。這部分知識就需要學生們瞭解什麼是資本資產定價模型以及

該模型的計算公式（大二下學期財務管理重點知識）。在實際操作中不像大二考試的計算題一樣會直接給出相關係數β、無風險利率r_f、市場收益率r_m。教師應該指導學生們自己找到這些數據并且教學生們學會使用 Wind 金融終端軟件。在求相關係數β時，學生應復習統計學的知識，即瞭解什麼是協方差，什麼是方差，在數據中如何表示風險。這個財務管理實訓課程是個應用型的綜合性課程，不僅僅涉及財務管理知識的應用，還涉及統計學知識以及各項軟件的使用。在進行數據相關性分析時，學生需要使用協方差、方差之類的簡單統計。

再如，在企業項目投資中，在進行現金管理或者現金預算時，老師應教會學生根據企業預測的實際情況靈活地編制模型，使用 Excel 的規劃求解。用計算機算出該項目每個階段的現金流情況後，開始 NPV 計算、IRR 計算。在學習這部分知識時，學生應復習以前財務管理學習的內容，即什麼是 NPV，什麼是 IRR，如何確定項目是否投資或者在投資中如何保證現金流，不浪費帳戶現金。學生們應熟練應用 Excel 建模和規劃求解來解決實際問題，或者利用 Excel 建模幫助企業財務計算各個資產的投資比例以保證風險最低。在使用 Excel 的過程中，學生們會出現很多操作問題，老師需要現場解決這部分問題，因此需要在學校能夠上網的機房進行教學。

（三）學習支持服務功能，實現因材施教

由於同學們吸收知識的能力存在差異，以前基礎知識的掌握情況也不同，再加上性格上的差異，授課的進度存在不一致，這就要求老師具有豐富教學經驗，能夠在上課期間明確知道學生在哪裡會出現什麼狀況，事前做好預防，講清楚操作中可能出現的問題。這樣做的目的是避免個別學生上課吸收不足導致不能順利學會實務操作的情況發生。同時，老師要有敬業精神，通過公布電話、電子郵箱做到與學生進行互動。另外，老師要能夠安排出答疑時間和指導學生們完成作業的時間，使學生們能夠更好地掌握財務管理實訓課程。鑒於是大學本科的學生，所以老師也不需要讓學生全部都熟練掌握。這樣一學期的課時可能不夠，老師需要根據學生們的情況選擇授課重點，通過重點案例分析和考核，完成教學目標，也對學生的學習和職業生涯起到促進作用。

三、考核方式的改革

目前很多大學生都存在著「60分萬歲」的思想，這種思想實際上很不利於學生的發展。輔導員和老師都需要對學生們強調學習這門課程的重要性。以前傳統實訓課程的考核就簡單地分為通過和不通過。這樣的激勵效果對大學生來說是遠遠不夠的。我們提到的改革主要是考核方式的改革。財務管理實訓課程加大了對學生們平時課程的參與度的考核，并採取百分制評價。從心理學角度來說，百分制更有激勵作用，舊的

評價機制「通過與不通過」造成很多學生學業不精的現象，部分優秀學生也不全力以赴，滿足於「60分萬歲，多一分浪費」的思想。該課程可以選擇論文考核的方式，提前要求學生們瞭解論文應該具有的格式以及學術性，可以參照畢業論文的格式。這樣的考核為學生們大四的畢業論文奠定了基礎。其中，針對特別認真完成論文的學生，老師可以幫助學生修改投稿。根據成就動力理論①，考核改革後能夠在很大程度上激勵學生們進行學習，能夠達到學生們積極參與課堂的目的。

這門財務管理實訓課程可以有效促進學生瞭解企業。該課程採取分組考核的形式，能夠培養學生的團隊溝通和協作意識，能夠達到激發學生的學習興趣，變被動學習為主動學習、自主學習的目的。經過一學期的多樣化教學方法，學生和老師都感覺到效果很好，課堂很活躍，能夠保證師資和授課的有效性。

參考文獻：

［1］葉時平. 高級應用型人才培養的研究與實踐［M］. 杭州：浙江大學出版社，2014（4）：15.

［2］傅林. 高等教育學［M］. 北京：高等教育出版社，2015（7）：75-107.

［3］郭英，張麗. 高等教育心理學［M］. 北京：高等教育出版社，2015（7）：43-45.

---

① 成就動機理論是在莫瑞（H. A. Murray）於20世紀30年代提出的「成就需要」的基礎上發展起來的。莫瑞認為，人格中心由一系列需要構成，其中之一就是成就需要。這一需要使人追求較高的目標，與他人競爭并超過他人。所謂成就動機是指人們在完成任務中力求獲得成功的內部動因，即個體樂意去做自己認為重要的、有價值的事情，并努力達到完美的一種內部推動力量。

中國商業銀行表外業務的風險管理

冷麗君

一、商業銀行表外業務概述

自身動力和外界壓力促進了商業銀行表外業務的產生和發展。表外業務產生和發展的動因可以用下面的等式表示：

TRICK + Rational Self-interest = OBSA + Securitization

其中，T 表示技術（Technology）；R 表示管制（Regulation）；I 表示利率風險（Interest）；C 表示顧客競爭（Competition for Customers）；K 表示資本充足率（Capital Adequacy）。這五種因素驅動了表外業務的產生和發展，是商業銀行為了尋求盈利機會而進行的努力。

（一）表外業務的含義

表外業務是指不被記入商業銀行的資產負債表，只可能在商業銀行財務報表附註內反應的各類交易活動。在這裡「可能」包含的意思是，并不是全部的表外業務都會反應在財務報表附註內。因此，表外業務存在廣義概念和狹義概念的區別。

狹義上的表外業務是指商業銀行所從事的，依照通行的會計準則不被列入資產負債表內，不影響資產負債的金額變動，但會構成商業銀行或有資產和或有負債的各類交易活動。這些交易活動雖不被列入資產負債表內，但在一定的條件達到時會轉化為表內業務，與表內資產和負債項目密切相關，需要在資產負債表附註中加以反應，以方便銀行和其他利益相關者對其進行瞭解和管理。

廣義上的表外業務是指所有不被列入商業銀行資產負債表的經營管理活動，包含狹義表外業務和金融服務類表外業務，即中間業務。中間業務一般不影響表內業務的

具體質量，僅給商業銀行創造服務性質的收入。

(二) 表外業務的發展

商業銀行作為企業來講，自身利益最大化或風險最小化是其經營的目標。為此，銀行要保證其金融資產的流動性、安全性、營利性。對「三性」的要求推動了表外業務的產生和發展。具體有四方面的因素。

1. 規避監管機構管制，增加利潤

20世紀六七十年代以來，存款結構發生變化，利率自由化以及金融資產證券化不斷擴大影響，證券市場開始湧現許多金融性資產。「脫媒」現象減少了商業銀行的存款，提高了貸款業務的資金成本，使存貸利差減少。隨後的20世紀80年代，各國中央銀行開始越來越嚴格地管理商業銀行，1988年的《巴塞爾協議》中規定的各類資產的風險系數和資本充足率，制約了表內業務的進一步開展。相反地，表外業務則要求資本充足率相對比較低的資本，銀行可以通過表外業務的運用逃避監管機構對資產負債表的制約，提高銀行獲利水平，從而開始飛速發展表外業務。

2. 轉移和分散銀行風險

20世紀70年代起，主要發達國家經濟發展停滯不前。1973年布雷頓森林體系解體，浮動匯率制開始普遍發展。20世紀80年代，規模空前的經濟蕭條嚴重影響了資本主義國家的經濟，此時以墨西哥、巴西等國家為代表的發展中國家債務危機爆發，金融環境動盪。利率、匯率變化無常，銀行不得不開發新的保值技術，開始廣泛應用金融衍生工具，將其同表外業務進行有效的組合，以此分散風險。

3. 提升競爭力，滿足客戶多樣需求

從20世紀70年代末起，西方發達國家對金融管制的放鬆，促使金融業務的開展更加靈活，證券市場向著國際化發展，利率也變得更加自由。這致使金融同業之間的競爭愈發激烈。20世紀80年代以後，部分非銀行金融機構利用自己的優勢條件，開始推出現金管理服務，奪取銀行大量客戶。為了應對這種情況，銀行不得不開闢新的表外業務，促進了表外業務的發展。同時，隨著金融產品、金融環境的改變，客戶對金融服務有了更多、更高的需求。例如為了防範和轉嫁匯率、利率的大幅變動給投資者帶來的市場風險，銀行開始發展代客衍生工具業務。

4. 科技進步的外部推動

20世紀80年代開始，計算機和通信技術空前發展，推動銀行業務向資金劃撥電子化、信息傳播網路化及數據處理程序化轉型，奠定了表外業務向規模化發展的基礎。到了20世紀90年代，互聯網將計算機技術與通信技術有效地結合在一起，使信息傳遞和業務交易的成本大大減少，進一步使表外業務的發展上升到一個新水平。

(三) 表外業務的分類

商業銀行表外業務按照具體業務的性質，可以大體分為四個種類。

1. 貿易融通類業務

該類業務是指與貿易有關的結算、支付、融資等各類業務。這類業務的展開促進了貿易企業的資金融通，推動了經濟貿易的發展，并且給銀行帶來了豐厚的收益。其中比較具有代表性的是信用證業務和銀行承兌匯票業務。

2. 金融衍生工具類業務

該類業務發展於20世紀70年代，對金融行業以及融資仲介過程產生了巨大的影響。金融衍生工具具有套利、避險、投機等優勢，得到商業銀行的廣泛應用。

3. 金融保證類業務

該類業務是商業銀行運用商譽來取得收入的代表性業務。目前中國商業銀行業務正不斷地從表內擴張到表外，其中發展得較快的就是金融保證類業務。其中大多數是保函、備用信用證、貸款出售、貸款承諾和資產證券化等。

4. 仲介服務類業務

伴隨經濟環境的不斷發展和變化，這類業務在傳統中間業務的基礎上不斷擴大業務範圍，推陳出新。仲介業務憑藉商業銀行在技術、人才、信息等方面的領先優勢展開業務來獲取收入。仲介業務不會對商業銀行的資產負債表產生任何影響，并且是眾多表外業務中風險最小的一類。

(四) 表外業務的特徵

相較於銀行的表內業務的傳統性，表外業務更具特殊性，其有四個特點：

1. 多樣化發展，交易比較集中

商業銀行表外業務的種類繁多，靈活性很大。銀行不僅可以直接地參與金融市場也可以充當中間人。交易方式分為場內和櫃臺交易兩種。金融法規對表外業務資本金的要求較低，而表外業務又能大幅提高銀行的利潤，因此各筆業務的金額及業務總量都相當大，同時出現了交易集中化的現象。在美國，表外業務每筆金額至少在百萬美元以上，部分金額在幾千萬美元到幾十億美元不等。由於金額巨大，一般一家銀行不能承擔，而需要由大商業銀行或大投資銀行牽頭。

2. 表外業務透明度較低，不容易監管

除了部分業務以附註的形式反應在資產負債表上外，大多數表外業務不在資產負債表上反應，使其難以在財務報表上真實體現，監管當局、股東、債權人等外部人員無法準確瞭解銀行的真實經營水平。低透明度使得表外業務的固有風險無法被正確地識別和分析，同時又缺乏有效的監管和控製，給銀行帶來了巨大的風險隱患。

3. 表外業務金融槓桿性大，盈虧數額較大

除金融服務類表外業務外，其他的表外業務具有槓桿性，是高收益高風險的金融業務。交易者利用較低資金成本參與市場交易。如果其預期與市場趨勢相同，則可獲得高額收益；相反如果其預期同市場趨勢不同，則會遭受巨大損失。該特徵在金融衍

生工具市場上尤其明顯。1995年巴林銀行的倒閉，導火線就是新加坡交易員尼克·里森違規買入大量日經指數期貨，造成高達10億美元的巨額虧損。

4. 提供資金與服務相分離，非資金資源得到廣泛應用

商業銀行利用自身的人員、機構、設備及信譽從事表外業務活動，而非自身資金，利用其特有的人力、經營訣竅、金融技術、金融工具等提供服務和擔保、給予承諾等。商業銀行充分利用非資金資源以獲得手續費收入。銀行提供擔保和承諾給交易對方，產生了潛在的義務。只有在一定條件下才會有貸款的發放或資金的收付，這取決於業務的發展情況。

二、中國商業銀行表外業務的風險

近年來，由於相繼發生商業銀行因表外業務風險蒙受損失的事件，尤其是金融衍生工具類表外業務監管力度不夠，存在較大風險隱患，防範表外業務風險的呼聲越來越高。因此，明確表外業務風險的定義及分類、瞭解表外業務風險的特徵，是進行表外業務風險管理和控製的第一步。商業銀行表外業務風險是指多種不確定因素對商業銀行表外業務的經營產生影響，導致實際收益不同於預期收益，結果取得額外收益或遭遇損失的機會或可能性。

（一）表外業務風險的分類

商業銀行表外業務的風險與傳統的風險類型劃分基本類似，依據不同的劃分標準能夠劃分為不同的類型（見表1）：

表1　　　　　　　　　　不同依據下的表外業務風險分類

劃分依據	風險類型
風險的性質	動態風險；靜態風險
風險的產生根源	客觀風險；主觀風險
風險的影響程度	系統風險；非系統風險

按照巴塞爾委員會在《有效銀行監管的核心原則》中的分類，商業銀行表外業務的風險主要有十種。下面主要介紹在表外業務經營中比較常見且對表外業務影響較大的七類風險：

1. 市場風險

市場風險指的是由於金融市場變量的變化或者波動而引起的資產組合未來收益的不確定性。金融市場變量主要包括股價、匯率、利率及衍生品價格等。故市場風險也

稱價格風險。表外業務的市場風險主要是由於利率、匯率等的變化而使銀行遭受的資產損失。尤其在金融衍生產品交易中，包括期權、期貨、互換、遠期利率協議等。若利率和匯率的波動方向與銀行預測的相反，則銀行不但達不到規避風險和控製成本的目的，反而會遭受巨大損失。例如在票據發行的便利中，如果是經營固定利率票據，銀行作為持票人，若利率上升，銀行所持票據價格下跌，銀行將遭受損失。市場風險主要包括：匯率風險、利率風險、商品風險和權益風險。

2. 信用風險

信用風險指的是因借款人或者交易對方不能或不願履行合約而給另一方帶來損失的可能性，以及由於借款人的信用評級變動或履約能力變化導致其債務市場價值的變動而引發損失的可能性。表外業務大部分反應或有負債或或有資產，雖然不直接關係到債權債務的產生，但是在債務人因為各種因素無法償付債權人時，銀行則有成為債務人的可能性。例如，在票據發行便利和信用證業務中，當票據發行人或開證人無法在約定期限履約時，銀行將會成為債務人。

3. 操作風險

操作風險是指因為金融機構內控系統或計算機交易系統缺陷而造成的風險。它通常與系統差錯、人為操作失敗、控製不嚴密等因素相關。部分金融衍生產品複雜的價值測算和結算方法，會增大風險。巴林銀行事件的慘痛教訓充分顯示了做好操作風險管理工作的重要性。根據定義，可將操作風險分為操作失敗風險和操作戰略風險。商業銀行內部操作表外業務過程中出現錯誤可能導致操作失敗風險，包含由過程、技術及人為的錯誤造成的風險；由外部因素的變化或不利影響造成的操作戰略風險，如因監管環境等發生變化而影響商業銀行對表外業務的操作而導致的風險。

4. 流動性風險

流動性有兩種不同的理解[①]，一是籌資流動性，即金融機構滿足資金流動需要的能力。某項業務具有流動性是指其產生的現金流可以滿足其支付要求。某機構具有流動性則是指機構經營所產生的現金流可以滿足機構的支付要求，其中現金流既包括資產的收益，也包括從金融市場上借入的資金。二是市場流動性，又稱資產流動性，即金融資產在市場上的變現能力。流動性風險指的是因流動性的不足而導致資產的價值在未來產生損失的可能性。流動性風險產生的原因是流動性不足，表現為資產價值在未來的可能損失。這種可能損失表現為資產價格的降低或者資產收益的減少。流動性風險也分為籌資流動性風險和市場流動性風險兩類。籌資流動性風險是指金融機構缺乏足夠現金流，沒有能力籌集資金來償還到期債務而在未來產生損失的可能性；市場流

---

① 菲利普·喬瑞. 風險價值 VAR——金融風險管理新標準 [M]. 陳躍, 譯. 2 版. 北京：中信出版社，2005：202.

動性風險是指由於交易的頭寸規模相對於市場正常交易量過大，而不能以當時的有利價格完成該筆交易而在未來產生損失的可能性。

5. 結算風險

結算風險指的是表外業務展開後，到交割期時，交易對手不能夠及時履約而產生的風險。即銀行在收到對方一筆款項前對外進行資金結算，到資金清償期後由於技術或對方經營困難等原因而導致資金支付過程中斷或延遲而產生的風險。結算風險可能是技術操作上的原因造成的，可能是債務人或付款人清償能力不足造成的，也可能是政治、軍事等其他原因造成的。結算風險會使銀行面臨信用風險、市場風險和流動性風險。

6. 信息風險

信息風險指的是由於表外業務缺乏會計準則、報表製度及核算辦法，給銀行會計處理帶來許多困難，使得銀行財務狀況記錄不真實，銀行管理層和客戶不能及時得到準確的信息，從而做出不適當的投資決策所造成的損失。雖然某些表外業務尤其是金融衍生工具可轉移或降低單個交易風險，但是由於現行會計製度無法及時、準確地反應表外業務給銀行帶來的盈虧而使整個銀行帳目產生虛假變化，因此管理層的投資決策缺乏確切的數據基礎。同時，運作情況重疊得越多，錯誤信息就越多，銀行面臨的風險也就越大。

7. 國家風險

國家風險指的是商業銀行用外幣供給國外債務人的資產遭受損失的可能性，其主要由債務人所在國家的政治、經濟、社會環境等各種影響因素造成，取決於一國的償債能力和意願。國家風險發生在跨國的金融活動中，一國範圍內的金融活動則不會發生國家風險。政治風險和經濟風險是國家風險的兩類最重要風險：政治風險是指由於一個國家內部政治環境或者是國際關係等因素的不確定性，而造成其他國家的經濟主體遭受損失的可能性。政治動亂、大規模罷工可能造成政治風險。經濟風險是指由於一個國家的經濟方面不確定性因素的變化，而造成其他國家的經濟主體遭受損失的可能性。國民收入水平的變動、經濟發展狀況的突然變化、惡性通貨膨脹的爆發以及外匯儲備的變動等可能造成經濟風險。國家風險的產生還會引發派生風險，主要有三種，即轉移風險、部門風險和主權風險。

（二）表外業務風險的特徵

現行金融法規一般對表外業務的資本金要求較低，使得表外業務大部分項目有「以小博大」的功能，且其交易方式和形式可由商業銀行自由選擇。同時，由於缺少公允且完備的會計準則，表外業務的風險比較特殊。表外業務風險的特徵有四點。

1. 風險具有較高的不確定性和複雜性

同一項表外業務可能存在幾種不同的風險，不同風險又可能相互產生作用，相互

抵銷或代替，加大風險決策的難度。另外，金融市場瞬息萬變，表外的或有資產和或有負債可能在任何時候轉變到表內反應，這必定加重銀行負擔，增加銀行管理難度。而按現行銀行制度規定，除開一部分表外業務要以附註形式反應在資產負債表上外，大多數表外業務不反應在資產負債表上，這使得表外業務的規模和質量都不能在財務報表上得到真實體現。其結果是銀行內部人員也難以把握銀行經營的風險狀況。

2. 風險損失大

表外業務的高槓桿率使得表外業務的每筆交易額巨大。如果操作不當，銀行往往難以承受巨額的虧損。另外，商業銀行的業務廣泛影響經濟社會發展和人們的經濟生活。一旦銀行由於經營失敗遭受風險損失或者倒閉，其不良影響遠遠大於普通企業。

3. 風險較集中

資產負債表表外業務在較大規模銀行比較集中，因為表外業務蘊含的敞口風險很大，較小規模的銀行承受能力有限，不適合承擔巨大風險。

4. 風險難計量

不斷出現的創新金融工具是表外業務的主要組成部分。表外項目通常會有很多種類且業務量較小，特別是對於金融衍生工具來說，對一種基本工具加以變化處理又能創造出更多種類的其他金融工具。管理者由於缺乏經驗，難以對其進行準確的風險衡量。

三、中國商業銀行表外業務的風險管理

(一) 商業銀行表外業務風險管理現狀

關於風險管理的研究在國內理論界方興未艾，但在實際中，中國大多數商業銀行對現代意義上的風險管理概念理解得并不是很深入，基本上還未建立起具有現代意義的風險管理部門。即使在理論上，也很少能夠全面系統地掌握風險計量、管理的理論和方法，尤其是微觀層次上的金融機構管理活動，內涵還不豐富。目前，中國商業銀行表外業務風險管理現狀主要表現在以下四個方面：

(1) 風險管理仍然以宏觀定性化管理為主，量化管理薄弱，即使是數量特徵較強的外匯、衍生產品也是如此。

(2) 金融衍生品市場尚未形成和完備，抑制了風險的量化管理手段及需求。出於防範金融風險的考慮，中國金融監管部門始終奉行穩健有餘而靈活性不夠的監管政策。金融機構既不能利用衍生金融產品來管理風險，也在很大程度上缺乏風險管理的現實需求。

(3) 表外業務風險管理的外部經濟環境有待優化。這要求我們積極推進國有大中

型企業的現代企業製度改革、經濟結構的調整、產業政策和宏觀經濟政策的科學決策和實施等，為金融風險管理創造一個寬鬆有力的經濟環境。另外，要正確處理好金融創新和其風險管理的辯證關係，積極借鑑國際上有關風險防範與化解的成功經驗，加強國際合作，提高中國表外業務風險管理水平。

（4）商業銀行在風險管理中主動管理的意識不強，主要依賴於監管層的行政指令和宏觀協調，但同時其也在不斷進步中。

（二）商業銀行表外業務主要風險的管理

商業銀行表外業務主要風險的管理包括三個方面：

1. 市場風險管理

銀行必須建立精確衡量并充分控製市場風險的機制，為銀行的市場風險暴露頭寸，尤其是對交易業務的價格風險提供充足的資本金準備，同時，銀行也必須對與市場風險相關的市場風險管理程序設定確定的定性及定量標準，對每一類交易和全部交易設置適合的限額，實施充分的內部控製。關鍵是區分交易和非交易業務，獲得關於市場包括利率水平、匯率和市場價格的充分、及時的信息，充分瞭解資產組合的期限、幣種、風險暴露頭寸等，根據需要安排避險交易，從而對表外業務的市場風險進行持續、準確的監控和處理。另外，對避險交易同樣應該進行合并的風險管理。

2. 操作風險管理

銀行的高級管理層應擁有極為有效的內部控製和審計程序，并建立健全管理和化解運作風險的政策，例如保險或者應急計劃。同時，對內及對外各個操作系統應有後備或者保險應急措施，在操作系統中設置各種確認程序和預警系統。一旦交易員操作失誤或者系統出現故障時，能夠及時地發現并糾正，報告給管理層。另外，銀行還應擁有充分且經過調試的業務恢復計劃（如遠程設施），為預防主要系統發生故障提供備用。

3. 信用風險管理

對於信用風險，商業銀行應該建立健全完備的信用授權和信用檢測製度，對交易和投資組合進行持續、獨立的管理和監控。

第一，銀行的每一筆交易及投資組合都必須建立在穩健性原則的基礎上。銀行必須建立并保持審慎的信用授權、審批和管理程序，以及完整的交易文檔。銀行建立管理信息系統的一個關鍵因素是建立一個數據庫，提供有關交易，包括交易對方的信用評級和交易的細節等必要情況。

第二，銀行必須建立表外業務資產質量評估和損失準備的政策、做法和程序。建立有關單項交易、資產分類和準備金提取的政策，并定期檢查以統一執行。建立監測有問題的交易及處理的程序。在交易提供擔保或抵押的情況下，銀行應建立一套機制，以持續地評估這些擔保的可靠性和抵押品價值，審慎完整地記錄所有表外業務的風險

并持有充足的資本。

第三，銀行應特別重視信用風險集中的情況及處理。應建立審慎限額，包括對單一交易對方和一組交易對方或其他重大的風險暴露頭寸。限額通常以占銀行資本的百分比來表示。新組建或規模較小的銀行由於業務及技術等原因很難實現風險分散，因此它們通常持有較大的表外風險暴露頭寸，對此，應保持較高的資本準備。銀行還應建立反應風險集中程度的警戒線等，如資本金或貸款總額的一定比例，以此監控信用風險過於集中的危險。

(三) 商業銀行表外業務風險管理的製度

鑒於表外業務風險的猛烈性和突發性，中國商業銀行應該積極探尋針對表外業務風險進行有效管理和控製的方法。雖然目前國際上尚沒有統一認定的處理規則，但是經過約三十年的探索，可得到許多有操作意義的管理方法和舉措。商業銀行可以參考以下管理製度設計表外業務風險管理和控製的方法，防範及規避表外業務風險，進行表外業務的日常管理：

(1) 信用評估製度。為了避免與低信用級別的交易對手交易，商業銀行應該採取措施加強信用評估辦法。例如，民生銀行將表外信用承諾業務納入客戶統一授信，實施額度管理，并依據銀監會制定的《貸款風險分類指引》，針對主要表外業務品種進行風險分類。另外，其制定了《中國民生銀行信貸資產風險分類管理辦法》指導日常信貸資產風險管理。其分類原則與銀監會制定的《貸款風險分類指引》一致，將信貸資產分為正常、關注、次級、可疑、損失五類。

(2) 業務風險評估製度。商業銀行有必要針對表外業務的風險制定完備的評估機制和計量程序，以定性分析為基礎做定量分析。各個業務按照確定的風險系數的大小來收取不同費率，目的是緩和定價風險。例如美國對備用信用證就根據不同的風險系數和期限收取不同比例的費用。

(3) 雙重審核製度。自巴林銀行破產之後，許多商業銀行都吸取教訓，實行雙重審核製度，即將前臺交易員、後臺交易員和後臺管理人員嚴格分開，各負其責。前臺交易員根據市場變化，及時調整風險敞口額度，後臺管理人員則做好跟蹤結算，發現問題及時提出建議或上報，以便採取補救措施。

(四) 商業銀行表外業務風險管理的建議

根據表外業務及其風險的特徵和存在的現實問題，筆者對表外業務的風險管理和控製提出七點建議：

1. 注重成本收益率

銀行經營表外業務需考慮成本收益率，原因是每筆表外業務的成本支出和業務量并不成正比。表外業務的收費比例并不高，這要求單筆業務的成交量需要具有較大規模，以使得銀行的業務收入在扣除成本後實現較多淨收入。銀行需要提高資產利潤率，

提高應對風險的水平。另外需要注意的是，經營表外業務的前提是表外業務具有合理的風險系數。當風險系數太大時，銀行可以選擇放棄或者謹慎經營。

2. 注重槓桿比率管理

表外業務可以小博大，因為其財務槓桿高。如果說按原有槓桿率從事表外業務，在市場波動較大的情況下，一旦失誤，可能會使銀行所利用的表外業務工具因價格（如股指、期指、匯率等）急遽下降遭受慘重損失，從而令銀行全部資本喪失殆盡。因此銀行在從事表外業務時，不應按傳統業務的槓桿率行事，而是應當根據銀行本身的財務狀況及每筆業務的風險系數，運用較小的財務槓桿比率，預防預測失誤，避免銀行步入危險境地。

3. 注重流動性比率管理

許多商業銀行遭遇過因經營表外業務失敗、交易對手違約而導致銀行面臨缺乏清償力的情形。為了避免出現這種情況，商業銀行應該對風險系數相對較高、業務量較大的備用信用證、貸款承諾等業務進行流動性比率的管理，可以通過要求交易對方在備用信用證項目下交納押金或者保證金、在貸款承諾中交納補償金等方法，規避銀行風險，確保銀行的清償力。

4. 計提風險準備金

商業銀行通常按照固定比例對傳統業務計提風險準備金，來防範突發事件產生的巨大損失。為強化商業銀行應對風險的處理能力，商業銀行應該同樣對表外業務計提風險準備金，以減少其在遭遇交易方違約時產生的損失。

5. 注重資產組合管理

為了分散表外業務的風險，商業銀行應該在條件允許的情況下具有較多的資產組合，即運用多樣化的資產組合來對表外業務進行風險管理，利用相關係數較小的不同資產來均衡盈利和虧損，減少銀行的風險。

6. 優化清算、結算及支付系統

主要是縮短標準化交易日與最終支付的時間差，更廣泛地採用金融工具的同日交割支付製度，進一步加強主處理系統的可靠性，增強各種金融工具的市場流動性，增強市場吸收和消化因市場心理突然轉變而引起市場劇烈波動的能力。

7. 加強會計核算

由於表外業務特殊的會計處理方式，商業銀行和監管機構往往忽略其會計核算的要求。但會計核算對於表外業務的管理來說，其實是非常重要的。有效的會計披露有利於相關會計信息使用者及時發現表外業務風險并對其進行管理，避免風險轉化為損失。

四、總結

中國商業銀行開展表外業務必須從中國具體國情出發，堅持穩妥謹慎的原則，開發適合中國現實的表外業務。商業銀行在開展表外業務的同時，應當注重表外業務的風險管理和控製，不斷提高表外業務會計核算的水平和信息披露的質量，提高表外業務的經營效率和效益。監管部門和相關政策法規制定部門也應從中國不斷發展的金融環境和表外業務的發展狀況出發，加強監管力度，完善表外業務相關管理政策和會計準則，為中國表外業務發展營造良好環境，促進金融業高效、可持續地發展。

參考文獻：

[1] 許瀹薩. 中國商業銀行表外風險探析 [J]. 經濟技術協作信息，2007（18）：24-25.

[2] 孔祥林. 商業銀行表外業務的風險成因分析與防範措施選擇 [J]. 呼倫貝爾學院學報，2007（4）：18-20.

[3] 楊立斌. 商業銀行表外業務會計處理中的問題及對策 [J]. 金融會計，2012（5）：17-22.

[4] 譚遙. 關於中國商業銀行表外業務發展的思考 [J]. 經濟與社會發展，2011（11）：37-39.

[5] 朱淑珍. 金融風險管理 [M]. 1版. 北京：北京大學出版社，2012：105-110.

[6] 鄒宏元. 金融風險管理 [M]. 2版. 成都：西南財經大學出版社，2006：229-238.

[7] 戴國強. 商業銀行經營學 [M]. 2版. 北京：高等教育出版社，2004：65-68.

[8] 趙麗敏. 基於Credit Metrics模型的商業銀行信貸風險的度量 [J]. 市場論壇，2012（4）：23-25.

[9] 易雲輝. Credit Metrics模型計算信用風險的實例分析 [J]. 江西科技師範學院學報，2005（8）：11-14.

[10] 黃光聆. 淺論銀行表外業務及其風險 [J]. 中國管理信息化，2010（11）：22-24.

[11] 張金清. 金融風險管理 [M]. 2版. 上海：復旦大學出版社，2011：94-95.

[12] 菲利普·喬瑞. VAR：風險價值——金融風險管理新標準 [M]. 陳躍，等，譯. 2版. 北京：中信出版社，2005：202.

[13] 穆培林. 銀行表內外業務的正確區分與核算 [J]. 金融會計，2004（3）：9-11.

［14］ DOUGLAS W. DIMAND, RAGHUMAF. RAJAN. A theory of capital ［J］. The Journal of Finace, 2000: 31-35.

［15］ PETER ROSE. Commercial bank management ［M］. New York: Mc Graw-Hill Inc, 2000: 147-151.

論利率市場化對中小商業銀行的影響及經營對策研究

龍夏秋　徐子惟

一、背景理論分析

(一) 利率決定理論

所謂利率市場化，是指利率不再由國家全權制定，而是由金融市場的供需決定。雖然國外在20世紀70年代才掀起了金融自由化，但是它的基礎利率理論可以追溯到17世紀重商主義時期。古典經濟學家配第最早定義了利率。他認為利率由地租派生而來，由資金供求和地租的變化起伏決定，不應由政府強行規定。新古典經濟學家馬歇爾則認為，利率是由儲蓄（資本的供給）和投資（資本的需求）的平衡決定的，即當兩者不平衡時，資本會在供給方和需求方之間流動。他還提出，儲蓄是利率的增函數，投資是利率的減函數。

而進入現代後，凱恩斯的流動性偏好再次刷新了人們對利率的認知，人們認為貨幣是一種流動性最強、被社會廣泛認可、能代表財富，但是風險又最小的最佳的財富形式。利率是放棄這種流動性偏好時所獲得的報酬，而不僅是放棄了對資產的持有時間。他認為，市場利率決定於人們對貨幣的流動性偏好（需求）和央行決定的貨幣供給量，因此央行可以通過貨幣政策來改變利率。後來羅伯森提出了可貸資金理論，對古典利率理論和凱恩斯的理論進行了改進。可貸資金理論認為兩種理論都帶有片面性，即無論是實物市場還是貨幣市場都對利率具有影響。同時，該理論分析了市場的供求雙方的成分，還引入了國外資金。而後希克斯和漢森對前人的所有理論（儲蓄和投資、貨幣供應和貨幣需求）進行了綜合考慮，並加入了收入的因素，建立了IS-LM模型，

利率決定理論逐漸成熟。

(二) 利率市場化理論

在利率市場化理論研究中,最主流的觀點是美國經濟學家麥金農(1973)提出的金融抑制論和其同事肖(1973)提出的金融深化論。強行制定較低的利率,使實際利率較低甚至為負,那麼儲蓄將減少,對實體經濟的投資將會過度增加。對金融機構來講,這會造成資金短缺的情況,解決辦法是貸款配給。但金融機構通常都會選擇低收益低風險或者是大型的企業(國家指定扶持)。中小企業無法得到資金,無法進行後續發展,蛋糕無法做大,這樣造成的結果就是實體經濟和金融市場都無法發展。因此他們提倡發展中國家的政府要減少對金融市場的干預,使市場自己形成最佳利率,以平衡儲蓄和投資。在麥和肖之後,由於各個國家改革中陸續出現問題(如東南亞金融危機),經濟學家開始思考政府對利率的間接調控的合理性。比如赫爾曼等(1988)通過實證研究提出金融約束理論,他們認為政府管制利率并不一定就是「金融抑制」。只要保證低通脹率、商業銀行經營不被政府干預,稍低於均衡的利率反而會使吸收的存款更多,也可以刺激貸款,使金融仲介賺得租金,這是一種因時制宜的過渡政策。

(三) 利率市場化中關於中小商業銀行的研究

中國20世紀90年代開始提出要實行利率市場化,故相應的研究歷史相對於國外晚很多,主要研究範圍是商業銀行。

巴曙松等(2013)認為,中小銀行在規模方面劣於大型國有銀行,因此無論是在傳統業務還是在中間業務方面都處於劣勢。市場化後,面對利差風險的上漲和激烈的競爭,定價能力以及抗風險能力弱的中小銀行勢必受到更大衝擊,對此,可以利用自身經營業務的靈活性來開展多元業務。

黃金老(2001)在風險方面有較多研究。他認為市場化進程中銀行主要面對的是階段性(不可規避的金融風險)及恆久性(可規避的利率風險)兩種風險,并提出了以預測的利率為根據來調整表內業務結構并加強表外管理的方法。

左中海(2012)認為,與美國、日本相比,中國的金融經濟大環境具有特殊性,體現在結構轉型與週期下行重疊,使得改革充滿不確定性;存款脫媒、人民幣國際化加劇銀行業競爭;實行新的資本監管標準給銀行帶來更多壓力。因此,加快轉型是必然出路。

邵伏軍(2004)分別從微觀和宏觀兩個角度分析了市場化帶來的風險,并提出了雖然利率升高是必然走向,但是并不會出現超高利率的觀點,因為在中國,銀行之間是激勵競爭的關係,并且國家也不許有寡頭壟斷的情況出現。

另外,學者普遍認為,在市場利率化初期,必會出現由利率上漲帶來的一系列問題,如利差風險、競爭加劇、可能出現的儲貸危機等,需要一系列市場機制來加以規範。銀行內部要努力適應環境,大力發展中間業務,尋求差異化的經營思路。但是,

也有不少學者如泰翰·菲茲羅等（2010）、李春紅等（2012）利用敏感性缺口等方法分析認為，中小規模的銀行利率風險管理能力是大於大型銀行的，但是依然存在競爭問題和中長期的敏感性缺口問題。

二、中國的利率市場化進程

（一）實施市場化改革的必要性

1. 實行金融管制對金融經濟的抑制

發揮市場配置資源的決定性作用是中國推動利率市場化的根本目的。中國的經濟製度一直都在往自由化的方向發展，然而利率實行管制是與自由化相悖的。人為限制存貸款利率，使得銀行雖然在開放初期通過這種犧牲儲戶利益的方法使被扶植的行業（通常是大企業）獲得低成本資金來發展自身，但而後這些行業增長速度放緩或者下降，就會出現效率降低的金融抑制的現象。

2. 金融脫媒對中小銀行經營造成的困難

金融約束論告訴我們，利率的管制體制需要建立在低通脹、銀行經營少干預以及穩定的宏觀環境下才會有最佳的效果。然而中國曾多次處於高通脹的狀態，實際利率為負或者很低，導致銀行存款成了高機會成本的投資方式。近年來，金融理財產品豐富起來，并不局限於儲蓄、保險、債券等傳統方式，如天鴻基金推出的餘額寶、P2P信貸機構如中國平安旗下的陸金所等機構，利用低投資門檻外加移動終端的便捷吸引了大量資金，資金從各個銀行匯聚到這些金融機構的託管銀行中，增強了這些銀行的實力，但託管銀行通常都是個別銀行，因此在一定程度上，其餘銀行的存貸業務受到了打擊，產生了金融脫媒現象。

（二）中國的利率市場化改革

借鑑其他國家的經驗并結合自身國情，1996—2015年，中國利率市場化改革走了一條漸進式的改革路線。

在1979年之前的計劃經濟時期，中國利率一直處於低而平穩的狀態，因為并不影響資金流動，與企業與銀行的經營收入的關係不大，政府并不經常調整。改革開放之後，為了順應市場經濟的發展配置資金，商業銀行從央行脫離出來，政府逐漸開始提高利率并放鬆管制，表現為央行下放浮動權利，并根據經濟發展熱度多次連續地上下調整利率。在市場化程度提高的同時，1993年國務院正式提出了利率市場化思路。從1996年開始至今，改革從貨幣市場、債券市場、外幣存貸款和人民幣存貸款四個角度進行。主要有如下方面的成就：

逐漸放開四個市場中金融產品的利率。在貨幣市場，從1986年開始，銀行間可以

互相拆借，并且雙方協定利率。雖然1990年國家設置利率上限，但1996年就開始撤銷各個銀行自身的同業拆借機構并在1996年推出了中國銀行間同業拆借利率（CHIBOR），并放開利率。在債券市場，1997年銀行間同業拆借中心開始運行債券交易業務，并從1998年開始，國家政策性銀行和財政部開始在拆借市場用招標方式在市場發債。在存貸款方面，以先外幣後本幣、先貸款後存款、先長期後短期、先大額後小額的思路進行。到2000年，外幣的貸款和大額外幣的存款已實現利率市場化，到2004年央行僅保留1年期的存款利率上限管理。人民幣大致也採取類似於外幣的做法，直到2015年10月24日，不再設置存款浮動上限，僅保留一年期定期存款的上限管理，放開上限，這標誌著市場化改革的基本完成。另外，利率的浮動範圍也在不斷擴大。以個人住房貸款下限為例，其從2006年由基準利率的0.9倍變為0.85倍，到2008年擴大到0.7倍。

在進程中值得注意的是，在改革過程中政府對金融市場機制的建立。例如，2007年開始運行的上海銀行間同業拆借利率（SHIBOR），它是由信用較高的銀行團自主報出的利率，算是平均利率，現在一般被視為市場的基準利率。通過調整基準利率並限制波動範圍，各種與之聯繫的金融產品價格可以得到調控。

目前，金融機構的資產方已完全實現市場化定價，負債方的市場化定價程度也已達到90%以上，改革取得了豐厚的成果。

三、利率市場化給中國中小銀行帶來的影響

（一）中小銀行特點和改革期間的利率特點

1. 中小銀行的定義與特點

在中國，中小商業銀行是指除了工、農、中、建、交等國有大型商業銀行之外的銀行。除此之外，按照規模和經營的區域來看，中小銀行也可分為全國性的股份制商業銀行和區域性的股份制商業銀行。然而在中小銀行群體中，銀行間的實力差距也是很大的，招商銀行、興業銀行、浦發銀行在2015年的總資產均達到了5萬億元。區域性的銀行以城商行南京銀行為例，它的資產僅為8,050億元，但增幅已達到40.46%。除此之外，大部分區域性經營的銀行并未達到上市要求。

在討論影響之前，瞭解中小銀行的特點有利於更好地理解改革帶來的影響。中小銀行特點之一就是儲貸業務占了很大的比例。從圖1和圖2可以看出，雖然非利息收入近年來逐漸升高，但是2002—2013年中小銀行平均利息收入一直在80%以上，在四個上市的區域性商業銀行中利息收入最高達到了96.87%。利息收入主要是貸款利息、債券投資、投放央行及同業的存款利息等，而中間業務主要是銀行卡業務、代理委託

業務及託管業務等。可見，中小銀行對傳統資產負債業務的依賴程度很高。在金融高度自由化的美國，中間業務發展已十分成熟，20世紀90年代商業銀行的中間業務收入至少在30%以上。可見，中間業務的發展空間還很大。

圖1 截至2013年第3季度中國中小銀行非利息收入占比

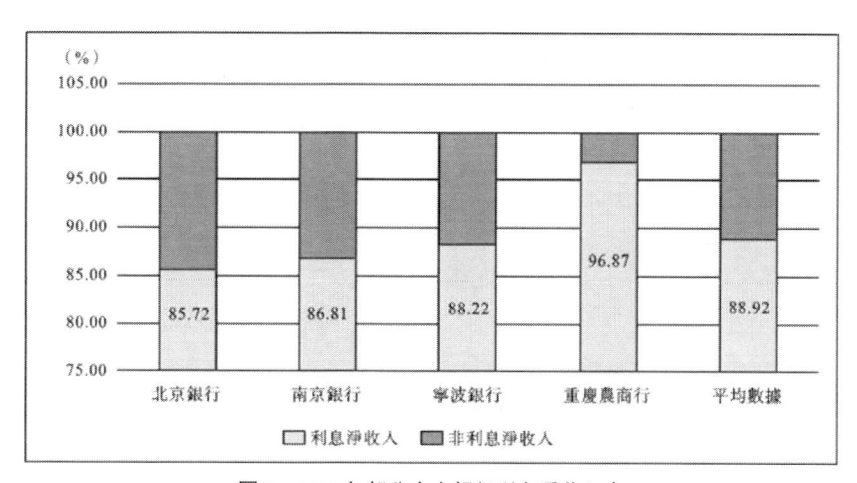

圖2 2013年部分中小銀行利息淨收入表

與國有大型銀行相比，中小銀行在業務上有很強的地域性。這體現在由於中小銀行總部設於地方，輻射臨近地區，所以在當地有相當豐富的客戶資源，與當地企業、政府的關係更加緊密，更加適應當地的經濟環境，可以獲取更多信息，從而在服務過程中降低交易成本。另外由於中小銀行體系較小，因此它們在根據市場情況改變業務決策或者根據內部情況改變管理決策時反應更加迅速。

但地域性也意味著中小銀行受當地經濟狀況影響很大，業務範圍狹窄。但隨著近

年來的迅速發展，部分銀行規模不斷擴大，開始與大型銀行爭奪資源，但面對大型銀行技術、規模等方面的優勢，同質化的業務路線往往出現資金不足的情況。

2. 市場化進程給中小銀行帶來的挑戰

早在進程開始之前，國務院在《關於金融體制改革的決定》中提出了以「央行利率為基礎的市場利率體系」，明確表示出了以市場為主、調控為輔的方向。我們看到在短期內，有不少學者提出一旦存款或貸款利率放開，就會出現因市場競爭而產生的存款利率上升、貸款利率下降的現象，利差水平下降。如圖3所示，2006年4月到2010年10月的一年期的存貸利差由3.6%降到3.1%以下。但如圖4所示，從長期來看，存貸款利差的高低很大一部分由當時的經濟週期決定。例如20世紀90年代中期，通貨膨脹率高且存款率低，導致利率處於極高的位置，後來又因經濟危機連續降息。又比如2008年經濟危機時的降息。雖然2002年後存貸利差的確有微弱下降的趨勢，但是調控一直保持平穩。2013年央行行長周小川在接受採訪時表示，利率市場化推進後，因為貸款利率會隨著資金成本增加而升高和現下對資金需求偏大，所以存貸利差大幅收窄的可能性較小。而央行貨幣政策司司長李波在2015年10月接受採訪時表示，如果在放開存款利率上限時配合經濟下行的形勢降息的話，可以部分對沖利率上行帶來的趨勢。結合上述信息，筆者認為，在利率放開之初會出現存貸利差收窄的現象，但因為政府調控，并不會大幅收窄，而利率長期升高或降低是由經濟大環境決定的。

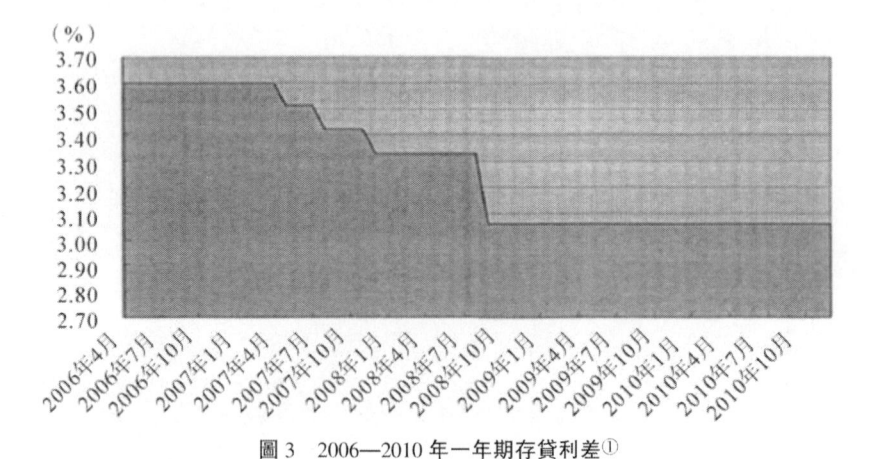

圖3　2006—2010年一年期存貸利差[①]

---

① 數據來源於人民銀行網站。

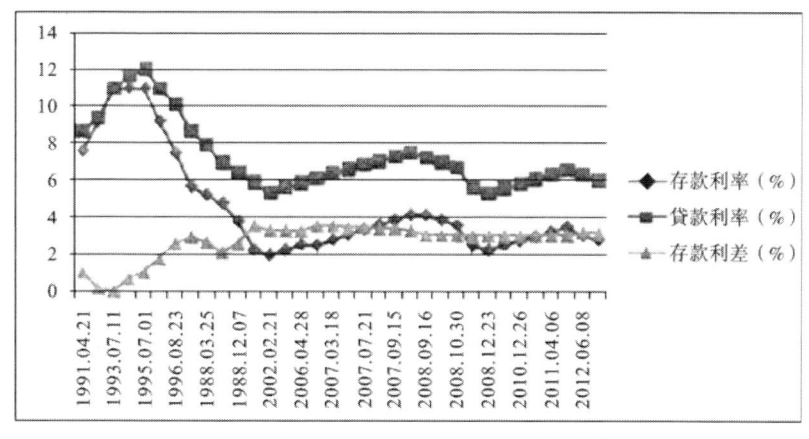

圖4　1992—2012年存貸款基準利率變動①

(二) 利率市場化進程給中小銀行帶來的風險

相關理論中提到，利率市場化進程給銀行業帶來的是兩種風險：階段性風險和恆久性風險。

1. 階段性利率風險

階段性利率風險是改革初期因為利率上升和波動而不可規避的風險，對中小銀行影響較大的主要是逆向選擇風險；而恆久性利率風險是改革後因為利率波動發生但是可以分散的風險，分為重新定價風險、收益曲線風險、選擇性風險和基準風險。

此外上文已經分析，因為利率市場化之後，銀行為在市場競爭中吸引客戶，可能會降低貸款利率或升高存款利率，所以存貸利差會降低，導致利率收入減少而資金成本升高，這也符合各國在市場化過程中的經驗。圖5反應了各個國家和地區在市場化初期的利差下降程度。

根據長期的經驗，由於長期的利率管制，利率通常在放開初期呈上升趨勢。高利率將更多地吸引為了溢價而支付高利率的企業，同時意味著在高資金成本的背景下銀行的資產業務充滿了高風險，違約率增加。這就是逆向選擇風險，它甚至會引發銀行破產。

2. 恆久性利率風險

在恆久性利率風險方面，重新定價風險是一個跟利率敏感性缺口有關的概念。利率敏感性缺口等於敏感性資產和負債的差。敏感性就是指較短時間內要到期或要重新確定價格的資產或負債。最佳的情況是兩者相等，而中國商業銀行存在用短期存款來

---

① 數據來源於人民銀行網站。

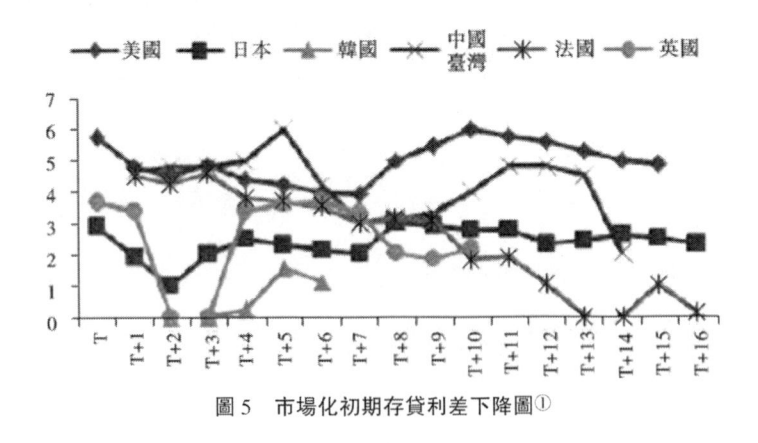

图5 市场化初期存贷利差下降图①

支撑长期贷款的现象，也就是说当短期利率因管制开放而上升时，可能出现银行支出存款利息增加的情况，影响总收入。另一种缺口情况如表1所示。

表1　　　　　　　　　敏感性缺口在不同利率情况下的收入

正缺口/负缺口	举例	当利率上行	当利率下行
正：敏感性资产多于负债	借款长期化，贷款短期化	利息收入增加	利息收入减少
负：敏感性资产少于负债	借款短期化，贷款长期化	利息收入减少	利息收入增加

吸收大量短期借款也会导致收益曲线风险。一般来说，收益曲线体现了投资收益率与到期日的正向关系，到期日时间越长收益将会越高。但在利率放开后，短期利率上升可能会出现收益曲线倒挂的现象，即短期利率会和长期利率的差距越来越小甚至反超。而银行会利用富余资金投资一些长期的国债。在短期贷款利率上升的情况下，银行的净利差会受到影响。

中小银行还会面临选择性风险。经营状况和信誉良好的大客户有时会因为利率波动趋利避害而调整在银行的贷款或者存款。比如在利率上升时将存款取出再存入从而获得最高的利息。银行为了保留这些客户，通常会同意这种情况发生，但是这样对利息收入有着负面影响。情况如表2所示：

表2　　　　　　　　　不同利率情况下的选择性收入

变动	客户行为	选择性风险
利率上升	提前取出（再存入）	用更高的存款利率重新吸引存款
利率下降	提前偿清以减少贷款利息	用更低的贷款利率发放贷款

---

① 根据FDIC和世界银行数据绘制。

最後，基準風險在中國主要是由於央行調整存貸款的幅度不一致、加減息不對稱對銀行利息收入造成的風險。

四、美國利率市場化與其帶來的思考

（一）美國的利率市場化進程

美國是最先進行利率市場化的國家。在貸款利率早已市場化的背景下，他們的主要目標是存款利率。在此之前，他們管制利率的主要方式是實行「Q 條例」，規定銀行對活期存款不得公開支付利息，并規定活期與定期利率的最高限度，禁止金融機構投資股票。這種製度阻礙了資金的資源配置，難以使銀行業進行正常競爭。20 世紀 70 年代，中國在高通脹、銀行難以吸收存款、金融脫媒的背景下開始了改革。建立存款機構自由化委員會來逐步放開利率限制和最小餘額，一直到 1986 年放開存折利率上限才標誌改革結束。在改革之前，受壓制的利率大大低於因為通貨膨脹而上升的市場利率，脫媒的壓力主要來自於證券業以及貨幣市場共同基金。改革之後，銀行業開始了負債端金融創新，比如大額可轉讓存單和反脫媒的貨幣市場存款帳戶等，吸收了大量受利率監管程度低的存款。創新還體現在 20 世紀 80 年代，在由於經濟問題導致利差下降、資產業務質量下降、風險居高不下的情況下對中間業務的拓展。從 20 世紀六七十年代到 2000 年，非利息收入從 20% 上升到 40%。

（二）美國改革帶來的經驗

我們也看到，在美國貸款利率本身已經自由化的情況下，雖然逐步放開存款利率已經 17 年，但在過程中仍有很多中小銀行倒閉，而且主要是儲蓄貸款機構。其原因是這種儲蓄貸款機構主要依靠長期住房抵押貸款和短期儲蓄存款，在 20 世紀 80 年代經濟不景氣的情況下，貸款減少、質量下降，雖然政府嘗試放寬會計標準等方法來彌補損失，但利潤大幅下降導致 20 世紀 80 年代有超過 1,000 所這樣的機構倒閉。因此對於中國的銀行來說，調整資產負債比例十分重要。

成功生存下來的銀行，面對外部複雜環境，除了關注資產質量以外，還積極發展中間業務、并購擴張、專注授信適合自己的客戶。比如以 20 世紀 80 年代的摩根銀行為例，它定位高端市場，公司用戶是其主要客戶群。在業務組合中，主打公司金融、企業并購、證券交易和銷售、投資管理和私人銀行業務，由商業銀行向商人銀行轉型。雖然摩根銀行是傳統大型銀行，但是可以為小型銀行提供思路。下面將會提到關於目標客戶的定位。

美國能成功地完成利率市場化與政府不斷謹慎調節和完善的製度有關，而存款保險製度對於儲戶的資金安全、維護銀行信用和抵禦金融風險有重要的作用。而在運用

激進式的改革方式的拉美國家，并未考慮當時的宏觀經濟條件與發展不完善的金融市場，最終給經濟帶來巨大的負面影響，導致改革失敗。

五、中國中小商業銀行面對利率市場化的對策

在改革過程中，銀行面對的種種風險在經營時會具象成以下問題：在業務上，盈利能力受到影響，資金不足；在市場上，面對市場的激烈競爭，市場份額減少；在經營方面，頻繁波動的利率將加大銀行的定價難度與風險管理難度。但是改革進程為中小銀行帶來挑戰的同時，也帶來發展的契機。

（一）積極發展中間業務

中國中小銀行目前仍然十分依賴儲貸業務，而且利息收入越低，市場化帶來的利率波動給中小銀行的收益帶來的負面影響越大。同時，存貸利差減小也會直接影響收益。而相對於美國的銀行中間業務帶來的利潤，中國的中間業務發展還有很大的差距，需要進行產品創新，并根據自身市場定位發展高附加值的業務。雖然起步晚，但是目前中國中小銀行的中間業務發展迅速：2015 年，光大銀行中間業務增長率達 35.7%，華夏銀行達到了 53.1%，重慶銀行甚至達到了 66.4%。中間業務的種類很多，其中投資銀行業務、理財業務收入將會成為熱門項目。

（二）定位中小企業客戶

中小銀行應該找到合適的市場定位，實行差異化的經營策略，利用自身的地緣性，吸收本地的中小企業客戶。實際上，在美國利率市場化改革時期，政府曾專門成立了中小企業管理局，用於向中小企業融資提供擔保，并讓銀行根據風險自主定價。這樣不僅解決了中小企業的融資問題，也在一定程度上解決了當時由資產質量下降帶來的風險管理問題。筆者認為，面對中小企業現階段融資難、擔保體系不完善的情況，國家必定會出抬相關政策，實現雙贏。

（三）多種風險管理方式

完善的定價體系，關係到市場化後盈利能力和競爭能力的提升。合理的存款定價可以加強對成本的控製并吸引更多優質的客戶；在貸款方面，完善的定價體系可以使資產收益更高、違約率更低；從現已成為業務新增長點的中間業務來講，定價將會關係到銀行未來的發展前景。比如在貸款方面，在央行確定的基準利率基礎上對不同的產品和客戶情況進行有分類的定價，從客戶的行業、地區、用途、貸款方式和與銀行發生的其他業務等維度綜合考慮。

國內外較大銀行都有專門統一的風險管理部門，用於平衡儲貸結構，而不是由部門分散管理，所以在組織上，需要建立由總行領導的風險管理體系，分、支行定期向

總行匯報，以減小利率敏感性缺口。除此之外也可以使用表外的方法，預測未來可能出現的利率波動并通過金融衍生工具交易轉移利率風險，對資金進行套期保值，主要包括遠期利率協議、利率期權和利率互換。

新的定價體系、風險評估和表外風險轉移需要銀行對人才與技術進行大量引進和投入。

總之，利率市場化雖然給中小銀行帶來了一系列的利率風險，但也成為它們轉型的契機。現階段利率市場化的進程已基本完成。隨著互聯網金融的繁榮發展，利率波動將會變得頻繁，中國中小商業銀行仍需不斷改善自身經營模式：差異化集中於中小客戶，發展中間業務，加強風險管理。在不久的將來，銀行間可以通過合作、合并的形式發展，以克服資金不足、抗風險能力弱的劣勢。

參考文獻：

［1］劉瑜. 利率市場化進程中中國中小銀行的利率風險控製［D］. 成都：西南財經大學，2014.

［2］羅納德·L. 麥金農. 經濟發展中的貨幣與資本［M］. 盧驄，譯. 上海：上海人民出版社，1997：6.

［3］愛德華·S. 肖. 經濟發展中的金融深化［M］. 邵伏軍，許曉明，宋先平，譯. 上海：上海三聯書店，1988：10.

［4］青木昌彥，金瀅基，奧野-藤原正寬. 政府在東亞經濟發展中的作用［M］. 北京：中國經濟出版社，1998.

［5］巴曙松，嚴敏，王月香. 中國利率市場化對商業銀行的影響分析［J］. 華中師範大學學報，2013（7）.

［6］黃金老. 利率市場化及商業銀行風險控製［J］. 經濟研究，2001（1）.

［7］左中海. 利率市場化與中小銀行轉型［J］. 中國金融，2012（15）.

［8］邵伏軍. 利率市場化改革的風險分析［J］. 金融研究，2004（6）.

［9］菲茲羅，頗特，泰科斯. 中國的利率市場化：比較與借鑑［J］. 新金融，2010（10）.

［10］李春紅，董曉亮. 中國商業銀行利率風險管理的實證研究［J］. 華東經濟管理，2012（4）.

［11］王天宇. 新常態下中小銀行利率市場化研究［M］. 北京：中國金融出版社，2014.

［12］雷洪光. 利率市場化進程中中國商業銀行中間業務發展研究［D］. 成都：西

南財經大學，2014.

　　[13] 馮爾婭. 利率市場化對中國商業銀行利率風險的影響研究［D］. 成都：西南財經大學，2013.

　　[14] 張健華. 利率市場化的全球經驗［M］. 北京：機械工業出版社，2012.

　　[15] 錢舒，利率市場化對中國上市股份制商業銀行盈利能力和經營風險的影響和對策［D］. 上海：復旦大學，2011.

前兩大股東的股權特徵對企業價值影響的實證研究

羅仁風

代理理論的研究通常要解決兩個問題：一是股東與經理人員的衝突（Berle & Means, 1932; Jensen & Meckling, 1976）；二是大股東與小股東之間的利益衝突（Shleifer & Vishny, 1997）。解決好這兩個問題的關鍵是如何合理設計企業的股權結構。

國內已經有一些探討股權結構對企業治理效率的影響的文獻，如孫永祥、黃祖輝（1999），陳小悅、徐曉東（2001），劉芍佳等（2003）的文獻，然而這些文獻只討論了第一大股東持股比例或第一大股東性質與企業業績、治理效率的關係。我們認為，股東之間的利益關係是討論股權結構一個不可忽視的方面，尤其是在企業存在兩個實力相當的大股東時。但這方面的研究很少，即使在西方國家也很少見，主要是因為英美等普通法國家的企業的股權通常是很分散的，企業一般不存在絕對控製整個企業的大股東，而同時再出現一個與之抗衡的第二大股東的可能性就更小。然而在東亞，股權集中的現象很普遍（La Porta et al., 1999），不少企業也存在持股比例足以達到抗衡第一大股東的第二大股東。因此，探討大股東之間的利益衝突對企業價值、治理效率的影響就顯得非常必要。

20世紀90年代末，國外已經有學者注意到這個問題。Pagano & Rod（1998）、Bennedsen & Wolfenzo（2000）通過研究得出，由少數幾個大股東分享控製股，使得任何一個大股東都無法單獨控製企業的決策，可以起到限制掠奪行為的作用。Lehman & Weigand（2000）的研究認為，第二大股東的存在，提高了德國上市公司的業績。

在中國，股份公司的股權通常非常集中。第一大股東往往會利用其控製權將上市公司「掏空」，其他股東很難對這種行為實施監督。如果企業具有一個較有影響力的第二大股東，可能會使這種代理成本有所減少。而中國的國有股「一股獨大」是阻礙中國資本市場發展和上市公司治理機制改革的一塊巨石。2005年4月30日，中國證監會發布了《關於上市公司股權分置改革試點有關問題的通知》，正式啓動股權分置試點工

作，開啓了從製度層面解決中國資本市場歷史遺留問題的新局面。2006年10月9日，中國股權分置改革進入「收官」階段，資本市場正邁入「後股改」的全新階段。從2007年起，非流通股開始解禁。股權分置改革是否有利於改善「一股獨大」的股權結構，是否對企業治理有利，是否可以提升企業價值，可以為大股東的治理行為構建一個有效的股權治理機制提供依據。本文同時希望通過研究能得出哪種股權配置更好，對國有股減持提出意見。

綜上所述，本文的研究意義在於：通過對中國上市公司的實證研究，探尋第二大股東的持股比例和終極控製權在什麼條件下才對企業價值起到促進作用。本文的實證結果可以為企業股權結構的改革、企業價值的提高提供經驗證據。

本文的研究採用規範研究與實證分析相結合的方法。

一、國內外研究現狀綜述

（一）多個大股東的普遍存在及其在企業治理中的作用

在國外，很多公司都存在多個大股東。如Faccio & Lang（2001）收集的5,232家歐洲企業數據表明：有39%的企業至少擁有兩個大股東，他們持有至少10%的投票權，同時有16%的企業至少擁有三個大股東。Barca & Becht（2001）的研究表明，除美國以外，幾個大股東和大量的股東存在是很普遍的。Becht & Mayer（2002）通過研究發現，不低於25%的歐洲上市公司有一個以上的大股東。Laeven & Levine（2004）對西歐13個國家的865個企業的研究表明，大約有40%的企業有一個大股東，33%左右的企業擁有兩個或者兩個以上持股超過10%的股東。Ball & Shivkumar（2004），Nagar, Petroni & Wolfenzon（2004）在文中表明私人企業中往往同時存在多個大股東。Gomes & Novaes（2005）通過研究表明，銷售額超過1,000萬美元的美國非上市公司中，有12%的企業擁有一個以上的大股東。因此，研究股權在多個大股東之間的差異以及其對企業價值的影響是非常重要的。

綜上所述，在國外多個大股東是普遍存在的，而且大股東之間不僅可以相互監督，而且可以起到有效限制大股東掠奪行為的作用，有利於企業價值的增加。

（二）控股股東股權性質對企業價值的影響

1. 控股股東的股權性質按照傳統的方式分為國有股、法人股和流通股

張紅軍（2000）對1998年的385家上市公司的實證分析認為，前五大股東與企業價值有顯著的正相關關係，而且法人股的存在也有利於企業價值的增加，但是他也指出，由於大股東基本上是國家股和法人實體，因此國家股和法人股東的股權集中度與企業績效的關係，并不代表一般意義上的股權集中度與企業績效的關係。張國林和曾

令琪（2005）採用與張紅軍（2000）相同的業績衡量指標，卻得出了不同的結論。

2. 根據終極產權論來區分控股股東的股權性質

LaPorta et al.（1999）追尋終極控製股東的研究新模式出現後，劉芍佳等（2003）應用該方法對中國上市公司的控股主體重新進行了分類，并分析了政府最終控制的上市公司的股權結構與企業績效之間的關係。此後有許多學者採用這種新的分類方式去研究企業的控股結構與企業價值的影響。

徐莉萍等（2006）通過追溯中國上市公司控股股東的實際控製人和股權性質，發現不同的國有產權行使主體對上市公司經營績效的影響有明顯的不同：國有企業控股的上市公司要比國有資產管理機構控股的上市公司有更好的績效表現；中央直屬國有企業控股的上市公司要比地方所屬國有企業控股的上市公司有更好的績效表現；私有產權控股的上市公司的績效表現僅僅與一般水平的國有產權控股的上市公司的績效表現相當。

綜上所述，我們可以看出：①企業普遍存在多個大股東，而且多個大股東的存在有利於企業價值的提高。②在對股權性質進行傳統分類的情況下，得出的基本研究結論是：國有股比例與企業價值負相關，而法人股比例和流通股比例與企業價值正相關。需要指出的是，上述關係并不是一成不變的，它可能是線性的或非線性的，也可能會受到行業競爭狀況的影響。

二、前兩大股東的股權特徵對企業價值影響的理論分析和假設

（一）企業價值理論

1. 企業價值在不同背景下的含義

在國外，企業價值的概念早在20世紀50年代中期就有人提出，并在近幾十年進行了廣泛的研究。在不同的環境與背景下，企業價值的含義有所不同。在會計學中，企業價值等於企業資產的價值，等於企業的負債加上企業的股東權益。此時，企業的價值往往與帳面價值有關。按照不同的需要，企業價值有時指企業的重置價值，有時也指淨資產的價值。當企業的價值指重置價值時，其缺陷在於這種情況只是一種虛幻的假說，問題是該企業是否有必要重置。如果答案是否定的，那麼重置價值的存在便不會有很大的意義；當企業的價值指淨資產的價值時，即總資產的價值減去總負債的價值，最大的錯誤在於它不能解釋淨資產相同的企業市場價值卻不一致的情況。

2. 企業價值的衡量方法

從時間跨度上講，企業價值比利潤指標更能全面地反應企業經營狀況，并能更好地反應人們對企業及企業所在行業增長狀況的預期，因此我們一般認為企業價值最大

化是企業經營狀況的最佳指示器。同時，企業價值能通過對未來現金流量的折算來反應不確定情況下企業的經營狀況。如何衡量企業價值，理論界在長期的研究和實踐中從不同角度形成了不同的企業價值觀，主要有以下幾類：折現自由現金流量價值觀、市場價值觀、企業淨資產價值觀和未來收益折現價值觀等。由於企業的價值不單是取決於現有資產市價，而主要決定於未來成長機會之價值，因此財務學者都很關心企業的投資機會，因為它能反應企業的成長潛力，預估企業的市場價值。Modigliani & Miller (1958) 認為企業價值是指企業的市場價值，是企業債務與企業股票的市場價值之和，而企業股票的市場價值則等於發行股票數與股價的乘積，即：企業價值=企業的債權市價+企業的股權市價。按照資產定價理論，金融資產的價值等於未來收益以一定因子貼現的現值。債權的價值等於預期票面的現值加上最終票面價值的現值，股票的價值為股東在未來 N 年內所獲未來收益的現值。

3. 托賓 Q（Tobin's Q）理論

該理論是由諾貝爾經濟學獎獲得者詹姆斯‧托賓（James Tobin）在 1969 年提出的。他把 Tobin's Q 定義為企業的市場價值與資本重置成本之比。托賓 Q 的經濟含義是將企業的市場價值與給企業帶來現金流量的資產的成本進行比較，也就是說企業使用資源創造的價值的增加值是否大於投入的成本。如果 Tobin's Q>1，那麼表明企業創造的價值大於投入的資產（權益加負債）的成本，即企業為社會創造了價值；反之，則浪費了社會資源。同時，Tobin's Q>1 也表明投資者比較看好企業的未來發展前景，願意支付高於企業資產價值的價格去購買企業；相反，Tobin's Q<1 則表明投資者不看好企業的未來發展前景。不少研究認為，Tobin's Q 表示了企業的經營是否有效率，如果 Tobin's Q > 1，表示企業有較低的有形資產成本或較高的市場價值與無形資產價值，因此企業的經營績效較好；反之，如果 Tobin's Q < 1，說明企業的經營績效較差。既然 Tobin's Q 可以反應市場對企業未來利潤的預期，并對企業投資產生影響，那麼其應該可以進一步影響企業價值。

（二）前兩大股東的股權特徵對企業價值影響的理論研究

本節借鑑陳信元和汪輝（2004）的研究，通過構建模型來說明第二大股東對第一大股東的監督是如何影響企業價值的。

我們考慮一家企業，它只存在兩個大股東，其中第一大股東是股東 1，其擁有的股權占企業總股份的比例為 θ_1，第二大股東為股東 2，其擁有的股權占企業總股份的比例為 θ_2，并且 $\theta_1>\theta_2$。Morck et al. (1988) 通過研究發現，股東持股對企業價值的影響通常存在兩個效應：協同效應和侵害效應。所謂協同效應就是指隨著股權比例的增加，大股東在企業中所占的利益比重也加大，此時股東和企業的利益的一致性程度很高，因此大股東對企業價值將產生正面影響。相反，侵害效應則是指，隨著大股東股權比重的增加，大股東控制企業資源的能力就越來越強，而他并不需要為侵害企業利益的

行為付出完全成本——部分成本被小股東承擔了。這時，大股東就可能利用職權謀求自己的私利，這就是通常所講到的代理問題。基於此，我們假設企業的價值由以下兩個部分構成，即協同效應的影響和侵害效應的影響：

$$v = F(\theta_1, \theta_2) - G(\theta_1, \omega) \qquad (1)$$

其中，v 表示企業價值，$F(\theta_1, \theta_2)$ 表示協同效應對企業價值的影響。根據上面的論述可知，$\frac{\partial F}{\partial \theta_1} > 0$，$\frac{\partial F}{\partial \theta_2} > 0$。$G(\theta_1, \omega)$ 表示侵害效應對企業價值的影響。ω 表示為防止第一大股東侵害企業利益，第二大股東所付出的努力程度的高低。當第二大股東的努力程度越高，第一大股東就越不能侵害企業的利益。所以有：$\frac{\partial G}{\partial \theta_1} > 0$，$\frac{\partial G}{\partial w} < 0$。從公式（1）可知，該表達式隱含了這樣一個假設：第二大股東只會監督第一大股東，防止其侵害企業利益，而他自己則不會侵害企業利益以牟取私利，也就是說我們的研究只考慮一種情況，即股東間的非合作博弈。

當然，股東的目的是追求自身效用最大化，并非企業價值最大化。第一大股東的效用來自兩個方面：第一，由於他擁有企業股權，因此可以從企業價值增中中獲得好處；第二，他可以利用企業資源來謀取私利。因此我們設第一大股東的目標函數為：

$$U_1 = \theta_1 V + G(\theta_1, \omega) \qquad (2)$$

因為第二大股東不會謀取私利，所以他的效用主要來自企業價值的增值，并且還取決於其監督第一大股東時所付出的努力成本，因此設其目標函數為：

$$U_2 = \theta_2 V - \Phi(\omega) \qquad (3)$$

其中，$\Phi(\omega)$ 表示其為監督而花費的努力成本，顯然有 $\frac{\partial \Phi}{\partial \omega} > 0$，并且我們假設 $\frac{\partial^2 \Phi}{\partial \omega^2} > 0$，即進一步監督所付出的成本會比原來更大。

另外，第二大股東在企業中的持股比例越大，他就越有動力去監督第一大股東，所以我們認為第二大股東監督第一大股東所付出的努力程度和第二大股東在企業中所持的比例 θ_2 呈正相關關係，即 θ_2 越大，第二大股東就越有動力去監督第一大股東侵害企業利益的行為。因此可以將 ω 表示為 θ_2 的函數：

$$\omega = \psi(\theta_2) \qquad (4)$$

其中，$\frac{\partial \omega}{\partial \theta_2} > 0$。

將（1）式、（4）式代入（2）式和（3）式，分別對 θ_1 和 θ_2 求一階偏導，并令其等於零，即可找出納什均衡：

$$\frac{\partial U_1}{\partial \theta_1} = F(\theta_1, \theta_2) - G(\theta_1, \psi(\theta_2)) + \theta_1 \left(\frac{\partial F}{\partial \theta_1} - \frac{\partial G}{\partial \theta_1} \right) + \frac{\partial G}{\partial \theta_1} = 0 \qquad (5)$$

$$\frac{\partial U_2}{\partial \theta_2} = F(\theta_1, \theta_2) - G(\theta_1, \psi(\theta_2)) + \theta_2(\frac{\partial F}{\partial \theta_2} - \frac{\partial G}{\partial \psi}\frac{\partial \psi}{\partial \theta_2}) - \frac{\partial \Phi}{\partial \psi}\frac{\partial \psi}{\partial \theta_2} = 0 \qquad (6)$$

上述兩個一階條件分別定義了兩個反應函數：

$$\theta_1^* = R_1(\theta_2) \qquad (7)$$

$$\theta_2^* = R_2(\theta_1) \qquad (8)$$

其中均衡時的股權比例分別 θ_1^*，θ_2^*。（7）式和（8）式這兩個反應函數分別表明，第一大股東的最優戰略是第二大股東的股權比例的函數，而第二大股東的最優戰略是第一大股東的股權比例的函數，即一個股東的最優戰略是另一股東股權比例的函數。反應函數的交叉點即為納什均衡解。此時企業價值為：

$$V^* = F(\theta_1^*, \theta_2^*) - G(\theta_1^*, \psi(\theta_2^*)) \qquad (9)$$

為了考察股東的選擇對企業價值的影響，我們考慮上述模型的簡單情況。設 $F(\theta_1, \theta_2) = a(\theta_1 + \theta_2)$，$G(\theta_1, \omega) = b\theta_1 - c\omega$，$\Phi(\omega) = \frac{1}{2}\omega^2$，$\omega = t\theta_2$，其中，$a>0$，$b>0$，$c>0$，$t>0$。代入（5）式和（6）式後，得最優化的一階條件為：

$$\frac{\partial U_1}{\partial \theta_1} = 2a\theta_1 - 2b\theta_2 + a\theta_2 + ct\theta_2 + b = 0 \qquad (10)$$

$$\frac{\partial U_2}{\partial \theta_2} = a\theta_1 - b\theta_1 + 2a\theta_2 + 2ct\theta_2 - t^2\theta_2 = 0 \qquad (11)$$

反應函數為：

$$\theta_1^* = \frac{a + ct}{2(b - a)}\theta_2 + \frac{b}{2(b - a)} \qquad (12)$$

$$\theta_2^* = \frac{b - a}{2a + 2ct - t^2}\theta_1 \qquad (13)$$

由（12）式和（13）式解得納什均衡為：

$$\theta_1^* = \frac{b}{3a + 3ct - t^2}\frac{2a + 2ct - t^2}{b - a}$$

$$\theta_2^* = \frac{b}{3a + 3ct - t^2}$$

將上述結果代入（9）式，可得均衡時的企業價值為：

$$V^* = \frac{b}{3a + 3ct - t^2}(t^2 - a - ct)$$

這就是當企業存在兩個大股東，均衡時的 θ_1、θ_2 和 V。考慮另一種極端情況，即如果企業只存在一個大股東，為了將求得的結果與上面的相比較，那麼該大股東擁有佔企業比重為 $\theta_1^* + \theta_2^*$ 的股權時其效用達到最大。此時，由於企業沒有第二大股東，因此

也就不存在第二大股東對第一大股東的監督，因此 $G(\theta_1, \omega)$ 中 ω 為 0，$G(\theta_1, \omega)$ 也相應變為 $G(\theta_1^* + \theta_2^*) = b(\theta_1^* + \theta_2^*)$，此時企業價值為：

$$V = F(\theta_1^* + \theta_2^*) - G(\theta_1^* + \theta_2^*) = \frac{b}{3a + 3ct - t^2}(t^2 - a - 2ct - b)$$

比較 V^* 和 V 可知，$V^* > V$。

從該模型可以看出，第二大股東的存在的確能提高企業價值，提高的價值為 $\frac{b(ct + b)}{3a + 3ct - t^2}$，企業價值提高的原因是第二大股東對第一大股東的監督作用。當然，第二大股東監督是需要花費成本的，經計算可知該成本為 $\frac{t^2 b^2}{2(3a + 3ct - t^2)^2}$。至於這樣的安排能否節省社會成本，需視 a、b、c、t 的具體大小而定，本文不討論。

根據模型可以得出：

假設1：第二大股東對第一大股東的監督力度越大，則該類企業的企業價值就越大。

前述研究表明不同性質的控股股東，由於股權的行使方式及解決代理問題的方式不同，股權的激勵效果不同。相應地，不同性質的外部大股東在不同性質的控股股東控制的上市公司中所發揮的作用很可能會存在差異。由此我們得出假設2。

假設2：不同性質的第二大股東對不同性質的第一大股東控製下的企業價值的影響不同。

三、前兩大股東的股權特徵與企業價值相關性的實證分析

(一) 實證分析樣本和數據的選擇

1. 股權制衡型、聯盟型和一般型企業的定義標準

從理論上來說，應該根據大股東對企業的控製強度來判斷企業的股權結構屬於怎樣的類型，但是由於控製強度難以量化，只能採用替代方法。關於股權制衡的現有研究中，對於大股東的判斷標準有所差異。Gomes & Novaes（2005）判斷企業具有股權制衡的股權結構的條件是：其一，一個大股東持股比例超過20%。其二，至少存在另外一個持股比例超過10%的大股東。陳曉、王餛（2005）將控股股東定義為持股比例大於10%的股東，并且當企業股東持股均不超過10%時，第一大股東為控股股東。當第一大股東控股比例超過50%時，對上市公司處於絕對控股地位，這時第二大股東對上市公司的作用比較微弱，很難形成股權制衡。

本文根據第二大股東對第一大股東的制衡程度的強弱，將全樣本企業分成三類，

即股權制衡型企業、一般型企業和聯盟型企業。以陳信元和汪輝（2004）對股權制衡型、聯盟型和一般型企業的分類為基礎，我們對此三類型企業進行分類。

對於股權制衡型企業的選取，我們一般要經過以下幾個步驟：

首先，該類企業必須存在具有控制企業能力的第一大股東。通常情況下，第一大股東若佔有企業20%~30%的股權，便有足夠的能力控制企業的經營決策，因此我們選取第一大股東股權比重超過20%但低於50%的企業為樣本。其次，樣本企業中還必須包含能對第一大股東的控制能力起到足夠影響力的第二大股東。我們認為，當第二大股東擁有的股權至少占第一大股東股權比例的50%以上時，其對第一大股東的監督才能行之有效，由此再選出第二大股東股權比例占第一大股東股權比例50%以上的企業。最後，考慮到中國的現實情況，僅僅以上兩點難以保證第二大股東的監督動力。在中國，不少上市公司是幾家企業「捆綁」後上市的。這些企業間往往關係密切，所以這些企業中的第二大股東通常不能起到有效監督第一大股東的作用，甚至還與第一大股東合作，牟取私利。因此，我們追溯到每個企業上市之初的股權結構。如果從上市第一年起至需要選取數據當年，企業第一大股東和第二大股東仍未發生任何變化，那麼我們認為這類企業的第一、第二大股東間可能已建立了親密的夥伴關係（即合作型博弈），這類企業應該剔除。同時由於合作時間越長，一般越有可能形成合作型博弈，因此我們追溯到需要選取數據當年的前兩年的股權結構，以查看前兩大股東的合作時間是否長達三年及以上，若是，則應剔除。另外，有部分企業第一大股東和第二大股東間存在明顯的從屬關係，也將這類企業排除在外。

綜上所述，股權制衡型企業必須滿足以下幾個條件：

①第一大股東的股權比例為20%~50%；

②第二大股東的持股比例不小於第一大股東的50%；

③前兩大股東之間既非合作關係也非從屬關係。

對於聯盟型企業，該類企業的第二大股東有與第一大股東相抗衡的力量，卻無動力去監督第一大股東的行為。聯盟型企業必須滿足以下幾個條件：

①第一大股東的股權比例為20%~50%；

②第二大股東的持股比例不小於第一大股東的50%；

③前兩大股東之間屬於合作型關係。

一般型企業則是指除了股權制衡型企業、聯盟型企業及存在合作型博弈的企業之外的所有企業。

2. 股東性質分類的定義標準

現有研究大多將股東的股權性質分為國家股、法人股和流通股三種來研究其對企業價值的不同影響，而本書使用最新的終極產權論分類方式對中國上市公司的大股東的股權性質進行分類。它主要分為七類：國有資產管理機構、中央直屬國有企業、地

方所屬國有企業、私有產權、外資企業、金融機構以及高校。由於後三種股權性質類型控股的企業只占4%左右，為了使研究具有一定的代表性，本書只研究前四種股權性質類型控股的企業。

3. 股東持股比例的計算標準

本書採用合并持股，即將關聯股東持有的股份看作一個單一股東所有而進行合并。所謂關聯股東是指如果上市公司的若干個股東屬於同一家母企業或者這些股東的母企業同屬於一家企業，如果上市公司的股東之間存在相互隸屬關係或是上市公司的股東之間相互持有對方的股份，那麼我們稱之為關聯股東。但若各股東同屬於國家，并不能確認為關聯股東。同時本文只考慮前十大股東之間是否存在關聯關係。

4. 樣本篩選與數據來源

本文重點研究股改是否影響企業價值和怎樣的股權性質配置更合適，因此選取了股改前最後一年（即2004年）和非流通股開始解禁的第一年（即2007年）的數據。

第一步：選取截至2003年12月31日和截至2006年12月31日前在上海證券交易所和深圳證券交易所上市的、所有只發行A股的企業2004年和2007年的數據為研究對象，并剔除淨權益為負的企業，以及被ST、*ST、SST、S*ST的企業和金融保險業企業，另外由於部分數據缺失，最後分別得到684家企業和649家企業。前兩大股東的股權性質和持股比例均是手工收集而成。其他財務數據和股票市場數據都來源於CSMAR數據庫和CCER數據庫，統計軟件為SPSS17.0。

第二步：基於中國上市公司的情況，為了得到股東制衡類企業樣本，必須進行較為嚴格的篩選。首先，我們選取第一大股東股權比重超過20%但低於50%的企業為樣本。其次，再選出第二大股東股權比例占第一大股東股權比例50%以上的企業。

第三步：首先，我們追溯到每個企業上市之初的股權結構。如果從上市第一年起企業第一大股東和第二大股東至2004年年末和2007年年末仍未發生任何變化，那麼認為這類企業的第一、第二大股東間可能已建立了親密的夥伴關係（即合作型博弈），這類企業應該剔除。同時在選取2004年和2007年的數據時，分別追溯到2002年和2005年的股權結構，以查看前兩大股東的合作時間是否長達三年及以上，若是，則應剔除。另外，有部分企業第一大股東和第二大股東間存在明顯的從屬關係，也將這類企業排除在外。

經過以上三步，本文得到股權制衡型企業，分別為2004年的74家和2007年的39家。

第四步：通過第一步和第二步篩選的企業，再扣除掉股權制衡型企業，就得到第二類企業，即聯盟型企業。

第五步：在全樣本企業中扣除股權制衡型、聯盟型企業及前兩大股東具有合作博弈型的企業後，就得到了一般型企業。

（二）前兩大股東的股權特徵與企業價值實證分析變量的選取——企業價值指標的選取

陳信元、汪輝（2004）採用 Tobin's Q 值和市淨率 MBR 反應的企業價值計量指標，認為淨資產收益率是會計指標，其大小往往會受到企業經理層盈餘管理的影響，因此不能準確地計量企業價值的增加或減少。相反，趙景文、於增彪（2005）則傾向於用會計業績指標，理由是 Tobin's Q 值和市淨率難以反應中國上市公司的價值，因為如何計算中國上市公司非流通股的市場價值仍是一個懸而未決的問題，同時中國股市的市場價值波動大，再加上中國股市是否達到弱市有效還是一個尚無一致結論的問題。他們還認為會計業績指標能相對較好地反應上市公司的價值。不過，上市公司存在盈餘管理甚至會計造假行為。因此本文既採用托賓 Q 值和市淨率來衡量企業價值，同時又採用 ROE 來反應企業業績，以減少單獨採用市場指標和會計指標時的不足。

Tobin's Q 值（Tobin's Q Ratio）的計算方法有三種：第一種是用權益的市場價值與帳面價值的比值（Market Equity-to-Book Equity Ratio），即以權益的市場價值除以股東所擁有的淨有形資產。市場價值是由上市公司每年最後一個交易日股票的價格乘以發行在外的普通股的股數。第二種計算 Tobin's Q 的方法是以企業的市場價值加上負債再除以企業的總資產（Q2）。這種計算方法把企業看成一個包括負債在內的整體而不僅僅是權益資本。由於在中國很難估算資產的重置成本，在這裡我們用企業的帳面資產價值和負債來計算 Q 值。第三種方法是取 Q2 三年值的算術平均數。Lang, Stulz & Walking（1989）認為，使用幾年的平均 Tobin's Q 值可以提高估計的準確性，減少應用單年 Q 值估算可能存在的噪音。

本文採用第二種方法，即：

Tobin's Q =（市價+總負債）/總資產

由於中國上市公司存在流通股和非流通股，而非流通股份的價值由於沒有完全市場化的數據，因此市價的計算分為兩部分：第一部分是流通股市值的計算，即直接以流通股股數乘以每股股價；第二部分則是非流通股市值的計算，本文根據楊丹等（2008）提出的每股非流通股的價格相當於每股流通股價格的 45% 的比例進行修正，即以非流通股股數乘以 45% 再乘以每股市價。每股市價以本年年末的股票收盤價代替，最後可以得出市價的計算公式為：

市價＝普通股股數×本年年末的股票收盤價+非流通股股數×45%×本年年末的股票收盤價

MBR＝股票總市值/淨資產帳面價值＝（流通股股數×每股股價+非流通股股數×45%×每股股價）/年末所有者權益

ROE＝淨利潤/年末股東權益×100%

四、實證分析和結果

(一) 股權制衡對企業價值影響檢驗結果及分析

我們對股權制衡型企業、聯盟型企業和一般型企業進行了檢驗，表1、表2、表3和表4、表5、表6分別列示了2004年和2007年各年的檢驗結果。

表1、表2、表3和表4、表5、表6的 Panel A、Panel B、Panel C 分別是股東制衡型企業與聯盟型企業、股東制衡型企業與一般型企業、聯盟型企業與一般型企業比較的結果。

表1　　　　　　　2004年股權制衡型企業與聯盟型企業比較

	均值			中位數		
	股權制衡型企業	聯盟型企業	T統計量 ($Prob\rangle\|T\|$) $Prob\rangle\|T\|$)	股權制衡型企業	聯盟型企業	Z統計量 ($Prob\rangle\|Z\|$)
Tobin's Q	1.22	1.21	0.16	1.14	1.11	0.51
			(0.870)			(0.608)
MBR	1.50	1.42	0.61	1.39	1.20	1.11
			(0.543)			(0.267)
ROE	0.06	0.04	1.19	0.03	0.06	−1.98*
			(0.238)			(−0.048)

表2　　　　　　　2004年股權制衡型企業與一般型企業比較

	均值			中位數		
	股權制衡型企業	一般型企業	T統計量 ($Prob\rangle\|T\|$)	股權制衡型企業	一般型企業	Z統計量 ($Prob\rangle\|Z\|$)
Tobin's Q	1.22	1.16	1.37	1.14	1.06	2.10*
			(0.173)			(0.036)
MBR	1.50	1.30	2.27**	1.39	1.12	2.69**
			(0.024)			(0.007)
ROE	0.01	0.06	−2.31**	0.03	0.06	−2.61**
			(−0.023)			(−0.009)

表 3　　　　　　　　2004 年聯盟型企業與一般型企業比較

	均值			中位數		
	聯盟型企業	一般型企業	T 統計量 (Prob⟩|T|)	聯盟型企業	一般型企業	Z 統計量 (Prob⟩|Z|)
Tobin's Q	1.21	1.16	1.00	1.11	1.06	1.62
			(0.318)			(0.105)
MBR	1.42	1.30	1.17	1.20	1.12	1.42
			(0.242)			(0.156)
ROE	0.04	0.06	−1.07	0.06	0.06	0.08
			(−0.287)			(0.934)

表 4　　　　　　　　2007 年股權制衡型企業與聯盟型企業比較

	均值			中位數		
	股權制衡型企業	聯盟型企業	T 統計量 (Prob⟩|T|)	股權制衡型企業	聯盟型企業	Z 統計量 (Prob⟩|Z|)
Tobin's Q	3.02	2.63	1.15	2.38	2.21	0.41
			(0.257)			(0.682)
MBR	5.05	4.28	1.27	3.94	3.76	0.40
			(0.209)			(0.687)
ROE	0.07	0.06	0.40	0.07	0.07	0.030
			(0.693)			(0.976)

表 5　　　　　　　　2007 年股權制衡型企業與一般型企業比較

	均值			中位數		
	股權制衡型企業	一般型企業	T 統計量 (Prob⟩|T|)	股權制衡型企業	一般型企業	Z 統計量 (Prob⟩|Z|)
Tobin's Q	3.02	1.11	6.29***	2.38	0.97	9.06***
			(0.000)			(0.000)
MBR	5.05	4.51	1.09	3.94	3.57	0.81
			(0.277)			(0.416)
ROE	0.07	0.10	−1.42	0.07	0.08	−1.46
			(−0.155)			(−0.145)

表 6   2007 年聯盟型企業與一般型企業比較

	均值			中位數		
	聯盟型企業	一般型企業	T 統計量 (Prob⟩|T|)	聯盟型企業	一般型企業	Z 統計量 (Prob⟩|Z|)
Tobin's Q	2.63	1.11	10.04***	2.21	0.97	11.48***
			(0.000)			(0.000)
MBR	4.28	4.51	−0.61	3.76	3.57	0.32
			(−0.539)			(0.747)
ROE	0.06	0.10	−2.31**	0.07	0.08	−1.77*
			(−0.022)			(−0.077)

註：①Tobin's Q、MBR、ROE 分別表示托賓 Q 值、市淨率和淨資產收益率。
②在計算 ROE 均值時，剔除了 ROE>1 或 ROE<−1 的觀察值。
③ * 表示 10%的顯著性水平，** 表示 5%的顯著性水平，*** 表示 1%的顯著性水平。T 和 Z 都為雙側檢驗。
④均值比較採用的是獨立樣本 T 檢驗，而中位數比較採用的是非參數檢驗中的 Mann-Whitney U 檢驗。

托賓 Q 值＝企業總市值/資產重置成本＝（流通股股數×每股股價+非流通股股數× 0.45×每股股價）/年末總資產（其中每股股價用年末收盤價代替。）

MBR＝股票總市值/淨資產帳面價值＝（流通股股數×每股股價+非流通股股數× 0.45×每股股價）/年末所有者權益

ROE＝淨利潤/年末股東權益×100%

從表 1、表 2、表 3 中的 Panel A 可知，股權制衡型企業的托賓 Q 值、市淨率和淨資產收益率與聯盟型企業的托賓 Q 值、市淨率和淨資產收益率沒有顯著差異；從 Panel B 可以看出，在以托賓 Q 和市淨率反應的企業價值上，股權制衡型企業分別在 10%和 5%的顯著性水平上優於一般型企業，這為本文的前述模型提供了一定的經驗證據。同時，在以 ROE 反應的會計業績指標上，股權制衡型公司在 5%的顯著性水平上低於一般型企業，這也許是因為股權制衡型公司有效地約束了企業的盈餘管理所致；從 Panel C 可知，雖然未通過顯著性檢驗，聯盟型企業的托賓 Q 值和 MBR 都高於一般型企業的托賓 Q 值和 MBR。

從表 4、表 5、表 6 中的 Panel A 可知，股權制衡型企業的托賓 Q 值、市淨率和淨資產收益率與聯盟型企業的托賓 Q 值、市淨率和淨資產收益率沒有明顯差異；從 Panel B 和 Panel C 可以看出，在以托賓 Q 反應的企業價值上，股權制衡型企業和聯盟型企業分別在 1%的顯著性水平上優於一般型企業，這為本文的前述模型提供了一定的經驗證據。

綜合表 1~表 6 可得，股權制衡型企業的企業價值與聯盟型企業的企業價值無多大

差異，但股權制衡型企業和聯盟型企業的企業價值都要優於一般型企業的企業價值。這說明當企業前兩大股東的實力相當時，不管他們是相互制衡還是彼此結盟，都要優於只有一個控股大股東。這與趙景文、於增彪（2005）所得的結論不同。趙和於經過檢驗認為，股權制衡型企業的經營業績顯著差於同行業總資產規模最接近的「一股獨大」型企業。由此可知，并非第二大股東對第一大股東的制衡程度越強，企業價值就越大，而關鍵是前兩大股東的實力相當。

(二) 股權性質對股東制衡效果的影響分析

1. 2004 年股權制衡型企業的股權性質對股權制衡的效果影響檢驗

本文將股權制衡型企業按照股權性質分成三類，來考察股權性質對制衡效果的影響。

類型 I 企業：第一大股東股權性質為地方所屬國有企業，第二大股東股權性質為地方所屬國有企業；

類型 II 企業：第一大股東股權性質為私有產權，第二大股東股權性質為私有產權；

類型 III 企業：第一大股東股權性質為地方所屬國有企業，第二大股東股權性質為私有產權。

表 3 中的 Panel A 和 Panel B 表明，第一大股東和第二大股東都是地方所屬國有企業的企業，其企業價值要略低於第一大股東和第二大股東都是私有產權的類型II企業及第一大股東為地方所屬國有企業和第二大股東為私有產權的類型III企業，雖然托賓 Q 值并未通過檢驗。但是從 MBR 和 ROE 來看，類型I企業要略高於其他兩類企業，雖然托賓 Q 值也未通過檢驗。這與陳信元、汪輝（2004）得出的第一大股東和第二大股東皆為法人股的企業的企業價值、ROE 略高於第一大股東和第二大股東都是國家股的結論不同。這也許是因為他們對法人股的股權性質未按照終極產權論進一步分類。由於類型I的企業的領導人員的晉升、薪酬等都與企業業績相關，因此該類企業的領導人員一方面具有提升企業業績的意願，另一方面可能進行了盈餘管理。由此也可看出：第一大股東和第二大股東都為地方所屬國有企業的股權配置優於其他兩類。具體見表 7、表 8。

對於類型 II 的私有企業，其業績差於類型 I 企業，第一股東很可能會採用「隧道行為」來攫取企業利益，因為在該類企業中，沒有國有產權的介入，所以國家對它的監督就要少一些。同時第二大股東也為私有產權，其對第一大股東不一定能起到監督作用，更有可能，兩者聯合起來侵害企業利益以謀取私利。

同時對於類型III企業來說，股權性質為私有產權的第二大股東可能并不會起到監督第一大股東的作用，而是盡量將國有財產私有化。

從 Panel C 可以看出，兩類企業在三個統計量上都沒有統計顯著性，但是還是可以看出趨向。類型III企業的托賓 Q 值和 ROE 要高於類型II企業，這兩類企業的第二大股東都是私有產權，只是第一大股東分別是私有產權和地方所屬國有企業。具體見表 9。

表 7　　　　　　　　　　2004 年類型 I 企業與類型 II 企業比較

	均值			中位數		
	類型 I 企業	類型 II 企業	T 統計量 ($Prob \rangle \lvert T \rvert$)	類型 I 企業	類型 II 企業	Z 統計量 ($Prob \rangle \lvert Z \rvert$)
Tobin's Q	1.12	1.18	−0.47	1.02	1.10	−0.31
			(−0.645)			(−0.760)
MBR	1.85	1.63	0.68	1.57	1.44	0.76
			(0.503)			(0.446)
ROE	0.03	−0.03	0.39	0.04	0.02	0.81
			(0.701)			(0.416)

表 8　　　　　　　　　　2004 年類型 I 企業與類型 III 企業比較

	均值			中位數		
	類型 I 企業	類型 III 企業	T 統計量 ($Prob \rangle \lvert T \rvert$)	類型 I 企業	類型 III 企業	Z 統計量 ($Prob \rangle \lvert Z \rvert$)
Tobin's Q	1.12	1.23	−0.95	1.02	1.21	−0.93
			(−0.353)			(−0.355)
MBR	1.85	1.33	1.70	1.57	1.16	1.70
			(0.106)			(0.090)
ROE	0.03	0.02	0.06	0.04	0.02	2.78
			(0.952)			(0.005)

表 9　　　　　　　　　　2004 年類型 II 企業與類型 III 企業比較

	均值			中位數		
	類型 II 企業	類型 III 企業	T 統計量 ($Prob \rangle \lvert T \rvert$)	類型 II 企業	類型 III 企業	Z 統計量 ($Prob \rangle \lvert Z \rvert$)
Tobin's Q	1.18	1.23	−0.47	1.10	1.21	−0.66
			(−0.642)			(−0.508)
MBR	1.63	1.33	1.22	1.44	1.16	1.17
			(0.233)			(0.243)
ROE	−0.03	0.02	−0.48	0.02	0.02	1.83
			(−0.632)			(0.067)

綜上所述，第一大股東和第二大股東都為地方所屬國有企業的股權配置優於其他兩類。同時我們發現，在不同性質的第一大股東的控製下，不同性質的第二大股東在上市公司中的表現明顯不同。這與徐莉萍、辛宇、陳工孟（2006）得出的結論相同。

2. 2007年股權制衡型企業的股權性質對股權制衡的效果影響檢驗

類型Ⅰ企業：第一大股東股權性質為地方所屬國有企業，第二大股東股權性質為私有產權；

類型Ⅱ企業：第一大股東股權性質為私有產權，第二大股東股權性質為私有產權。

表10　　　　　　　　　2007年類型Ⅰ企業與類型Ⅱ企業比較

	均值			中位數		
	類型Ⅰ企業	類型Ⅱ企業	T統計量（Prob〉|T|）	類型Ⅰ企業	類型Ⅱ企業	Z統計量（Prob〉|Z|）
Tobin's Q	1.87	4.16	-2.20* (-0.048)	1.73	3.28	-2.71*** (-0.007)
MBR	3.92	6.40	-1.16 (-0.267)	2.83	5.41	-1.03 (-0.3.02)
ROE	0.06	0.09	-0.90 (-0.386)	0.06	0.09	-0.78 (-0.439)

從表4中可知，第一大股東和第二大股東的股權性質皆為私有產權的企業，其企業價值要優於第一大股東的股權性質為地方所屬國有企業和第二大股東的股權性質為私有產權的企業，且在10%及其以上水平上顯著。同時類型Ⅱ的MBR和ROE都要高於類型Ⅰ，雖然未通過顯著性檢驗。這或許是因為股權分置改革後，企業治理結構得到了很大的改善，同時證監會對上市公司加強了法制監督，「隧道行為」這種侵犯他人利益的行為在比較成熟的法律製度和有效的監管環境下是不容易發生的，因為侵權者會為此付出高昂的成本，這樣就使得第一大股東和第二大股東的股權性質都是私有產權的企業經營得更加規範，企業價值得到大幅提高。

由上可知，股權分置改革後，第一大股東和第二大股東的股權性質都是私有產權的股權性質搭配要優於第一大股東的股權性質是地方所屬國有企業而第二大股東的股權性質是私有產權的配置。由此也可知，國有股的適當減持有助於企業業績的提高。

五、結論和展望

（一）結論

結論1：并非第二大股東對第一大股東的制衡程度越強，企業價值就越高，關鍵是

前兩大股東的實力應該相當。

結論2：在不同性質的第一大股東的控製下，不同性質的第二大股東在上市公司中的表現明顯不同。

由以上結論可知，在中國當前市場環境中，股權設置不能解決企業治理中的根本問題，關鍵還在於股市的全流通，實現「同股同權」，同時進一步改善「一股獨大」的股權結構，并加強保護投資者的法制建設，約束經營者的具體行為。

(二) 政策建議

根據本文的研究結論，為優化中國上市公司治理機制，提高中國企業的競爭力，針對股改後的中國股市和企業治理，本文提出如下政策建議：

第一、進一步減持國有股權，尤其是地方所屬國有企業持股。

第二、繼續推進市場化改革，推動股權有序流動。

第三、合理配置股權，完善監督機制。

第四、完善法制環境。

(三) 未來研究展望

本文存在一些不足之處。首先，上市公司只披露了企業控股股東的終極控製者，并未披露第二大股東的終極控製者，而本文依然用終極產權法來區分第二大股東的股權性質，可能會產生一定的偏差。其次，股權制衡型企業的樣本過小，可能使得本文研究結果的代表性不足。所有這些不足有待在下一步的工作中繼續進行研究。

參考文獻：

[1] 白重恩，陸洲，宋敏，張俊喜. 中國上市公司治理結構的實證研究 [J]. 經濟研究，2005 (2)：81-91.

[2] 陳小悅，徐曉東. 股權結構、企業績效與投資者利益保護 [J]. 經濟研究，2001 (11)：3-11.

[3] 陳曉，江東. 股權多元化、公司業績與行業競爭性 [J]. 經濟研究，2000 (8)：28-35.

[4] 陳信元，汪輝. 股東制衡與公司價值：模型及經驗證據 [J]. 數量經濟技術經濟研究，2004 (11)：102-110.

[5] 黃渝祥，孫豔，邵穎紅，王樹娟. 股權制衡與公司治理研究 [J]. 同濟大學學報，2003 (9)：1,102-1,116.

[6] 劉芍佳，孫霈，劉乃全. 終極產權論、股權結構及公司績效 [J]. 經濟研究，2003 (4)：51-62.

［7］夏立軍，方軼強. 政府控製、治理環境與公司價值——來自中國證券市場的經驗證據［J］. 經濟研究，2005（5）：40-51.

［8］徐莉萍，辛宇，陳工孟. 股權集中度和股權制衡及其對公司經營績效的影響［J］. 經濟研究，2006（1）：90-100.

［9］趙景文，於增彪. 股權制衡與公司經營業績［J］. 會計研究，2005（12）：59-64.

［10］朱紅軍，汪輝.「股權制衡」可以改善公司治理嗎？［J］. 管理世界，2004（10）：114-124.

［11］張紅軍. 中國上市公司股權結構與公司績效的理論及實證分析［J］. 經濟科學，2000（4）：34-44.

［12］朱武祥，宋勇. 股權結構與企業價值——對家電行業上市公司實證分析［J］. 經濟研究，2001（12）：66-72.

［13］ADMATIANAT, PAUL PFLEIDERER, JOSEF ZECHNER. Large shareholder activism, risk sharing and financial markets equilibrium［J］. Journal of Political Economy, 1994（102）：1097-1130.

［14］BENNEDSEN M., D. WOLFENZON. The balance of power in close corporations［J］. Journal of Financial Economics, 2000（58）：113-139.

［15］BARCA, F., BECHT, M. The control of corporate europe［M］. Oxford：Oxford University Press. 2001.

［16］BURKART M, GROMB, D, PANUNZI F. Large shareholders, monitoring and the value of the firm［J］. Quarterly Journal of Economics, 1997（112）：693-728.

［17］FACCIO M, LANG, L, YOUNG L. Dividends and expropriation［J］. American Economic Review, 2001（91）：54-78.

［18］LA PORTA, RAFAEL, FLORENCIO LOPEZ - DE - SILANES, ANAREI SHLEIFER. Corporate ownership around the world［J］. Journal of Finance, 1999（54）：471-518.

［19］PAGANO M, A ROELL. The choice of stock ownership structure：agency costs, monitoring and the decision to go public［J］. Quarterly Journal of Economics, 1998（113）：187-225.

The Determinants of the Dividend Payout Ratio of UK Listed Firms

AIYUAN YONG

1 Introduction

In the complex corporate environment in these days, financial managers' critic job to survive their companies in the long run and at the same time try to maximize shareholders' wealth. Therefore, financial managers are required to focus on firms' investment decisions, financing decisions and dividend decisions. Firms' income could be used to acquire securities, repay debt, invest in assets or distribute to shareholders. The earnings that are distributed to shareholdersare dividend payments which would be stated clearly in a firm's dividend policy. The dividend payout policy has long been a controversial debate subject in financial literatures. Dividend policy which we defined as the size and pattern of income distribution to shareholders in this paper. Many issues would arise when a firm seeks to set up its dividend payout policy such as the percentage of income to pay as dividends, paying dividends by cash or other ways and so on. Black (1976) indicated that 「the harder we look at the dividends picture, the more it seems like a puzzle, with pieces that just do not fit together」. After that, an increasing amount of researches started to pay attention to this subject (Baker, 1999). Aivazian and Booth (2003) restated the 「dividend puzzle」 and indicated that series of vital questions around dividend policies remained unanswered: Could dividends influence firm value? What are the determinants of dividend payout ratio? An amount of previous academic literatures attempted to answer these questions. Linter (1956) suggested that past dividends and current earnings provide help to firms for setting up the target dividend payout ratio in developed markets. Series of modifications in the dividend policy would be made to reach such a target dividend payout ratio and thus companies should have constant and stable dividend policies. On the other hand, Miller and Modigliani (1961) indicated that the dividend policy would not affect the value of the firm under series of strict conditions including perfect market, no transaction costs, rational investors and so on. However, although many academicians have undertaken researches on this subject for several decades, there is a common sense that dividends could not be explained by a single variable. Specific characteristics of different companies and markets are agreed to be potential determinants of dividend policies. Brook et al. (1998) indicated that corporate dividend policies would not be prompted by a single goal.

The percentage of net income paid as dividends to shareholders defines the dividend payout ratio in this study. This study seeks to examine the determinants of the dividend payout ratio of listed firms in UK. We chose a sample of 231 UK firms that are listed on London Stock Exchange from 2005 to 2014 to analysis. In this paper, we set up a model trying to explain the dividend payout ratio. The explainable variables include return on equity ratio, current ratio, debt-to-equity ratio, firm size, beta coefficient, life cycle, and the dividend payout ratio in previous year. Among them, return on equity ratio is used as a proxy for a firm's profitability; current ratio is used as a proxy for a firm's liquidity; debt-to-equity ratio is used as a proxy for a firm's leverage; firm size is measured by the nature logarithm of the book value of a firm's total assets; beta coefficient is used as a firm's systematic risk level; the stage of life cycle is measured by retained earnings to total equity ratio; AR (1) is the dividend payout ratio in previous year. Then we use the Ordinary Least Square to test the whole sample.

To make the structure of this paper more clearly, we organized it as follows. Following the introduction part, the review of some relevant and important literatures is presented. This part includes both the oretical literature review and empirical literature review. Then in the next part, we introduce the data and methodology. It includes the way to choose the sample, the way to derive the data, the initial model we built, the introduction of dependent and independent variables in the model and the introduction of methodology (Ordinary Least Square) we chose to test the sample. We also present our hypothesis in this part. Following the data and methodology part, we present the empirical findings and our analysis in great detail. In the last section, we summarize the main findings of this study.

2 Literature review

2.1 Introduction

Black (1976) introduced ⌈dividend puzzle⌋ to the economic world, which has become a deeply consequential research topic during the past several decades. As Black suggested, when economists get deeper understanding of the dividend payout issue, it seems more like a puzzle. There are indeed some questions about this issue remaining to be answered until now. Some scholars suggested that dividend payout could add value to a firm (Gordon, 1959; Han et al., 1999; Short et al., 2002). Nevertheless, some other scholars indicated that high dividend payments would decrease the value of the firm (Thomas and Morgan, 1998; Allen et al., 2000). There are three famous theories systematically summarize these views: ⌈bird-in-the-hand⌋ theory represents the view that paying high dividend increase firms' value; tax-preference theory represents the view that paying low dividend increase firms' value and Miller and Modigliani (1961) introduced dividend irrelevance hypothesis. Miller and Modigliani (1961) suggested that firm's value is irrelevant to the dividend payout but only relevant to the positive net present value generated by the firm's operation. However, this hypothesis is based on several assumptions including perfect market, perfect certainty and rational investors which are too ideal to achieve. Therefore, the dividend payout does matter quite a lot to firms' value in real world without those strict assumptions.

Due to the dividend irrelevance discussion, a large number of empirical tests were carried out and the findings of these tests are diverse all over the world. These rather diverse findings lead to a variety of theories trying to deal with the dividend puzzle and figure out diverse determinants of the dividend payout ratio. During the past several decades, researchers suggested that factors including information asymmetries, clientele effects, taxes, life cycle implications and agency explanations affect firms' dividend payout decisions. The born of these diverse theories shows that there is no single universalexplanation which could bring the determinants of dividend payout to light (Boban, 2011). This ⌈dividend puzzle⌋ remains one of the most discussed topics amongst the academia and those most impressive theories about determinants of the dividend payout ratio would be discussed in the following parts of literature review in greater detail.

2.2 The importance of Dividend Payout

Dividend payout policy is regarded to be of great importance for investors due to a variety of reasons. Dividend payments could be considered as a testimony to prove firm's financialwell-being. Investors who attach much importance on regular flow of income would also benefit from constant dividends (Boban, 2011). Brealey et al. (2008) suggested that firms that have long standing history of dividend payout would more easily be negatively influenced if they cut down or cancel out dividends. On the contrary, firms would be rewarded if the increase their dividend payments or make additional payouts by the investors and market. If a firm does not have history of paying dividends, once it announced a dividend payment it would generally be considered positively (Brealey et al., 2008). Although some scholars suggested that firms' value would not be influenced by dividend policy under some restrictive assumptions of prefer markets (Allen and Michaely, 2003), other empirical researchers indicated that dividend payouts do help firms maintain their market share prices and affect firms' value (Gill et al., 2010). Parks (1996) threw light upon the necessity of dividends payment by indicating the following:

「*The maximum potential growth of earnings occurs, other things being equal, when (a) all revenues covering depreciation are reinvested to replace depreciating capital and (b) all earnings are invested, or plowed back, into new and expanded assets. In that extreme case, assuming perfect markets and no change in perceived risk or required return, the moneys plowed back into assets would show up dollar-for-dollar in a rise in the price of the stock. Assuming also no tax differences, the investor could look upon dividend receipts at the end of the year as being... an equivalent rise in the market price of the stock by the end of the year. He could treat market appreciation the same as the receipt of dividend income.*」

Brav et al. (2005) implemented a survey of a large number of financial executives to figure out how they considered dividend policy. The main result coming across from this survey is that these top financial executives are rather reluctant to make any dividend change decisions because they are worried about these changes may be reversed one day in the future. For example, a financial manager may prefer to use the retained earnings to raise a new fund rather than increase dividend payout to guarantee the dividend could be maintained at the current level. Managers always tend to smooth dividend payout to reduce the risk of potential dividend reductions. Therefore, dividend payout is somewhat considered as a sustainable and regular earnings in the long term (Brav et al., 2005). In addition, managers seem to pay more attention to the idea of dividend change rather than to the idea of absolute value of dividend payment. This survey emphasizes managers' views about the correlation between dividends and market perception and the way dividends affecting firms' value. All of these factors highlight the great importance of dividend payout policies and the vital role they play in the relationship between shareholders and managers.

2.3　Factors Affecting Dividend Payout Decisions

Theoretical literature researches show that agency conflicts, information asymmetry, taxes and life cycle implications influence the dividend payout decisions amongst other (Boban, 2011). At the same time, a number of empirical literatures suggest that there are some factors such as profitability, risk, liquidity would also influence dividend payout to a large extent. These factors would be discussed in greater detail in following parts of this literature review.

2.4　Theoretical Overview

Agency theory plays an important role when we are trying to understand the determinants of dividend payout ratio. It tries to explain that the corporate capital structure is led by the attempts to reduce the agency costs which are raised by the separation of control and ownership (Amidu and Abor, 2006). Rozeff (1982) is one of the earliest scholars to figure out how the dividend payout policy could mitigate agency conflicts. His prominent dividend payout model shows that although increasing dividends would increase the transaction costs of external financing, it could reduce agency costs substantially. Furthermore, Fama and Jensen (1983) also indicated that the agency conflicts could be circumvented by high dividend payout to shareholders.

Jensen (1986) found that the agency conflicts between shareholders and managers tend to be more extreme when firm's operation could generate a substantial amount of free cash flow. Since the fund is easily wasted by top managers due to various organizational inefficiencies and it is hard to supervise and control managers not to spend money on those adverse projects as well, the potential agency conflicts always exist between ownership and management. Jensen (1986) indicated that though firm's commitment to regular and high dividend payment reduces its free cash flow, it impedes managers to invest in projects that would only generate negative net present value and carry on manager perquisite consumption, and thus decreasing potential agency conflicts.

Jensen andMeckling (1976) indicated that agency costs are lower in firms that have high managerial stakes because these firms perform better in combining ownership and management. Shleifer and Vishney (1986) suggested that when firms have more large block shareholders, the agency costs tend to be lower because the management activities could better be monitored. Allen et al. (2000) also highlighted the large stakeholders' importance role of monitoring managerial activities. They argued that firms tend to pay high dividends to attract low-taxed investors, which is also a great method to attract institution shareholders that are better than personal investors at finding premium investment quality companies.

Information Asymmetries and Signaling Theories Akerlof (1970) defined that signaling effect is a specific and unique equilibrium where a job seeker shows his or her personal qualities to prospective employers by some signals. Although this theory was developed in labor market, economists have also used it when making financial decisions. Miller and Modigliani (1961) argued that firms' inside information could be conveyed to common shareholders through dividend policy. The signaling theory suggests that firms could use dividend policy as a way to convey quality message to shareholders with a lower cost compared with other alternatives. This is to say, although there are some other ways to signal firms' quality to shareholders, they could not substitute dividend policy perfectly (Bhattacharya, 1980; Miller and Rock, 1985; Ofer and Thakor, 1987).

During the past several decades, a series of signaling theories was developed to shed a light on drivers of dividend policy. Bhattacharya (1979) indicated the correlation between dividend policy and imperfect information. He developed a model to show that the cash dividend could be considered as a signal of firm's expected future cash flows in an imperfect information situation. Miller and Rock (1985) studied dividend policy based on the assumption that the firm's managers know more inside information about the firm's true state of current earnings than outsiders. The result shows a correlation between the share price and the dividend payout. John and Williams (1985) also suggested that dividend payout could convey information about a firm's future potential opportunities and prospects to shareholders.

Undoubtedly, signaling theories are rather important because they allow us to understand how investors value the information conveyed by dividends (Boban, 2011). Brealey et al. (2008) suggested that investors are too smart to trust firms' reported current earnings unless earnings are supported by a relatively reasonable dividend policy. Although the firm could attract investors by playing with its financial reports and implementing earning fraud and using a large percentage of cash it could afford to pay a generous dividend, it cannot maintain and smooth out the dividend payment in the long run. It is almost not possible to cheat investors in this way in the long term because the firm would run out of its free cash one day due to substantial dividend payments if it is not that profitable as it showed in the financial reports and could not afford to maintain a regular dividend to its investors any more. As we can see, the dividend is rather costly, and therefore most managers would not choose to increase the payments unless they are confident enough that the firm's free cash flow can support to maintain it in the long run.

Tax-Adjusted Theory and Tax Implications Tax-adjusted model assumes that investors require higher expected return on dividend-paying stocks. The result of this model separates investors into tax clientele. Masulis and Trueman (1988) indicated that investors with different tax liabilities would not be uniform in the idea of ideal dividend policy. Tax-adjusted theory assumes that investors seek to maximize their after-tax income. This means that individual investors would choose their own amount of corporate and personal leverage. They would also choose to receive dividend payments or capital gains as investment returns. Auerbach (1979) developed a model showing that if tax differential exists between capital gains and dividend payments, wealth maximization does not mean market value maximization any more.

As for tax implications, there would exist differences across markets because different divisions of investors would have different tax liabilities. There seems to be a popular inclination that firms tend to adjust their dividend policy according to the change in the tax law. On the other hand, shareholders do not tend to change their structure of investment portfolios by changing the proportion of investment dividend-paying firms and no-dividend-paying firms (Rennenboog and Trojanowski, 2005).

Tax implications could lead to changes in dividend policies and thus changing ownership structure. Richardson et al. (1986) amongst other first indicated that changes in dividend policies would not necessarily change ownership structure. However, Brav and Heaton (1998) challenged this view. They suggested that changes in ownership structure do happen when dividend policies change. In addition, Perez-Gonzales (2002) indicated that firms tend to change their dividend policies according to tax reforms to cater to the largest shareholders' preferences, which would influence the ownership structure as well.

Although it seems unreasonable to deny the importance of taxes in this topic, some researches suggested that taxes are just a secondary consideration of investors and taxes would not deter investors from investing substantial amounts of stocks that pay high dividends (Brealey et al., 2008). If investors attach great importance on taxes and the tax abilities are high, the companies would naturally tend to consider the way to distribute the earnings, by capital gains or by dividends (Brealey et al., 2008).

Life Cycle Theory Allen and Michaely (2003) indicated that traditional economists tend to study dividend payout based on information asymmetries and signaling considerations. While Deangelo et al. (2004) challenged this view by proposing a theory that the firm's require to distribute free cash flow determine the firm's optimal dividend payout policy. They put forward life cycle theory. In this theory, firms tend to adjust their dividend policies in accordance with the evolution of chance sets (Denis and Osobov, 2008). Abidin et al. (2000) indicated that firms that are remaining in their early stage in the life cycle and are supposed to have potential high grow opportunities tend to pay less dividends at a lower payout ratio than those mature firms. DeAngelo et al. (2006) found that firms' propensity to pay dividend has a positive correlation with the ratio of retained earnings to total equity which is the proxy of firm's stage in its own life cycle.

Dividend Smoothing theory Dividend smoothing could be defined as keeping dividend payment per share constant over several consecutive years (Guttman and Kadan, 2008). Lintner (1956) did a survey of firms' managers and found that when making dividend payout decisions, they first decide whether to change dividend payout from the previous year's payout rather than setting dividend payout each year independently. Managers only cut dividends when they have no choice and only increase dividends when they are confident that their firms' expected capacity to earn money could support the new dividend payout level (Guttman and Kadan, 2008). Michaely and Roberts (2007) suggested that dividend smoothing phenomenon seems more likely to happen in public firms.

2.5 Empirical Literature

A number of determinants of dividend payout ratio have been studied in previous empirical researches including profitability, liquidity, risk, financial structure, agency cost, firm size, firm's stage in life cycle and so on (Higgins, 1981; Lloyd et al., 1985; Jensen et al., 1992; Collins et al., 1996; D'Souza, 1999; Deangelo et al., 2006).

Profitability has been long considered as a primary signal of a firm's capability to pay dividends (Anil andKapoor, 2008). Friend and Puckett (1964) indicated that corporate dividend policy would vary with current and past profits directly. Pruitt and Gitman (1991) reported that firm's profits in current and past year are rather vital factors in affecting dividend payout policies. Baker et al. (1985) found that firm's expected future capacity in earning profits is a primary determinant of firm's dividend payout ratio. Amidu and Abor (2006) found a significantly positive correlation between dividend payout ratio and corporate profitability. This means firms with more superior ability to earn profits tend to pay more dividends to their shareholders.

Pruitt andGitman (1991) found risk is also a determinant of dividend payout. Rozeff (1982), Collins et al. (1996) and D'Souza (1999) used beta coefficient as a measure of firm's systematic risk, or its volatility. They found a significantly negative correlation between beta coefficient and dividend payout ratio. This means that firms with higher level of systematic risk tend to pay lower dividends to their shareholders.

With regard to liquidity, Collins et al. (1996) suggested that the stronger level of liquidity, the more premium ability of firm to payout dividends. Alli et al. (1993) suggested that dividend payout ratio depends more on cash flows, which is a better indicator of firm's capability to pay dividends, than on profits. Ho (2003) used current ratio as the proxy for liquidity and he found a significantly positive correlation between firm's dividend payout ratio and its current ratio.

As for financial leverage, Kumar (2003) used debt-to-equity as a proxy for leverage and found it is negatively associated with dividend payout ratio. Ranti (2013), in his study of dividend payout in Nigeria, also found that there does exist a negative correlation between dividend payout ratio and financial leverage. When Nnadi et al. (2013) did research about this topic based on African Stock Exchange and found that the dividend payout ratio is negatively related to debt-to-equity ratio. In terms of the correlation between firm size and dividend payout, Aivazian et al. (2001) opined that a firm's dividend policy is influenced by firm's size. Ranti (2013) used the natural logarithm of the total assets' book value as a proxy for the firm size and found that the firm size is positively correlated to dividend payout ratio. This means firms with larger size tend to pay out more dividends than firms with smaller size because larger firms are supposed to have easier accesses and fewer constrains to raise funds in capital market (Ranti, 2013). Higgins (1972) and Rozeff (1982) explained that this negative correlation is caused because higher risk always accompany with higher level of leverage and this phenomenon forces firms with higher level of leverage to retain more cash flow to reduce the cost of external capital.

2.6 Conclusion

In summary, a series of theories and empirical researches presented in this literature review suggest that amongst the academia, there is a common understanding that the dividend phenomenon and the determinants of dividend payout ratio could not be explained by a single universal theory. Moreover, although a number of researches showed that several determinants of dividend payout are similar across different national markets, it is more precise that some researches admitted that the determinants of dividend payout ratio seem to be market and firm specific task (Boban, 2011). Furthermore, as the finance research field continues to develop, researchers and scholars will put forward more new theories and findings about this topic in terms of different national markets. For example, a modeling based on behavioral and emotional finance theory was brought about to see how human's behavioral factors influence firms' dividend decisions and payout ratios in different markets all over the world. It would be supposed to be interesting to do a more deep analysis of human factors in dividend phenomenon around the world.

3 Data and Methodology

3.1 Introduction to Sample and Data

This study examines the determinants of dividend payout ratios of listed firms in UK. A sample of corporations that have been listed on the London Stock Exchange during the recent ten-year period 2005 — 2014 has been considered for this study. Following the sampling procedure used by previous researches (Rozeff, 1982; Zenesos, 2003; Renneboog & Trojanowski, 2005; Boban, 2011), the sample of firms for this study is only limited to listed non-financial companies. This means that this sample excludes banks, insurance firms and other financial and real estate firms. In addition, utility firms are excluded from this sample as well because their dividend payout policies are restricted by regulations strictly. All in all, the sampling procedure excludes firms whose financial reports have different format from the rest of the firms' financial reports in this sample and whose dividend policies are regulated in a different manner.

Taking firms that were brought and merged or went delisted, bankrupt in to consideration, only firms that were presented consistently in the London Stock Exchange for the entire period from 2005 to 2014 have been chosen into this sample. Finally, 231 firms are supposed to qualify for this paper not only because these 231 firms have been listed during the period 2005 — 2014, but also because they provided sufficient financial information that I need for this study.

The sample data was derived from Orbis database and was cross-checked with Datasteam. No major discrepancies in terms of data accuracy were found between these two databases. Nevertheless, Orbis is the sole source that I used to derive the financial data required by this study.

3.2 The Model

$$DIVi_{i,t} = \beta_0 + \beta_1 * ROA_{i,t} + \beta_2 * CR_{i,t} + \beta_3 * DE_{i,t} + \beta_4 * FS_{i,t} + \beta_5 * BETA_{i,t} + \beta_6 * LC_{i,t} + \beta_7 * AR(1) + \varepsilon_{i,t}$$

The dependent variable in this linear multiple regression model is the dividend payout ratio (Variable 「$DIVi_{i,t}$」).

The independent variables are: return on equity (Variable 「$ROE_{i,t}$」), current ratio (Variable 「$CR_{i,t}$」), debt-to-equity ratio (Variable 「$DE_{i,t}$」), firm size (Variable 「$FS_{i,t}$」), beta coefficient (Variable 「$BETA_{i,t}$」), return earnings to total equity (Variable 「$LC_{i,t}$」), the dividend payout ratio in previous year.

3.3 Description of Variables

Dependent Variable — The Dividend Payout Ratio (Variable「$DIV_{i,t}$」) The dividend payout ratio is defined as the percentage of net income paid to shareholders as dividends in this study. It is calculated as dividend payable divided by net income and collected for each of the 231 listed firms in the sample.

Independent Variables

Return on Equity (Variable「$ROA_{i,t}$」) ROA is used as a proxy for firm's profitability and performance. It is calculated as the firm's annual earnings before tax by total shareholders equity. The data is represented in percentage. The proposition introduced by Ranti (2013) suggested that firms tend to set up a higher dividend payout ratio when they achieve better performance and get a higher ROA ratio. Thus, this study expects a positive correlation between dividend payout ratio and ROA ratio.

Current Ratio (Variable「$CR_{i,t}$」) Current ratio is measured as a firm's current assets divided by current liabilities suggesting a firm's capacity to meet creditors' demands. It is an important indicator of a firm's market liquidity. Therefore, current ratio is used as a proxy for firm's liquidity in this study. Jonh and Muthusamy (2010) indicated that firms with more debt would need higher level of market liquidity and thus leading to establish more conservative financial policies. In order to improve liquidity, firms would choose to lower dividends because lower dividends mean that firms could retain more cash and rely more on internal financing. Therefore, this study expects that the dividend payout ratio would have a negative relationship with current ratio.

Debt-to-Equity Ratio (Variable「$DE_{i,t}$」) Debt-to-equity ratio is used to present a firm's leverage which is a vital factor in influencing a firm's dividend policy. The data is represented in percentage. Higgins (1972) and Rozeff (1982) both revealed a negative correlation between dividend payout and leverage since firms with higher level of leverage would be more risky in the cash flow and thus they would choose to pay lower dividends to reduce the cost of raising external capital. This study would hold the same proposition as Higgins (1972) and Rozeff (1982) did.

Firm Size (Variable「$FS_{i,t}$」) Firm size is measured by the natural logarithm of the book value of the firms' total assets. Larger firms are supposed to be restricted by fewer regulations and have easier access to raise external capital and thus tending to payout more of their profits as dividends to their shareholders (Ranti, 2013). This study would hold the hypothesis that dividend payout ratio has a positive correlation with firm size.

Beta Coefficient (Variable「$BETA_{i,t}$」) Beta coefficient is an indicator of a firm's systematic risk. Rozeff (1982) held the proposition in his study that a firm with higher beta coefficient tends to set up lower dividend payout ratio because higher beta means that the firm has higher operating and financial leverage and, therefore, is more risky. This is also one of the hypothesis we would test in this study.

The Ratio of Return Earnings to Total Equity (Variable ⌈$LC_{i,t}$⌋) This ratio is used as a proxy for a firm's stage in life cycle. Abidin et al. (2000) indicated that firms that are remaining in their early stage in the life cycle are supposed to have more potential high grow opportunities and thus they tend to pay less dividends at a lower payout ratio and retain more cash for their future investment and development than those mature firms. DeAngelo et al. (2006) found that a firm's dividend payout ratio has a positive correlation with the ratio of retained earnings to total equity that is usually used as a proxy of firm's stage in its own life cycle.

The Dividend Payout Ratio in Previous Year (Variable ⌈AR (1)⌋) According to dividend smoothing theory, managers usually set up dividend payout based on the dividend payment in the previous year and are always trying to maintain a constant dividend payout ratio since cutting dividends would lead to a negative influence on a firm's market value (Lintner, 1956). While the firms' profits are usually supposed to increase year by year, especially for the firms that are experiencing highly developing stage (Guttman and Kadan, 2008). Thus, we expect a negative correlation between the dividend payout ratio in this year and in previous year.

3.4 Hypothesis

Table 1

Independent Variables	Proposed Relationship
Variable ⌈$ROA_{i,t}$⌋	+ Positive
Variable ⌈$CR_{i,t}$⌋	−Negative
Variable ⌈$DE_{i,t}$⌋	−Negative
Variable ⌈$FS_{i,t}$⌋	+ Positive
Variable ⌈$BETA_{i,t}$⌋	−Negative
Variable ⌈$LC_{i,t}$⌋	+ Positive
Variable ⌈AR (1)⌋	−Negative

3.5 Methodology

Due to the panel character of the data, this study has to use panel data methodology. The general panel data modelwould usually be specified as:

$$Y_{i,t} = \beta_i + \beta * X_{i,t} + \varepsilon_{i,t}$$

So we just set up the initial model based on it:

$$DIVi_{i,t} = \beta_0 + \beta_1 * ROE_{i,t} + \beta_2 * CR_{i,t} + \beta_3 * DE_{i,t} + \beta_4 * FS_{i,t} + \beta_5 * BETA_{i,t} + \beta_6 * LC_{i,t} + \beta_7 * AR(1) + \varepsilon_{i,t}$$

Then we need to test for the stationarity of variables for the AR (1) model by conducting a Panel Unit Root Test.

This study uses the Ordinary Least Square (OLS) to test the whole sample. We first run the regression with all the independent variables we chose. Then we conduct a Hausman Test to determine to use fixed effect model or random effect model. After that, we would conduct a Wald Test to drop out the insignificant variables to make the model more significant jointly. The whole methodology would be introduced in much greater detail in the following empirical findings part.

4 Empirical Findings

4.1 Panel Unit Root Test

The stationarity of explanatory variables' time series are tested respectively based on the Augmented Dickey Fuller (ADF) panel unit root test technique. The result is presented in table 2 and it shows that most of the series are stationary at 1% level of significance.

Table 2 **Panel Unit Root Test Result**

	Statistic	Prob.
FS	394.678a	0.989,6
	471.080b	0.375,0
	1,004.38c*	0.000,0
ROA	922.171a*	0.000,0
	714.235b*	0.000,0
	973.926c*	0.000,0
DE	781.396a*	0.000,0
	664.640b*	0.000,0
	530.657c*	0.010,6
CR	944.360a*	0.000,0
	837.016b*	0.000,0

Table2(continued)

	Statistic	Prob.
	600.724c*	0.000,0
LC	537.798a*	0.008,4
	561.222b*	0.001,0
	662.355c*	0.000,0
Beta	572.583a*	0.000,3
	595.925b*	0.000,0
	297.680c	1.000,0

Note: * indicates 1% level of significance. Statistic with 「a」 indicates that this result of unit root test comes out from a test equation with an intercept. Statistic with 「b」 indicates that this result of unit root test comes out from a test equation with a trend and intercept. Statistic with 「c」 indicates that this result of unit root test comes out from a test equation with nothing.

4.2 Descriptive Statistics

After looking at the result of unit root tests, we then need to analyze the descriptive statistics. Table 3 below shows the descriptive statistics for the sample from 2005 to 2014.

Table 3   **Descriptive Statistics**

	DIV	FS	ROA	DE	CR	LC	BETA
Mean	0.134,703	5.506,625	0.080,956	0.632,006	2.481,8	0.380,737	0.537,848
Std. Dev.	12.126	0.818,444	0.123,079	0.828,694	4.487,626	0.566,781	0.363,616
Skewness	-39.923,6	0.303,269	-1.500,27	3.253,42	7.118,295	-0.586,53	0.070,534
Kurtosis	1,777.036	3.069,476	10.462,75	21.547,51	71.155,63	44.093,86	2.824,23
Jarque-Bera	3,030*	35.811,7*	6,216.195*	37,121.71*	465,799.5*	162,388.7*	4.880,571
Obs	231	231	231	231	231	231	231

Note: * indicates 1% level of significance.

As shown in table 2, the skewness statistics of all variables excluding BETA are far from zero, which indicates all variables excluding BETA are skew distributed. In addition, the Kurtosis statistics for all variables are not equal to three. This indicates that all variables may not been distributed normally. The absence of data's normal distribution is confirmed by the result of Jarque-Bera test. The P-values of DIV, FS, ROA, DE, CR, LC for Jarque-Bera test are all equal to zero, which the null hypothesis of Jarque-Bera test is rejected and the distribution of these variables are not normal. And the P-value of BETA for Jarque-Bera test is 0.08 which is greater than the 5% level of significance. So the null hypothesis of Jarque-Bera test could not be rejected, which means the variable 「BETA」 is normally distributed.

4.3 Correlation Matrices

After analyzing the descriptive statistics, then we need to check if there is any correlation between these explainable variables.

Table 4   **Correlation Matrices**

	DIV	ROA	DE	LC	FS	CR	BETA
DIV	1.000,000	0.014,070	0.017,267	0.007,989	0.029,609	0.012,233	0.031,037
ROA	0.014,070	1.000,000	-0.082,803	0.092,859	0.028,872	-0.052,520	0.059,814
DE	0.017,267	-0.082,803	1.000,000	-0.090,300	0.354,142	-0.168,191	0.267,290
LC	0.007,989	0.092,859	-0.090,300	1.000,000	0.102,585	-0.058,860	0.072,481
FS	0.029,609	0.028,872	0.354,142	0.102,585	1.000,000	-0.107,839	0.510,563
CR	0.012,233	-0.052,520	-0.168,191	-0.058,860	-0.107,839	1.000,000	-0.095,114
BETA	0.031,037	0.059,814	0.267,290	0.072,481	0.510,563	-0.095,114	1.000,000

The multicollinearity would lead the regression result to be biased. Lewis-Beck (1980) indicated that the bivariate correlation coefficients that are below 0.8 could indicate the absence of multicollinearity. As we can observe in table 3, the correlation coefficients between independent variables are all below 0.8 which is the tolerance statistic introduced by Lewis-Beck (1980). The coefficients are all low, even negative at several times. This means that there is no correlation amongst these explanatory variables.

4.4 Ordinary Least Square findings

When looking at the OLS regression, we firstly run a Hausman Test in Eviews to choose to use fixed effects model or random effects model. The result of Hausman Test is presented in table 5 below.

Table 5   **Hausman Test**

	Chi-Sq. Statistic	Chi-Sq. d.f	Prob.
Cross-section random	114.275,738	6	0.000,0

The P-values for this test is equal to 0 which is smaller than 5% level of significance. This means that the null hypothesis of Hausman Test—the estimators of random effect model are most efficient—should be rejected and we should choose fixed effect model.

Then I regress the model without and with fixed effect model respectively and summarize the result in table 6.

Table 6   **Linear Regression Models**

	Initial mode (1)	Initial model (2) *	Final model
Constant	−2.24 (2.17) <−1.04>	−19.17** (9.58) <−2.00>	−17.18** (8.56) <−2.01>
FS	0.26 (0.43) <0.59>	2.92 * (1.58) <1.85>	2.76 * (1.55) <1.78>
ROA	1.54 (2.27) <0.68>	3.06 (2.48) <1.24>	3.15 (2.47) <1.28>
DE	0.17 (0.38) <0.46>	−0.14 (0.56) <−0.25>	
CR	0.06 (0.06) <0.93>	0.77*** (0.08) <9.20>	0.77*** (0.08) <9.22>
LC	0.17 (0.52) <0.32>	−0.50 (0.86) <−0.58>	
BETA	0.88 (0.95) <0.92>	2.52 (7.65) <0.33>	
AR (1)	0.05 (0.06) <0.80>	−0.21*** (0.06) <−3.62>	−0.21*** (0.06) <−3.63>
Period fixed effects	N	N	N
Period random effects	N	N	N
Cross-section fixed effects	N	Y	Y
Cross-section random effects	N	N	N
R^2	0.002	0.130	0.13
Prob. (F-statistic)	0.67	0.06	0.047
Numberobs	231	231	231

Note: ***, **, * respectively indicate 1%, 5% and 10% level of significance. The value showing in ( ) represents the standard error. The value showing in < > represents the tolerance statistic.

As we could observe from the result, adding cross-section fixed effects to the regression model significantly improve the R^2 figure from 0.002 to 0.13. Although it seems not high as well, it is determined by the nature of analysis of my sample (Abidin et al., 2000). This means that, in the fixed effects model, 13% variations in the dividend payout ratio could be explained by these chosen independent variables (Firm size, ROA, debt-to-equity ratio, current ratio, retained earnings to total equity, beta coefficient and dividend payout ratio in previous year) (Abidin et al., 2000). But when we look at the P-values of F-statistic, although it decreases from 0.67 to 0.06 that is smaller than 10% level of significance by adding fixed effects to the model, it is also greater than 5% level of significance.

In the fixed effected model, firm size is found to be significant at 10% level. As our hypothesis expected, the coefficient of firm size is 2.92 and this indicates firm size is positively correlated to dividend payout ratio, which means larger firms tend to set up higher dividend payout ratios. This result is supported by the previous empirical findings of Fadaeinejhad (2005), Amidu and Abor (2006) and Ranti (2013). They stretched out that the reason why larger firms would payout dividends at a higher rate than smaller firms is that larger firms have easier access and much freedom in regulations to raise external capital and thus needing relatively less internal capital compared with smaller firms.

ROA's coefficient is 3.06 and is found to have an insignificantly positive correlation with the dividend payout ratio which is consistent with our hypothesis as well. ROA is the proxy of firms' capacity of earning profits. This means firms that have premium capacity of earning profits tend to establish high dividend payout ratios since they have confidence to maintain the payout ratio in the future. This result is supported by the previous findings of Amidu and Abor (2006) when they examined the determinants of dividend payout ratio of listed firms in Ghana and Ranti (2013) when he examined Nigeria market. When Ho (2003) studied dividend policies in Australia and Japan market, the capacity of earning profits is also found to be positive correlated to the dividend payout ratio.

With regard to debt-to-equityratio which is used as a proxy for firm's leverage, its regression coefficient statistic is -0.14. The result also shows an insignificantly positive correlation with dividend payout ratio in normal model and an insignificantly negative correlation with dividend payout ratio in cross-section fixed effects model. The result of the fixed effects model is consistent with our hypothesis that the leverage is negatively correlated with dividend payout ratio and is also supported by Kumar (2003), Ranti (2013) and Nnadi et al. (2013) whose research findings indicated a negative correlation between firm's financial leverage and the dividend payout ratio.

Current ratio in this paper is used as a proxy for firms' liquidity and the stronger level of liquidity the more premium ability of firm to payout dividends. A lower current ratio indicates a higher firm liquidity. So we assume a negative correlation between current ratio and dividend payout ratio as many empirical researches did. When we look at the regression result, the P-values of current ratio's t-statistic is equal tozero which means that the current ratio has a intense influence on the dividend payout ratio. But contrary to our hypothesis, the current ratio has a coefficient statistic of 0.77 which is positive and this means firms with higher current ratio tend to pay dividends at a higher payout rate. This is contrary to the empirical findings of many researchers such as Collins et al. (1996) and Baker et al. (2001) who suggested that firms with lower current ratio tend to payout dividends at higher payout ratios to firms' shareholders. This might because that firms having more debt may mean that they could more easily get external financial supports and thus needing relatively fewer internal financial supports which means they could payout a larger percentage of their profits as dividends to shareholders.

The ratio of retained earnings to total equity is used for a proxy for firm's stage in its life cycle. As we could observe from the result, the coefficient statistic of the ratio is 0.17 in normal regression model and -0.44 in cross-section fixed effect model. And the P-valuess for two models are both larger than 10% level of significance. This means that there is an insignificantly positive relationship and an insignificantly negative relationship in two models respectively between the ratio of retained earnings to total equity and the dividend payout ratio, which is contrary to our hypothesis. According to previous study, firms in early stage of life cycle are supposed to have potential developing opportunities and thus tend to retain more cash for future investment and pay dividends at a lower payout ratio (Abidin et al., 2000). When firms become mature, they would gradually increase the dividend payout ratio (Abidin et al., 2000). This probably because when firms become mature, they tend to increase the dividend payout ratio and at the same time the total equity tend to increase and thus the ratio of retained earnings to total equity would decrease. Therefore, a firm with lower ratio of retained earnings to total equity would pay dividends at a higher payout ratio.

The beta coefficient is used for a proxy for the level of risk in this study. The P-valuess of beta are both larger than 10% in normal model and cross-section fixed effect model. And the coefficient of beta is 0.88 in normal model and 2.52 in cross-section fixed effect model respectively which are both positive. This means that the beta have insignificantly positive correlations with dividend payout ratio in both two models, which means firms with higher level of systematic risk tend to establish a higher dividend payout ratio. This result is contrary to our hypothesis and as well as many previous empirical findings that suggest a negative relationship between dividend payout ratio and beta coefficient (Rozeff, 1982; Collins et al., 1996 and D'Souza,

1999).

As for the dividend payout ratio in previous year (AR (1)), the P-values is larger than 10% level of significance and the coefficient is 0.05 which is positive in normal model. This means that, in normal model, the AR (1) has an insignificant positive influence on dividend payout ratio. While in cross-section fixed effects model, the P-values for AR (1) is smaller than 1% level of significance and the coefficient statistic is-0.21. This means that the AR (1) has a significant negative influence on dividend payout ratio in fixed effects model which is consistence with our hypothesis. In our hypothesis, the dividends would be smoothed by firms' managers and the profits of firms tend to increase year by year gradually (Guttman and Kadan, 2008). Therefore, the dividend payout ratio which is defined as the ratio of dividends to net profits would decrease gradually. This means the dividend payout ratio in previous year would have a negative correlation with the dividend payout ratio in this year.

In conclusion, firm size, current ratio and dividend payout ratio are found to have significant influence on dividend payout ratio. While the influence of ROA, debt-to-equity ratio, stage of life cycle and beta coefficient are insignificant on dividend payout ratio. Based on this result, the relationships between firm size, ROA, debt-to-equity ratio and AR (1) are consistent with our hypothesis. While the relationships between current ratio, stage of life cycle and beta are inconsistence with our hypothesis.

But due to the reason that the joint significance of this fixed effects model is not high enough and the influences of several explainable variables including ROA, debt-to-equity ratio, stage in life cycle and beta coefficient are not significant, we would like to implement a Wald Test to omit some unnecessary variables in order to make the model more efficient. In the Wald Test, we set a null hypothesis as that the coefficients of debt-to-equity ratio, stage in life cycle and beta coefficient are all equal to zero. Then the result is shown in table 7.

Table 7　　　　　　　　　　　　　　**Wald Test**

	Value	df	Probability
F-statistic	0.140,203	(3, 1,836)	0.935,9
Chi-square	0.420,609	3	0.936,0

The P-valuess of F-statistic and Chi-squareare both larger than 93% and far beyond 10%, 5% and 1% level of significance so that the null hypothesis of the Wald Test —the coefficients of debt-to-equity ratio, stage in life cycle and beta coefficient are all equal to zero — should not be rejected. Therefore, we choose to omit these three variables from the initial model and then get a new model:

$$DIVi_{i,t} = \beta_0 + \beta_1 * ROA_{i,t} + \beta_2 * CR_{i,t} + \beta_3 * FS_{i,t} + \beta_4 * AR(1) + \varepsilon_{i,t}$$

After that, we regress this model in Eviews 8 based on OLS with cross-section fixed effects. Then we present the regression result in table 5.

As we could observe from the result, although we omitted three variables from the initial model, the R^2 is still 13% which does not decrease. This means that the remaining four variables: ROA, current ratio, firm size and AR (1) could still explain 13% variations of the dependent variable — dividend payout ratio as well as the seven variables: ROA, current ratio, firm size, AR (1), debt-to-equity ratio, beta coefficient and stage in life cycle did. This result proves that the three explainable variables we omitted are indeed unnecessary for the model. In addition, when we look at the P-values of the F-statistics for the model, it decreases from 6% to 4.7% which is below the 5% level of significance. This means that the joint significance of the model has been improved due to the omitting of three unnecessary variables and this model could be considered significant jointly if we choose 5% as our level of significance.

So the final model could be stretched as:

$$DIVi_{i,t} = -17.18 + 3.15 * ROA_{i,t} + 2.76 * FS_{i,t} + 0.77 * CR_{i,t} + -0.21 * AR(1) + \varepsilon_{i,t}$$

In this model, ROA is consistent with our hypothesis that it has a positive relationship with dividend payout ratio. This means that firms with higher ROA tend to payout a larger percentage of their profits as dividends to shareholders. This result is supported by the empirical findings of Ho (2003), Amidu & Abor (2006) and Ranti (2013). This is because that they have confidence in their capacity to earn enough profits in the future to support their own internal financial needs and at the same time sustain the existing dividend payout level (Baker et al., 1985).

Firm size is expected to have a positive relationship with dividend payout ratio in our hypothesis and the regression result is indeed consistent with our hypothesis. In other words, listed firms in UK that have larger firm size tend to payout a larger percentage of their profits as dividends to shareholders. This result is also consistent with the finding of Fadaeinejhad (2005), Amidu & Abor (2006) and Ranti (2013). The reason leading to this result indicated by these researchers is that larger listed firms have easier access and fewer restrictions in raising external capitals than smaller listed firms and thus they could support themselves to pay more profits as dividends to shareholders.

In term with current ratio, this regression result indicates a positive relationship between current ratio and dividend payout ratio. This is contrary to our hypothesis and also contrary to some previous researchers' empirical findings. As mentioned previously, this might because that firms with more debt could more easily get external financial supports and thus needing relatively fewer internal financial supports which means that they could payout a larger percentage of their profits as dividends to shareholders.

As for the dividend payout ratio in previous year, the regression result is consistent with our hypothesis that it has a negative correlation with dividend payout ratio in this ratio. This result is also consistent with research findingsof Ho (2003). This is because listed firms often tend to maintain their dividends at a constant and regular level (Lintner, 1956) while the profits tend to gradually increase especially for growing firms (Guttman and Kadan, 2008). So the dividend payout ratio decrease year by year and thus generating a negative relationship between AR (1) and the dividend payout ratio in this year.

5 Conclusion (Closing Remarks)

This studyseeks to figure out the determinants of dividend payout ratios of listed firms in UK. We chose a sample of 231 firms that are listed on London Stock Exchange during 2005 — 2014 for this study.

Then based on previous theoretical researches and empirical researches we reviewed in the literature review part, we built an initial model as follows:

$$DIVi_{i,t} = \beta_0 + \beta_1 * ROA_{i,t} + \beta_2 * CR_{i,t} + \beta_3 * DE_{i,t} + \beta_4 * FS_{i,t} + \beta_5 * BETA_{i,t} + \beta_6 * LC_{i,t} + \beta_7 * AR(1)_{i,t} + \varepsilon_{i,t}$$

The data's stationarity of all the explainable variables were tested by the Augmented Dickey Fuller (ADF) panel unit root test technique. And all of them were confirmed to be stationary by the result of the test.

After that, we analyzed the descriptive statistics of the whole sample and found that the statistics of all the variables except 「BETA」 are not normally distributed.

The data's multicollinearity was tested following the descriptive statistics. And the result shows that there is no multicollinearity among these explainable variables.

After finishing these tests, we regressed the whole sample by Ordinary Least Square. We could observe from the regression result that the R square is only 0.002 and the P-values of the F-statistic is 0.67. This means that this model could not explain the dependent variable very well. Then we did theHausman Test to decide to add fixed effects to the model.

The regression result with fixed effects shows that firm size, return on equity ratio, current ratio and beta coefficient are positively related to the dividend payout ratio and debt-to-equity ratio, life cycle and AR (1) are negatively related to the dividend payout ratio. And among these explainable variables, return on equity ratio, debt-to-equity ratio, life cycle and beta coefficient are insignificant in explaining dividend payout ratio. So we did a Wald Test to decide whether to omit debt-to-equity ratio, life cycle and beta coefficient from the model. And the result of the Wald Test indicates these three variables are meaningless for the model to explain the dividend payout ratio. Then we use the rest of explainable variables including return on equity ratio, firm size, current ratio and the dividend payout ratio in previous year to build our final model which could be stretched as:

$$DIV_{i,t} = -17.18 + 3.15 * ROA_{i,t} + 2.76 * FS_{i,t} + 0.77 * CR_{i,t} + -0.21 * AR(1) + \varepsilon_{i,t}$$

This model suggests that firms' capacity in earning profits (ROA ratio), firm size, firms' liquidity (current ratio) and the dividend payout ratio in previous are key determinants of firms' dividend payout ratio. As we could observe from the regression model, firm size, current ratio, AR (1) are all significant in explaining the dividend payout ratio and return on equity ratio is not significant. But without ROA, the model could not achieve joint significance. So ROA ratio is also a rather important determinant of dividend payout ratio.

We could learn from the regression result that ROA ratio and firm size are positively related to the dividend payout ratio; whereas, AR (1) has a negative correlation with the dividend payout ratio. These three relationships are consistent with our hypothesis and previous empirical finds. While current ratio is found to be positive related to the dividend payout ratio which is contrary to our hypothesis and previous research findings. We guess the reason might be that firms with more debt could more easily get external financial supports and thus needing relatively fewer internal financial supports which means that they could payout a larger percentage of their profits as dividends to shareholders.

Overall, the findings of this paper are almost consistent with previous researchers' empirical findings. The only exception is the relationship between current ratio and the dividend payout ratio and we have provided our explanation.

As for the direction of dividend payout researches of UK market in the future, two new subjects could be considered inspired by this study. First one is the relationship between current ratio and the dividend payout ratio of listed firms in UK. This is because it is contrary to previous empirical findings and it could be considered as a characteristic of UK market. Another subject is the determinants of dividend payout ratios of unlisted firms in UK. Due to the financial data of unlisted firms could not be derived as easily as the data of listed firms could, the researches about the determinants of dividend payout ratios of unlisted firms would be more complex to carry out on.

Reference:

[1] ABIDIN S., SINGH V., AGNEW M., BANCHIT A. Determinants of Dividend Payout Policy for UK firms during Period of Economic Adversity [N]. Working paper, 2000.

[2] AIVAZIAN V., BOOTH L., CLEARY S. Do Firms in Emerging Markets Follow Different Dividend Policies from Those in the US? Evidence from Firms in Eight Emergent Countries [J]. Forthcoming in the Journal of Financial Research, 2001.

[3] ALLEN, FRANKLINE, ANTONIAO E. Bernardo, IVO WELCH. A Theory of Dividend of Based on Tax Clienteles [J]. Journal of Finance, 2000, 55 (6): 2,499-2,537.

[4] ALLEN F., MICHAELY R.. Payout Policy, in G. Constantinides, M. Harris and R. Stulz (eds.) [J]. Handbook of Economics of Finance, 2003.

[5] ALLI K., KHAN A., RAMIREZ G. Determinants of dividend policy: a factorial analysis [J]. The Financial Review, 1993: 47-523.

[6] AMIDU M., ABOR J. Determinants of dividend payout ratios in Ghana [J]. Journal of Risk Finance, 2006, 7: 136-145.

[7] ANIL K., KAPOOR S. Determinants of dividend payout ratio-A study of Indian information technology sector [J]. International Resource Journal of Finance and Economics, 2008: 1-9.

[8] AUERBACH A. J. Wealth maximization and the cost of capital [J]. Quarterly Journal of Economics, 1979, 93: 46-433.

[9] BAKER H. K. Dividend policy issues in regulated and unregulated firms: a managerial perspective [J]. Managerial Finance, 1999, 25 (6): 1-19.

[10] BAKER H. K., FARRELLY G. E., EDELMAN, R. B. A survey of management views on dividend policy [J]. Financial Management, 1985, 14 (3): 1007-34.

[11] BLACK F.. The Dividend Puzzle [J]. Journal of Portfolio Management, 1976, 2 (2): 5-8.

[12] BOBAN I. Determinants of Dividend Payout Ratio: Evidence From the UK [D]. London: City University.

[13] BRAV A., J. B. Heaton. Did ERISA's Prudent Man Rule Change the Pricing of

Dividend Omitting Firms? [N]. Working paper, 1998.

[14] BRAV A., GRAHAM J. R., HARVEY C. R., MICHAELY R. Payout policy in the 21 century [J]. Journal of Financial Economics, 2005, 77: 483-527.

[15] BROOK Y., CHALTON W., HENDERSHOTT, R. Do firms use dividends to signal large future cash flow increase? [J]. Financial Management, 1998: 46-57.

[16] COLLINS M. C., SAXENA A. K., WANSLEY J. W. The role of insiders and dividend policy: a comparison of regulated and unregulated firms [J]. Journal of Financial and Strategic Decisions, 1996, 9 (2): 1-9.

[17] DEANGELO H., L. DE ANGELO, D. J. SKINNER. Are Dividends Disappearing? Dividend Concentration and the Consolidation of Earnings [J]. Journal of Financial Economics, 2004, 72: 425-456.

[18] DEANGELO H., DEANGELO L., STULZ R. M. Dividend policy and the earned/contributed capital mix: a test of the life-cycle theory [J]. Journal of Financial Economics, 2006, 81: 227-254.

[19] DENIS D. J., OSOBOV I. Why do firms pay dividends? International evidence on the determinants of dividend policy [J]. Journal of Financial Economics, 2008, 89: 62-82.

[20] SOUZA J. Agency cost, market risk, investment opportunities and dividend policy-an international perspective [J]. Managerial Finance, 1999, 25 (6): 35-43.

[21] FADAEINEJHAD E. A study of the effect of B/M ratio and firm size on profit-ability [J]. Financial Research, 2005, 18: 25-34.

[22] FRIEND I., PUCKETT. Dividends and Stock Prices [J]. The American Economic Rev., 1964, 54 (5): 656-682.

[23] GORDON M. Dividends, Earnings, and Stock Prices [J]. The Review of Economics and Statistics, 1959, 41 (2): 99.

[24] GILL A., BIGER N., TIBERWALA R. Determinants of Dividend Payout Ratios: Evidence from United States [J]. the Open Business Journal, 2010, 3: 8-14.

[25] HAN, KIN C., SUK H. LEE, DAVID Y. SUK.. Institutional Shareholders and Dividends [J]. Journal of Financial and Strategic Decision, 1999, 12: 53-62.

[26] HIGGINS R. C. The corporate dividend-saving decision [J]. Journal of Financial and Quantitative Analysis, 1972, 7 (2): 1,527-1,541.

[27] HIGGINS R. C. Sustainable growth under inflation [J]. Financial Management, 1981, 10: 36-40.

[28] HO H. Dividend Policies in Australia and Japan [J]. Inti'l Advances in Econ, 2003, 9 (2): 91-100.

[29] JENSEN M. C. Agency Costs of Free Cash Flow, Corporate Finance, and Takeovers [J]. American Economic Review, 1986, 76: 323-329.

[30] JENSEN M. C., MECKLING W. Theory of the firm: managerial behavior, agency costs and capital structure [J]. Journal of Financial Economics, 1976, 3: 305-360.

[31] JENSEN G. R., SOLBERG D. P., ZORN T. S. Simultaneous determination of insider ownership, debt, and dividend policies [J]. Journal of Financial and Quantitative Analysis, 1992, 27: 63-247.

[32] JOHN S. F., MUTHUSAMY K. Leverage, Growth and Profitability as Determinants of Dividend Payout Ratio-Evidence from Indian Paper Industry [J]. Asian Journal of Business Management Studies, 2010, 1 (1): 26-30.

[33] KUMAR J. Corporate governance and dividend payout in India [J]. Journal of Emerging Market Finance, 2003, 5 (1): 15-58.

[34] LINTNER J. Distribution of Incomes of Corporations among Dividends, Retained Earnings and Taxes [J]. The American Economic Review, 1956, 46 (2): 97-113.

[35] LLOYD W. P., JAHERA S. J., PAGE D. E. Agency cost and dividend payout ratios [J]. Quarterly Journal of Business and Economics, 1985, 24 (3): 19-29.

[36] MASULIS R. W., TRUEMAN B. Corporate investment and dividend decisions under differential personal taxation [J]. Journal of Financial and Quantitative Analysis, 1988, 23: 86-369.

[37] MILLER M., MODIGLIANI F. Dividend Policy, Growth, and the Valuation of Shares [J]. Journal of Business, 1961, 34 (4): 411.

[38] MORGAN, GARETH, STEPHEN THOMAS. Taxes, Dividend Yields and Returns in the UK Equity Market [J]. Journal of Banking and Finance, 1988, 22 (4): 405-423.

[39] NNADI M., WOGBOROMA N., KABLE B. Determinants of Dividend Policy: Evidence from Listed Firms in the African Stock Exchanges [J]. Panoeconomicus, 2013, 6: 725-741.

[40] PRUITT S. W., GITMAN L. W. The interactions between the investment, financing, and dividend decisions of major US firms [J]. Financial Review, 1991, 26 (33): 30-409.

[41] RANTI U. O. Determinants of Dividend Policy: A study of selected listed Firms in Nigeria [J]. Manager, 2013, 17: 107-119.

[42] RICHARDSON G., S. SEFCIK, R. Thompson. A Test of Dividend Irrelevance Using Volume Reactions to a Change in Dividend Policy' [J]. Journal of Financial Economics, 1986, 17: 313-333.

[43] ROZEFF M. S. Growth, Beta, and Agency Costs as Determinants of Dividend Pay-

out Ratios [J]. Journal of Financial Research, 1982, 5: 249-259.

[44] SHLEIFER A., VISHNEY R. W. Large shareholders and corporate control [J]. Journal of Political Economy, 1986, 94: 88-461.

[45] SHORT, HELEN, HAO ZHANG, KEVIN KEASEY. The Link between Dividend Policy and Institutional Ownership [J]. Journal of Corporate Finance, 2002, 8 (2): 105-122.

[46] ZENOSOS M. The Dividend Policy in Europe: the case of the UK, Germany, France and Italy [D]. London: City University.

中國中小企業應收帳款證券化融資可行性研究

雍藹媛

一、中國中小企業應收帳款現狀

近年來,中國中小企業發展迅速,資產規模不斷擴大,其中作為流動資產的應收帳款,總量也在逐年遞增。應收帳款往往是中國中小企業較大的資產之一。按理來說,應收帳款應該是能夠在一年之內轉化為現金的流動資產,但是由於各種複雜的因素,比如說它往往來自具有不同償債能力的客戶、往往有著不同的到期日和流動性、總額是從零風險到高風險的所有債務的累計等,造成了應收帳款回收的各種障礙和不確定性。

中國企業在應收帳款的回收方面存在嚴重問題,主要是由於各個企業之間存在嚴重的拖欠現象,長期存在著「三角債」的問題。為了維持正常經營,企業往往不得不通過外部的借款來彌補營運資金的不足,這就造成了中國中小企業的資產負債率一直居高不下,問題嚴重的甚至可能出現資不抵債的情況,最終無力支撐正常的生產經營,導致破產。對於中小企業來說,增加銷售額、提高市場佔有率的最有效的途徑之一就是採取賒銷策略,但是它們往往忽視賒銷策略帶來的一系列的應收帳款管理問題,造成大量應收帳款長期掛帳,得不到及時的回收,總額不斷累計、逐年遞增,企業帳面看起來盈利,實際的資金已經難以維持企業的日常經營活動。

中國中小企業對商業信用的重視程度往往很低,具體表現為應收帳款的回收期通常較長,拖欠款和壞帳也經常發生,這就容易造成企業資金週轉困難。這些問題往往都是企業採取賒銷策略帶來的,但是若不採取賒銷策略,企業就容易失去商業機會,

也就容易失去市場佔有率，得不到利潤，就無法在殘酷的競爭中生存和發展；但是採取賒銷策略，企業又容易面臨巨大的資金週轉風險，這是中國中小企業目前處於的兩難境地。

二、中國中小企業融資問題分析

（一）中小企業自身的原因

融資難已經成為業界公認的制約中國中小企業擴大再發展的一大瓶頸。中小企業普遍規模較小，利潤率較低，它們的信用程度也較低，自身原因導致的融資難具體表現在以下三個方面：

首先，中小企業普遍財務製度不健全，財務管理水平較低，融資渠道比較狹窄，難以拓展；其次，企業規模小，資產也很少，負債能力因此也較低，難以達到銀行的貸款抵押擔保條件；最後，中小企業的創辦者自身所受教育程度普遍較低，經營理念相對落後。

（二）信用擔保體系尚未健全

雖然目前的信用擔保體系在一定程度上能夠緩解中小企業融資難的狀況，但是融資過程依然存在很多問題。政府的財政收入是中小企業擔保基金的主要來源，而地方財政能力又比較有限，根本滿足不了中小企業的資金需求。再加上擔保條件也較為苛刻，中小企業的融資門檻事實上并沒有降低。

（三）金融機構方面的原因

在中國金融體系的構成中，銀行仍然占據著主導地位。隨著國有銀行進行的股份制改革，銀行逐漸迴歸企業的地位，把自身利益最大化作為經營活動的目標。如此一來，銀行會越來越重視風險控製，它們更願意把資金貸給可抵押資產較多、財務管理水平較高的大公司，而不願意冒險把貸款給抗風險能力較差的中小企業。

三、應收帳款證券化融資可行性分析

（一）中小企業自身有進行應收帳款證券化融資的需求

基於以上分析，中小企業普遍存在融資難的問題，同時應收帳款回收又存在很多不確定性，因此中小企業具有進行應收帳款證券化融資的動力。這種動力主要來源於兩個方面：一方面是中小企業自身的資金需求以及融資的困難，另一方面是應收帳款證券化融資所具備的獨特優勢。

應收帳款證券化是中小企業的一種新的融資方式。中小企業往往不能達到股票、債券融資的門檻,而應收帳款證券化很好地彌補了這一不足。應收帳款證券化對於企業本身的信用沒有較高的要求,也不需要企業進行整體信用情況的披露,這就為信用水平不高的中小企業打開了資本市場融資的大門。同時,應收帳款證券化還能把企業流動性較差的應收帳款轉化為現金,大大加快了企業資產的流動。

(二) 中小企業應收帳款達到資產證券化要求

據實踐總結,能夠實現證券化的資產通常需要滿足以下條件:首先,資產預期能夠帶來穩定的現金流;其次,資產持有人信用狀況較好;再次,資產具有較高的同質性;最後,債務人分布較為廣泛。另外,對資產的歷史記錄也有要求,要求歷史違約率較低。

雖然中小企業的應收帳款總額較大,但債務人通常也是和企業本身規模差不多大小的中小企業,交易規模不會太大,因此單筆應收帳款的數額也不會太大,所以即使有個別違約現象發生,違約率也較低,對應收帳款為企業帶來的預期現金流影響也不會太大。

(三) 投資者潛力巨大

從個人投資者來說,中國資本市場目前發展尚不健全,可供個人投資者選擇的投資途徑較少。而隨著投資意識的增強,中國居民越來越多地選擇把個人儲蓄放到資本市場進行投資。證券化的應收帳款具有穩定的可預測現金流,并且經過信用增級,也具有較高的信用等級,必將獲得投資者青睞。

從機構投資者來說,目前中國資本市場上的主要投資力量就是機構投資者。隨著中國資本市場的發展,機構投資者的數量和實力也在不斷地增多、增強。它們也會是應收帳款證券化的主要資金提供者。

(四) 法律製度逐漸完善

法律製度是開展應收帳款證券化的重要保障。法律製度能夠規範參與應收帳款證券化的各方主體的權利和義務,保障權益人和投資者的利益。隨著中國資本市場的發展,各項配套的法律製度也在不斷完善。2005 年,中國人民銀行與中國銀行業監督管理委員會專門針對資產證券化問題,制定了《信貸資產證券化試點管理辦法》,從各個方面對資產證券化進行了規範,為應收帳款證券化提供了法律上的依據和標準。

(五) 各類仲介機構不斷出現和發展

應收帳款證券化的開展必須依託各類金融仲介機構的服務。從國際市場的實踐來看,會涉及的仲介機構主要包括投行、信用評級機構以及擔保機構等。在中國金融市場,投行的工作通常由證券公司來承擔,迅速發展的各大證券公司和不斷增加的證券從業人員為應收帳款證券化的開展提供了重要保障。應收帳款證券化的信用增級通常是由擔保機構和保險公司來完成的。中國的信用評級行業發展時間較短,但是經過幾

次整頓，評級機構開始進入規範化、專業化階段，并已經成為中國資本市場的重要參與者。

四、主要結論及建議

不管從內部資金來源還是從外部資金來源上說，中國中小企業目前的融資需求都很難得到滿足。同時，中小企業應收帳款總額較大，回收具有很多不確定性，因此開展應收帳款證券化是中小企業拓展融資渠道、加快資產流動的一個不錯的途徑。同時，本文從三個方面，即中小企業本身、投資者及外部環境，對開展應收帳款證券化融資的可行性進行了分析，認為目前在中國資本市場上，雖然開展中小企業應收帳款證券化融資還存在一些障礙，但基本條件已經具備。未來政府應該不斷加強外部市場建設，完善相關法律法規，扶持各類仲介機構，以此來支持中小企業開展應收帳款證券化融資，為中小企業健康有序的發展提供重要保障。

參考文獻：

［1］冷軍. 應收帳款證券化融資的流程與優點［J］. 冶金財會，2005（5）.

［2］唐敏. 應收帳款證券化的比較優勢［J］. 合作經濟與科技，2008（3）.

［3］潘金伸. 企業應收帳款證券化研究［J］. 現代商業，2009（4）.

［4］周樂秀. 中小企業資產證券化融資的經濟分析［J］. 時代經貿，2008（3）.

基於民辦高校服務地方經濟的課程教學改革
——以財務報表分析課程為例

鄭適

一、民辦高校服務地方經濟的意義與方式

（一）高校與地方經濟互相扶持發展是必然趨勢

地方經濟需要高等院校的專業技術、管理知識與創新實踐性人才的注入以適應經濟的飛速發展；而高等院校需要地方經濟提供資源以滿足教育質量的提升。在地方性經濟的發展中，經濟市場需要三種基本元素以推動市場發展，即迎合市場經濟的科技與管理創新、促使企業發展的人力資源以及政府宏觀調控。在這三個元素中，高等院校既是創新技術與知識的來源，又是相關人力資源的培養基地。

（二）民辦高校服務地方經濟的主要途徑是培養特色人才

結合自身優劣勢，民辦高校主要定位於發展本科教育，以服務於地方區域經濟和社會發展。故其應與地方經濟緊密合作，關注當地經濟文化發展，瞭解并掌握先進技術成果與管理模式。而與地方經濟緊密合作的重點是培養適應當地經濟發展的、具有高素質創新精神的應用型人才。所以民辦高校應對其課程結構與課程體制進行重新設計，根據當地經濟社會發展的實際情況和實際問題調整人才培養模式，按照當地經濟發展需求進行專業設置，培養適應當地經濟發展的特色人才。

二、民辦高校服務地方經濟中專業課程設置要求

(一) 優化專業課程內容，加強實踐教育

實踐教育一直是民辦高校教育教學的重心，但中國本科教育強調學術教育和職業教育并重，要求既要注重應用性，又要重視通識性，培養一專多能的應用型人才。這就需要高校根據專業特徵去判斷理論與實踐教育的比重。對於財經類學科，需根據地方經濟建設需要制訂人才培養方案。由於目前中國經濟發展迅速，各類企事業單位財務人才缺口較大，高校需要根據當地企業現狀，對課程內容進行設置。對於中小型城市而言，財務人員的需求者以中小型企業為主，則應在課程設置中添加中小型企業財務數據處理案例或實務操作以培養學生未來實際工作的能力。

(二) 適應地方經濟發展原則

地方高校作為當地經濟發展的主要人才輸出來源，勢必需要對當地文化經濟發展的現狀及前景進行充分的瞭解和研究。目前已有眾多高校認識到為地區經濟服務的重要職能，并推出不同的專業人才計劃與課程改革以適應當地經濟發展。比如湖南吉首大學，堅持與當地社會經濟發展相互聯繫，優化其專業人才培養方案，為湘西、湖南的經濟建設和科技文化建設服務并建立了相關特色專業與「湘西文化研究基地」。另外，浙江寧波大學一直堅持其辦學目的，不以辦成研究型高校為目標，而側重於大學的社會服務功能，將為地方服務和當地經濟發展緊密結合，以加快發展。

三、目前財務報表分析課程教學存在的問題

(一) 教學模式偏重理論

財務報表分析需要學生掌握一定的理論基礎，如財務報表之間的勾稽關係以及各類財務比率公式的設置。目前的教學形式以講授法為主，輔之以驗證性的案例分析，對學生的實踐操作沒有過多要求，以至於學生學完課程後只能記得部分財務比率的計算公式，卻無法聯繫實際企業的經濟數據分析該企業的經濟狀態。簡單的理論講授無法使學生領悟如何從各種財務比率指標中發現企業的財務問題，也無法使其瞭解財務決策的依據。

(二) 考核形式單一

目前獨立高校財務報表分析課程考核依舊以期末考查理論知識掌握情況為主，對學生實際應用能力無法進行考核。有些學院將實際應用能力的考查即學生所做的財務

分析報告納入平時成績考核範圍，但因平時成績所占比重不大，沒有引起學生的重視，也就無法進行有效的課程考核。

(三) 教學實踐資源缺乏

為了使財務報表分析課程更好地服務於當地經濟發展，課程教學實踐內容就必須與當地經濟現狀結合。目前民辦院校財務專業畢業生主要服務於中小型企業與部分政府機構。而在教學中，學生練習實踐的數據分析或案例分析的對象大多為大型上市企業，這就產生了人才培養與社會服務之間的間隙。并且中小型企業財務數據不對外披露，數據只能從公共平臺中找到，限制了教學資源。此外，民辦高校青年教師大部分無相關實踐經驗，案例數據只有從教材或一些數據庫中獲取，無法直接獲取當地企業或類似中小型企業的財務數據以豐富課堂教學。

四、財務報表分析課程改革建議

(一) 多種授課方式結合教學

課程可採用項目教學法與階段模塊教學，并融入案例教學法，結合當地經濟數據培養學生的獨立分析能力。項目教學法與階段模塊教學將整個課程作為一個實踐項目，并將該項目分階段進行區分以設置階段性教學目的。課程中可使用一個財務報表分析案例貫穿整個學期，再用該公司數據分階段進行案例教學。另外，進行沙盤教學，對公司設立、籌資、經營到利潤分配的整個財務活動進行模擬實驗，并對模擬的數據進行報表分析。通過這樣的方式，增加財務報表分析課程的實踐性，使學生在業務操作中掌握并運用相關會計及財務管理的知識。

(二) 優化考核形式

考核形式多樣化才能全面考核學生的理論知識與實踐能力的掌握情況。課程考核方式依舊包括課堂表現作業和考試，但在比重上不能是傳統的30%與70%，不能偏重期末考試。針對財務報表分析課程性質，應改為50%與50%，採取實踐成績與期末成績同比重的考核模式。另外，為了使學生不偏重實踐操作或期末考核，可規定實踐與期末考試都必須達到60%的合格分數，整門課程才算通過考核。另外，實踐考核分階段進行，分別占實踐總成績的20%、30%、50%，以調動學生平時的學習積極性。其階段考核模式，可配合教學設計的階段教學來開展，例如償債能力分析階段的占比為30%，盈利能力分析階段的占比為20%等。

(三) 加強校企合作

課程按地方經濟發展需求來設計教學內容，按崗位技能標準來設計課程體系。現已有高校提出「訂單培養」的教學模式，即企業按照自身需求向高校下人才培養訂單，

學校根據人才培養訂單來設計課程，以增強學生的崗位適應能力。此外，可成立經管類社會服務中心，將其作為學院學生與外界企業的交流媒介。結合西方國家高校與當地企業的合作模式，由高校向企業輸出人才，解決企業技術管理問題的同時，企業將自身信息數據進行反饋，以增加高校的研究資源。

（四）加強獨立學院教師專業實踐能力的培養

目前，民辦高校專職教師中青年教師比例較大，而且主要畢業於科研型院校，青年教師一般根據自身學習經驗進行教學設計，但由於缺少工作經驗，對於學生實踐能力的培養會顯得力不從心。為此，學校可選派新畢業的專業教師到相應企業進行實踐鍛煉以累積經驗。同時，專業教師也可利用此機會，瞭解與專業相關的技術發展方向與行業動態，改革教學內容。基於學院與企業建立了長期合作關係，相關財經類學院可利用行業優勢，和多家企業建立財務合作關係，加大對實踐教學的投入，建立學生實踐基地和教師實踐基地，以提高師生實踐教學素質。

參考文獻：

[1] 陳建吉.高校服務地方轉型升級優勢、問題與策略——以區域性中心城市本科高校為例 [J].教育廣角，2010（19）：57-59.

[2] 楊少華，田玉梅.試論地方高校專業設置與服務地方經濟的關係 [J].寧波大學學報：教育科學版，2010：61.

[3] 楊波.財務報表分析課程教學改革與創新 [J].經濟研究導刊，2013（3）：282-284.

[4] 王東升.財務報告分析的教學方法研究 [J].高等財經教育研究，2011（14）：16-20.

[5] 趙自強，顧麗娟.中西方財務報表分析課程比較 [J].財會月刊，2010（10）：106-110.

中國石油企業跨國并購影響因素研究

周婷媛

一、中國石油企業跨國并購的特點

第一，中國石油企業跨國并購的起步時間早於其他各行業。20世紀90年代初，受經濟全球化和國家政策的影響，中國企業開始積極參與跨國并購。從參與的行業來看，主要集中在能源及礦產行業，其中又以石油行業為首，并且中國石油企業跨國并購的規模很大，基本都在1億美元以上。2012年中海油以151億美元收購尼克森公司，刷新了中國企業海外并購的歷史記錄。目前，中國的經濟處於飛速發展階段，對石油資源的需求量與日俱增，已經躍升為世界第二大石油消費國。為了保障國家的能源安全以及發展戰略的穩定，中國石油企業的跨國并購還將繼續發展，以尋求新的能源與市場，緩和中國石油資源的供需矛盾。

第二，中國石油企業的跨國并購形成了三大戰略區域，受地域因素影響大。中國石油企業海外投資的三大戰略區域分別是以南美、中東—北非及中亞—俄羅斯為中心的區域。在南美洲，以秘魯、委內瑞拉為出發點，不斷地向周邊國家比如厄瓜多爾、哥倫比亞等發散開來；在中東地區，以也門、伊朗為中心；在北非，以蘇丹為中心，在蘇丹建立了第一個海外石油一體化基地，逐步向阿爾及利亞、尼日利亞等國家進行投資。中亞的中心地帶是哈薩克斯坦和俄羅斯，然後漸漸將投資觸角深入阿塞拜疆、烏茲別克斯坦等國家。至今為止，中國石油企業的跨國并購涉及世界上的多個國家和地區。雖然投資區域廣闊但是區域環境複雜，這使得中國石油企業跨國并購受到了諸多地域因素的影響，包括經濟市場環境、地區政治環境、資源地理環境等。中東地區是中國石油企業跨國并購投資最多的地區，因為這個地區擁有的石油探明儲量世界第

— 113 —

一。也正因為如此,這個地區成了戰爭頻發的高危地區。從中東戰爭到兩伊戰爭,當地人民不僅遭受了巨大的災難,中國石油企業也遭受了很大的損失。因此,中國石油企業跨國并購由於地域廣闊,受地域因素的影響較大,投資風險偏高。

第三,中國石油企業的跨國并購堅持縱向一體化和橫向規模化并重。因為中國石油資源嚴重短缺和石油資源具有不可再生性,所以中國石油企業的跨國并購以尋找新資源、擴大油氣儲備為主要目的,橫向擴張是中國石油企業跨國并購的主要方式。在中國石油企業加快勘探開發世界油氣資源的同時,為了減少跨國經營成本,提高國際競爭力,在橫向擴張的同時也注重在國外建立上下游一體化的公司體系。通過縱向建設,中國石油企業在海外的佈局形成了集勘探、開採、煉油、運輸於一體的結構,不僅增加了整個產業鏈的綜合價值,還提高了自身在當地的競爭力和對抗風險的綜合能力。

第四,中國石油企業跨國并購以實現優勢互補為主要出發點。一方面,通過產業鏈的延伸獲取更多的資源附加值。通過對上游油氣資源的收購,提高自身的資源供應能力,保障資源的來源穩定性。例如,中石油在2005年完成了對PK公司的收購,PK公司是哈薩克斯坦最大的石油、成品油供應商。通過這次收購,中石油獲得了300萬噸左右的原油產量,同時也為後來的中哈石油管道提供了穩定的油氣資源,而中石油先進的開採技術也促進了PK公司年產量的提高。另一方面,通過跨國并購獲取新技術,提高企業技術的科技含量,使企業具備核心競爭力。中國石油企業在縱向一體化過程中收購了海外煉油廠與石油銷售公司,獲取了國際先進的煉油技術與銷售管理能力,在國際油氣市場上打開了新的局面。隨著石油資源產業鏈的延長,企業由原先的資源供應型企業轉型變為上下游一體化的綜合性企業,形成了完整的石油產業鏈架構。中國石油企業在國際市場上的核心競爭力得到了飛速提高。

二、并購交易過程的影響因素分析

(一) 宏觀環境

1. 宏觀經濟因素

對中國石油企業跨國并購產生影響的宏觀經濟因素可分為全球經濟環境和中國國內經濟環境兩個方面。從全球經濟環境來看,一體化進程的加快為中國石油企業的跨國并購帶來了機遇,主要體現為以下四點:①不同國家的企業對產品和服務的需求受全球化的影響都很深,個體差異很小,存在趨同的趨向。②受金融危機的影響,許多發達國家對國外投資的進入放寬了政策,改變了原來的敵視狀態,希望能夠通過跨國并購來刺激本國經濟的發展。③許多發達國家和發展中國家為了建立自由競爭的市場

機制，進行了全國範圍內的經濟改革。這些國家對外國企業實施的并購行為和 FDI 戰略採取了正面態度，提供了優越的市場環境。④國際組織調動多方面力量，鼓勵各國的跨國投資活動，其著力點在於減少地方保護主義對跨國并購設置的壁壘，增強資金在各個國家之間的流動性。

從中國的經濟環境來看，中國各方面的經濟狀況都為中國石油企業跨國并購提供了條件。首先，中國的外匯儲備量充足，居於全球首位，這為中國企業的跨國并購特別是資金規模巨大的石油企業的跨國并購提供了強大的資金支持，增強了這些企業的抗風險能力。由於美元貶值造成了中國外匯儲備大量縮水，針對這類外部環境造成的風險，跨國并購是一項強有力的防範措施。其次，中國政府為了刺激經濟快速發展，與時俱進地調整了財政政策和貨幣政策。國內企業在政府創造的有利經濟環境下，積極進行投資活動，努力擴大投資規模，并且逐漸將目標市場由國內擴大到海外。最後，經過了改革開放幾十年的發展，中國建立了比較健全的金融體系，規範了投資市場，保證了投資資金具有充分的流動性。中國三大政策性銀行中的國家開發銀行與進出口銀行積極響應國家政策，對中國企業特別是具有資源戰略意義的石油企業提供了財力支持。2007—2012 年，由於中國銀監會加大了對銀行業的整治力度，中國商業銀行的多項業務得到了規範，資產負債率由原先的大幅波動逐步趨於穩定，不良貸款率大幅度減少，資本結構得到全面優化。值得一提的是，其他國家由於受到了金融危機的影響，銀行的槓桿比率不得不有所下調，而中國的商業銀行不僅保持了原有水平，甚至還有所提高，為中國石油企業跨國并購的融資提供了強有力的資金保障。

2. 政治因素

縱觀 1993 年到目前為止中國石油企業跨國并購的案例，有成功的也有失敗的。總結其并購交易失敗的原因，不難發現政治因素是一個不可忽視的關鍵點。可以說中國石油企業跨國并購交易的一個重大影響因素就是政治因素。即使在金融危機發生以後，很多國家處於經濟低迷的狀態，雖然對外來投資的敵意有所減弱，但是政治因素對跨國并購的阻礙也不可小覷。在金融危機爆發前，中海油對優尼科石油公司的收購以失敗告終，其主要原因是部分美國國會議員被競爭對手收買，用自己的政治影響力散布關於政府態度的不實說法，使得中海油在自身實力優於競爭對手的情況下遭受了巨大的政治阻力。在金融危機爆發以後，中國石油企業對外的并購活動受政治因素影響而失敗的局面也并未有所改善，比如在中石油對俄羅斯斯拉夫石油公司的并購交易中，俄羅斯政府突然進行了緊急立法，禁止國內任何一家國有股份佔有量大於 25% 的企業實施對國有股份的拍賣活動。正是受到這條立法的限定，中石油被迫撤回了競標。

對以往的案例進行分析，可以發現東道國政府勢力對外資的進入進行阻礙的主要原因如下：第一，并購企業所處的石油行業與國家的經濟命脈休戚相關。目前來說，石油不僅是財富的象徵，更是關乎國家經濟發展、國防鞏固的戰略物資，石油行業的

發展衍生出了石油政治,決定著世界新秩序,牽動著國家間政治、經濟、軍事和外交的神經。因此,目標企業所在國的國家政府出於對石油行業特殊性的考量,不斷提高對國外資金在該行業的投入門檻。第二,中國石油企業基本上是國家控股的國有企業。在參與石油行業跨國并購的中國企業中,占據主導地位的三大石油公司都是國有企業。由於這三家大型石油公司都是由中國政府參與投資與控製的,所以它們的跨國并購動機很容易被目標企業所在國家誤解,認為中國政府有不良的政治目的,即通過并購操控目標企業所在國的國民經濟命脈。一些油氣資源豐富的國家就專門針對這一情況頒布法案,嚴格控製國外資本在本國石油行業的投入。第三,民族主義的盛行。中國的經濟自改革開放以後發展迅速,已經在世界範圍內名列前茅,西方國家的霸主地位受到了影響,對中國的崛起愈發感到不安,因此在國際上散布中國「威脅」論,為中國石油企業的跨國并購製造阻礙。第四,國際利益集團的競爭。圍繞對石油資源的控製權,世界各國因利益而結盟,也因利益發動戰爭,一個地區石油資源控製權的獲得是國際各方力量博弈的結果。在中國石油企業向海外擴展的過程中,不斷遭遇來自各個國家的競爭力量。比如在中石油對斯拉夫石油公司的競標中,遭遇了俄羅斯國家政府的干預,最後被迫退出。第五,民間力量的抵制。由於跨國并購雙方企業所在國家有文化差異,當中國石油企業進入另一個國家時,目標企業的工會組織擔心中國企業在員工的人文關懷方面會有所欠缺,員工的利益不能得到維護,所以持消極的抵制態度。

3. 法律因素

法律因素對中國石油企業跨國并購的影響可從國內和國外兩個方面來看。由於中國企業的跨國并購起步較晚,國內關於這方面的法律還不成熟。對於中國企業的跨國并購,國內的立法態度由最先的阻礙逐步轉變為鼓勵支持。2004年7月,政府頒布了《國務院關於投資體制改革的決定》,奠定了中國對外直接投資政策體系轉型的基礎。同年10月頒布的《關於對國家鼓勵的境外投資重點項目給予信貸支持政策的通知》,放寬了對外投資的外匯管制。總之,從2004年起,中國立法在中國企業對外投資方面逐漸放寬政策,簡化了辦理程序,加強了對國內企業的保護,規範了監督管理。但是,中國在對外直接投資方面的法律條例數量不夠且較為零亂,不能構成一個完整的體系。一些主要的法規和條例尚不成熟和規範,多為「意見」「暫行規定」或者「試行稿」等,沒有上升到法律的高度,缺乏系統性、長期性和穩定性。

國外的法律法規也影響著中國石油企業的跨國并購。許多國家為了管制國外資金的進入,制定了一系列法律法規。比如,美國《哈特—斯科特—蒂諾法案》對國外企業的進入進行管制,該法案規定了國外企業在本國的并購規模,還對并購交易通告的提交過程做出了規定。在歐洲,《歐盟并購條例》對調查委員會的職能做了詳細的劃分,使得委員會的工作安排嚴格按照規定程序進行,這使得在歐洲進行投資的跨國公

司面臨著交易過程中巨大的審查壓力。在加拿大,《投資法》對國家的安全審查做了詳細規定,要求國家必須在關乎國家政治、經濟、軍事安全的并購領域進行極為嚴格的審查,并對審查期限、範圍等有明確界定。在金融危機爆發以後,很多國家對外國資本進入的限定有所鬆動,希望能夠通過提供一個相對寬鬆的法律環境來吸引外資,拉動本國經濟增長。2012年,中海油能夠完成對加拿大尼克森石油公司的并購,最大的原因就是金融危機後的加拿大對國外投資的法律態度變為積極歡迎,這是迄今為止中國石油企業完成的資金規模最大的一次海外并購。

(二)微觀環境——并購企業

1. 基於企業并購計劃與發展戰略角度的分析

對於企業的跨國并購來說,如何對發展戰略進行清晰定位、如何使并購計劃與所制定的發展戰略相契合是兩個至關重要的問題。為了實現自身的發展目標,每個企業都要制定出相應的發展戰略,而并購計劃就是其中一個非常重要的發展戰略。并購計劃需在符合企業長期的發展戰略的基礎上,結合企業自身情況和所處的行業特點而制定,既不能與長期發展戰略相違背,又不能盲目借鑑成功并購案例所採取的方式。

畢馬威會計師事務所針對314家涉及跨國收購的歐洲企業進行了研究。研究發現,企業進行并購主要是為了達到四個戰略目的:41%的企業是為了擴大市場份額和實現產品多樣化,從而保證利潤并降低對出口的依賴程度;28%的企業是為了可以利用海外廉價勞動力和豐富原材料,從而發揮技術優勢并降低成本;10%的企業是為了開發新產品、使用新服務,從而可以擴大公司的聲譽,提高公司管理、生產和設計能力;另外還有10%的企業則是為了拓寬銷售渠道、摒除國內小市場的局限,從而可以獲得相應的規模經濟。對於中國的石油企業來說,有著和上述戰略目的相一致的并購原因。在明確了適合企業自身特點的戰略發展目標後,若沒有一個與之相匹配的并購計劃,一來會使企業的發展偏離了事先制定好的戰略目標,二來則會使企業付出相當大的并購成本,這會給企業的發展帶來不可預估的嚴重後果。因此,如何制訂一個符合企業自身特點和戰略目標的并購計劃就顯得尤為重要,這不僅能夠推動并購交易順利達成,而且可以為今後的并購整合提供參照和思路。

需要指出的是,在制訂并購計劃前,一定要明確企業的戰略定位,因為不清晰的戰略定位可能會導致并購的目的不明確。表現在外就是忽視市場需求,一味地選擇已經并購成功行業中的企業作為并購對象,或是一味地追求成本效益原則,選擇可以低價并購的企業,看似獲得短期利益,長期產生的整合成本實則令并購方付出高昂的代價,其損失遠遠超過了低價收購帶來的短期利益。中海油在并購優尼科公司時,沒有積極地與優尼科公司洽談并購整合事宜,並且沒有充分考慮并購後的整合問題,在走進美國市場時定位不明確,沒有認清中國與美國政府的發展關係,低估了美國政府對中國石油企業跨國并購的反對力量,最後并購以失敗告終。

2. 基於目標企業價值評估角度的分析

在明確適合企業自身特點的戰略目標、制訂好與之相匹配的并購計劃後，并購方需要根據一定的判斷標準對目標企業進行篩選。除了與戰略目標匹配之外，目標企業的價值估值也是影響并購方篩選的重要標尺之一，這是由於對目標企業的價值估值直接影響到對目標企業的收購價格。如果并購所支付的價格遠遠高於目標企業的價值估值，就會產生過高的溢價，這無疑會增大并購方的財務風險，而用以完成并購後整合的資金也會相應減少，勢必會影響到整體的并購效果。

為了對目標企業進行專業的價值評估，并購方往往會聘用顧問團隊對目標企業的各個方面進行考量和評估，最終確定其收購的價值。顧問團隊一般由投資銀行、會計師、律師、稅務師組成，投資銀行在其中扮演了重要的角色。他們對公司的各個方面予以調查研究，發布盡職調查報告，從而為目標企業的價值估值提供依據。至今，成熟的投資銀行均為摩根士丹利、花旗銀行、德意志銀行等跨國性的投資銀行。但是客觀地來說，外部的專家顧問團隊在給企業提供價值評估和融資建議的同時，也會給并購企業帶來一定的道德風險。比如在20世紀90年代，華爾街就盛行著一種不正之風——有些投資家在利益的驅使下，傾向於收購低價的公司，而沒有把精力放在對目標企業的全方位研判上。造成這一現象的原因是投資家對目標企業信息的掌握程度高於收購方，并且投資家作為并購方的顧問，其佣金收入直接取決於并購成功與否，因此投資家看中的并不是目標企業真實的投資價值和整合所帶來的協同效應值，而是價格最優。投資家正是利用了這種信息不對稱，做出損害并購方利益的判斷，從而產生委託代理成本和道德風險。

反觀中國目前投資銀行的發展狀況，其規模普遍較小，所能提供的服務也十分有限，加之中國價值評估體系還不完善，所以，中國石油企業的海外并購就不得不聘請海外成熟的專業投資銀行進行全面諮詢。這就不排除有些投資銀行為了取得佣金收入，并且利用國界之便，向中方提供虛假判斷信息，使得中國石油企業在海外的并購中處於不利地位。比如東方集團在收購哈薩克斯坦油田時，聘請了花旗銀行作為投資顧問，而花旗銀行對哈方的估價為12億元，其他仲介機構對其估價為10億元，但最終成交價僅為6億元，是花旗銀行估價的一半。然而，金融危機後，東方集團自己的專業評判團隊給哈薩克斯坦油田的估價僅為1億~1.6億元。然而付出的并購成本已無法收回，估值與成交的懸殊價差則是跨國并購中中國石油企業應當吸取的教訓。

3. 基於并購方案的分析

在國內外并購過程中，并購溢價支付是一個相當普遍的現象。尤其是在中國，跨國并購浪潮剛剛開始，這種現象的出現頻率更是遠勝於國外。在并購方案中，企業所支付的用於收購的價格、企業所選擇的支付方式以及目標公司的規模等方面都是并購方案所包含的主要內容。想要提升企業并購的成功率，適度的溢價水平是必不可少的，

適度的溢價對於目標企業的股東來說是極其具有吸引力的。例如中石油在收購新加坡石油公司 45.51%的股份時，就支付了將近 24%的溢價。但是，這并不意味著并購時所支付的溢價越高越好。在并購的過程中，必須將溢價水平控製在一個合理的範圍之內，如果支付的溢價過高，將會加重并購後企業的整合負擔。通過綜合采用現金流貼現法、市盈率法以及基於儲量的經驗法這三種估值法，專家對中石化收購 Addax 石油公司的案例進行研究，探討收購過程中的溢價支付是否合理，最後研究得出中石化在收購過程中溢價水平偏高。在并購過程中，若并購後企業的整合發展效果理想，則能夠說明協同效應得到了很好的實現。原因在於，收購溢價實質上就是協同效益的衡量指標。因此，為了完全實現協同效應，在并購過程中支付高額的溢價也是有積極意義的。

現金支付、股票支付以及混合支付都是并購時採用的主要支付方式。這三種支付方式各有利弊，企業若是採用不同的支付方法，會對并購過程以及并購後的整理帶來不同影響和後果。現金支付的優勢在於，採用現金支付的企業可以在并購過程中建立起很好的競爭壁壘，防止其他競爭者的加入，提高交易效率，促使目標企業獲得較高的折舊減稅。但是現金支付的不足在於，採用這種支付方式要求并購企業擁有非常充足的現金流，否則難以支持并購。股票支付的優勢在於，采用股票支付的企業可以降低自身的財務以及高估價風險。在此基礎上，目標企業的股東還能最大限度地避免高資本所得稅的付出。但是股票支付的不足在於，股票支付方式會稀釋并購企業的控製權。混合支付方式在并購過程中是最靈活的一種支付方式，包括選用現金、股票、股權認證以及公司債和可轉債等不同方式，將這些不同的方式組合起來使用。採用混合支付方式的優勢在於，既能使并購企業獲得稅收補償，又能保護管理層控製權不被稀釋。在中國，現金支付是并購中採用的最主要的支付方式。從中國目前的石油企業海外并購案例中可以看出，總體將近有 70%的支付方式是現金支付。在 2005 年 4 月中海油收購優尼科公司時，雪佛龍作為美國第二大石油公司提出以換股收購的方式進行收購。由於另一競爭者雪佛龍公司的出現，優尼科董事會要求提高收購價格。中海油起初打算調整報價，以 187 億美元現金進行收購。但是，後來考慮到巨額的現金收購會導致公司負債率過高，現金流風險提高，以及股東的利益損壞，中海油董事會一致決定，撤回對優尼科的收購要約。

三、并購後整合的影響因素分析

(一) 發展戰略整合

并購交易成功後，并非萬事大吉，成功并購後的整合發展才是關鍵。由於并購企業和目標企業在發展、戰略以及管理方面都存在不少差異，因此必須根據這些差異取

長補短才能促進雙方更好地發展。例如，在生產領域方面，并購企業和目標企業可能存在重疊競爭的現象，在設備的選擇上可能出現重複投資；在服務上，可能并購企業和目標企業在服務對象、地區等方面存在差異，甚至有些產品的生產線也會發生衝突。這些都需要并購企業與目標企業在收購後進行整體整合，在雙方的資源、技術以及服務方面進行綜合分析、優勝劣汰，通過不斷調整整體經營戰略來促進發展，形成新的競爭優勢。

中海油在亞洲地區算得上是一家服務較為完善的綜合性一體化公司，但是想要走向世界，其綜合實力還是遠遠不夠的，因此中海油就需要并購一家在全球範圍內頗具規模的油田服務公司。由於挪威 AWO 公司在鑽井板塊業務方面的出色表現，中海油最終決定收購挪威 AWO 公司。在成功并購了 AWO 公司之後，中海油調整發展戰略，在北歐和北海地區獲得了新的市場份額。這些都得益於 AWO 公司在深海先進的鑽探能力，當然也離不開中海油強大的資金支持。就這樣，兩家公司實現了優勢互補，在深海擴展更廣闊的領域。因此，企業在并購後的關鍵在於發展戰略的整合，只有整合并購雙方的發展戰略，才能真正達到優勢的互補，使并購後的企業在資金、技術、人才、管理各個方面都能配合得井井有條。只有這樣才能最終使企業朝著正確的方向發展，為企業的快速增值提供保障。

(二) 財務整合

并購交易完成後，并購方還需要對被并企業進行財務整合，對被并購企業的會計核算體系、財務管理製度體系等方面進行一系列整合。通過整合，期望使被并購公司在管理製度、投資活動、財務製度等方面與并購公司達成一致，力求統一化經營。

會計核算體系是并購後財務整合的重點，是評價企業績效的主要方法。并購企業雙方不一定遵循同一會計準則，即使是同一會計準則，解讀也有所差異。比如中國企業的會計核算遵循財政部 2006 年發布的《中國企業會計準則》。而國外企業常用的是國際會計準則理事會發布的《國際財務報告準則》或者《美國通用會計準則》，這些會計準則對會計信息的確認、計量、記錄和報告等規定與國內會計準則有一定差距。為了使并購後雙方營業進一步融合，企業在并購後統一管理好會計核算體系至關重要。只有這樣，并購公司才能有效地、及時地、準確地獲取各種經濟事項，使雙方真正形成一個整體，有統一的核算標準，為實現企業財務管理製度的一致性奠定基礎。企業在合并之後沒有一套健全的財務管理製度來約束各組織機構的權利職責，會使得企業內部崗位存在重疊的狀況，極大地降低了企業整體的運作效率，浪費了企業的人力、物力、財力等。因此一套完善的財務製度體系對於并購企業來說意義重大，并購企業急需這樣一個高效的財務管理體系來管理企業各方面的財務活動，使企業得以有效運行。

企業順利完成財務整合後，財務協同效應非常明顯，整合後的企業可以提高其舉

債能力和償債能力，產生節稅效應并降低籌資費用。

(三) 人力資源整合

企業并購後對人力資源進行整合，建立統一的人力資源製度，將會帶來整體經營環境的提升，這是因為人才是企業競爭中最核心的力量。如果企業有了統一的價值觀和文化觀，成員會朝著一個目標奮進，提高企業效率，提高企業競爭力。

但是人力資源整合難度非常大，具體表現在以下幾個方面：首先，高層人員發生變更後，并購企業和被并購企業的人員安排至關重要。如果給員工傳遞一種分配不合理的信號，會導致員工質疑企業製度的合理性，引發員工的衝突甚至會流失大量優秀人才。同時，管理層的管理方法和風格有一定變更，員工不一定適應新的職能要求。其次，為了使并購後的企業提升經營效率、減少職能重疊的部門，企業會進行必要的裁員，期望留下最優秀的員工。如何對被裁員工進行經濟等方面的補償，滿足他們的合理要求，對并購整合效果有著極大的影響，這也是整合過程中阻力最大的一個環節。過去成功的案例表明很多公司會與當地政府、工會等積極溝通，取得支持，并採取培訓、向外公司推薦等方法使被裁員工找到新的工作，以安撫這一部分員工。最後，如何推行新的績效評價和獎勵體系也非常重要。恆定的績效評價和獎勵體系是在企業經營過程中逐漸形成的，會影響員工的行為和心理模式。建立一個合理公正的業績評價體系和獎勵體系能激勵員工，使其重視工作，追求職業上的進一步發展，減少對自己前景規劃的不確定性，使其相信并購後的公司會給他們提供更好的機會，從而更加努力工作，致力於提升企業營運效率。

(四) 文化整合

跨國公司的企業文化是公司經營過程中，被員工和高層認可的持久而緩慢形成的一種特殊文化。兩個公司的文化融合難度系數非常大，根據全球著名諮詢公司麥肯錫1998年發布的一篇過去五年全球并購案例研究報告的結論可知，50%以上的企業并購失敗的原因是企業文化差異造成的文化衝突。大部分公司對并購後的文化整合非常重視，希望可以將兩種文化結合發展成一種新的文化，滲透於整個企業。

中國屬於亞洲國家，有著自己獨特的語言系統和文化系統，在跨國并購中文化差異造成的衝突尤為突出。其中最突出的一點是明面上的文化衝突。語言文字方面的障礙是影響企業價值傳遞的一個重要因素，如中石化收購日本大阪石油煉廠時，無法直接溝通和交流思想。雖然翻譯起到一定的幫助，但是雙方無法領會深層次製度、精神的真正含義，企業文化重建困難重重。

能夠表現出的文化衝突容易解決，但是更隱性的如內在價值觀方面的衝突才是制約企業文化整合的核心。首先，管理層對於風險的看法不一致，中國由於儒家傳統思想的影響，更多地喜歡採用規避風險的方式進行投資，而一些深受西方思想影響的高管，認為機會來自於風險，更願意在高風險的背景下進行投資。這兩種截然不同的態

度會影響企業的營運。其次，企業員工的工作態度也有所不同。非洲國家員工工作比較輕鬆、隨意，缺乏積極性和競爭性，做事更隨心所欲，而不是依照規章製度，而中國建立了比較健全的內控製度和營運體制，員工比較積極主動。在完成并購後，如何使對方接受和肯定企業文化，改變態度至關重要。只有當文化整合順利完成了，其他方面的整合才能取得成功。

四、結論

通過從理論出發對中國石油行業跨國并購典型案例的分析，我們可以得出如下結論：①按照并購進行的時間順序，對中國石油企業跨國并購能否獲得成功的影響因素可分為并購交易過程的影響因素和并購後整合的影響因素。②并購交易過程的影響因素可從宏觀和微觀兩個角度來劃分。其中，宏觀方面的因素包括宏觀經濟因素、政治因素和法律因素。宏觀經濟因素主要包括波及全球的金融危機、中國政府的財政與貨幣政策、中國的外匯儲備及其流動性、相對健全的金融體系等；政治因素主要涉及目標國的政府態度與民間力量、中國石油企業的特性以及石油行業的特殊性；法律因素可從國內與國外兩方面來看。受金融危機影響，國外的法律法規對并購方所設的阻礙逐步減弱。受經濟全球化的影響，國內的法律開始逐漸為提供對外投資創造有利條件。微觀方面的影響因素中，起基礎作用的是發展戰略。目標企業的價值評估是為制訂正確的并購方案做好充分準備。并購方案中的各項決定都會影響最後的并購結果。③并購後的整合可分為企業發展戰略整合、企業財務整合、企業人力資源整合和企業文化整合。這四方面是否整合成功決定了企業并購能否最終取得成功。其中，在中國石油行業的跨國并購中，文化整合至關重要，中西方的文化衝突是最不容易克服的問題。

參考文獻：

[1] 奧利弗·E. 威廉姆森，西德尼·G. 溫特. 企業的性質：起源演變和發展[M]. 邢源源，姚海鑫，譯. 北京：商務印書館，2007：10-18.

[2] 杜江. 中海油到世界市場闖蕩[J]. 經營與管理，2004，6.

[3] 單洪青，朱英. 世界主要跨國石油石化公司的發展[J]. 石油化工技術經濟，2004（5）：12-35.

[4] 戴林. 中國煉油及石化行業競爭力若干影響因素分析[J]. 國際石油經濟，2002，5.

［5］郭永清. 企業兼并與收購實務［M］. 大連：東北財經大學出版社，1998：18-19.

［6］干春暉. 企業并購［M］. 上海：立信會計出版社，2002：1-30.

［7］黃海川，金晶. 中國企業并購的風險應對措施［N］. 經濟觀察報，2005，8（2）.

［8］杰弗里·C. 胡克. 兼并與收購實用指南［M］. 陸猛，譯. 北京：經濟科學出版社，2000：40-48.

基於灰色關聯法的中國上市商業銀行經營績效評價研究

朱運敏

一、導論

（一）研究背景和研究意義

1. 研究背景

隨著改革開放的發展以及金融體制的深入改革，中國的銀行體系日益完善。商業銀行的高速發展已成為中國實體經濟迅猛發展的堅強後盾，尤其在新的經濟形勢下，做出了突出的貢獻并取得了輝煌的成績。

隨著中國2006年加入世界貿易組織，銀行業全面實行對外開放，外資銀行紛紛入駐中國，與國內的銀行展開較量。提高商業銀行的競爭力成為當務之急，這不僅關係到商業銀行自身的良好發展，也對中國國民經濟的穩健發展起著重要的作用。提高商業銀行的競爭力，最關鍵的是提高商業銀行的經營績效。因此，現階段對中國商業銀行經營績效評價方法的研究有著非常深刻的理論意義和現實意義。

2. 研究意義

面對市場化改革和銀行業發展的國際化，需要建立更合理、更先進的績效評價體系。這就要求銀行經營績效評價體系採用先進的思想和技術，并運用到現實中，解決問題，提升商業銀行經營績效。

（1）加強商業銀行經營績效評價體系的研究，是中國商業銀行走向國際化發展的需要。

（2）為商業銀行選擇更適合自己經營績效的評價體系提供了參考，使評價結果和

現實狀況相一致，為相關利益者提供了更客觀的信息，以便其做出合理的決策。

（3）通過對各家上市商業銀行經營績效的評價，進行比較，找出差距，充分利用自身的優勢來彌補不足，實現資源的優化配置，提高經營績效水平，提升競爭力。

（二）研究內容

全文主要包括五個部分：

第一部分為導論。本節的主要目的在於介紹本文的寫作背景和寫作思路，為下文做好鋪墊。

第二部分為文獻綜述，分別從國外、國內兩個方面對商業銀行經營績效的評價進行文獻述評。

第三部分為商業銀行經營績效評價的理論體系，介紹了經營績效評價的相關理論基礎。

第四部分為本文的主體部分，通過運用灰色關聯分析法對中國16家上市商業銀行進行分析。

第五部分為本文的政策建議與展望。

（三）研究方法

（1）文獻研究法。文獻研究法是根據特定的研究課題或研究目的，通過對現有的文獻進行收集、鑑別和整理，從而全面地、正確地瞭解所要研究問題的一種方法。

（2）運籌學方法。運籌學方法是指撇開研究對象的其他特性，用數學工具對研究對象進行一系列量的處理，從而做出正確判斷，得到以數字形式表述結果的過程。本文採用灰色關聯分析法評價中國商業銀行經營績效。

（3）比較分析法。本文對20×5年中國16家上市商業銀行經營的變化情況進行橫向比較分析，并得出提高效率的途徑。

（四）主要貢獻與不足

1. 主要貢獻

（1）雖然目前關於灰色關聯分析法和商業銀行經營績效評價的研究成果很多，但將兩者結合起來研究的成果還很少，本文就這一方面進行了嘗試，即運用灰色關聯分析法對中國上市商業銀行經營績效進行評價。灰色關聯法解決了其他綜合評價方法中依賴大樣本且樣本必須服從某種典型概率分布等現實中不太容易滿足的問題。

（2）本文結合中國的實際情況，界定并選取了銀行的財務指標，在樣本數據的選取上，選取了20×5年各指標的數據，反應了中國商業銀行經營績效的最新情況。

2. 不足之處

本文的分析還存在不足之處，主要體現在以下三點：

第一，本文選取了中國16家上市商業銀行1年的數據為樣本。因為是小樣本，所以分析結果可能會出現一些偏差。

第二，本文選取的經營績效的評價指標，主要以財務指標為主。要完整地評價一個公司的經營情況，不僅要考慮它的財務指標，還應考慮非財務指標。由於中國商業銀行上市時間不是很長，一些面板數據不完善，加之筆者水平有限，因此本文未對非財務指標進行詳細分析，這是以後深入研究的一個方向。

第三，本文在進行指標的選取時，由於自身能力的限制，可能會遺漏一些指標。

二、文獻綜述

銀行業在經濟的發展中有著非常重要的作用，因而銀行經營績效的評價也成為國內外學者研究的熱點，并形成許多有影響力的研究成果，研究方法也日趨多樣化。

（一）國外文獻述評

在西方國家的發展過程中，經營績效的評價首先應用於企業中。隨著經濟的發展，經營績效的評價逐漸在銀行業被採用。

績效來源於英文 performance，在牛津辭典的解釋是「執行、成績、表現、成就」。西方國家主要從利潤效率和成本效率對銀行績效進行研究，大致經歷了三個發展階段，即分別從規模經濟、範圍經濟、基於 X-效率的前沿邊界分析了銀行的經營績效。

伴隨著相關理論研究，西方學者同時也嘗試用各種方法對銀行經營績效進行評價，逐漸完善了商業銀行經營績效評價體系，對銀行經營績效的評價更客觀、全面。

1. 杜邦財務分析法

美國著名學者 David Cole 在 1972 年將杜邦財務分析系統運用於銀行經營績效的管理中。在杜邦體系中，計算銀行的所有者權益報酬率，以反應所有者投入資本的獲利能力。

杜邦財務分析系統對銀行的經營管理活動的整體性高度重視，可以清晰地展示各個部分的相互牽制關係，為了解各個部分的具體情況提供便利，還可以找出問題所在，其在實際的應用中，具有不可比擬的優勢。但杜邦財務分析系統過度重視銀行的盈利性，忽略了對銀行盈利性、安全性、流動性的綜合考核。

2. 數據包絡分析法

經濟學家 Michaell Farrell（1957）第一個提出數據包絡分析 DEA（Date Envelopment Analysis），把數學規劃與運籌學方法相結合，形成了相對有效的系統分析方法。[①] 其核心原理是：使多輸出決策單元的輸入值等於輸出值，分別求解出利潤效率

[①] FARRELL M. J. The measurement of productive efficiency [J]. Journal of the Royal Statistical Society, 1957 (120): 253-281.

和成本效率,并根據利潤效率或成本效率的大小衡量銀行的經營績效。輸入指標和輸出指標的確定,是商業銀行經營績效評價中應用 DEA 這種方法的關鍵。國外的學者從發展的角度出發,不斷對其進行完善,以使其在研究中更加準確地反應商業銀行經營績效。

3. 因子分析法

因子分析方法是一種多元統計方法,由 Hotelling 在 1933 年首先提出。[①] 它將多指標轉化為具有代表性的少數幾個指標。由於其計算過程簡便易學,因子分析方法得到廣泛應用,逐漸被採用到銀行經營績效的評價中來。

4. 經濟增加值

傳統的財務指標只考慮了借入資金的成本,沒有考慮權益資本的成本,忽略了權益資本的機會成本。1991 年,美國 Stern Stewart 諮詢公司建立了一種以股東價值為中心的經營績效評價體系——經濟增加值(EVA),為商業銀行經營績效的評價提供了一種新的思路和新的方法。EVA 評價體系不僅精準,而且全面,一時間成為銀行競相使用的經營績效評價方法。

5. 平衡計分卡

進入新的經濟體制以後,學者們逐漸發現僅僅依靠財務指標進行評價不能完全反應商業銀行的經營績效,非財務指標對經營績效的影響也越來越突出。1992 年,Robert S. Kaplan 與 David P. Norton 提出了新的績效考核體系——平衡計分卡。[②] 它不僅包含財務指標,也包含非財務指標,而且將經營管理與企業戰略相結合,體現了企業的戰略目標。整個評價體系包括四個維度,分別是:財務、學習與成長、內部經營過程、顧客。

平衡計分卡評價體系可以對商業銀行經營績效進行全面、系統、客觀的評價,彌補了依靠單一財務指標進行經營績效考核的缺陷。因而世界上著名的公司大都採用此方法進行戰略績效評價。

總的來說,西方國家商業銀行經營績效的評價體系正趨於完善,由以財務指標為中心向以價值評價為中心轉變,逐漸站在銀行戰略的角度對其經營績效進行客觀評價。在促進和完善中國商業銀行經營績效評價體系的過程中,我們不能照搬國外的評價方法,要選擇性地吸收和借鑑國外先進、科學的評價方法。

(二) 國內文獻述評

相對於國外在商業銀行經營績效評價的發展而言,國內在這方面的研究起步稍晚

---

① HOTELLING H. Analysis of a complex of statistical variabies into principal components [J]. Journal of Educational Psychology, 1933.

② ROBERT S. KAPLAN, DAVID P. NORTON. Putting the balanced scorecard to work [J]. Harvard Business Review, 1993 (9): 134-147.

一些，但在借鑑國外研究的基礎上，也取得了不錯的成績。

範淑芳、黃立新（2001）將杜邦財務分析法運用在商業銀行經營績效的評價中，在文中介紹了杜邦財務分析法的優勢，並闡釋了把杜邦財務分析方法引入商業銀行績效評價時，應根據具體的情況，結合其他的分析方法，而且要結合發展的需要，這樣才能適應中國經濟迅速發展的要求。① 但是，該文僅從理論上進行了論證，沒有從實證方面進一步說明。

高莉和樊衛東在 2003 年使用 EVA 對商業銀行的績效進行了考察。樣本分為上市銀行和非上市銀行，樣本數據主要選自 1994—2001 年各期。從中可以瞭解上市銀行的 EVA 明顯高於非上市銀行的 EVA，國有商業銀行創造價值為負向。結合傳統的財務指標，可以得知自 20 世紀 90 年代以來，整個銀行業的資金利用效率是很低的。② 該文的缺陷在於樣本數據較為不完整和不規範，研究結果的準確性不夠。

2011 年，丁忠明、張琛以國內 11 家銀行和國外 4 家銀行③ 2009 年的數據為樣本，運用數據包絡分析法，對商業銀行的經營效率進行了研究，證明了股份制銀行的效率明顯高於傳統的四大國有商業銀行，國外銀行效率則普遍高於國內銀行，并分析了原因，提出了相關建議。④

莊霄威和長青在 2011 年根據商業銀行經營績效評價指標，將 EVA 與平衡計分卡結合使用，從財務、客戶、內部業務流程、學習和成長及 EVA 核心衡量體系五個方面選取了 12 個具體評價指標，運用層次分析法，根據度用數值評價指標間的重要程度，以工商銀行的某個分行為例，進行研究與分析。結論表明，該行的財務維度表現優秀，但在客戶、學習和成長維度方面略有不足，同時證明了該模型能綜合考慮財務指標和非財務指標，評價結果更客觀、全面⑤。

國內的學者對商業銀行經營績效進行評價時，研究結果大都表明國有商業銀行的經營績效低於股份制商業銀行，而忽略了國有商業銀行在中國經濟發展中的特殊身分。國有商業銀行除了和股份制商業銀行一樣以追求利潤為目標外，更重要的是執行國家的政策，為社會經濟的發展提供支持，追求國家的利益最大化。同時，國有商業銀行在確定指標的權重時，受主觀因素的影響，很難做到客觀公正，就有可能使指標權重

---

① 範淑芳，黃立新. 杜邦財務分析模型在中國商業銀行應用問題探討 [J]. 內蒙古財經學院學報，2004（4）：48-51.

② 高莉，樊衛東. 中國銀行業創造價值能力分析——EVA 體系對銀行經營績效的考察 [J]. 財貿經濟，2003（11）：26-33.

③ 中國工商銀行、中國銀行、中國建設銀行、中國農業銀行、深圳發展銀行、浦發銀行、中信銀行、興業銀行、招商銀行、交通銀行、民生銀行、花旗銀行、匯豐銀行、摩根大通銀行、渣打銀行。

④ 丁忠明，張琛. 基於 DEA 方法下商業銀行效率的實證研究 [J]. 管理世界，2011（3）：172-173.

⑤ 莊霄威，長青. 商業銀行經營績效評價研究——基於 EVA 的平衡計分卡模型 [J]. 經濟研究導刊，2011（11）：105-107.

設置不科學，導致評價失真。

目前，國內還沒有形成一套適用於任何商業銀行的經營績效評價體系。但是，中國商業銀行經營績效評價體系在逐步完善，對風險的考核也越來越重視。本文在接下來的評價體系構建中綜合考慮各相關主體的利益，從銀行的多個方面選取指標，并採用灰色關聯分析法進行比較與分析。

三、中國商業銀行經營績效評價的理論分析

經營績效體系的建立與完善和經濟理論的發展有著密切的聯繫，因此本文將經濟理論中的委託代理理論、利益相關者理論、企業價值最大化理論作為論文的研究基礎。

（一）商業銀行經營績效評價的理論基礎

商業銀行作為一個獨立的市場主體，其本質是以盈利為目的的具有法人資格的金融企業。因此，經濟理論作為一般企業經營績效評價的理論基礎同樣適用於商業銀行，為商業銀行的經營績效評價提供了理論依據與方法論的引導。

1. 委託代理理論與經營績效評價

伴隨投資主體的多元化，企業所有權與經營權相分離，所有者與經營者的目標存在差異，使得企業必須面臨委託代理的問題。企業的經營者與股東或者風險承擔者之間就會存在委託-代理關係。代理成本產生的重要原因在於，企業所有者希望經營者按其股東財富最大化來管理經營企業，而經營者并不是股東或者所占的股份比較少，往往選擇有利於自己利益實現的方式來進行企業的日常管理。為了降低代理成本，規避代理人的「逆向選擇」與「道德風險」問題，解決信息不對稱的問題，經濟學提供了三種途徑：第一，委託人直接監督代理人；第二，代理人承擔所有風險，同時享受所有的剩餘收益，委託人沒有任何利益；第三，委託人與代理人根據合同中的規定，享有一定份額的剩餘索取權。為了激勵與約束代理人，企業往往把剩餘索取權分配與經營績效相掛鉤。這是現在許多兩權分離公司普遍採用的措施。因此，客觀、公正、合理的經營績效評價為委託人對代理人實行獎勵和懲罰措施提供了依據，同時也是委託人監督代理人的重要辦法。經營績效的評價為激勵約束機制的實行和委託代理關係的良好發展提供了保障。

2. 利益相關者理論與經營績效評價

1965年，美國著名學者 Ansoff 認為，一個理想的企業目標，必須考慮相關利益者之間利益索取權的衝突。這些利益相關者包括股東、經理、企業員工、債權人、供應商與分銷商等。

在企業經營過程中，股東會將一部分風險轉嫁給其他利益主體，如經營者、企業

員工、供應商、債權人等。有時候，股東承擔的風險反而小於轉嫁給利益相關者的風險。因此，企業不能僅僅考慮股東的利益，還應考慮相關利益者的利益。商業銀行也是由股東、員工、債權人等構成的，因此商業銀行經營績效的評價，要兼顧各利益主體的出發點及其對信息的需求。

3. 價值最大化理論與經營績效評價

企業價值最大化是指在保證企業穩定發展的前提下，充分考慮資金的時間價值、風險和收益等因素，使企業的總價值達到最大。企業價值最大化包含的內容較多。把企業的長期發展放在首位，強調兼顧各方利益，不僅僅要滿足股東的利益，還要正確處理股東與各利益主體之間的關係。

企業價值最大化的實現，對各利益主體將會產生一定的影響。對股東而言，使其利益最大化，獲得投資回報；對債權人來講，降低其風險，債權收益也將得到保障；對企業員工而言，利益也會得到保障；對國家來說，有利於稅收的增長以及社會的穩定；對企業來說，則能繼續生存與發展。經營績效評價的最終目的在於企業能夠實現可持續發展。通過對商業銀行進行經營績效評價，并分析影響商業銀行經營績效的因素，找出存在的問題與差距，採取相應的措施，能夠實現商業銀行的價值最大化。

綜上所述，企業經營績效的評價是經濟和社會發展到一定階段的產物。現代化大生產使得企業的所有權與經營權相分離，形成委託代理關係。委託代理理論是企業經營績效評價的直接動因。伴隨社會經濟的發展，企業的利益主體發生變化，利益相關者的範圍逐步擴大。企業管理的目標也由股東利益最大化轉變為企業價值最大化，最終為各利益主體服務。上述經濟管理基礎理論為商業銀行經營績效的評價提供了理論依據，使商業銀行經營績效評價更合理、客觀。

(二) 灰色關聯分析法對中國商業銀行經營績效評價的適用性

本節首先介紹灰色關聯分析法的基本原理，其次闡述灰色關聯分析法在中國商業銀行經營績效評價的適用性。

1. 灰色關聯分析原理

在控製論中，信息明確程度常用顏色深淺來表示。「黑」表示信息完全不明確，「白」表示信息完全明確，「灰」則介於二者之間，表示部分信息明確，部分信息不明確，因此，分別產生了「黑色系統」「白色系統」和「灰色系統」。

灰色系統理論由華中理工大學鄧聚龍教授創立。其核心是以「部分信息明確，部分信息不明確」的「小樣本」「貧信息」的不確定性系統為研究對象，通過對已知信息的生成、開發，提取具有價值的信息，從而實現對整個系統的正確描述和有效監督。[①]

---

① 劉思峰，黨耀國，方志耕，謝乃明. 灰色系統理論及其應用 [M]. 北京：科學出版社，2011：11.

灰色關聯分析法是灰色系統理論的重要方法之一，是一種多因素分析法。通過描述樣本序列與參考序列之間曲線幾何形狀的相似程度，反應樣本序列與參考序列之間的關聯度。序列曲線越接近，則關聯度越大；反之，則關聯度越小。

傳統的績效評價方法如方差分析、迴歸分析、主成分分析等，都存在一些不足之處，而灰色關聯分析法則彌補了傳統績效評價方法的不足。它對樣本數量多少以及樣本是否服從某種概率分布沒有要求，而且計算相對簡便，量化分析結果與定性分析結果相一致。

2. 商業銀行經營績效評價的灰色性

商業銀行經營績效狀況本身是一個灰色系統，那麼，經營績效的評價就是一個灰色問題。商業銀行經營績效值受多種因素影響，而在進行指標選取時，只能選取有限的指標進行分析，而且有些指標不能進行量化。另外，商業銀行對外公布的信息對於經營績效的評價是遠遠不夠的，因為商業銀行根據重要性原則對信息進行披露，那麼所能得到的信息就是不充分的，就不能真實地評價商業銀行的經營績效，這也決定了商業銀行經營績效評價的灰色性。其灰色性源於兩個方面：一個是限於現在技術水平和知識水平的局限，人們不能完全掌握真實信息；二是商業銀行出於對競爭對手的防範，不願意披露過多的信息。建立一個能客觀、合理利用灰色信息評價商業銀行經營績效的系統，成為各利益相關者關注的重點。

中國商業銀行上市時間不久，公開披露的信息有限，而且這些數據之間也不呈規律分布。採用其他方法進行經營績效的評價會帶來一些局限，利用灰色關聯分析，不失為一種最合理的選擇。本文將使用灰色關聯分析法，從部分已知信息中提取有價值的部分，進行分析比較，使商業銀行經營績效的評價做到客觀、合理。

四、中國商業銀行經營績效評價：基於灰色關聯分析法

本部分將在前面介紹的理論基礎上，選取中國16家上市商業銀行為樣本，採用灰色關聯分析法，進行比較與分析。

(一) 構建商業銀行經營績效評價指標體系

本文構建的商業銀行經營績效評價框架體系分為三個層次，第一層是目標層次，即商業銀行經營績效評價，第二層主要從盈利性、安全性、流動性和發展能力對第一層次進行分解。第三層是第二層的細分，共有15個指標。指標體系如圖1所示。

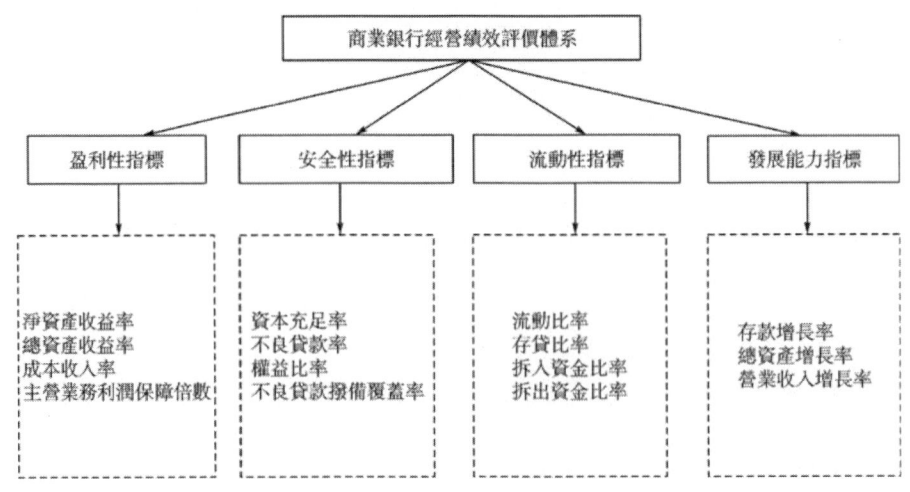

```
                    商業銀行經營績效評價體系
         ┌──────────┬──────────┼──────────┬──────────┐
         ↓          ↓          ↓          ↓
      盈利性指標   安全性指標   流動性指標   發展能力指標
         ↓          ↓          ↓          ↓
    ┌─────────┐ ┌─────────┐ ┌─────────┐ ┌─────────┐
    │淨資產收益率│ │資本充足率│ │流動比率 │ │存款增長率│
    │總資產收益率│ │不良貸款率│ │存貸比率 │ │總資產增長率│
    │成本收入率 │ │權益比率 │ │拆入資金比率│ │營業收入增長率│
    │主營業務利潤保障倍數│ │不良貸款撥備覆蓋率│ │拆出資金比率│ │         │
    └─────────┘ └─────────┘ └─────────┘ └─────────┘
```

圖 1　商業銀行經營績效評價體系

　　為使評價更為客觀，對各指標賦予相應的權重。第二層次指標的權重根據財政部的「商業銀行績效評價指標體系」來決定，第三層次指標的權重根據公開資料自行分析和設計。確定權重後的各指標如表1所示。

表 1　　　　　　　　　　　　各指標權重

評價內容及權重	X	指標名稱	權重
盈利性指標 0.2	X_1	淨資產收益率	0.07
	X_2	總資產收益率	0.04
	X_3	成本收入率	0.03
	X_4	主營業務利潤保障倍數	0.06
安全性指標 0.35	X_5	資本充足率	0.1
	X_6	不良貸款率	0.1
	X_7	權益比率	0.06
	X_8	不良貸款撥備覆蓋率	0.09
流動性指標 0.3	X_9	流動比率	0.08
	X_{10}	存貸比率	0.08
	X_{11}	拆入資金比率	0.07
	X_{12}	拆出資金比率	0.07

表1(續)

評價內容及權重	X	指標名稱	權重
發展能力指標 0.15	X_{13}	存款增長率	0.05
	X_{14}	總資產增長率	0.05
	X_{15}	營業收入增長率	0.05

(二) 樣本選擇與數據來源

樣本的選擇與數據的來源都會對商業銀行的經營績效的評價產生重要的影響。本文選取了中國16家上市商業銀行為樣本，以各家銀行公開的年報為數據來源。

1. 樣本選擇

本文選取20×5年12月31日中國上市的16家商業銀行作為樣本。

2. 數據來源

樣本的數據主要來源於各大商業銀行公布的年報以及《中國金融年鑒》等。樣本數據的時間主要為20×5年，共計16個樣本。樣本選擇年度數據，因為年度數據較為全面、可靠。各項指標的原始數據見附表。

(三) 灰色關聯分析法的評價過程

灰色關聯分析法的具體步驟有：①比較數列與參考數列的確定；②對指標進行無綱量化處理并進行差序列計算；③求兩級最大差和最小差；④計算每個指標的灰色關聯繫數；⑤灰色關聯度的計算；⑥對灰色關聯度的大小進行排序。本節以20×5年的16家商業銀行四項經營指標的具體數據為例。

1. 確定參考數列與比較數列

參考數列通常取最優值，一般是取各指標的最優值。對於一個包含n個銀行，k個指標的樣本，參考數列通常表示為：$X_o = \{X_{o1}, X_{o2}, X_{o3} \cdots X_{ok}\}$（$k = 1, 2, 3 \cdots 15$），$X_{ok}$即第$k$個指標的最佳值；比較序列$X_i$則表示第$i$個被評價銀行，一般表示為：$X_i = \{X_{i1}, X_{i2}, X_{i3} \cdots X_{ik}\}$（$i = 1, 2, 3 \cdots 16$），$X_{ik}$即第$i$個銀行的第$k$個指標。樣本銀行20×5年經營績效指標被賦予權重後的結果見表2。

表2　樣本銀行20×5年經營績效評價指標被賦予權重後的數據

指標 銀行	淨資產收益率	總資產收益率	成本收入率	主營業務利潤保障倍數	資本充足率	不良貸款率	權益比率	不良貸款撥備覆蓋率	流動比率	存貸比率	拆入資金比例	拆出資金比例	存款增長率	總資產增長率	營業收入增長率
建行	0.015,8	0.000,6	0.008,9	0.083,4	0.013,7	0.001,1	0.004,0	0.217,3	0.043,0	0.052,0	0.000,6	0.000,8	0.005,0	0.006,8	0.011,4
北京銀行	0.000,1	0.000,4	0.007,9	0.098,8	0.012,1	0.000,5	0.003,2	0.401,8	0.026,9	0.051,5	0.002,4	0.011,0	0.005,1	0.015,2	0.016,1
工行	0.016,4	0.000,6	0.008,8	0.079,9	0.013,2	0.000,9	0.003,7	0.240,2	0.022,1	0.050,8	0.001,4	0.000,9	0.005,0	0.007,5	0.012,4
華夏銀行	0.012,2	0.000,3	0.006,2	0.145,1	0.011,7	0.000,9	0.003,1	0.277,5	0.031,5	0.053,4	0.002,1	0.002,3	0.008,2	0.009,9	0.018,5
中信銀行	0.014,7	0.000,5	0.009,1	0.093,5	0.012,3	0.000,9	0.003,7	0.245,1	0.047,2	0.048,7	0.000,2	0.005,4	0.006,9	0.016,4	0.019,0

— 133 —

表2(續)

指標\銀行	淨資產收益率	總資產收益率	成本收入率	主營業務利潤保障倍數	資本充足率	不良貸款率	權益比率	不良貸款撥備覆蓋率	流動比率	存貸比率	拆入資金比例	拆出資金比例	存款增長率	總資產增長率	營業收入增長率
南京銀行	0.011,1	0.000,5	0.009,3	0.098,9	0.015,0	0.000,8	0.000,1	0.291,6	0.031,4	0.049,4	0.004,0	0.003,7	0.009,6	0.013,6	0.020,3
農行	0.014,3	0.000,4	0.010,8	0.116,5	0.011,9	0.001,6	0.003,3	0.236,8	0.032,1	0.046,8	0.000,8	0.001,5	0.004,1	0.006,5	0.015,1
交行	0.014,3	0.000,5	0.009,0	0.094,1	0.012,4	0.000,9	0.003,5	0.230,7	0.028,3	0.057,6	0.000,3	0.002,4	0.007,2	0.008,3	0.010,9
中行	0.012,8	0.000,5	0.009,9	0.081,1	0.013,0	0.001,0	0.003,8	0.198,7	0.037,6	0.055,0	0.000,6	0.001,6	0.007,0	0.007,5	0.009,3
光大銀行	0.014,3	0.000,4	0.009,6	0.097,7	0.010,6	0.000,3	0.003,3	0.330,3	0.030,1	0.057,8	0.001,2	0.004,6	0.007,0	0.008,4	0.014,8
民生銀行	0.016,8	0.000,6	0.010,7	0.104,6	0.013,0	0.003,6	0.321,6	0.032,7	0.058,3	0.000,7	0.001,6	0.008,0	0.000,7	0.025,2
寧波銀行	0.013,2	0.000,5	0.010,9	0.118,4	0.015,4	0.000,7	0.004,3	0.216,7	0.041,8	0.053,3	0.001,9	0.000,4	0.010,6	0.000,5	0.017,4
浦發銀行	0.014,0	0.000,4	0.008,6	0.102,9	0.012,7	0.000,4	0.003,3	0.449,6	0.034,2	0.057,2	0.002,5	0.004,2	0.006,4	0.011,3	0.018,1
平安銀行	0.014,2	0.000,3	0.012,0	0.110,4	0.011,5	0.001,3	0.003,3	0.288,6	0.041,5	0.058,8	0.002,0	0.005,6	0.003,6	0.036,5	0.032,5
興業銀行	0.017,3	0.000,5	0.009,6	0.090,4	0.011,0	0.000,4	0.002,9	0.346,8	0.024,6	0.057,2	0.002,9	0.011,8	0.009,4	0.015,1	0.018,9
招商銀行	0.016,9	0.000,6	0.010,9	0.097,2	0.011,5	0.000,6	0.003,5	0.360,1	0.035,4	0.057,4	0.002,1	0.004,1	0.008,5	0.008,2	0.017,4

由表2得出參考數列為:

X_{ok} = (0.017,3, 0.000,6, 0.012,6, 0.145,1, 0.015,4, 0.001,6, 0.004,3, 0.449,6, 0.047,2, 0.058,8, 0.004,0, 0.011,8, 0.025,6, 0.036,5, 0.032,5)

2. 對各指標進行無量綱化處理并進行差序列計算

原始數據的計量單位有時不一致。為保證模型的質量和系統分析的正確性，要對所選取的原始數據進行處理，把負向指標轉化為正向指標，使其消除量綱，具有可比性。一般處理方法有功效系數變換方法、指數化變換方法、標準化變換方法、秩序變換方法、分段打分變換方法和規格化變換方法。本文選擇最後一種，具體計算如下:

正向指標的處理:
$$Y_{im} = \frac{X_{im} - \min(X_{im})}{\max(X_{im}) - \min(X_{im})}$$

負向指標的處理:
$$Y_{im} = \frac{\max(X_{im}) - X_{im}}{\max(X_{im}) - \min(X_{im})}$$

16家商業銀行指標數據運用以上公式進行無量綱化後，結果如表3所示。

因為每一個評價單位與最優參考序列之間存在差異，表現為差序列，記為:

$\Delta_{ik} = |x_{ik} - x_{ok}|$ （$i = 1, 2, 3, \cdots 16$; $k = 1, 2, 3, \cdots 15$)

且記，$\Delta_i = (\Delta_{i1}, \Delta_{i2}, \Delta_{i3}, \cdots \Delta_{i15})$ （$i = 1, 2, 3, \cdots 16$)

根據以上公式，對16家商業銀行指標進行差序列計算後的結果如表4所示。

表3　　樣本銀行20×5年經營績效評價指標在無量綱化後的數據

指標\銀行	淨資產收益率	總資產收益率	成本收入率	主營業務利潤保障倍數	資本充足率	不良貸款率	權益比率	不良貸款撥備覆蓋率	流動比率	存貸比率	拆入資金比例	拆出資金比例	存款增長率	總資產增長率	營業收入增長率
建行	0.911,8	1.000,0	0.778,6	0.053,3	0.649,2	0.393,2	0.923,5	0.074,2	0.832,0	0.563,0	0.899,9	0.969,2	0.041,7	0.174,5	0.090,5

表3(續)

指標\銀行	淨資產收益率	總資產收益率	成本收入率	主營業務利潤保障倍數	資本充足率	不良貸款率	權益比率	不良貸款撥備覆蓋率	流動比率	存貸比率	拆入資金比例	拆出資金比例	存款增長率	總資產增長率	營業收入增長率
北京銀行	0.000,0	0.437,5	1.000,0	0.289,9	0.311,1	0.871,8	0.726,6	0.809,2	0.192,5	0.605,7	0.427,1	0.074,9	0.044,1	0.408,6	0.302,2
工行	0.949,8	0.958,8	0.805,0	0.000,0	0.542,6	0.521,4	0.857,8	0.165,6	0.000,0	0.666,4	0.672,9	0.955,9	0.040,8	0.193,9	0.134,7
華夏銀行	0.704,7	0.000,0	0.000,0	1.000,0	0.231,7	0.538,5	0.707,4	0.313,6	0.375,8	0.451,6	0.496,4	0.831,4	0.197,5	0.257,8	0.398,4
中信銀行	0.852,9	0.725,6	0.774,1	0.214,8	0.354,9	0.812,0	0.897,0	0.184,9	1.000,0	0.840,6	1.000,0	0.565,8	0.127,1	0.442,5	0.419,1
南京銀行	0.640,5	0.753,0	0.702,7	0.291,6	0.916,5	0.658,1	0.000,0	0.370,2	0.370,1	0.781,9	0.000,0	0.713,7	0.253,6	0.363,7	0.476,6
農行	0.828,6	0.506,1	0.386,1	0.561,3	0.286,0	0.000,0	0.768,3	0.151,9	0.401,0	1.000,0	0.837,4	0.900,7	0.000,0	0.166,1	0.249,0
交行	0.829,2	0.615,8	0.756,8	0.216,8	0.390,4	0.589,7	0.818,6	0.127,7	0.247,7	0.103,4	0.977,8	0.827,8	0.145,6	0.217,3	0.070,1
中行	0.738,6	0.588,4	0.567,6	0.018,6	0.501,0	0.470,1	0.886,4	0.000,0	0.618,4	0.314,9	0.894,2	0.898,2	0.134,3	0.193,9	0.000,0
光大銀行	0.827,2	0.519,8	0.639,6	0.273,5	0.000,0	0.777,8	0.765,8	0.524,5	0.321,0	0.080,7	0.737,9	0.633,6	0.000,0	0.219,0	0.239,5
民生銀行	0.970,6	0.904,6	0.404,1	0.378,5	0.060,5	0.786,5	0.833,0	0.489,7	0.424,0	0.042,5	0.863,3	0.895,8	0.180,5	0.004,9	0.686,6
寧波銀行	0.760,6	0.684,4	0.354,6	0.591,1	1.000,0	0.743,6	1.000,0	0.071,7	0.783,9	0.458,3	0.541,6	1.000,0	0.301,7	0.000,0	0.349,2
浦發銀行	0.812,1	0.519,8	0.843,0	0.351,9	0.444,7	0.948,2	0.769,2	1.000,0	0.484,5	0.134,1	0.381,7	0.666,5	0.106,8	0.298,2	0.381,1
平安銀行	0.822,3	0.108,2	0.122,3	0.468,1	0.196,2	0.829,1	0.829,4	0.358,3	0.775,6	0.000,0	0.520,5	0.992,8	1.000,0	1.000,0	1.000,0
興業銀行	1.000,0	0.629,6	0.639,6	0.161,0	0.098,1	1.000,0	0.661,7	0.590,1	0.099,1	0.135,4	0.335,3	0.000,0	0.244,8	0.405,5	0.414,3
招商銀行	0.979,6	0.890,2	0.366,8	0.264,4	0.200,4	0.846,2	0.816,9	0.643,5	0.531,7	0.112,7	0.490,7	0.673,4	0.204,2	0.212,5	0.348,6

表4　樣本銀行20×5年經營績效評價指標在差序列處理後的數據

指標\銀行	淨資產收益率	總資產收益率	成本收入率	主營業務利潤保障倍數	資本充足率	不良貸款率	權益比率	不良貸款撥備覆蓋率	流動比率	存貸比率	拆入資金比例	拆出資金比例	存款增長率	總資產增長率	營業收入增長率
建行	0.088,2	0.000,0	0.221,4	0.946,7	0.350,7	0.606,8	0.076,5	0.925,8	0.168,0	0.437,0	0.100,1	0.030,8	0.958,3	0.825,8	0.909,5
北京銀行	1.000,0	0.562,5	0.000,0	0.710,1	0.688,9	0.128,2	0.273,4	0.190,8	0.807,5	0.394,3	0.572,9	0.925,1	0.955,9	0.591,4	0.697,8
工行	0.050,2	0.041,2	0.195,0	1.000,0	0.457,2	0.478,6	0.142,2	0.834,4	1.000,0	0.333,6	0.327,1	0.044,1	0.959,2	0.806,1	0.865,3
華夏銀行	0.295,3	1.000,0	1.000,0	0.000,0	0.768,3	0.461,5	0.292,6	0.686,4	0.624,2	0.548,4	0.503,6	0.168,6	0.802,5	0.742,2	0.601,6
中信銀行	0.147,1	0.274,2	0.225,9	0.785,2	0.645,1	0.188,0	0.103,0	0.815,1	0.000,0	0.159,4	0.000,0	0.434,2	0.872,9	0.557,5	0.580,9
南京銀行	0.359,5	0.247,0	0.297,3	0.708,4	0.083,5	0.341,9	1.000,0	0.629,8	0.629,9	0.218,1	1.000,0	0.286,3	0.747,0	0.636,3	0.523,4
農行	0.172,0	0.493,9	0.613,9	0.438,7	0.714,0	1.000,0	0.231,7	0.848,1	0.599,0	0.000,0	0.162,6	0.099,3	1.000,0	0.833,9	0.751,0
交行	0.170,8	0.384,2	0.243,2	0.783,2	0.609,6	0.410,3	0.181,4	0.872,3	0.752,2	0.896,6	0.022,6	0.172,3	0.855,0	0.782,7	0.929,9
中行	0.261,4	0.411,2	0.432,4	0.981,4	0.499,0	0.529,9	0.113,6	1.000,0	0.381,6	0.685,1	0.105,8	0.101,8	0.865,7	0.806,1	1.000,0
光大銀行	0.172,8	0.480,2	0.360,4	0.726,7	1.000,0	0.222,2	0.234,2	0.475,5	0.679,0	0.919,3	0.262,1	0.366,6	0.837,0	0.781,0	0.760,5
民生銀行	0.029,4	0.096,0	0.595,6	0.621,4	0.939,5	0.213,7	0.167,0	0.510,3	0.576,0	0.957,2	0.136,7	0.104,2	0.819,5	0.995,1	0.313,6
寧波銀行	0.239,4	0.315,6	0.645,6	0.408,9	0.000,0	0.256,4	0.000,0	0.928,3	0.216,1	0.541,7	0.458,4	0.000,0	0.698,3	1.000,0	0.650,8
浦發銀行	0.187,9	0.480,2	0.157,0	0.648,1	0.555,3	0.051,8	0.230,8	0.000,0	0.515,5	0.865,9	0.618,3	0.333,5	0.893,2	0.701,8	0.618,9
平安銀行	0.177,7	0.891,8	0.877,7	0.531,9	0.803,8	0.170,9	0.170,6	0.641,7	0.224,4	1.000,0	0.479,5	0.007,2	0.000,0	0.000,0	0.000,0
興業銀行	0.000,0	0.370,4	0.360,4	0.839,0	0.901,9	0.000,0	0.338,3	0.409,9	0.900,9	0.864,6	0.664,7	1.000,0	0.755,2	0.594,5	0.585,7
招商銀行	0.020,4	0.109,8	0.633,2	0.735,6	0.799,6	0.153,8	0.183,1	0.356,7	0.468,3	0.887,3	0.509,3	0.326,6	0.795,8	0.787,5	0.651,4

3. 求兩級最大差與最小差

各個指標的兩級最大差用 M 表示，兩級最小差用 m 表示。

記為：$M = \max\Delta_{ik}$　　$m = \min\Delta_{ik}$

根據差序列的計算結果，可得 $M = 1$，$m = 0$。

4. 求關聯繫數

曲線之間幾何形狀的差異程度稱為關聯性，計算第 i 個銀行第 m 個指標與參考序列之間的灰色關聯繫數，其計算公式如下：

$$\gamma_{ik} = \frac{m + \xi M}{\Delta_{ik} + \xi M} \ (k = 1, 2, \cdots, 15; i = 1, 2, \cdots, 16)$$

其中 ξ 為分辨系數且 $0 \leq \xi \leq 1$，通常取 $\xi = 0.5$，分辨系數越大，分辨率越大，反之則越小。

運用關聯繫數的公式計算樣本銀行各指標的結果，如表 5 所示：

表 5　　　　　　　樣本銀行 20×5 年經營績效評價指標關聯繫數

指標 銀行	淨資產收益率	總資產收益率	成本收益率	主營業務利潤保障倍數	資本充足率	不良貸款率	權益比率	不良貸款撥備覆蓋率	流動比率	存貸比率	拆入資金比例	拆出資金比例	存款增長率	總資產增長率	營業收入增長率
建行	0.850,0	1.000,0	0.693,1	0.345,6	0.587,7	0.451,7	0.867,3	0.350,7	0.748,5	0.533,6	0.833,2	0.942,0	0.342,9	0.377,2	0.354,7
北京銀行	0.333,3	0.470,6	1.000,0	0.413,2	0.420,5	0.795,9	0.646,5	0.723,8	0.382,4	0.559,1	0.466,0	0.350,9	0.343,4	0.458,1	0.417,4
工行	0.908,7	0.923,9	0.719,4	0.333,3	0.522,4	0.510,9	0.778,6	0.374,7	0.333,3	0.599,8	0.604,5	0.919,0	0.342,9	0.382,8	0.366,2
華夏銀行	0.628,7	0.333,3	0.333,3	1.000,0	0.394,2	0.520,0	0.630,8	0.421,5	0.444,8	0.476,9	0.498,2	0.747,8	0.383,9	0.402,5	0.453,9
中信銀行	0.772,7	0.645,7	0.688,8	0.389,0	0.436,6	0.726,7	0.829,2	0.380,2	1.000,0	0.758,2	1.000,0	0.535,2	0.364,2	0.472,8	0.462,6
南京銀行	0.581,7	0.669,4	0.627,1	0.413,8	0.856,9	0.593,9	0.333,3	0.442,6	0.442,5	0.696,2	0.333,3	0.635,9	0.401,0	0.440,0	0.488,6
農行	0.744,1	0.503,1	0.448,9	0.532,7	0.411,9	0.333,3	0.683,4	0.370,9	0.455,0	1.000,0	0.754,6	0.834,3	0.333,3	0.374,8	0.399,7
交行	0.745,4	0.565,5	0.672,7	0.389,6	0.450,4	0.549,3	0.733,8	0.364,4	0.399,3	0.358,0	0.957,4	0.743,8	0.369,0	0.389,8	0.349,7
中行	0.656,7	0.548,5	0.536,2	0.337,5	0.500,5	0.485,5	0.814,8	0.333,3	0.567,2	0.421,9	0.825,3	0.830,9	0.366,1	0.382,8	0.333,3
光大銀行	0.743,2	0.510,1	0.581,2	0.407,6	0.333,3	0.692,3	0.681,1	0.512,5	0.424,1	0.352,3	0.656,0	0.577,0	0.374,0	0.390,3	0.396,7
民生銀行	0.944,4	0.838,9	0.456,9	0.446,0	0.347,4	0.700,6	0.749,6	0.494,9	0.464,7	0.343,1	0.785,2	0.827,5	0.378,9	0.334,4	0.614,5
寧波銀行	0.676,2	0.613,1	0.436,5	0.550,1	1.000,0	0.661,0	1.000,0	0.350,1	0.698,2	0.480,0	0.521,7	1.000,0	0.417,3	0.333,3	0.434,5
浦發銀行	0.726,8	0.510,1	0.761,0	0.435,5	0.473,8	0.907,0	0.684,1	1.000,0	0.492,4	0.366,1	0.447,1	0.599,9	0.358,9	0.416,0	0.446,9
平安銀行	0.737,8	0.359,2	0.362,9	0.484,6	0.383,5	0.745,2	0.745,6	0.437,9	0.690,2	0.333,3	0.510,5	0.985,8	1.000,0	1.000,0	1.000,0
興業銀行	1.000,0	0.574,4	0.581,2	0.373,4	0.356,7	1.000,0	0.596,6	0.549,5	0.356,9	0.366,4	0.429,3	0.333,3	0.398,3	0.456,8	0.460,5
招商銀行	0.960,8	0.820,0	0.441,2	0.404,7	0.384,7	0.764,5	0.731,9	0.583,6	0.516,4	0.360,4	0.495,4	0.604,9	0.385,9	0.388,3	0.434,2

5. 求關聯度及排序

由於關聯繫數數量較多，不便於從整體上進行比較，因而，需要對關聯繫數進行處理，求出一個數值，這就是關聯度。關聯度的求解方法通常有絕對值關聯度法和速率關聯度法。本文採用絕對值關聯度法。最後依據所計算的各評價單位的關聯度，進行排序，越大的說明經營績效越好。

根據各評價單位關聯繫數計算關聯度，計算公式如下：

$$\delta_i = \frac{1}{n} \sum_{k=1}^{n} \gamma_{ik} \ (i = 1, 2, \cdots, 16)$$

根據公式，樣本銀行各指標的關聯度及排序如表 6 所示：

表 6　　　　　　　　樣本銀行 20×5 年灰色關聯度及排序

銀行	年份	20×5
建行	灰色關聯度	0.618,6
	排序	3
北京銀行	灰色關聯度	0.518,7
	排序	14
工行	灰色關聯度	0.574,7
	排序	7
華夏銀行	灰色關聯度	0.511,3
	排序	15
中信銀行	灰色關聯度	0.630,8
	排序	2
南京銀行	灰色關聯度	0.530,4
	排序	11
農行	灰色關聯度	0.545,3
	排序	9
交行	灰色關聯度	0.535,9
	排序	10
中行	灰色關聯度	0.529,4
	排序	12
光大銀行	灰色關聯度	0.508,8
	排序	16
民生銀行	灰色關聯度	0.581,8
	排序	5
寧波銀行	灰色關聯度	0.611,5
	排序	4
浦發銀行	灰色關聯度	0.575,0
	排序	6
平安銀行	灰色關聯度	0.651,8
	排序	1

表6(續)

銀行	年份	20×5
興業銀行	灰色關聯度	0.522,2
	排序	13
招商銀行	灰色關聯度	0.551,8
	排序	8

(四) 結果分析

根據上文的排序，我們可以看到排在前面的大體上都是股份制商業銀行。國有商業銀行裡，除了中國建設銀行排名一直靠前，相對穩定，其他的表現均不太理想。每個被評價的商業銀行的總的灰色關聯度代表了該銀行在當年的經營績效與最優參考序列之間的接近程度。每個指標的關聯繫數則反應了與最優參考序列的接近程度。二者均為相對比較，由於每年的參考序列不一樣，灰關聯繫數值變化趨勢可能和實際指標值變化趨勢不同，因此，在進行灰色關聯分析時，要結合實際指標值進行分析。

20×5年中國上市商業銀行經營績效的灰色關聯繫數如表7所示：

表7　　　　　　　　　20×5年樣本銀行的灰關聯繫數

指標\銀行	淨資產收益率	總資產收益率	成本收入率	主營業務利潤保障倍數	資本充足率	不良貸款率	權益比率	不良貸款撥備覆蓋率	流動比率	存貸比率	拆入資金比例	拆出資金比例	存款增長率	總資產增長率	營業收入增長率	灰色關聯度
建行	0.850,0	1.000,0	0.693,1	0.345,6	0.587,7	0.451,7	0.867,3	0.350,7	0.748,5	0.533,6	0.833,2	0.942,0	0.342,9	0.377,2	0.354,7	0.618,6
北京銀行	0.333,3	0.470,6	1.000,0	0.413,2	0.420,5	0.795,9	0.646,5	0.723,8	0.382,4	0.559,1	0.466,0	0.350,9	0.343,4	0.458,1	0.417,4	0.518,7
工行	0.908,7	0.923,9	0.719,4	0.333,3	0.522,4	0.510,9	0.778,6	0.374,7	0.333,3	0.599,8	0.604,5	0.919,0	0.342,7	0.382,8	0.366,2	0.574,7
華夏銀行	0.628,7	0.333,3	0.333,3	1.000,0	0.394,2	0.520,0	0.630,8	0.421,5	0.444,8	0.476,9	0.498,2	0.747,8	0.383,9	0.402,5	0.453,9	0.511,3
中信銀行	0.772,7	0.645,7	0.688,8	0.389,0	0.436,6	0.726,7	0.829,2	0.380,2	1.000,0	0.758,2	1.000,0	0.535,2	0.364,2	0.472,8	0.462,6	0.630,8
南京銀行	0.581,7	0.669,4	0.627,1	0.413,8	0.856,9	0.593,9	0.333,3	0.442,6	0.442,5	0.696,2	0.333,3	0.635,9	0.401,0	0.440,0	0.488,6	0.530,4
農行	0.744,1	0.503,1	0.448,9	0.532,7	0.411,9	0.333,3	0.683,4	0.370,9	0.455,0	1.000,0	0.754,6	0.834,3	0.333,3	0.374,8	0.399,7	0.545,3
交行	0.745,4	0.565,5	0.672,7	0.389,6	0.450,6	0.549,3	0.733,8	0.364,4	0.399,3	0.358,0	0.957,4	0.743,8	0.369,0	0.389,8	0.349,7	0.535,9
中行	0.656,7	0.548,5	0.536,2	0.337,5	0.500,5	0.485,5	0.814,8	0.333,3	0.567,2	0.421,9	0.825,3	0.830,9	0.366,1	0.382,8	0.333,3	0.529,4
光大銀行	0.743,2	0.510,1	0.581,2	0.407,6	0.333,3	0.692,5	0.681,1	0.512,5	0.424,1	0.352,3	0.656,0	0.577,0	0.374,0	0.390,3	0.396,7	0.508,8
民生銀行	0.944,4	0.838,9	0.456,3	0.446,0	0.347,4	0.700,6	0.749,6	0.494,9	0.464,7	0.343,1	0.785,2	0.827,5	0.378,9	0.334,4	0.614,5	0.581,8
寧波銀行	0.676,2	0.613,9	0.436,5	0.550,1	1.000,0	0.661,0	1.000,0	0.350,1	0.698,2	0.480,0	0.521,7	1.000,0	0.417,3	0.333,3	0.434,5	0.611,5
浦發銀行	0.726,8	0.510,2	0.761,0	0.435,5	0.473,8	0.907,0	0.684,1	1.000,0	0.492,4	0.366,1	0.447,1	0.599,9	0.358,9	0.416,0	0.446,9	0.575,0
平安銀行	0.737,8	0.359,2	0.362,9	0.484,6	0.383,5	0.745,2	0.745,6	0.437,9	0.690,2	0.333,3	0.510,5	0.985,8	1.000,0	1.000,0	1.000,0	0.651,8
興業銀行	1.000,0	0.574,4	0.581,2	0.373,4	0.356,7	1.000,0	0.596,4	0.549,5	0.356,9	0.366,4	0.429,3	0.333,3	0.398,3	0.456,8	0.460,5	0.522,2
招商銀行	0.960,8	0.820,0	0.441,2	0.404,7	0.384,7	0.764,7	0.731,9	0.583,6	0.516,4	0.360,4	0.495,4	0.604,9	0.385,9	0.388,3	0.434,2	0.551,8

平安銀行以0.651,8的關聯度位居第一，發展能力的三項指標均為最優值，在期末資產總額12,581.77億元，與上年相比，增加了73.01%；存款總額達到8,508.45億元，與期初相比，增幅為51.15%，實現營業收入296.43億元，較上年增長

64.94%。表現較差的是存貸比率,也是該年度所有銀行裡表現最差的,主要因為該銀行存款總額增長時,貸款總額也同比例地增長。

中信銀行在20×5年發展得最好,排名第二,流動資金比率和拆入資金比率為最優值,可見該行很重視其流動性,盈利性指標也表現良好,較差的是不良貸款撥備覆蓋率,但實際指標值為歷年最高,比上年增長58.80%,只是與同行業相比,還有一定差距,還需要進一步加強。

建行在20×5年的排名中上升到第三位。它的優勢仍然是盈利能力指標和流動性指標,由於淨利息收益率穩步回升,手續費和佣金收入也實現穩步增長,合理地控制了業務及管理費用,實現利潤總額2,191.07億元,較上年增長25.09%;淨利潤1,694.39億元,較上年增長25.48%。發展能力指標方面始終得不到新的突破。

寧波銀行的經營績效一直都較穩定,其優勢在於安全性指標和流動性指標,其中資本充足率和權益比率以及拆出資金比率為最優值。在20×5年中,表現不那麼理想的是總資產增長率,公司總資產2,604.98億元,比年初減少27.77億元,減幅為1.05%,在與同行業進行比較時,這方面成為其軟肋。

民生銀行的四大類指標有表現較好的,也有表現較差的,其中表現較差的是總資產增長率,20×5年資產總額22,290.64億元,比上年末增加4,053.27億元,增幅為22.23%,但仍需加強這方面的發展。

浦發銀行的盈利性指標和安全性指標都較為出色,但其發展能力指標卻稍遜色一些,尤其是存款增長率指標,20×5年存款餘額為18,510.55億元,比20×4年年底增加了2,105.96億元,增幅為12.84%。存款餘額在股份制銀行中位居中等水平,仍需改善。

招商銀行的盈利性指標在四大類指標中還比較理想,但其發展能力指標則有待進一步努力。20×5年資產總額2.79萬億元,比年初增長16.34%;客戶存款總額為2.22萬億元,比年初增長17.02%,實現營業收入961.57億元,比上年增長34.72%。

工行、農行、交行、南京銀行、中行、興業銀行、北京銀行、華夏銀行、光大銀行的個別指標比較出色,其他指標則總體上不如上述銀行,需要不斷發展,才能在競爭中取勝。

五、政策建議與研究展望

本部分根據第四部分的結果分析,針對國有商業銀行和股份制商業銀行面臨的主要問題,探討提高中國商業銀行經營績效的政策建議,最後提出後續研究的方向。

(一) 政策建議

1. 對國有商業銀行的政策建議

從 20×5 年灰色關聯度的排名可以看出，中國國有商業銀行的總體經營績效都比不上股份制商業銀行。結合財務比較分析，本文提出以下政策建議：

第一，進一步優化不良資產，降低不良貸款率和提高不良貸款撥備覆蓋率。因此，首先要檢查已有的措施是否完備，并進行相應改善；其次要調整業務結構，壓縮產能過剩；再次要減少信用貸款、抵押貸款，增加擔保貸款來降低風險資產的比重；最後要嚴密防範貸款的集中度、交叉違約風險和關聯交易，及時核銷呆壞帳，從根本上建立防範信用風險的長效機制。

第二，提高發展能力。從灰色關聯繫數可以看出，中國國有商業銀行的存款增長率、總資產增長率和營業收入增長率都比股份制商業銀行低。因此國有商業銀行不僅要從現有的業務出發，還應加強金融創新。

第三，提高規模效益。儘管國有商業銀行精簡了一些人員并撤銷了一些機構，但由於歷史和體制的緣故，規模不經濟的現象依然存在。因此，國有商業銀行應首先撤銷功能相同或類似的重疊機構；其次，加強對各分支機構的控製；最後，保留利潤量大且業務量大的分支機構，利潤量和業務量都較小的分支機構則應撤銷。同時，重視提高國有商業銀行的技術效率，減少不必要的管理費用，實現規模經濟，提高國有商業銀行的經營績效。

總的來說，中國國有商業銀行繼續在中國經濟的建設中扮演著不可替代的角色，隨著國有商業銀行的上市，其在經濟生活中將發揮重要的作用。

2. 對股份制商業銀行的政策建議

根據 20×5 年灰色關聯繫數的表現和財務報表數據，本文主要提出以下建議：

第一，提高安全能力。資本充足率和權益率的關聯繫數從整體來看都不是很高。由於股份制商業銀行現在處於擴張階段，內部利潤的累積就顯得有些不現實，因此主要從外部獲取資金，可以發行可轉換債券和次級債券。當前很多商業銀行通過以發行次級債券的形式來補充附屬資本，提高資本充足率。

第二，提高流動性。要保持適度的流動性，才有利於商業銀行的經營運行。首先，股份制商業銀行要保持適當的流動比率。其次，股份制商業銀行的存貸比率不宜過高也不宜太低。

第三，促進中間業務的發展，提高中間業務收入。現在中國商業銀行的主要收入仍然來源於存貸利差，中間業務收入占總收入的比重較小。

第四，實行「走出去」戰略，提高競爭力。中國商業銀行應對國際金融領域的重大事件進行高度關注，提高風險的防範能力，同時抓住機遇。中國商業銀行與外資銀行存在差異，應積極借鑑外資銀行先進的管理經驗，提高自身管理能力。

總之，股份制商業銀行應繼續保持其現有的優勢，同時借鑑較好的管理方法，重視安全性，這樣才能保證股份制商業銀行的健康發展。

(二) 研究展望

1. 研究樣本的選擇

基於本文研究中選取樣本的不足之處，後續研究者應該擴大樣本的時間跨度和樣本量。

2. 指標體系的設計

商業銀行經營績效的評價是一個複雜的過程，不僅包括定量指標，還包括定性指標。本文考慮到很多指標的不可取性，尤其是定性指標不易量化，因此只選取了盈利性、安全性、流動性、發展能力四個方面易於量化的指標。因此，後續的研究者，應加強定性指標方面的研究，進一步完善商業銀行經營績效評價體系。

3. 政策建議

鑒於筆者水平有限，在後續研究中，對提高中國商業銀行經營績效的途徑和方法還有待進一步深入，相應的政策與建議還需要不斷完善。

參考文獻：

[1] 彼得S. 羅斯, 西爾維婭C. 赫金斯. 商業銀行管理 [M]. 劉國, 譯. 北京：機械工業出版社, 2007：235-241.

[2] 財政部統計評價司. 企業績效評價工作指南 [M]. 北京：經濟科學出版社, 2002：279.

[3] 丁忠明, 張琛. 基於DEA方法下商業銀行效率的實證研究 [J]. 管理世界, 2011 (3)：172-173.

[4] 範淑芳, 黃立新. 杜邦財務分析模型在中國商業銀行應用問題探討 [J]. 內蒙古財經學院學報, 2004 (4)：48-51.

[5] 高莉, 樊衛東. 中國銀行業創造價值能力分析——EVA體系對銀行經營績效的考察. 財貿經濟, 2003 (6)：26-33.

[6] 郭研. 中國商業銀行效率決定因素的理論探討與實證檢驗 [J]. 金融研究, 2005 (2)：115-123.

[7] 紀建悅, 李坤. 利益相關者關係與商業銀行經營績效的相關性 [J]. 金融論壇, 2010 (10)：16-24.

[8] 黃陳. 商業銀行評價問題研究 [D]. 北京：中國人民銀行研究所, 2002.

[9] 劉思峰, 黨耀國, 方志耕, 謝乃明. 灰色系統理論及其應用 [M]. 北京：科學出版社, 2011：11.

［10］劉偉，黃桂田. 銀行業的集中、競爭與績效［J］. 經濟研究，2003（11）：15-23.

［11］孟建民. 中國企業績效評價［M］. 北京：中國財政經濟出版社，2002：2-3.

［12］史常亮. 基於「三性」分析的上市商業銀行經營績效評價［J］. 金融發展研究，2012（12）：12-15.

［13］王海濤，張雪靜. 商業銀行績效評價研究的回顧與展望［J］. 經濟研究導刊，2012（9）：43-44.

［14］王靈華，薛晶. 中國商業銀行效率評價及實證分析［J］. 統計研究，2008（2）：83-87.

［15］楊學鋒. 中國商業銀行經營績效評價體系研究［D］. 武漢：華中科技大學，2006.

［16］鄭錄軍，曹延求. 中國商業銀行效率及其影響因素的實證分析［J］. 金融研究，2005（1）：91-101.

［17］鄒建平. 信用評級學［M］. 北京：中國金融出版社，1994：202.

［18］張蕊. 企業戰略經營業績評價指標體系研究［M］. 北京：中國財政經濟出版社，2002：4.

［19］張延富. 基於社會責任和「三性」的中國上市商業銀行全面業績評價［J］. 特區經濟，2009（10）：44-45.

［20］張維迎. 企業的企業家——契約論［M］. 上海：上海人民出版社，1995：237.

［21］周四軍. 中國商業銀行效率研究［M］. 北京：中國統計出版社，2008：4-14.

［22］莊霄威，長青. 商業銀行經營績效評價研究——基於EVA的平衡計分卡模型［J］. 經濟研究導刊，2011（11）：105-107.

［23］ALHADEFF. Monopoly and Competition in Banking［M］. Berkeley：University of California Press，1954.

［24］ALTAN CABUK, SERPIL CANBANS, BILGIN KLIC SULEYMAN. Prediction of commercial bank failure viamultivariate statistical analysis of financial structures：The Turkish case［M］. Amsterdam：Elsevier B. V.，2004.

［25］BAUMOL, PANZAR, WILLING. Contestable Markets and the Theory of Industrial Structure［J］. American Economic Review，1982（72）：1-15.

［26］BENSTON. Economis of scale and marginal costs in banking oper-ation［J］. National Banking Review，1965（2）：507-549.

［27］BERGER, HUNTER AND TLMME. The Efficiency of Financeial Institu-tions：A Review and Preview of research：past，present and future［J］. Journal of Banking and finance，1993（17）：221-249.

附錄：

20×5 年樣本銀行原始數據

指標 銀行	淨資產收益率	總資產收益率	成本收入率	主營業務利潤保障倍數	資本充足率	不良貸款率	權益比率	不良貸款撥備覆蓋率	流動比率	存貸比率	拆入資金比例	拆出資金比例	存款增長率	總資產增長率	營業收入增長率
建行	0.225.1	0.014.7	0.297.9	1.390.1	0.136.8	0.010.9	0.066.5	2.414.4	0.537.0	0.650.5	0.007.9	0.010.9	0.100.5	0.136.1	0.227.5
北京銀行	0.001.9	0.010.6	0.263.5	1.647.0	0.120.6	0.005.3	0.052.7	4.463.9	0.336.4	0.644.1	0.033.4	0.156.8	0.101.5	0.304.5	0.325.7
工行	0.234.4	0.014.4	0.293.8	1.332.2	0.131.7	0.009.4	0.061.9	2.669.2	0.276.0	0.635.0	0.020.4	0.013.1	0.100.1	0.150.0	0.248.0
華夏銀行	0.174.4	0.007.4	0.418.9	2.418.3	0.116.8	0.009.2	0.051.4	3.082.1	0.393.9	0.667.2	0.030.1	0.033.4	0.167.3	0.196.0	0.370.3
中信銀行	0.210.7	0.012.7	0.298.6	1.565.4	0.122.7	0.006.0	0.064.6	2.723.1	0.589.7	0.608.9	0.002.4	0.076.7	0.137.1	0.328.9	0.379.9
南京銀行	0.158.7	0.012.9	0.309.7	1.648.9	0.149.6	0.007.8	0.001.9	3.239.8	0.392.1	0.617.7	0.057.4	0.052.6	0.191.1	0.272.2	0.406.6
農行	0.204.6	0.011.1	0.358.9	1.941.8	0.119.4	0.015.5	0.055.6	2.631.0	0.401.8	0.585.0	0.011.3	0.022.1	0.082.6	0.130.0	0.301.0
交行	0.204.9	0.011.9	0.301.3	1.567.6	0.124.4	0.008.6	0.059.2	2.563.7	0.353.7	0.719.4	0.003.6	0.034.0	0.144.8	0.166.9	0.218.0
中行	0.182.7	0.011.7	0.330.7	1.352.3	0.129.7	0.010.0	0.063.9	2.207.5	0.470.0	0.687.7	0.008.2	0.022.5	0.140.2	0.150.0	0.185.5
光大銀行	0.204.4	0.011.2	0.319.5	1.629.0	0.105.7	0.006.4	0.055.5	3.670.0	0.376.7	0.722.8	0.016.8	0.065.7	0.152.5	0.168.1	0.296.6
民生銀行	0.239.5	0.014.0	0.356.1	1.743.7	0.108.6	0.006.3	0.060.2	3.572.9	0.409.0	0.728.5	0.009.0	0.022.9	0.160.0	0.014.0	0.503.9
寧波銀行	0.188.1	0.012.4	0.363.8	1.974.1	0.153.6	0.006.8	0.071.8	2.407.4	0.521.9	0.666.2	0.027.6	0.005.9	0.212.0	0.010.5	0.347.5
浦發銀行	0.200.7	0.011.2	0.287.9	1.714.4	0.127.0	0.004.5	0.055.7	4.996.0	0.428.0	0.714.8	0.036.4	0.060.0	0.128.4	0.225.1	0.362.3
平安銀行	0.203.2	0.008.2	0.399.9	1.840.6	0.115.1	0.005.8	0.059.9	3.206.6	0.519.3	0.734.9	0.028.8	0.007.1	0.511.5	0.730.1	0.649.4
興業銀行	0.246.7	0.012.0	0.319.5	1.507.1	0.110.4	0.003.8	0.048.2	3.853.0	0.307.1	0.714.6	0.039.0	0.169.0	0.187.6	0.302.3	0.377.7
招商銀行	0.241.7	0.013.9	0.361.9	1.619.3	0.115.3	0.005.6	0.059.0	4.001.3	0.442.8	0.718.0	0.030.4	0.059.2	0.170.2	0.163.4	0.347.2

基於成本視角的審計定價研究

劉翠萍

一、緒論

（一）研究背景

中國的獨立審計根植於經濟轉型和新興市場的背景之下，呈現出諸多與西方審計市場不同的特徵。

首先，轉型經濟和新興市場的基本特徵是製度的匱乏或缺失以及由此帶來的製度的迅速演進，因此，根植於此背景下的中國審計市場必然伴隨著迅速的製度變更。

其次，從審計市場總體來看，中國不需要甚至排斥高質量的審計。這是由於中國的審計服務從一開始就不是資本市場的自發需求，而是政府管制機構「模仿國際慣例」的一個附帶產物。這種非市場化的需求導致審計服務淪為眾多公司「取悅」政府管理機構的工具。由此帶來的消極影響是，作為審計需求方的上市公司缺乏甚至排斥高質量的審計需求，而作為審計供給方的會計師事務所沒有提供高質量的審計產品的動力，會計師事務所之間不存在系統的審計質量差異化，事務所之間較少或者基本上不是靠質量而是靠其他的手段去競爭客戶。

（二）選題價值

獨立審計在資本市場中有著特殊的地位，從誕生時起獨立審計就承擔著雙重責任：一方面肩負著提高資本市場配置效率，維護社會公眾利益的重托；另一方面承擔著獲取行業合理收益，維持產業生存，支持行業自身發展的職責。因此，獨立審計活動的定價問題不僅牽涉公眾利益和行業利益的矛盾、衝突及協調，還聚集了審計產業經濟利益和審計職業道德之間紛繁複雜的關係，引發了各國政府監管部門的高度關注，同

時也成為學術界「百花齊放，百家爭鳴」的研究課題之一。

早在 20 世紀七八十年代，出於對證券市場上財務醜聞不斷爆發以及審計市場競爭狀況的擔憂，西方學術界開始了審計定價問題的研究。隨後的研究歷程中，形成了豐富的審計定價理論，為西方政府監管部門提供了大量的經驗證據，指導著西方審計市場健康有序地發展。

然而，獨立審計在中國的發展歷史較短，全行業在 1999 年年底才全面完成脫鉤改制，真正進入市場自由競爭階段，審計服務的價格才開始由市場決定，中國學者才開始對審計定價進行研究。相對國外審計定價的研究而言，國內研究仍然處於起步階段，同時中國審計市場根植於新興市場和轉型經濟的背景之下，市場中製度和法律規範迅速變遷，迫切需要學術界密切關注這些變化對審計價格的影響，為監管部門進一步規範審計市場提供理論依據和經驗數據。

本文利用 A 股市場 2007—2010 年的公開數據，分析製造業上市公司的審計費用影響因素，推測中國會計師事務所的審計成本結構，進一步推導中國審計市場狀況，檢驗 2006 年風險導向審計準則在中國審計實務界執行的效果，為 2012 年 1 月 1 日全面貫徹風險導向審計思想的新審計準則的順利有效實施提供經驗數據和理論支持。

二、文獻綜述

（一）國外文獻綜述

Simunic（1980）在「the pricing of audit service: theory and evidence」一文中，綜合考慮各種因素，提煉出審計成本的三個核心要素——客戶規模、複雜程度和審計風險，建立了著名的審計成本數學模型：

$E(c) = c \cdot q + E(d) \cdot E(p)$。

上式中，$E(c)$ 表示預期註冊會計師的審計成本；c 表示註冊會計師的單位生產成本，包括所有的機會成本；q 表示註冊會計師用來完成審計工作的審計成本耗用量；$E(d)$ 表示由本期審計產生的將來可能損失的現值；$E(p)$ 表示由本期審計失敗造成需要支付現金的概率。

這個模型反應的正是：審計成本 = 審計工作成本 $(c \cdot q)$ + 預期損失 $[E(d) \cdot E(p)]$。Simunic（1980）不僅提出了審計成本的理論模型，還明確指出了審計定價的主要影響因素是客戶資產規模大小、審計業務複雜程度和審計失敗的風險、公司財務風險等。其著作可稱為審計成本和審計定價研究領域的開山之作。隨後幾十年的研究歷程中，不少學者對 Simunic 的模型進行了或多或少的修改。學者們將該模型運用到不同的國家和地區，研究領域從定價的影響因素拓展到審計質量、市場結構、非審計服務

等方面，不同的解釋變量、不同的研究視角使得審計定價問題的研究常做常新。這些研究不僅豐富了審計理論，也為西方政府監管部門提供了大量的經驗證據，指導著西方審計市場健康有序地發展。

（二）國內文獻綜述

中國的學者在研究審計市場結構、競爭狀況等對審計費用的影響方面取得了豐碩的成果。葉少琴（2002）的研究結論表明中國審計市場中存在懲治法規不健全、懲治不力；政府對審計市場過度干預；審計定價不規範；會計師事務所質量控製體制不完善等缺陷。張奇峰（2005）的研究結論表明：僅靠政府對審計市場供給方的管制並不能為會計師事務所樹立市場聲譽，會計師事務所應該通過提高專業能力、保持高度的獨立性等方法來提高自己的市場聲譽。王豔豔（2007）的研究結論表明，國家層面的大所（國內十大或國內具備 IPO 專項復核資格的會計師事務所）與國內其他所之間的審計質量不存在顯著性差異，中國上市公司選擇會計師事務所既存在經濟動機也存在管制動機。鄭麗（2009）年的研究結果表明，行業專門化的審計師在大客戶審計市場和小客戶審計市場中採用的談判策略是不一樣的。孫鵬（2010）的研究結論表明會計師事務所組織形式影響審計人員的談判策略，最終影響審計價格的形成。

在審計費用的實證研究方面，王振林（2002）的博士論文是第一部系統採用實證方法研究中國審計收費的研究文獻，其研究結果表明，業務複雜程度、客戶資產規模、子公司數目、主營業務利潤占總利潤的比重等與審計收費顯著相關。2001 年，中國證券監督委員會（CSRC）要求所有上市公司公開披露支付給審計師的報酬。至此，中國審計定價問題的研究才成為可能，學術界開始利用 A 股市場公布的數據對此問題進行了大量的研究，獲得了豐碩的成果。劉斌、葉建中、伍莉娜等（2003），朱小平（2004），許奕、李補喜、劉運國（2005），韓厚軍、張齊峰（2006），張晨宇（2007），胡波（2007），郭襃春（2009），高雷、馮延超（2010），張麗華、朱文莉（2011）等人的實證研究結論均表明上市公司資產總額、經濟業務的複雜程度、子公司數目、公司所在地是影響中國上市公司審計收費的主要因素。

三、相關理論分析

（一）審計成本的內涵和表達模型

1. 審計成本的內涵

由於研究的角度不同，對審計成本的理解和解釋也不盡相同。本文從審計業務的角度出發，將審計成本定義為「審計過程中為控製審計風險而付出的代價，包括從審計策劃到出具審計報告這一階段所發生的所有審計費用支出以及由於出具不恰當的審

計報告導致的各種損失。」

2. 審計成本與審計價格之間的聯繫

審計定價是審計產品供需雙方經過討價還價最終形成的價格。對會計師事務所而言，提供審計服務必然消耗審計資源，因此審計服務的定價必須彌補審計資源的耗費并獲得適度的剩餘以形成事務所的利潤，才能維持事務所的正常運轉，實現可持續經營。因此，成本是事務所提供審計服務的定價底線，并且其定價應通常高於審計成本，否則事務所很有可能停止審計服務的供給。經典的審計定價理論認為，在競爭性的審計市場中，審計價格的最終確定是由審計供需雙方從自己的立場出發，綜合考慮審計風險和審計成本後，經討價還價形成的。這表明，審計成本對審計價格的最終確定有直接的影響，是審計定價的重要因素。

3. 審計價格的兩種成本表達模型

審計成本通常有兩種表達模型。一種是從事務所供給審計服務的角度出發，強調審計師耗費的時間，以會計師的工作努力程度（工作時間）與審計業務的訴訟風險合計的形式表現。在這一表達模型下，審計成本的構成非常簡單直觀，即 $E(c) = c \cdot q + E(d) \cdot E(p)$。其中 $E(c)$ 指的是審計師成本；$c \cdot q$ 代表審計工作成本，c 代表會計師的單位工作(其中包括事務所正常的利潤)，q 代表會計師的審計時間的耗用量；$E(d) \cdot E(p)$ 代表風險支出，即預期損失。能使用這種模型的前提條件是，必須獲取審計師的具體工作時間。

由於審計時間並非公開數據，通常難以獲取，研究者通常採用另一種審計成本的表達模型。他們通常利用替代變量間接表述審計成本，這種表達方式在實證研究中最為常見，即 $Fee = \alpha + \beta_i \cdot X_i + \varepsilon$，其中 α 表示包括固定成本在內的綜合影響因素，β_i 表示迴歸系數，X_i 表示審計工作成本和風險支出的各替代變量，ε 為殘差項。筆者將在下一小節對此模型進行詳細的闡述。

(二) 審計成本影響審計定價的方式

研究表明，事務所審計成本的降低可以通過規模經濟和技術進步兩種方式獲得，從而使事務所在與客戶談判的過程中，獲得更多的審計定價主動權和價格競爭優勢。

1. 規模經濟

審計市場中的規模經濟指的是在既定的審計技術條件下，審計產品單位成本隨著事務所規模擴大而遞減的現象。

一方面，規模經濟能夠顯著降低會計師事務所的固定成本。事務所固定成本的主要組成部分有研發投資、行業數據庫建設以及員工的培訓投入等。這些成本具有剛性，即使事務所只提供少量審計服務也必須投入該成本。因此，當事務所存在過剩生產能力時，固定成本隨著產出的增加而被攤薄，事務所的平均成本下降，也就是說，事務所增加產出並不會導致總的平均成本上升。另一方面，規模經濟還可以大幅降低審計間接成本。

間接成本不同於固定成本，間接成本與事務所的日常經營管理支出有關，例如事務所的管理成本（如管理人員薪金）和其他間接支出（如審計軟件的使用成本、取暖和照明支出）。這些間接成本可被分攤到更高的審計產量上，從而使單位產品平均成本下降。

規模經濟的優點不僅反應為會計師事務所可以獲得高額審計利潤，更意味著占據審計成本優勢從而更容易在業務競爭中獲勝，獲得較高的審計市場佔有率。

2. 技術進步

在審計質量既定的情況下，審計師的訴訟風險可以視作固定不變。此時，事務所獲取競爭優勢的關鍵在於降低審計工作成本。由於人員工資具有剛性，因此，降低工作成本的關鍵在於減少工作時間，也就是說設法讓審計師在既定的工作時間內提高工作效率，完成更多的工作量。事務所可以通過致力於審計的研究開發，促使技術進步，以此來提高工作效率，進而降低服務成本，獲得競爭優勢。

四、實證研究設計

（一）理論基礎與研究假設

本文借鑑 Simunic 經典的審計定價模型，選擇相關變量，探求中國 A 股證券市場影響審計定價的審計成本因素。

1. 客戶規模

客戶規模是決定審計成本的主要因素之一，其對審計定價的影響是直觀的。客戶規模越大，審計師的審計範圍就越大，投入的審計時間和審計資源也就越多，相應的審計收費也就越高。但是，審計規模經濟、審計抽樣技術以及有效的內部控製等，使得審計定價并不隨客戶規模線性增加。國外研究文獻證實，兩者之間存在冪函數關係，故在進行實證研究時，通常將二者取自然對數使其關係線性化。

本文將上市公司年末總資產作為公司規模的替代變量，并假設客戶規模越大，審計成本越高，審計定價也越高，即年末總資產的自然對數與審計費用的自然對數兩者正相關。

2. 審計業務複雜程度

客戶的複雜性對審計定價的影響也是直觀的，因為，一個組織結構複雜的上市公司一定會有一個複雜的法律和組織結構，那麼審計測試的範圍就越大，審計證據要求也越多，相應地需要更多的審計時間，因此也應提高審計定價。

本文將納入合并範圍的子公司的數量作為公司審計業務複雜性的指標，同時為了減少共線性，將納入合并範圍的子公司數量作算術平方根處理，并假設上市公司納入合并範圍的子公司數量越多，審計定價越高。

3. 審計風險

如果審計師認為上市公司具有較大的審計風險，那麼必然要增加審計資源的投入，使其降至可接受的合理範圍，從而導致審計定價的增加。

本文借鑒前人的研究成果，從上市公司的固有風險、財務風險等角度出發，分別選取了存貨占總資產的比率、應收帳款占總資產的比率、負債總額與總資產的比率、流動資產與流動負債的比率這四個指標作為審計風險的替代變量。本文選取應收帳款占總資產的比率和存貨占總資產的比率這兩個指標來衡量固有風險，并假設這兩個比率越高，審計定價就越高。選取資產負債率和流動比率這兩個指標來衡量固有風險，并假設資產負債率與審計定價正相關，而流動比率與審計定價負相關。

(二) 研究模型與變量的說明

根據本文的研究目標，構建下列迴歸模型（見表1）：

$$Lnfee = \alpha_0 + \beta_1 Lnasset + \beta_2 Sqsubs + \beta_3 Recv + \beta_4 Inv + \beta_5 Lev_1 + \beta_6 Lev_2 + \varepsilon_0$$

表1　　　　　　　　迴歸模型中各變量和預期符號的說明表

變量符號	變量說明	預期符號	
審計定價水平	$Lnfee$	因變量，審計收費的自然對數	*
客戶規模	$Lnasset$	自變量，年末總資產的自然對數	+
審計複雜性	$Sqsubs$	自變量，上市公司合并報表子公司數量平方根	+
審計風險	$Recv$	自變量，年末應收帳款占總資產的比值	+
審計風險	Inv	自變量，年末存貨占總資產的比值	+
審計風險	Lev_1	自變量，資產負債率	+
審計風險	Lev_2	自變量，流動比率	−

(三) 研究數據的來源與研究樣本的篩選

本文旨在考察國內會計師事務所的審計成本與審計定價的關係，以2007—2010年深、滬兩市公司的A股上市公司為研究對象。相關研究數據取自國泰君安數據庫，并出於數據的可比性及研究的需要，採用以下程序篩選適用數據。

(1) 本文出於研究樣本容量以及消除行業對審計費用的影響等方面的考慮，僅選擇2007—2010年滬深兩市中的製造業上市公司為研究對象。

(2) 剔除被冠以ST類的上市公司，剔除同時發行B股或H股的上市公司。

(3) 剔除由「四大」或國外會計師事務所審計的上市公司。

(4) 剔除發生事務所變更的公司，剔除被出具非標準審計意見的上市公司。

(5) 為排除地區經濟發展水平對審計收費的影響，本文選擇樣本時，去掉位於經濟最發達（北京、天津、上海）和最不發達（西藏、甘肅、雲南）地區的上市公司。

(6) 刪除部分數據缺失的上市公司。

經過上述步驟，本文最終獲取了有效樣本每年各 231 家，4 年共 924 家。

五、實證分析及其結果解讀

（一）相關性分析及其結果解讀

表 2 與表 3 是筆者利用 SPSS 軟件對樣本的各變量進行相關性分析得到的 Pearson 相關係數矩陣，從中可以看出各變量兩兩之間的一些相關關係。

（1）2007—2010 年，審計收費自然對數與客戶總資產自然對數均在 1% 水平上顯著正相關，并且相關係數逐年增大。這說明中國會計師事務所對製造業上市公司的審計收費與客戶總資產規模呈顯著正相關，而且依據客戶總資產來確定審計收費的趨勢越來越明顯。

（2）審計收費自然對數與客戶子公司數量的平方根連續四年均在 1% 水平上顯著正相關，而且相關係數分別為 0.350、0.399、0.430、0.437，也呈逐步增大的趨勢。這說明中國會計師事務所對製造業上市公司的審計收費與客戶的子公司數目呈顯著正相關，而且根據客戶子公司數目來確定審計費用的趨勢越來越明顯。

（3）審計收費自然對數和客戶年末應收帳款占總資產的比率連續四年均未通過顯著性相關測試，且相關係數均為負值，也就是說客戶的應收帳款占總資產的比率越大，審計收費越低，這與預期相反。審計收費自然對數與客戶年末存貨占總資產的比率在 2007—2010 年的相關係數均為正值，這與預期方向相同，但均未通過顯著性測試。同時，年末應收帳款占總資產的比率與存貨占總資產的比率的相關係數均接近 0，相關性不強。這說明中國會計師事務所對製造業上市公司進行審計時，客戶年末應收帳款占總資產的比率以及存貨占總資產的比率在審計收費中基本沒有體現出來，也就有可能意味著會計師在審計過程中，對存貨以及應收帳款問題沒有給予足夠重視。

（4）2007—2010 年製造業上市公司的審計費用的自然對數與資產負債率連續四年顯著相關，而且相關係數均為正值。這說明中國會計師事務所在對該類上市公司進行審計收費時，考慮了負債的因素。

（5）審計費用自然對數與流動比率連續四年的相關係數分別為 -0.200、-0.121、-0.176、-0.114，均為負值，這與預期的方向相同，但只有 2007 年與 2009 年分別通過了 1% 與 5% 的顯著性測試。這說明中國會計師事務所在對製造業上市公司進行審計時，會計師考慮了流動負債對公司財務風險的影響，但這種考慮并沒有顯示出穩定的相關性。

表2　　　　　　　　　　　Correlation 分析表

		2007 Lnfee	2008 Lnfee	1009 Lnfee	1010 Lnfee	2007 Lnasset	2008 Lnasset	1009 Lnasset	1010 Lnasset	2007 Sqsubs	2008 Sqsubs	1009 Sqsubs	1010 Sqsubs	2007 Lev_1	2008 Lev_1
Lnfee	Pearson	1	1	1	1	0.582	0.587	0.614	0.663	0.350	0.399	0.430	0.437	-0.2	-0.121
	Sig.					0	0	0	0	0	0	0	0	0.002	0.066
Lnasset	Pearson	0.582	0.587	0.614	0.663	1	1	1	1	0.184	0.237	0.294	0.389	-0.25	-0.179
	Sig.	0	0	0	0					0.005	0	0	0	0	0.007
Sqsubs	Pearson	0.35	0.399	0.43	0.437	0.184	0.237	0.294	0.389	1	1	1	1	-0	0.022
	Sig.	0	0	0	0	0.005	0	0	0					0.953	0.739
Recv	Pearson	-0.138	-0.084	-0.073	-0.055	-0.271	-0.238	-0.233	-0.169	0.046	0.066	0.05	-0.03	0.068	0
	Sig.	0.037	0.203	0.271	0.408	0	0	0	0.01	0.484	0.317	0.449	0.605	0.305	0.995
Inv	Pearson	0.049	0.009	0.047	0.104	0.037	-0.009	0.023	0.059	0.088	0.113	0.06	0.099	0.088	-0.007
	Sig.	0.462	0.897	0.481	0.114	0.573	0.894	0.73	0.376	0.183	0.088	0.363	0.134	0.182	0.914
Lev_1	Pearson	0.242	0.205	0.186	0.268	0.343	0.373	0.392	0.431	0.091	0.033	0.098	0.178	-0.72	-0.458
	Sig.	0	0.002	0.005	0	0	0	0	0	0.17	0.619	0.14	0.007	0	0
Lev_2	Pearson	-0.200	-0.121	-0.176	-0.114	-0.251	-0.179	-0.252	-0.146	-0.004	0.022	0.003	-0.01	1	1
	Sig.	0.002	0.066	0.008	0.086	0	0.007	0	0.027	0.953	0.739	0.965	0.875		

表3　　　　　　　　　　　Correlation 分析表

		2007 Recv	2008 Recv	1009 Recv	1010 Recv	2007 Inv	2008 Inv	1009 Inv	1010 Inv	2007 Lev_1	2008 Lev_1	1009 Lev_1	1010 Lev_1	2009 Lev_2	2010 Lev_2
Lnfee	Pearson	-0.138	-0.084	-0.073	-0.055	0.049	0.009	0.047	0.104	0.242	0.205	0.186	0.268	-0.176	-0.114
	Sig.	0.037	0.203	0.271	0.408	0.462	0.897	0.481	0.114	0	0.002	0.005	0	0.008	0.086
Lnasset	Pearson	-0.271	-0.238	-0.233	-0.169	0.037	-0.009	0.023	0.059	0.343	0.373	0.392	0.431	-0.252	-0.146
	Sig.	0	0	0	0.01	0.573	0.894	0.73	0.376	0	0	0	0	0	0.027
Sqsubs	Pearson	0.046	0.066	0.05	-0.034	0.088	0.113	0.06	0.099	0.091	0.033	0.098	0.178	0.003	-0.01
	Sig.	0.484	0.317	0.449	0.605	0.183	0.088	0.363	0.134	0.17	0.619	0.14	0.007	0.965	0.875
Recv	Pearson	1	1	1	1	-0.013	0.038	-0.05	-0.095	0.028	0.035	-0.036	-0.01	0.109	-0.034
	Sig.					0.845	0.571	0.48	0.15	0.675	0.6	0.59	0.854	0.098	0.604
Inv	Pearson	-0.013	0.038	-0.047	-0.095	1	1	1	1	0.158	0.133	0.196	0.27	0.085	-0.058
	Sig.	0.845	0.571	0.48	0.15					0.016	0.045	0.003	0	0.196	0.377
Lev_1	Pearson	0.028	0.035	-0.036	-0.012	0.158	0.133	0.196	0.27	1	1	1	1	-0.687	-0.312
	Sig.	0.675	0.6	0.59	0.854	0.016	0.045	0.003	0					0	0
Lev_2	Pearson	0.068	0	0.109	-0.034	0.088	-0.007	0.085	-0.058	-0.72	-0.458	-0.687	-0.31	1	1
	Sig.	0.305	0.995	0.098	0.604	0.182	0.914	0.196	0.377	0	0	0	0		

(二) 迴歸分析

1. 迴歸分析結果解讀

利用 SPSS 19.0 軟件對樣本進行迴歸分析，結果如表4所示。

(1) 2007—2010 年連續四年的迴歸模型中，R^2 分別為 0.405、0.418、0.468、0.486，數值穩定且逐漸增大，說明模型與數據的擬合效果較好，并且自變量對因變量的解釋力度隨時間的推移逐漸增強。

表4　　　　　　　　　　　　　迴歸分析表

2007	非標準化系數 B	標準誤差	標準系數 試用版	t	Sig.	2008	非標準化系數 B	標準誤差	標準系數 試用版	t	Sig.
(Constant)	6.849	0.674		10.164	0	(Constant)	6.933	0.658		10.54	0
Lasset	0.282	0.032	0.522	8.881	0	Lasset	0.276	0.031	0.526	8.817	0
Sqsubs	0.083	0.017	0.255	4.794	0	Sqsubs	0.092	0.018	0.276	5.151	0
Recv	-0.01	0.327	-0	-0.015	0.988	Recv	0.147	0.332	0.024	0.443	0.658
Inv	0.086	0.243	0.019	0.353	0.725	Inv	-0.073	0.229	-0.017	-0.32	0.749
Lev_1	-0.08	0.236	-0.03	-0.348	0.728	Lev_1	-0.05	0.169	-0.019	-0.3	0.767
Lev_2	-0.04	0.035	-0.09	-1.142	0.255	Lev_2	-0.008	0.01	-0.042	-0.73	0.467
R Square	0.405			R Square	0.418						
F		25.273				F		26.704			
Sig.		0				Sig.		0			

2009	非標準化系數 B	標準誤差	標準系數 試用版	t	Sig.	2010	非標準化系數 B	標準誤差	標準系數 試用版	t	Sig.
(Constant)	6.954	0.598		11.621	0	(Constant)	6.396	0.602		10.62	0
Lasset	0.288	0.028	0.584	10.128	0	Lasset	0.302	0.029	0.61	10.49	0
Sqsubs	0.088	0.017	0.271	5.238	0	Sqsubs	0.067	0.017	0.205	3.908	0
Recv	0.391	0.303	0.066	1.292	0.198	Recv	0.366	0.301	0.06	1.215	0.226
Inv	0.335	0.227	0.078	1.476	0.141	Inv	0.296	0.218	0.068	1.354	0.177
Lev_1	-0.58	0.208	-0.21	-2.776	0.006	Lev_1	-0.166	0.158	-0.061	-1.05	0.295
Lev_2	-0.08	0.032	-0.19	-2.64	0.009	Lev_2	-0.003	0.004	-0.036	-0.7	0.484
R Square	0.468			R Square	0.486						
F		32.686				F		35.108			
Sig.		0				Sig.		0			

（2）在連續四年的線性迴歸分析中，多元線性迴歸模型的ANOVA方差分析表中，F值分別為25.273、26.704、32.686、35.108，均在1%水平上顯著，說明模型在整體上通過了F檢驗，因變量和自變量之間的線性關係顯著，因而從總體上看，用該多元線性迴歸模型推測總體預測值是有效的。

（3）2007—2010年資產負債率的迴歸系數分別為-0.082、-0.050、-0.587、-0.166，未通過顯著性測試。系數均為負值，意味著長期償債能力越強，審計費用反而上升，這與前面的假設影響方向不符，未通過顯著性測試，也就說明長期償債能力

對審計費用的影響不顯著。

（4）流動資產比流動負債的比值四年的迴歸系數分別為 -0.040、-0.008、-0.083、-0.003，均未通過顯著性測試。系數符號均為負，意味著短期償債能力越強，審計費用將下降，這與前面的預期的影響方向一致，但是這種影響是不顯著的。

2. 迴歸結果的解釋

（1）從上面迴歸結果的解讀，得知客戶總資產越大，審計收費也就越高，并且這種影響是顯著的，這一結論與前述假設一致。同時，該指標連續四年的迴歸系數分別為 0.282、0.276、0.288、0302，迴歸系數基本上是逐年增大的。標準化系數分別是 0.522、0.526、0.584、0.610，這意味著，隨時間穩步增大，總資產對審計費用的解釋力度越來越大。這一統計結果不僅與審計師對規模大的客戶進行審計需要耗費更多的審計成本這一審計實情緊密聯繫，而且和中國會計師事務所的審計定價依據密切相關。長期以來，國內的會計師事務所以各地財政部門或物價部門制定的審計收費標準為依據來制定審計價格，而政府監管部門往往依據客戶的資產額來制定審計收費標準，這也就部分造成本土會計師事務所的審計收費主要依據客戶總資產來決定。

（2）連續四年的應收帳款占總資產的比值與審計費用自然對數的迴歸系數均未通過顯著性測試，并且四年的系數很不穩定。對這一現象，筆者給出了以下兩種可能的解釋。一方面，雖然從理論上說，應收帳款占總資產的比值越大，審計時需要投入的審計資源越多，會引發審計費用的增加，但是，從前文的迴歸分析結果看出，資產規模小、組織結構相對簡單的上市公司才更有可能在商業競爭中採取放寬商業信貸條件的手段，引發應收帳款份額的增加，也就是說高比率的應收帳款意味著資產規模小，組織結構相對簡單，那麼審計費用應該下降（因為資產和組織結構與審計費用正相關）。可見，應收帳款占總資產的比值對審計費用有正反兩方面的作用，這兩種影響因素相互抵消，從而出現了迴歸結構中的影響效果不明顯、迴歸系數不穩定的結果。另一方面，也可從現實的審計活動過程來闡釋上述迴歸分析結果。審計師在開展審計業務時，對應收帳款的審計重視不夠，進行審計定價時并沒有將應收帳款的比重作為主要考慮的因素，忽略了應收帳款對審計成本的影響，因此審計費用中體現不出被審計單位的應收帳款占總資產比率的影響。

（3）存貨占總資產的比值與審計費用自然對數的迴歸分析系數均未通過顯著性測試，且 2008 年的迴歸系數為負值，這一結論與前面的研究假設不吻合。對此，筆者也給出了兩種可能的解釋。一方面，從理論上來說，存貨比值增大，審計工作量也就越大，審計費用應該增加，但是由於在相關性分析中，存貨占應收帳款的比值與長期負債能力顯著正相關，而由迴歸分析結果可知，連續四年長期負債能力與審計費用的迴歸系數都是負值，因此存貨通過長期負債間接地使審計費用減少，一正一負兩方面的因素相互抵消，出現存貨比值對審計費用的影響效果不明顯，影響方向不穩定的迴歸

結果。另一方面，這一迴歸結果也可從註冊會計師在審計實務中對存貨項目的不夠重視，忽略了存貨比率對審計成本的影響這一審計現實中得到解釋。

（4）負債總額與總資產的比值連續四年的迴歸系數都沒有通過顯著性測試，但系數均為負值，意味著長期償債能力越強的公司審計費用反而相對較高，這一迴歸結果與前面的理論假設不一致。這可能是因為中國資本市場不完善，債券發行量少，限制條件多，交易不活躍，上市公司很難從債券市場中獲得資金，長期負債的絕大部分資金來源於商業銀行，而要從銀行中獲得貸款，須通過嚴格的資信審查，再加上2008年全球金融危機，央行貨幣政策收緊，銀行貸款利率上調，資信審查更為嚴格。因此能在這段時期獲得貸款的上市公司必定是經營良好、盈利能力強、未來發展空間大的優質上市公司。在中國特有的融資環境和融資體系中，上市公司的資產負債率遠遠未達到發達國家的平均資產負債率，上市公司總負債與總資產的比值適當地提升，并不意味著公司長期償債能力減弱，反而是上市公司資產結構優、盈利能力強、發展前景廣的一個信號，故也就不難理解樣本公司資產負債率的迴歸系數四年均為負值的統計結果。

六、政策建議

針對中國審計定價始終無法體現審計風險因素，風險導向型的現代審計模式在中國無法實現的問題，本文提出以下政策建議。

（一）強化法律責任，建立風險支出的約束激勵機制

在中國審計市場中，風險導向型審計無處立足，底價競爭屢禁不止，審計失敗案例屢見不鮮。究其根源，就是外部的法律風險較低，審計師、事務所的法律責任小。因此，針對審計市場中法律環境的不足和缺陷，筆者提出了下列幾點政策建議：

1. 增強審計師和事務所的民事責任意識，取消訴訟中的前置程序

民事責任通過補償損失的形式彌補因違法行為導致加害人與受害人之間失衡的利益關係，增強審計師、事務所的民事責任，特別是增強審計師對第三人承擔民事責任的法律規定，可以增強審計行業的職業風險意識，規範審計師執業行為。

2. 增加行政處罰力度，增強行政處罰的威懾力

中國目前對違反有關規定的審計師、事務所實施的行政處罰側重於罰款、警告等較輕的處罰方式，并且罰款金額有限，處罰概率很低。這種隔靴搔癢的行政處罰不僅沒有對審計市場的違法行為形成有效的威懾力，還部分助長了機會主義、審計合謀等惡性競爭行為。事實上，行政處罰中較少運用的暫停執業資格、取消吊銷證券從業資格、吊銷營業執照和撤銷事務所等處罰手段對事務所和註冊會計師的威懾力度更大，

因為這些處罰方式直接關係到違法的事務所和審計師的在位租金，一旦取消其資格，那麼在位租金也就消失了。因此，在目前中國審計師不重視審計風險、審計質量得不到合理保證、審計市場存在「劣幣驅逐良幣」隱患的情況下，有必要較多地運用取消證券從業資格、吊銷營業執照和撤銷事務所等行政處罰手段，加大行政處罰力度，強化行政處罰的威懾力，從而迫使事務所重視審計風險問題，解除審計市場價格惡性競爭困境，督促事務所以審計質量求生存和發展。

3. 明確審計刑事責任規定，加強刑事責任懲罰功能

對於中國目前的法律體系而言，除《刑法》第229、231條和《關於懲治違反公司法的犯罪決定》第6、13條的規定較為明確外，其他的法律法規對此均簡單含糊地陳述為「依法追究刑事責任」。亂世之下必用重典，在中國審計市場明顯存在「劣幣驅逐良幣」危機的情況下，很有必要利用刑事法律強大的威懾力來肅清審計市場環境。

(二) 重視審計職業道德建設，樹立審計行業尊嚴

發展審計職業道德建設，贏得社會公眾的信任，樹立行業尊嚴，捍衛審計生存空間，可具體從四個方面入手：

1. 開展多形式、多層面的職業道德課程

從大學課程到審計師的後續教育培訓，都應充分重視職業道德課程。課程的設置和講授應避免陷於說教、流於形式，應結合當前的商業社會環境實際情況，以案例分析、情景教學等方式，切實引導學生、審計人員。

2. 強化事務所文化建設

職業道德是一種精神層面的狀態和思維方式，也必須由思維層面的文化來培育和引導。應將職業道德融入事務所的文化。融入事務所優良文化中的審計職業道德將充分利用文化的導向、約束、凝聚、激勵等功能，在潛移默化中改善審計職業環境。

3. 樹立公平、正直的監管政策取向

平衡事務所自身利益和公眾利益，捍衛審計行業生存空間，支持審計行業健康發展，從而保障審計職業道德發展。

4. 引導財務報告價值鏈相關參與主體樹立誠信意識和道德意識

在市場經濟的各個參與主體迴避、忽視、放棄社會責任和道德誠信的情況下，要求審計師恪守職業道德是不現實的。審計行業的職業道德僅是整個社會道德鏈條中的一個環節，樹立審計職業道德，需要社會各個層面參與主體的共同行動和聯合支持。

參考文獻：

[1] 陳俊. 製度變遷、市場需求與獨立審計質量的改善 [D]. 廈門：廈門大學, 2008.

[2] 陳麗蓉, 毛珊. 上市公司內部控製審計對審計費用影響的實證研究 [J]. 財會月刊, 2011.

[3] 馮延超. 上市公司法律風險、審計收費及非標準審計意見——來自中國上市公司的經營證據 [J]. 審計研究, 2010.

[4] 郭襃春. 中國審計定價影響因素的實證研究 [J]. 財務理論與實踐, 2009.

[5] 胡波. 審計定價：理論分析與實證研究 [D]. 大連：東北財經大學, 2007.

[6] 胡秋玲. 現代風險導向審計文獻綜述 [J]. 科技信息, 2008.

[7] 韓洪靈. 中國證券審計市場的結構、行為與績效 [D]. 廈門：廈門大學, 2006.

[8] SIMON D. T., J. R. FRANCIS. The effects of a auditor change on audit fees: tests of price cutting and price recovery [J]. The Accounting Reciew, 1988.

掏空、支持與實際控製人主導的資產重組
——基於東方銀星的案例分析

邱娜

一、引言

早期關於委託代理理論的研究主要涉及經營權與所有權分離下管理層與外部股東之間利益衝突的問題，該問題被稱為第一類代理問題。隨著現代股份公司和新興資本市場的發展，所有權集中和大股東控製成為現代公司所有權結構的主要特點。[①] 在金字塔形股權結構的上市公司中，實際控製人的絕對控製權能夠左右公司決策。當其控製權與現金流權過度分離時，實際控製人會利用各種手段轉移上市公司資產和利潤，侵占中小股東利益，獲取控製權私有收益。

具體到中國資本市場，股權集中度高、市場監管不到位和中小投資者保護較弱等問題仍然很突出。王如燕等（2015）對 2008—2012 年中國滬深兩市上市公司的股權結構進行了研究，發現第一大股東平均持股比例超過35%。筆者也對2014年9月30日滬深兩市 2,580 家上市公司的股權數據進行了統計，發現第一大股東平均持股比例為 35.62%，前五大股東平均持股比例之和為 52.92%，得出中國上市公司普遍存在股權集中度高的結論。股權過於集中、所有者缺位、中小投資者保護較弱等會在兩權分離的基礎上加劇實際控製人的利益輸送行為，從而侵占公司和中小股東的利益，Johnson et al.（2000）將上述行為稱為「掏空」。在國外，La Porta et al.（1999）研究發現，集中的股權結構在世界上大多數企業中普遍存在，現代公司主要的代理問題已經不是管理層與股東之間的利益衝突，而是控股股東與中小股東之間的利益矛盾。Grossman & Hart

---

[①] 賀建剛. 大股東控製、利益輸送與投資者保護 [M]. 大連：東北財經大學出版社，2009（1）：1-42.

(1983)對委託代理問題進行了分析,發現股權集中在少數股東手中的公司會出現大股東轉移上市公司資產和利潤的現象。在國內,鄭國堅(2009)研究發現,關聯交易程度越高,上市公司盈餘管理程度越大。蔡衛星、高明華(2010)採用中國A股市場關聯交易數據,驗證了控股股東的控制權和所有權對中小股東利益侵占的影響。

隨著有關「掏空」研究的不斷深入,學者們發現實際控製人除了對上市公司進行直接「掏空」外,還會在上市公司陷入經營和財務困境時「支持」上市公司,利用集團內部資源幫助上市公司渡過難關。Dow & McGuire(2009)通過研究日本經連會(與日本政府緊密相關的企業集團),發現控股股東在掏空上市公司的同時還會向其注入優質資源,以期在未來期間獲取更多的掏空收益。Bai et al.(2004)研究了中國被ST的上市公司,發現當「支持」的成本低於未來合法收益增量與掏空期權價值之和時,控股股東會支持上市公司。Jian et al.(2003)通過研究中國上市公司的關聯交易,發現大股東為了能夠在未來期間有更多的掏空行為,會向上市公司提供支持。在國內,陳祺、朱熙(2010)對中國民營上市公司的增發行為進行了實證研究,發現控股股東的掏空和支持行為會影響公司業績。當存在增發目的時,控股股東會支持上市公司提升帳面業績;當增發完成後,掏空行為又使得公司業績下跌。干勝道、孫維章(2013)採用事件研究法,在對ST松遼分析的基礎上,得出實際控製人對經營不善、財務狀況差的上市公司會予以帳面支持,因為這些上市公司具有「殼」資源價值和一定程度的掏空價值。上市公司能否擺脫困境繼續生存,關係到實際控製人能否在未來期間進行持續性「掏空」,故「掏空」與「支持」在本質上是一樣的,都是實際控製人獲取私有收益的行為。資本市場要持續、健康地發展,必須不斷規範上市公司實際控製人的行為,樹立投資者對資本市場的信心。

二、案例介紹

(一)東方銀星發展歷程、控股股東及實際控製人

河南東方銀星投資股份有限公司(以下稱東方銀星)是在河南省冷櫃廠進行股份制改革的基礎上設立的股份有限公司,設立時公司總股本8,000萬股,1998年總股本變更為12,800萬股,至今不曾變動。1996—2006年,該公司的全稱為河南冰熊保鮮設備股份有限公司,主營業務為冷櫃及制冷保鮮產品的生產和銷售。2007年改名為河南東方銀星投資股份有限公司,主營業務為房地產開發及銷售代理、建築、裝修材料等的銷售。

東方銀星現在的控股股東為重慶銀星智業(集團)有限公司(以下稱銀星集團)。銀星集團創立於1994年,主營業務為房地產開發和銷售,同時,還發展建材生產銷售、商貿等多個產業,形成了綜合型產業結構。

東方銀星實際控製人李大明，持有銀星集團65%的股權，是銀星集團的控股股東和法定代表人，2001年2月至今，任銀星集團董事長；2006年1月至今，任東方銀星董事長，是東方銀星的實際控製人。

(二) 東方銀星股權結構變動情況

股權高度集中的普遍存在使得第二類代理問題突出，也加劇了實際控製人對上市公司的「掏空」行為。本文研究東方銀星實際控製人的「掏空」與「支持」行為，需要對公司的股權結構狀況進行分析。

表1　　　　　2004—2014年東方銀星前5名股東持股比例　　　　單位:%

	2009年	2010年	2011年	2012年	2013年	2014年（第三季度）
1	銀星集團 22.11	銀星集團 22.11	銀星集團 21.04	銀星集團 21.04	銀星集團 21.04	銀星集團 19.29
2	4.44	3.75	2.19	2.94	15.83	15.81
3	3.75	1.68	1.17	2.19	5.48	7.36
4	3.13	1.17	1.10	1.26	5.00	7.28
5	1.56	0.94	0.5	1.17	4.29	5.00

註：2004年和2005年，表面上重慶國投為東方銀星的第一大股東，實質上李大明才是東方銀星的實際控製人。

從表1可知，2004—2014年東方銀星股權集中度高。2004—2006年，公司前三大股東掌握著大部分股權。2007—2012年，股權結構單一，銀星集團是公司唯一持有20%以上股份的控股股東，其他股東持股比例遠遠低於銀星集團。2013—2014年中信證券股份有限公司（以下簡稱中信股份）成為第二大股東，持股比例超過15%，東方銀星股權集中度更高。

(三) 東方銀星與控股股東、實際控製人之間的產權及控製權關係

本文研究實際控製人的「掏空」和「支持」行為，而實際控製人是通過處於金字塔結構中間環節的控股股東來實施利益輸送的，因此，必須明確東方銀星實際控製人、控股股東及其關聯方。2004—2014年銀星集團一直是東方銀星的直接控股股東，李大明是其實際控製人。本文以2005年東方銀星與控股股東、實際控製人之間的產權及控製關係為例進行分析說明，如圖1所示。

從圖1可以看出，李大明持有銀星集團65%的股份，其他自然人股東持股比例低，李大明是銀星集團的控股股東。銀星集團持有東方銀星28%的股份，是東方銀星的控股股東（東方銀星股權相對分散，銀星集團持股比例遠超其他股東，所以為第一大股東，也是控股股東），因此，李大明是東方銀星的實際控製人。

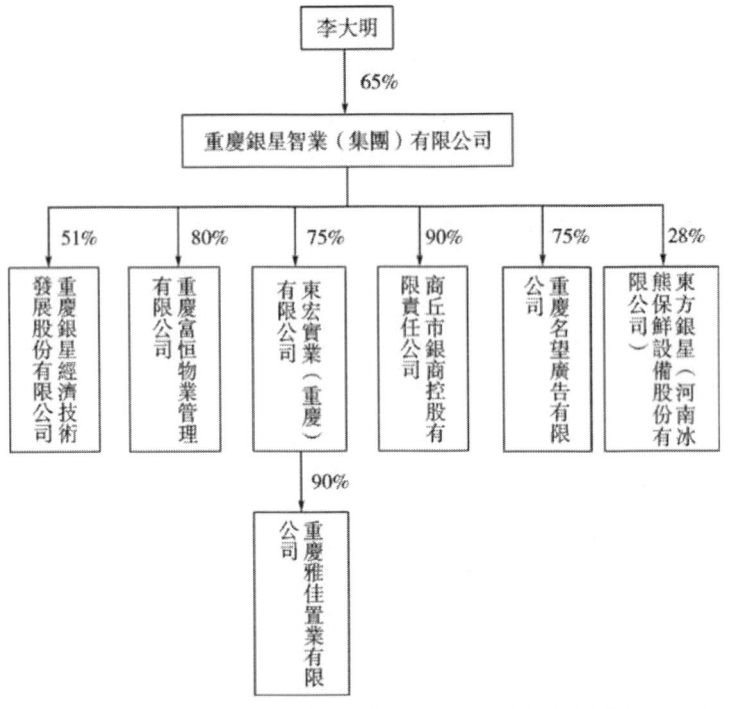

圖1　2005年東方銀星與控股股東、實際控製人之間的產權及控制關係方框圖

（四）東方銀星關聯方資產重組背景分析

1. 公司陷入經營困境

東方銀星在重組前的主營業務是生產和銷售冷櫃及制冷保鮮產品。從2000年開始，由於主營業務行業競爭激烈、冷櫃產品毛利率低、冷櫃生產和銷售持續滑坡、產品市場佔有率下降、生產能力得不到充分利用、負債高、庫存佔壓資金大、應收帳款回收率低等，東方銀星主營業務發展受阻，經營業績不斷下降，管理效率低下。具體財務數據如表2所示。

表2　　　　　　　　東方銀星2000—2003年部分財務指標　　　　　　單位：萬元

	營業收入	管理費用	營業利潤
2000/12/31	10,339.70	3,454.65	-4,569.39
2001/12/31	10,015.85	70.04	535.22
2002/12/31	6,467.15	500.90	-236.23
2003/12/31	8,131.34	1,072.57	-816.79

數據來源：國泰安數據庫。

2. 公司陷入財務困境

本文從企業償債能力、盈利能力、營運能力、發展能力和現金流量能力五個方面分別選取兩個指標對東方銀星 2003 年的財務狀況進行分析。

表 3　　　　　　　　　　　　東方銀星 2003 年財務指標

償債能力	流動比率	0.94
	資產負債率	0.74
盈利能力	淨資產收益率	-8%
	營業利潤率	-10%
營運能力	總資產週轉率	0.20
	應收帳款週轉率	0.68
發展能力	資本保值增值率	0.93
	營業收入增長率	0.26
現金流量能力	銷售收到現金比率	0.73
	每股現金淨流量	-0.067,8

數據來源：國泰安數據庫。

從表 3 的財務指標中我們可以分析得出以下結論：2003 年，東方銀星流動比率小於 1，流動資產不足以償還短期債務，資產負債率較高，償還長期債務的壓力較大，公司短期和長期償債能力都很弱，財務風險大；淨資產收益率和銷售淨利率都為負，收不抵支，公司的盈利能力弱；總資產週轉率為 0.20，可見公司資產的管理質量和營運效率很低；應收帳款週轉率為 0.68，說明公司應收帳款流動性小，資金使用效率低；資本保值增值率小於 1，公司資本沒有實現保值增值，營運效益低，資本安全性低；營業收入增長率為負，說明公司主營業務在縮減，發展能力低；從現金流量能力的兩個指標可以看出，東方銀星 2003 年現金流量不夠充足，銷售收現能力弱。

綜上所述，東方銀星在重組前償債能力弱、盈利水平微薄甚至虧損、主營業務發展受阻，總體財務狀況很差。東方銀星是在這樣的經營和財務狀況背景下進行資產重組的。

三、東方銀星實際控製人主導的關聯方資產重組過程分析

（一）東方銀星關聯方資產重組方案及實施過程

東方銀星共進行了兩步資產重組。此資產重組是企業集團內部的關聯方資產重組，由實際控製人李大明控製，銀星集團實施。下面介紹重組方案及過程：

1. 第一步資產重組方案及過程

2004年10月19日,東方銀星將其持有的河南冰熊冷藏汽車有限公司25%的股權轉讓給冰熊集團,雙方商定轉讓價格為1,724萬元;公司將其欠冷藏汽車公司的1,724萬元的債務轉移給冰熊集團,如表4所示:

表4　　　　　　　　　2004年東方銀星資產出售情況表

出售資產	本公司持有的冰熊冷藏汽車25%股權	1,724萬元
轉移債務	將欠冰熊冷藏的債務轉移給冰熊集團	1,724萬元

2005年12月12日,東方銀星將資產帳面價值3,672.41萬元、評估值3,675.51萬元,負債帳面價值3,674.79萬元、評估值3,674.79萬元,淨資產帳面價值-2.38萬元、評估值0.72萬元的部分資產和負債出售給冰熊集團,如表5所示:

表5　　　　　　　　　2005年東方銀星資產出售情況表

出售資產	應收帳款、存貨、短期借款、應付帳款、預收帳款等	0.72萬元
收入	貨幣資金	0.72萬元

2007年7月18日,東方銀星將經評估後評估淨值為3,031.19萬元的部分應收帳款、存貨、建築物、設備、土地使用權、流動負債與銀商控股評估淨值為3,008.11萬元的「東方世家」項目的資產和負債進行置換,如表6所示:

表6　　　　　　　　　2007年東方銀星資產置換情況表

置出資產	應收帳款、存貨、固定資產、土地使用權、流動負債	3,031.19萬元
置入資產	「東方世家」的土地使用權、在建工程、應付帳款	3,008.11萬元

2007年銀商控股豁免東方銀星應付款項755.15萬元,銀星經濟豁免東方銀星應付款項69.29萬元,東方銀星共確認營業外收入824.44萬元。

2. 第二步資產重組方案及過程

2010年4月23日,東方銀星將總額為16,327.25萬元的應收帳款(淨值為6,383.79萬元)、存貨(淨值為9,943.46萬元)出售給控股股東銀星集團的控股子公司銀星經濟。

(二) 實際控製人對東方銀星的「掏空」行為及過程分析

1. 銀星集團占用東方銀星「殼」資源

從上述分析可知,東方銀星2003年總體財務狀況很差、股權結構單一且高度集中,這些情況使得東方銀星具備了「殼」資源的特徵,有利於非上市公司對其進行收購控股,是理想的「殼」公司。

2003年8月14日，同達志遠將其持有的東方銀星3,584萬股社會法人股（占公司總股本的28%）轉讓給重慶國投。值得注意的是，重慶國投是受銀星集團委託進行此次股權轉讓的。至此，銀星集團持有東方銀星28%的股份，李大明成為東方銀星的實際控製人，這正是李大明為達到房地產業務上市目的而進行的買殼行為。買殼成功後，銀星集團開始進行第一步關聯方資產重組，其目的是清理殼資源并借殼上市。下面結合東方銀星關聯方資產重組方案及實施過程來進行分析。

東方銀星分別在2004年10月19日和2005年12月12日完成了關聯方資產出售活動，這減少了公司5,398.79萬元的債務，減輕了上市公司的償債壓力。同時，減少了滯銷的冷櫃及制冷保鮮產品存貨，能夠增加上市公司的經營和管理活力。東方銀星在2005年12月23日接受了東宏公司贈予的雅佳置業60%的股權，這標誌著銀星集團的房地產業務邁出了「曲線上市」的第一步。2007年7月18日，通過關聯方資產置換，銀商控股的「東方世家」房地產項目順利上市。

在實際控製人的主導下，銀星集團通過關聯方資產重組使其房地產業務實現順利上市，利用「殼」資源價值，獲得在股票市場籌集資金的機會。

2.「掏空」預期使上市公司主營業務和規模萎縮

2004年李大明成為東方銀星實際控製人後，東方銀星就開始轉型，并設定了以房地產開發和銷售為主的經營目標和戰略規劃。然而，公司房地產業務并沒有如計劃般發展，公司發展戰略與其實際行為背道而馳。

筆者根據其年報上的數據整理出東方銀星2003—2013年的主營業務項目構成及其收入金額，如表7所示：

表7　　　　　2003—2013年東方銀星主營業務變動情況　　　　單位：萬元

年份	運輸收入	冷櫃銷售收入	售房收入	材料銷售
2003年	3,196.12	4,935.22		
2004年	2,158.27	2,707.02		
2005年	727.20	124.98		
2006年			6,382.95	
2007年			4,470.76	225.02
2008年				198.51
2009年				36.25
2010年			982.34	2.95
2011年				115.43
2012年				1,198.63
2013年				948.01

註：上表空白表示0。

從表7可以看出，自2003年銀星集團成為東方銀星控股股東後，東方銀星冷櫃銷售收入和運輸收入直線下降，2006年運輸收入和冷櫃銷售收入為零，公司主營業務徹底轉變為房地產銷售，銀星集團的房地產業務實現上市。然而，東方銀星雖然在2006年實現了房地產銷售收入6,382.95萬元，但2007年下降到了4,470.76萬元，2008年及以後無新開發項目收入（2010年的營業收入982.34萬元是處置其子公司雅佳置業現有存貨得到的，并非新開發項目收入）。

此外，東方銀星發展狀況與行業態勢不符。隨著中國國民經濟總體向好，國民收入不斷增加和城鎮化進程高速推進，房地產行業在過去十幾年中始終保持較好的發展態勢。即使在國內房地產市場艱難的2008年，房地產開發企業經營收入和營業利潤仍然保持增長，如圖2和圖3所示。

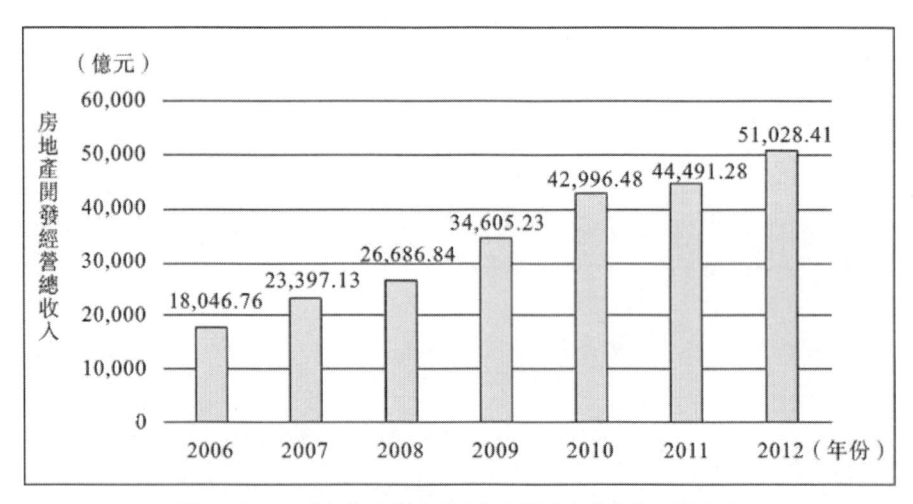

圖2　2006—2012年中國房地產行業開發經營總收入變化圖

數據來源：Wind資訊。

對比東方銀星和房地產行業2006—2012年的發展狀況可知，東方銀星房地產經營業績不斷下降并不是受房地產行業發展狀況的影響，而是由其自身經營管理問題導致的。實際控制人主導的資產重組不僅沒有給東方銀星帶來經營、管理和財務協同效應，反而使其主營業務不斷萎縮，公司逐漸「空殼化」。

3. 重組後資金被占用——控製權私有收益

2010年4月23日，東方銀星完成了第二步重大資產出售方案，收到了16,327.25萬元的款項，但這筆款項并沒有在後續期間投入上市公司的項目開發中，因為這筆收入中97.75%的資金被實際控制人控制的關聯公司占用了。

李增泉（2004）提出，大股東和上市公司之間的資金占用關係主要通過預付帳款、

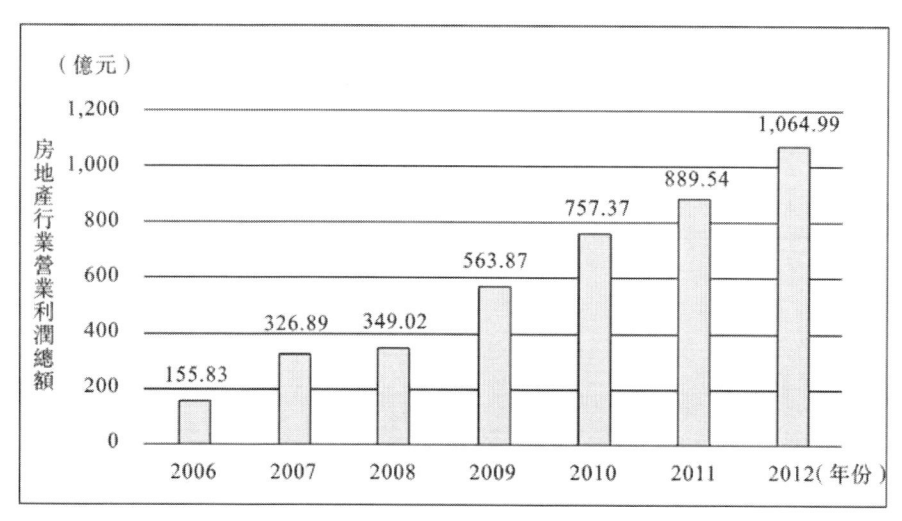

图3 2006—2012年中国房地产行业营业利润总额变化图

数据来源：Wind资讯。

应收帐款、其他应收款、应付帐款、预收帐款和其他应付款六个会计科目反应出来。为了证明银星集团对东方银星的资金占用是存在「掏空」动机的，本文参考李增泉研究大股东资金占用的实证模型，从东方银星2010—2013年年报的「关联方应收应付款项」和东方银星2010—2012年每年发布的「河南东方银星投资股份有限公司年度控股股东及其他关联方占用资金情况汇总表」查找并计算出控股股东（受实际控制人控制）与东方银星的资金占用关系，如表8所示。考虑到控制性关系，本文将实际控制人控制的其他公司（除了上市公司的子公司和联营公司）与上市公司之间的资金占用也视作实际控制人与上市公司的资金占用。因此，本文将上市公司应收关联方款项与应付关联方款项之差作为实际控制人净占用上市公司资金量，结果为正，则为「掏空」上市公司；结果为负，则表明支持上市公司。

表8　　　　2010—2013年实际控制人与东方银星的资金占用关系　　　　单位：万元

	2010年	2011年	2012年	2013年
上市公司应收关联方款项	15,960.42	15,960.42	15,960.42	16,046.56
上市公司应付关联方款项	1,141.66	305.72	402.98	711.63
实际控制人净占用上市公司资金量	14,818.76	15,654.70	15,557.44	15,334.93

从表8可知，实际控制人2010—2013年净占用上市公司资金量为正，且金额上亿元，可以证明实际控制人的资金占用为「掏空」型。

(三) 實際控制人對東方銀星的「支持」行為及過程分析

1. 幫助東方銀星摘掉「ST」帽子

2007 年東方銀星順利完成了第一步資產重組，并且摘掉了「ST」帽子，變更簡稱為「東方銀星」。表 9 是東方銀星成功摘掉「ST」帽子之前的財務數據變動表。

表 9　　　　　　　　　　　2004—2006 年東方銀星財務狀況表

		2004 年	2005 年	2006 年
營業收入（萬元）		4,865.30	852.18	6,382.95
淨利潤（萬元）		109.87	-2,519.60	956.44
償債能力（%）	流動比率	1.04	0.99	1.32
	資產負債率	0.72	0.68	0.62
盈利能力（%）	淨資產收益率	1.05	-22.78	1.80
	營業利潤率	-12.78	-295.12	15.28
營運能力（%）	總資產週轉率	0.13	0.02	0.16
	應收帳款週轉率	0.38	0.07	0.62

下面結合關聯方資產重組方案及實施過程來分析重組是如何幫助東方銀星摘掉「ST」帽子的。

首先，償債壓力降低，償債能力提高。東方銀星分別在 2004 年 10 月 19 日和 2005 年 12 月 12 日完成了關聯方資產出售活動，減少了公司 5,398.79 萬元的債務。因此，2004—2006 年東方銀星償債能力上升，流動比率從 2004 年的 1.04 上升到 2006 年的 1.32，資產負債率從 2004 年的 0.72 下降到 2006 年的 0.62，公司的償債壓力減輕。

其次，扭虧為盈，資產質量、盈利能力提高。2005 年關聯方出售應收帳款、存貨等資產 3,675.51 萬元，減少了滯銷的冷櫃及制冷保鮮產品存貨，提高了公司的資產質量，增強了經營管理活力。2005 年接受關聯方贈予的「雅佳置業」房地產業務促進了東方銀星的業務轉型，營業收入從 2005 年的 852.18 萬元增長到 2006 年的 6,382.95 萬元（6,382.95 萬元全部來自房地產銷售收入），淨利潤從 2005 年的 -2,519.60 萬元增長為 2006 年的 956.44 萬元。營業收入、營業利潤和淨利潤的增長使得公司淨資產收益率和營業利潤率由負變正，盈利能力得到提高。

最後，資產管理質量和利用效率提高。一系列關聯方資產重組後，公司 2006 年房地產業務實現 6,382.95 萬元的收入，應收帳款被出售和置出一部分，因此公司總資產週轉率和應收帳款週轉率上升，資產營運效率提高。

綜上所述，關聯方資產重組幫助東方銀星扭虧為盈。資產質量、營運效率提高，盈利能力提高，償債壓力降低，償債能力提高，財務狀況良好，順利摘帽，這是實際控制人對東方銀星的「支持」。

2. 改善東方銀星資產質量，增加營業收入

2007年7月18日，東方銀星完成了與銀商控股的資產置換事項，公司將經評估後評估淨值為3,031.19萬元的部分應收帳款、存貨、建築物、設備、土地使用權、流動負債與銀商控股評估淨值為3,008.11萬元的「東方世家」項目的資產和負債進行了置換，減少了滯銷的冷櫃及制冷保鮮產品存貨，提高了公司的資產質量。2007年4月1日，東方銀星與銀商控股簽訂委託協議，委託銀商控股將「東方世家」項目對外出售，該項目經評估的淨資產額為3,433.01萬元，2007年該銷售完成，增加了東方銀星的銷售收入（2007年總的營業收入為5,445.77萬元）。

3. 減輕東方銀星債務負擔，公司扭虧為盈

2007年銀商控股豁免東方銀星應付款項755.15萬元，銀星經濟豁免東方銀星應付款項69.29萬元，東方銀星共確認營業外收入824.44萬元。該債務重組對東方銀星的財務結果產生了很大的影響。具體如表10所示：

表10　　　　　　　　　　2003—2007年東方銀星淨利潤　　　　　　　　單位：萬元

年份	2003年	2004年	2005年	2006年	2007年
淨利潤	-814.49	109.87	-2,519.60	551.96	-172.30

表10中2007年的-172.3萬元是在剔除因關聯方債務重組獲得的營業外收入824.44萬元後的淨利潤（調整前淨利潤為559.60萬元），其計算過程為-893.85+（1,590.4-824.44）-44.41=-172.3。關聯方債務重組不僅減輕了東方銀星的債務壓力，還幫助其扭虧為盈，提升了公司的帳面業績，是實際控製人對上市公司的「支持」行為。

（四）實際控製人「掏空」與「支持」行為的經濟後果分析

1. 殼資源價值流失

簡單來說，上市公司資產重組就是轉變殼資源包含的資產實質。站在社會整體方面考慮，將優質資產注入上市公司，將劣質資產剝離出資本市場，結果資產沒有任何變化，優質資產仍然是優質資產，劣質資產仍然是劣質資產，并不會產生新的資產。然而上市公司這個「殼」卻有著重大的價值，它能夠使置入的優質資產變得更有價值，或者將其價值潛力更好地發揮出來。這就是殼資源的價值。

從控製權私利理論可知，股權集中使得實際控製人掌握著上市公司的決策權，對公司經營管理起著決定性作用，「殼」資源價值能否得到充分發揮，很大程度上取決於實際控製人的行為。如果實際控製人對上市公司具有「掏空」預期，那麼它所做的決策就會不利於上市公司的發展，會損害中小股東的利益。東方銀星在實際控製人的主導下將原本的冰櫃生產資產置出上市公司，將房地產業務放入「殼」裡面。然而，房地產業務上市後，上市公司被牢牢地控製在實際控製人手中，公司業績下降，價值下

— 167 —

跌,「殼」資源的價值沒有真正體現出來。

2. 公司會計信息質量下降

實際控製人的「掏空」行為會損害公司和中小股東的利益。當上市公司經營狀況尤其是財務業績下降到政策底線時,實際控製人會採取各種手段對公司進行支持,如進行盈餘管理、報表性重組等。這些手段會導致上市公司會計信息質量下降、外部投資者決策失誤等。

從實際控製人對東方銀星的「支持」行為及過程分析可知,實際控製人主導的資產重組幫助東方銀星扭虧為盈,提高了資產質量、營運效率,提高了盈利能力,降低了償債壓力,提高了償債能力,使財務狀況轉為良好。然而,東方銀星順利摘帽後,經營和財務狀況在一年內得到完全改善,但這種好轉并沒有持續下去,2007—2013年公司業績不升反降。該重組是報表性重組,歪曲了財務會計數據,故外部投資者無法根據這些數據做出正確的投資決策。

3. 公司喪失發展機會

資金就如企業的血液,貫穿於採購、生產、銷售等各個環節,是資產中最活躍、最具彈性的部分。實際控製人佔用上市公司資金會對公司的生產經營產生巨大的不利影響,不僅會增加企業的財務風險,還會使公司喪失開發新項目的能力和機會,降低公司的市場競爭力,對公司的成長造成損害。

東方銀星的重大資產出售使得公司獲得16,327.25萬元的貨幣資金。如果公司將這筆款項用於投資主營業務（房地產開發）或者其他投資項目,那麼不僅有利於公司拓展與房地產相關的業務,增加公司的利潤來源,提高公司的持續經營能力,而且可以利用這筆資金培養、吸收和利用人才,提高員工業務素質和經營管理水平,實現公司的戰略目標。然而,事實并非如此,16,327.25萬元中的15,960.42萬元一直作為預付帳款被天仙湖置業（實際控製人控製的子公司）佔用。即使有好的投資項目或者發展機會,東方銀星也沒有資金投資。從實際控製人對東方銀星的「掏空」行為及過程分析可知,東方銀星在經歷掏空型資產重組後,2010—2013年日常經營只能勉強維持,財務狀況很不穩定。如果沒有實際控製人的「支持」,公司就會出現連年虧損,難逃退市厄運。具體如表11所示:

表11　　　　2010—2013年東方銀星關聯方預付款項與總資產情況

	2010年	2011年	2012年	2013年
關聯方資金佔用（萬元）	15,960	15,960	15,960	16,047
總資產（萬元）	23,422	22,285	22,930	22,688
比重（%）	68.14	71.62	69.60	70.73

數據來源:東方銀星資金佔用公告。

4. 中小股東利益受損

中國上市公司的股東主要有兩大類，第一類是持股比例高的股東，這類股東將資產長期投資在企業，以獲取公司價值增值為追求目標，眼光比較長遠；第二類是持股比例低的股東，這類股東數量多、投機性強，主要靠股票轉讓價差獲利。本文將第二類股東稱為上市公司的「中小股東」，因為他們靠股票轉讓價差獲利，所以公司的經營業績、財務狀況、成長性等關係到他們的切身利益。

前述三點最終會導致中小股東利益受損。首先，實際控製人控制著上市公司，由於其「掏空」預期，使得「殼」資源沒有發揮作用，公司業績降低，效益下滑，股價下跌，中小股東無法通過轉讓股票賺取收益。其次，實際控製人主導的「掏空」型重組僅從報表層面改善了公司的財務狀況、經營業績，沒有真正提高公司的持續發展能力，「空殼化」使得中小股東投入上市公司的資金流入深不可測的黑洞。最後，實際控製人占用上市公司資金，使得公司喪失發展機會，成長性受損，中小股東在未來期間無法獲取公司價值增值帶來的收益。

四、研究結論及建議

(一) 研究結論

股權集中會使得實際控製人掌握上市公司的生產經營決策權，加劇「掏空」和「支持」上市公司的行為。在「經濟人」假設的前提下，實際控製人以追求自身利益最大化為目標，向集團內部其他公司輸送利益。在中小股東保護越弱的國家和地區，實際控製人進行「掏空」和「支持」的成本越低，中小股東利益被侵害的可能性和程度越大。實際控製人利用其信息優勢，控製公司生產經營，便於進行利益輸送，而中小股東因為掌握的信息較少或者取得信息的成本很高，難以對「掏空」行為做出完全的反應。上市公司的成長性越差，實際控製人「掏空」上市公司承擔的剩餘收益損失越小，「掏空」行為越明顯。

(二) 政策建議

1. 完善上市公司所有權結構

上市公司的所有權安排并沒有絕對的好壞，都是基於其所帶來的「收益」和「成本」相比較來進行評價的，集中的股權結構也能在一定程度上發揮作用，能大大降低企業經營管理成本等，但是其帶來的成本是高昂的。股權集中會加劇控製權與所有權的分離、實際控製人與其他投資者之間利益的背離，從而使公司和其他股東的利益受到損害。適當削弱實際控製人的控製權可以減少集中股權結構的成本和控製權與所有權的分離。

相比外部監管，內部股東對公司情況、生產經營和財務信息更瞭解，且具有維護自身利益進行監管的動力，監管成本相對較小。削弱實際控製人的控製權可以從內部股權制衡開始，發揮上市公司中小股東的制衡作用。監管部門可以通過制定政策，鼓勵中小股東認真行使投票權并積極參與股東大會，建立中小股東意見反應機制，降低監管成本。

2. 修訂、完善相關政策規定

本文案例中李大明和銀星集團通過主導資產重組實現借殼上市，利用了上市公司「殼」資源，控制了上市公司的經營管理，侵占了公司資金，剝奪了公司發展的權利，給上市公司和中小股東帶來了嚴重危害。2014年10月24日，中國證監會頒布了《上市公司重大資產重組管理辦法》。該辦法較舊規定，完善了借殼上市的定義，明確對借殼上市執行與IPO審核同等的要求。借殼上市申請人需要根據《首次公開發行股票并上市管理辦法》及相關規定，提交內部控製鑒證報告、最近三年及一期的財務報告和審計報告、最近三年原始報表及其與申報財務報表的差異比較表、最近三年及一期的納稅證明文件，并對重組報告書的相關內容加以補充披露。這一修訂堵住了案例中「繞道上市」的漏洞，能夠遏製市場炒作，提高上市公司質量，有利於規範「曲線上市」，保護上市公司和中小股東的利益。中國資本市場相關規定的制定和實施應該考慮「實質重於形式」這一重要原則，不斷完善資本市場有關規定，這樣才能有效抑制實際控製人的「掏空」行為。

3. 健全上市公司信息甄別和監管機制

隨著中國資本市場的不斷發展，有關機構也在不斷修訂和出抬一系列有關上市公司的信息披露製度，強化信息披露責任，確保信息披露的準確性、及時性和完整性，提高信息披露的透明度。然而，儘管這些製度增強了信息披露的力度，但信息是否真實準確、是否有利於投資者以此為據進行投資決策，需要有進一步的甄別和監管機制幫助識別。

本文研究案例中的關聯方資產重組看似在幫助上市公司成功轉型，增加營業收入，但實質上是實際控製人為「掏空」上市公司進行的報表性重組，使公司扭虧為盈，避免觸及股票上市規則而被「ST」或退市。如此的會計信息只會誤導投資者，達到控製人操縱上市公司的目的。這不僅不利於中小股東更準確地獲取相關信息，還妨礙監管機構對上市公司進行有效的監管。中國資本市場存在難以有效識別控股股東盈餘管理行為的問題，需要健全上市公司信息甄別和監管機制；加大對會計信息造假的打擊力度，嚴厲處罰通過關聯交易轉移公司資源的行為；除了發揮監管機構的作用，還應該積極調動社會力量，鼓勵媒體和社會仲介機構積極參與上市公司及其控製人的監督，進一步抑制實際控製人的「掏空」行為。

4. 提高中小股東自我保護意識和能力

案例中銀星集團還通過占用上市公司資金來進行「掏空」。2014年11月，銀星集團股東豫商集團有限公司起訴銀星集團，認為銀星集團占用上市公司資金，損害了公司利益。這一起訴雖然在最後沒有成功，但說明中小股東應該具有自我保護的意識，在控股股東侵害公司利益的時候，能夠懂得運用法律武器維護自身合法權益。中小股東應該不斷提高專業能力，有效識別控股股東的「掏空」行為，避免在進行決策時的盲從行為，從而進行正確的投資決策。

五、研究不足與展望

本文在國內外學者研究成果的基礎上，對實際控制人的「掏空」和「支持」行為進行了詳細的分析和探索，但因筆者學識和研究能力有限，文章存在一定的不足，今後可以在如下兩個方面進一步探討：

（1）雖然本文已經充分結合國內外有關「掏空」與「支持」的大樣本分析結論和相關理論研究，但是案例分析方法有其固有的局限性，加上筆者學識和研究能力的限制，將個別案例的關聯方資產重組中存在的掏空與支持行為推至所有上市公司顯得較為片面，以後可以進一步採用大樣本分析方法進行相關方面的研究。

（2）案例中的銀星集團及其控制的關聯方（除東方銀星外）都是非上市公司，實際控制人李大明為自然人，案例分析過程中收集和整理到的相關信息較少，研究在一定程度上受到限制。在以後研究案例的選擇中，應多考慮研究主體信息的可獲取性等。

參考文獻：

[1] 蔡衛星，高明華. 終極股東的所有權、控制權與利益侵占：來自關聯交易的證據 [J]. 南方經濟，2010（2）：28-41.

[2] 陳祺，朱熙. 上市公司增發與控股股東掏空和支持行為關係的實證研究. 中國管理信息化，2010（9）：28-32.

[3] 干勝道，孫維章. 長期虧損上市公司的掏空與支持行為研究——基於*ST松遼的案例分析 [J]. 會計論壇，2013（1）：13-21.

[4] 賀建剛. 大股東控制、利益輸送與投資者保護 [M]. 大連：東北財經大學出版社，2009（1）：1-42.

[5] 黃浩. 金字塔結構下終極控制權代理成本實證分析 [J]. 財政研究，2014

(4): 68-72.

[6] 李響玲, 方俊. 完善上市公司重大資產重組製度 [J]. 中國金融, 2011 (16): 59-61.

[7] 劉峰, 鐘瑞慶, 金天. 弱法律風險下的上市公司控製權轉移與「搶劫」——三利化工掏空通化金馬案例分析 [J]. 管理世界, 2007 (12): 106-116.

[8] 彭小平. 中國上市公司控製股東掏空行為和中小股東利益保護 [J]. 中國市場, 2011 (24): 52-56.

[9] 譚偉順, 林東杰, 鄭國堅. 自由現金流量、代理問題與價值相關性——基於中國A股上市公司的經驗證據 [J]. 中山大學研究生學刊, 2012 (33): 76-87.

[10] 王俊秋. 大股東控製、掏空行為與投資者保護 [M]. 上海: 立信會計出版社, 2011 (1): 10-21.

[11] 王如燕, 王茜, 陳琳. 大數據時代股權結構對公司績效的影響——基於股權集中度和機構投資者視角 [J]. 會計之友, 2015 (3): 91-95.

[12] 章衛東, 張洪輝, 鄒斌. 政府干預、大股東資產注入: 支持抑或掏空. 會計研究, 2012 (8): 34-40.

[13] 鄭國堅, 曹雪妮. 集團控製是否損害上市公司價值——最終控製人和市場化進程的雙重視角 [J]. 中山大學學報, 2012 (236): 189-199.

[14] 鄭國堅, 林東杰, 張飛達. 大股東財務困境、掏空與公司治理的有效性 [J]. 管理世界, 2013 (5): 157-168.

[15] ALMEIDA H., D. WOLFENZON. Should business groups be dismantled? The equilibrium costs of efficient internal capital markets [J]. Journal of Financial Economics, 2006 (79): 99-144.

[16] CLAESSENS S., DJANKOV S, FAN J P H, Lang I H P. The benefits and costs of group affiliation: evidence from east Asia [J]. Emerging Market Review, 2006 (7): 1-26.

[17] DENIS D J, MCMONNELL J. International corporate governance [J]. Journal of Financial and Quantitative Analysis, 2003 (38): 1-36.

[18] FACCIO M, LANG L H P, YOUNG L. Dividends and expropriation [J]. American Economic Review, 2001 (91): 54-78.

[19] GROSSMAN, S., O. HART. An analysis of the principal-agent problem [J]. Econometrics, 1983 (51): 7-45.

[20] JIANG G., LEE C., YUE H. Tunneling through intercorporate loans: the China experience [J]. Journal of Financial Economics, 2010 (98): 1-20.

[21] LA PORTA R., LOPEZ-DE-SILANES F., SHLEIFER A. Corporate ownership around the world [J]. The Journal of Finance, 1999 (54): 471-517.

[22] SIMON JOHNSON, PETER BOONE, ALASDAIR BREACH, ERIC RIEDMAN. Corporate governance in the Asian financial crisis [J]. Journal of Financial Economics, 2000 (58): 141-186.

中國房地產上市公司風險信息披露質量影響因素研究

吳曉娟

一、風險的含義及分類

美國風險管理學家威廉姆斯（C. A. Williams）將風險定義為「在給定的情況下和特定的時間內未來結果的變動」。依照風險的內容和來源，中國 2006 年發布的《中央企業全面風險管理指引》將企業的風險分為：戰略風險、財務風險、市場風險、營運風險和法律風險。本文首先對房地產開發與經營上市企業（包括 2005—2012 年共 1,840 條風險信息）披露的文字性風險信息進行逐條閱讀和分析，按照風險內容將企業的風險信息分為政策風險、戰略風險、財務風險、市場風險和營運風險 5 類，將不能準確歸類的并入「其他風險」類，并進行了描述性頻數統計。統計結果如表 1 和圖 1 所示：

表 1   2005—2012 年中國房地產上市企業風險信息披露類型頻數統計表

風險類別	披露條數								合計
	2005 年	2006 年	2007 年	2008 年	2009 年	2010 年	2011 年	2012 年	
政策風險	45	59	71	4	82	77	43	89	470
戰略風險	21	22	26	2	40	12	14	35	172
財務風險	37	39	48	6	41	42	35	68	316
市場風險	59	43	77	12	100	67	42	78	478
營運風險	21	17	30	6	35	45	27	67	248

表1(續)

風險類別	披露條數								合計
	2005年	2006年	2007年	2008年	2009年	2010年	2011年	2012年	
其他風險	6	5	7	10	6	19	52	51	156
合計	189	185	259	40	304	262	213	388	1,840

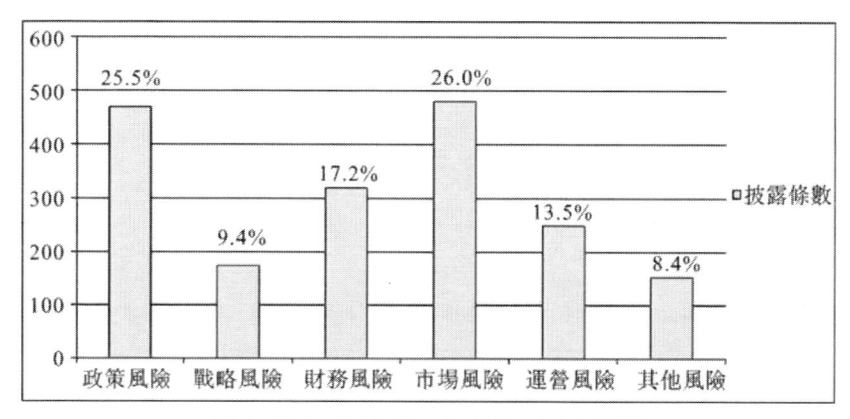

圖1 2005—2012年各類風險披露條數柱狀圖

從圖1可以看出，2005—2012年中國房地產上市企業年度報告中披露的風險信息有一定的傾向性，房地產上市企業披露最多的風險主要集中在政策風險（25.5%）和市場風險（26.0%），兩類風險加起來占所有披露風險的51.5%，超過一半。其次是財務風險，占總披露條數的17.2%，戰略風險和營運風險披露條數差不多。

綜上分析，除了和經營環境波動和國家政策變化快等因素有關外，本文認為中國房地產上市企業更加願意避重就輕地披露企業不可控的政策風險和市場風險，而不願意過多透露關於企業自身戰略或營運等可控的風險。

二、風險信息披露的質量和維度

本文借鑒會計信息質量的評價標準，結合風險信息的特徵，選擇了企業風險信息披露的相關性、可靠性、充分性和及時性四大方面來衡量房地產上市企業的風險信息披露的質量。本文將企業披露的風險信息劃分為以下五個維度，以便全面立體地評價房地產上市企業風險信息披露的質量。

（1）風險信息披露的密度。本文借鑒CIFAR指數的方法，將風險信息披露的密度定

義為上市企業在年度報告中披露的風險信息的描述條數及每條風險信息的字數。風險信息披露的密度主要體現了風險信息披露的充分性。披露的密度越高，說明企業對風險信息的披露越詳細，信息披露更加充分，從而可以認為企業披露的風險信息的質量越高。

（2）風險信息披露的性質。描述的風險的適用期、未來的風險信息與企業的發展更加相關，對投資者的決策也更加有用。如果企業披露未來的風險信息，為報表使用者預測未來提供了有用信息，那麼說明其披露的風險信息相關性高，企業信息披露的積極性也越高，即風險信息披露的質量越好。

（3）風險信息披露的深度。它是指企業披露描述的風險是否具體明確。量化的風險信息說明企業已完成風險的識別和計量過程。不僅其包含的信息含量比較高，也體現了風險信息披露的可靠性和充分性。單純的文字性描述風險只停留在初級階段，太籠統，不直觀。本文認為，企業如果披露的是量化信息，那麼財務方面的風險信息比單純的文字描述的風險信息披露質量更高。

（4）是否披露風險的應對措施。本文認為，如果企業在披露風險信息的同時披露了企業針對相應風險的應對措施，那麼說明企業積極應對風險，風險管理機制更加完善。這也直接反應了企業風險信息披露越充分，質量越高。

（5）風險信息披露的時間。本文在評價企業風險信息披露的質量時認為，風險信息發布的時間越早，風險信息披露的質量越高。

具體如表2所示：

表2　　　　　　　　　風險信息披露質量評價維度和披露維度的二維表

	相關性	可靠性	充分性	及時性
風險信息披露密度			√	
風險信息披露性質	√			
風險信息披露深度		√	√	
是否已披露應對措施		√	√	
風險信息披露時間				√

三、風險信息披露質量評分體系

本文分析單位是披露風險信息的相應房地產上市企業；本文在設計風險信息披露質量評分體系時並不考慮風險類別，對每一類風險一視同仁，並不按風險類別設置不同的權重。具體的披露維度和指標分解如圖2所示：

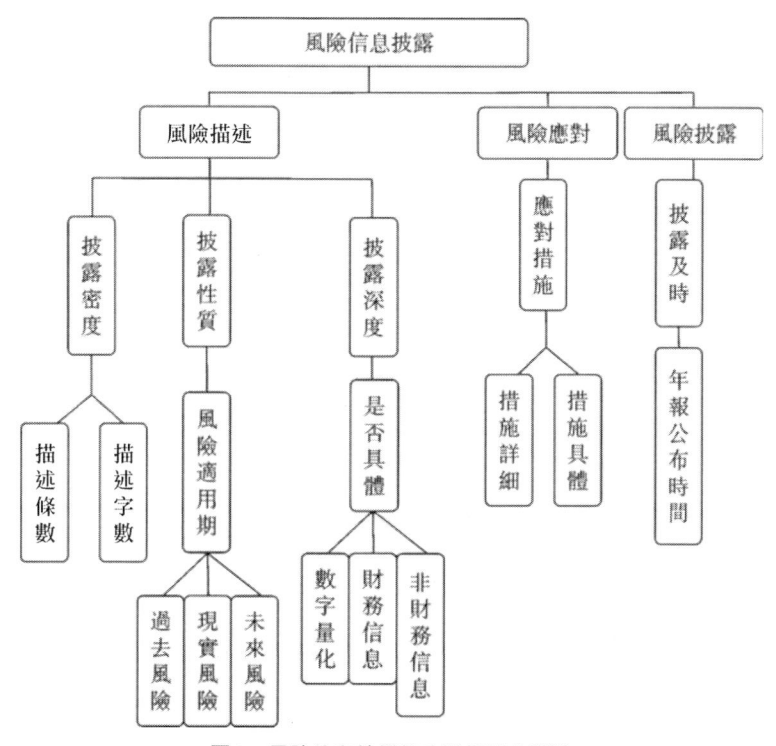

圖2 風險信息披露維度及指標分解圖

　　根據風險信息披露的量化維度和分解，本文為各個用於量化的指標制定了具體的適用條件并賦予了合理的分值。其中，各個維度指標的適用條件是在綜合分析所有披露的風險信息并結合前文提出的關於風險信息披露質量評價標準的基礎上設定的，具有很強的適用性和可操作性。最後結合風險信息披露的特點，設計了相應的計分頻率，使得整個評分方法便於操作。具體如表3、表4、表5所示。

表3　　　　　　風險信息披露質量量化指標及評分方法——風險描述

標準		總分	判定條件	得分	計分頻率
明確	風險事項描述明確	1	風險事項有內容		每條記錄計一次
			風險事項為 N/A		
密度	風險描述條數		同一年同一公司「風險描述」這一列的條數。N/A 不計數。例如，某年某公司有四行風險信息記錄，但其中一行的風險描述為 N/A，則記為3分		每公司每年計一次
	風險描述字數	3	X>500 字		每條記錄計一次
			150 字<X≤500 字		
			100 字<X≤150 字		
			50 字<X≤100 字		
			1 字≤X≤50 字		
			N/A		
性質	風險描述的適用期	2	含「未來年份」「未來」「將」「預計」「計劃」等表示未來風險的詞語	2	每條記錄計一次
			不含有表示風險適用期的詞語，不含時間性狀語	1.5	
			含「過去」「以往」或「以前年份」等表示過去風險的詞語	1	
			無信息	0	
深度	風險描述具體程度	2	含數字量化信息	2	每條記錄計一次
			含「成本」「財務」「盈利」「損失」「資產」「負債」「淨資產」「收入」「支出」「利潤」「債務」「應收」「應付」「匯率」「利率」「預算」「虧損」「會計」等財務性信息	1.5	
			非財務性信息	1	
			無信息	0	

表 4　　　　　　風險信息披露質量量化指標及評分方法——風險應對

標準		總分	判定條件	得分	計分頻率
明確	風險應對明確	1	風險應對有內容		每條記錄計一次
			風險應對為 N/A		
條數	風險應對的條數		每個公司每年「風險應對」的條數，N/A 不算做一條，要有文字記錄的才能計數		每公司每年計一次
字數	風險應對的字數	3	X>500 字		每條記錄計一次
			150 字<X≤500 字		
			100 字<X≤150 字		
			50 字<X≤100 字		
			1 字≤X≤50 字		
			N/A		
性質	風險應對的具體化	2	同一公司同一年風險應對措施全部不同記 2 分，需要每條應對措施都為非 N/A	2	每公司每年計一次
			同一公司同一年風險應對措施相同記 1 分，例如某公司某年有三條風險記錄，但其中兩條的風險應對措施相同。同一公司同一年幾條應對措施不全為 N/A，也記 1 分，例如，某公司某年五條風險應對措施中，兩條為 N/A，其他三條相同，記 1 分	1	
			同一年同一公司風險應對措施全部相同記 0 分。例如某公司某年三條風險應對措施都相同。應對措施全部為 N/A 也為 0 分	0	

表5　　　　　　風險信息披露質量量化指標及評分方法——風險披露

標準		總分	判定條件	得分	計分頻率
及時	年報公布時點（年報披露風險）	2	三月上旬	2	每公司每年計一次
			三月下旬	1.5	
			四月上旬	1	
			四月下旬	0.5	
			延期	0	

四、中國房地產上市企業風險信息質量評價結果及分析

本文選取了2005—2012年中國在滬市和深市上市的房地產開發與經營企業的年度報告為風險信息披露質量評分樣本。風險信息披露質量評分樣本情況如表6所示：

表6　　　　2005—2012年中國房地產上市企業數量及風險信息披露情況表

項目	2005年	2006年	2007年	2008年	2009年	2010年	2011年	2012年	合計
企業總數	130	132	134	136	136	136	136	136	1,076
披露風險企業（含ST）	77	80	93	20	106	101	79	108	664
百分比（%）	58.3	59.7	68.4	14.5	76.8	73.2	57.2	78.3	60.8
風險披露條數	189	185	259	40	304	262	213	388	1,840
企業平均披露條數	2.45	2.31	2.78	2	2.86	2.59	2.69	3.59	2.77

數據來源：DIB內部控製與風險管理數據庫（http://www.ic-erm.com/）。

從表6可以看出，2005—2012年，中國房地產上市企業數量很穩定，基本保持不變，但在年度報告中自願披露企業風險信息的企業數量呈逐年上升的趨勢。可以看到，2008年以後的幾年，披露風險企業的百分比比2008年之前的幾年明顯較高（排除2008年金融危機的特殊情況，披露風險信息的企業數量極少，披露風險企業只占企業總數的14.5%）。以上說明中國選擇在年度報告中自願披露風險信息的房地產上市企業越來越多。同時從風險披露數量（即條數）來看，中國房地產上市企業風險信息披露數量逐年增多，并且披露風險企業平均披露條數也越來越多，這表明中國房地產上市公司在年度報告中披露的風險信息越來越多，密度越來越大。以上都說明中國房地產上市企業風險信息披露積極性越來越高，風險信息披露狀況逐年改善，呈良好發展態

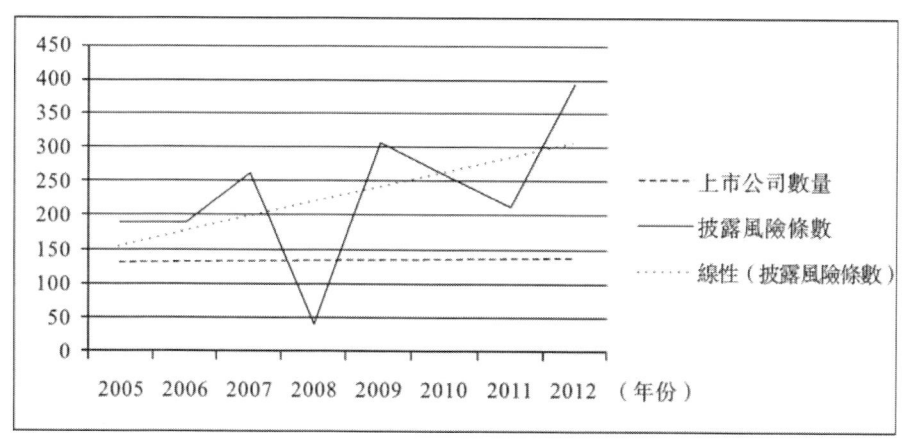

勢。2005—2012 年中國房地產上市企業風險信息披露狀況的趨勢發展如圖 3 所示。

圖 3　2005—2012 年中國房地產上市公司風險信息披露情況趨勢發展圖

本文根據風險信息披露的特徵，將風險信息披露劃分為幾個不同的評分維度。為了探索中國房地產上市企業年度報告中的風險信息披露在各個披露維度上的表現情況，本文對各個維度的得分情況做了描述性統計，如表 7 所示：

表 7　　　　　　　　　　風險信息披露維度描述性統計表

項目	N	極小值	極大值	均值 統計量	均值 標準誤差	標準差
密度	1,840	0	3.00	1.162,7	0.013,17	0.565,07
性質	1,840	0	2.00	1.537,8	0.006,59	0.282,77
深度	1,840	0	2.00	1.435,6	0.007,27	0.312,01
措施具體	664	0	2.00	1.326,8	0.032,61	0.840,24
措施詳細	1,840	0	3.00	0.843,3	0.017,56	0.753,63
及時性	664	0	2.00	1.219,9	0.023,83	0.613,94

表 7 列出了中國房地產上市企業的風險信息披露各個維度的得分情況。

同時本文假設各個維度評分指標的最高值即為披露質量的最好情況，視為該指標的滿分，然後用各個維度得分的均值除以每個維度計分指標的最高值，得到每個維度得分均值占滿分的百分數，以衡量中國房地產上市企業的風險信息披露在各個維度上的表現情況。若每個維度的得分均值占相應維度最高值的比例超過 75%，則我們認為企業在進行風險信息披露時在該披露維度上表現良好；如果比例在 60%~75%，那麼表現為中；低於 60% 表現為較差。具體情況見表 8：

表8　　　　2005—2012年中國房地產上市公司風險信息披露維度評價表

披露維度	指標滿分	得分均值	百分比（%）	評價情況
披露密度	3	1.16	38.67	較差
風險性質	2	1.54	77.00	良好
披露深度	2	1.44	72.00	中
應對措施具體程度	2	1.33	66.50	中
應對措施詳細程度	3	0.84	28.00	較差
披露及時性	2	1.22	61.00	中

從表8可以看出，中國房地產上市企業的風險信息披露在各個維度上的表現情況參差不齊。房地產上市企業在風險信息披露的性質方面表現良好（達到77%），這說明中國的上市企業比較傾向於披露未來的風險信息。這與Linsley & Shrives（2006）研究英國企業年度報告時得出企業更加願意披露過去的風險信息的結論正好相反，說明了中國房地產上市企業在披露風險信息時更加切合信息的相關性，披露的風險信息與企業未來的發展更加相關。

中國的房地產上市企業在年度報告中進行風險信息披露時在風險信息披露的深度（72%）、披露的應對措施的具體程度（66.5%）和披露的及時性（61%）方面表現適中，在風險信息披露密度即風險應對措施的詳細程度上表現比較差（僅占28%）。這說明中國上市企業披露的風險信息還存在籠統、淺顯、綜合性不強、精確度不高的情況，有待改善。

五、研究假設與研究設計

（一）研究假設

上市企業風險信息披露的質量受多方面因素的影響。

1. 企業規模

上市公司隨著規模的擴大，其社會影響力及其自身的管理能力都會逐步提升。一方面，規模大的上市企業社會關注度高，受到公眾和政府的監督也越多；另一方面，規模大的上市企業為了維持與自身規模相匹配的社會公信力和影響力，往往會加強自身的管理，使得企業的信息披露更加透明。因此，本文預期企業的規模越大，房地產上市公司的風險信息披露的水平越高。

H1：房地產上市企業的規模越大，其風險信息披露的質量越高。

2. 公司治理特徵

本文的研究選取了可能對上市公司風險信息披露質量產生影響的兩類公司治理特徵，提出假設并通過後續的實證分析檢驗公司治理特徵與風險信息披露質量之間的關係。

（1）股權制衡度。股權的集中度和制衡度是股權數量結構的具體表現。中國一股獨大的現象在上市企業中很普遍，股權制衡度越低，大股東與小股東的利益衝突就越明顯，股權制衡機制所起的作用也越小，這樣控股股東操縱企業風險信息披露的管理的機會就越多，操作越便利。所以，基於以上分析，股權制衡度越低的上市企業，信息披露的透明度越低，風險信息披露的質量也越低。

H2：上市房地產企業的股權制衡度越低，風險信息披露的質量越低。

（2）獨立董事比例。獨立董事有責任站在廣大投資者和監管者的角度去影響上市企業的風險信息披露的決策。本文認為獨立董事在董事會中的比例越高，上市公司的風險信息披露質量越高。

H3：獨立董事占董事會的比例越高，風險信息披露質量越高。

（3）是否存在兩職合一的情況。兩職合一是指上市企業的董事長和總經理由一人擔任。現在流行的企業代理理論支持董事長與總經理兩職分開。崔學剛（2004）借用中國上市公司的經驗數據證明了上市公司的兩職合一情況會對公司的信息透明度產生負面影響。本文認為，存在兩職合一的上市企業，其風險信息披露的質量更低。

H4：存在兩職合一的房地產上市企業，風險信息披露質量更低。

（4）聘請的年度審計會計師事務所情況。國內許多學者的研究表明，由「國際四大會計師事務所」出具的審計報告比國內事務所出具的審計報告更受投資者信賴。本文假設，房地產上市企業聘請的審計機構的性質對其風險信息披露質量有一定的影響。

H5：聘請的年度審計會計師事務所實力越強，如為四大會計師事務所，企業的風險信息披露質量越高。

3. 企業的財務業績

張宗新，楊飛，袁慶海（2007）基於2002—2005年深市上市企業的實證研究發現，企業的信息披露質量與公司的績效（Jensen指數、淨資產收益率、總資產收益率及總資產週轉率）之間存在非常顯著的內在關聯性。企業的財務業績是體現企業業績最完善也是最直觀的指標。本文認為企業財務業績越好，上市企業風險信息披露質量越高。

H6：房地產上市企業的財務業績越好，風險信息披露質量越高。

4. 上市企業風險指數

房地產上市企業的股票價格波動情況相對於整個股票市場價格波動，可以用 β 系數來衡量。企業管理者為了消除投資者對 β 系數高的顧慮，往往會選擇在企業年度報告中披露具體的風險信息和風險應對措施，讓投資者進一步判斷并給投資者一種企業

實力較強、可以應對風險的利好信號。因此，本文預測房地產上市企業的 β 係數越高，其風險信息披露的質量越好。

H7：房地產上市企業的風險信息披露質量與 β 係數呈正相關關係。

（二）研究設計

表9　　　　　　　　　　　　變量定義簡表

變量類型	變量名稱	變量符號	變量定義
因變量	風險信息披露質量	RISKQU	風險信息披露質量體系評分結果
自變量	企業規模	SIZE	企業年末總資產的自然對數
	獨立董事比例	INDEP	董事會中獨立董事比例
	兩職合一情況	DIMA	存在兩職合一情況取1，否則取0
	股權制衡度	SHAS	第一大股東持股比例與第二到第十大股東持股比例之和的比值
	審計機構性質	AUAG	「四大」會計師事務所取1，否則取0
	財務業績	ROE	企業的淨資產收益率
	風險係數	BETA	企業股票的 β 值
控制變量	宏觀經濟景氣指數	MAINDE	國家發布的年度宏觀經濟景氣指數
	財務槓桿	LEV	企業的資產負債率
	國有股持股比例	STASH	國有持股占總股數的比例
	機構投資者持股比例	INST	企業的機構投資者持股比重

（三）研究模型

本文主要研究中國房地產上市公司風險信息披露質量的影響因素。為驗證假設1~7，本文建立了如下多元迴歸分析模型：

$$RISKQU = \alpha + \beta_1 SIZE + \beta_2 INDEP + \beta_3 DIMA + \beta_4 SHAS + \beta_5 AUAG + \beta_6 ROE + \beta_7 BETA + \beta_8 LEV + \beta_9 STASH + \beta_{10} INST + \varepsilon \quad (1)$$

其中，α 為方程截距項目，$\beta_1 \sim \beta_{10}$ 為多元迴歸係數，ε 為隨機誤差項，即殘差。

（四）樣本選取與數據來源

本文選取2005—2012年在上海和深圳交易所上市交易的并在年度報告中披露了風險信息的房地產開發與經營業A股公司，并剔除ST企業，共得到636個樣本，見表10。其中，所有樣本企業年度報告中風險信息披露的質量都在前文進行了評分，可以直接使用。

表 10　　　　　　　　　　　　　　樣本情況表

項目	2005 年	2006 年	2007 年	2008 年	2009 年	2010 年	2011 年	2012 年	合計
上市企業總數	130	132	134	136	136	136	136	136	1,076
披露風險企業	77	80	93	20	106	101	79	108	664
ST 企業	3	3	4	2	4	6	3	3	28
樣本數	74	77	89	18	102	95	76	105	636

最後，樣本公司都是 DIB 內部控製與風險管理數據庫收集與整理的、於年度報告中披露描述性風險信息的房地產上市企業。公司治理數據和財務數據及宏觀經濟數據等來自深圳市國泰安信息技術有限公司的「上市公司研究系列」和「RESSET 金融研究數據庫」。

六、實證結果及分析

（一）描述性統計分析

2005—2012 年樣本企業風險信息披露質量描述性統計如表 11 所示：

表 11　　2005—2012 年樣本企業風險信息披露質量（RISKQU）描述性統計

RISKQU／年份	觀察值	最小值	最大值	均值	標準差	偏度	P 值	峰度	P 值
2005	74	6	52	24.3	1.254	0.598	.279	-4.00	.552
2006	77	5.50	56.50	22.96	1.348	1.024	0.274	0.565	0.541
2007	89	0.5	59.00	26.64	1.356	0.374	0.255	-0.42	0.506
2008	18	0.5	38	18.33	2.738	0.092	0.536	-1.13	1.038
2009	102	0.5	64.5	27.45	1.257	0.508	0.239	0.259	0.474
2010	95	0.5	65.5	23.61	1.583	0.446	0.247	0.012	0.490
2011	76	8	58.5	25.01	1.234	0.935	0.276	0.985	0.545
2012	105	8	152.5	30.95	1.736	3.486	0.236	20.71	0.417
ALL	636	0.5	152.5	25.88	0.549	1.696	0.097	10.93	0.194

從表 11 中可以看到，從時間序列上來講，房地產上市企業的風險信息披露得分大致呈現增長趨勢（趨勢圖見圖 4）。這說明整體上，房地產行業的風險信息披露質量是逐漸提高的。但無論從披露風險信息的數量還是披露風險信息的質量上看，2008 年都

呈現出特殊的低估情況，顯著低於其他年份的平均水平，這可能是由 2008 年席捲全球的金融危機給中國房地產行業帶來巨大衝擊造成的。這從側面說明了房地產上市企業風險信息披露的質量會受宏觀經濟的影響，本文後面將對此進行更深一步的檢驗。

對於各個年度樣本公司的風險信息披露得分，2012 年的得分由於「榮盛發展」對風險信息進行了大篇幅描述而激高。如果排除該極大值，2012 年均值為 29.78，偏度為 1.158，峰度為 2.645。所以，可以說樣本公司風險信息披露質量的得分無論是偏度和峰度都沒有出現明顯的偏倚或高低值。這說明其分布接近於正態分布，保證了下文的迴歸分析中可以獲得穩健可靠的結果。

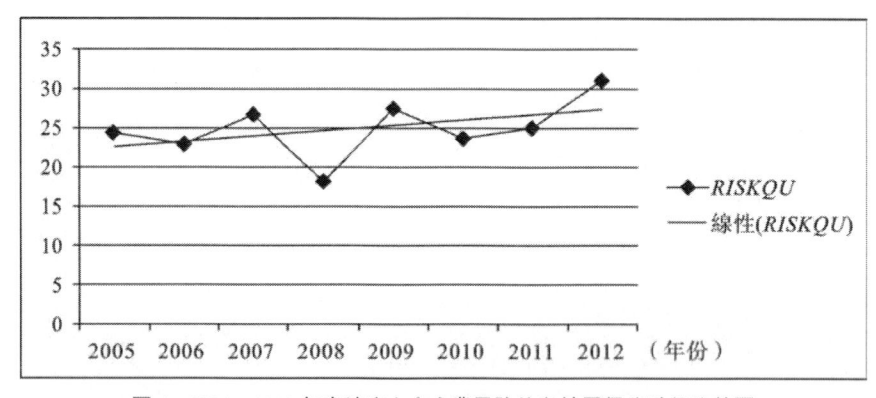

圖 4　2005—2012 年房地產上市企業風險信息披露得分動態趨勢圖

另外，中國的證券交易所有上海證券交易所和深圳證券交易所。雖然滬市和深市的性質一樣，但是也有一些差異。比如深市近幾年主要是中小型企業上市的主要市場，且由於地域差異或市場氛圍不同等因素，兩個市場表現出一些細微的特性和差異。為了探究不同的上市地點是否對房地產上市企業風險信息披露質量有影響，本文做了如下簡單的描述性統計，如表 12 所示：

表 12　　2005—2012 年深市和滬市上市企業風險信息披露質量描述性統計

上市地點	N	極小值	極大值	RISKQU 均值	RISKQU 標準誤	標準差
SH	317	0.50	84.50	27.282,3	0.775	13.790
SZ	319	0.50	152.50	24.490,6	0.771	13.763
ALL	636	0.50	152.5	25.88	0.549	13.451

從表 12 可以看出，在上海證券交易所和深圳證券交易所上市的房地產企業在數量上基本相等，但在上海證券交易所上市的房地產企業的風險信息披露的質量在均值上

比在深圳證券交易所上市的房地產企業高出 3 分左右，這說明在中國上交所上市的房地產企業的年度報告的風險信息披露質量比深交所好。這可能和深市是中小型企業上市的主要市場，深市上市企業整體來講規模不及滬市有關，也更進一步說明上市企業的規模可能會影響其年度報告中的風險信息披露質量。自變量描述性統計表如表 13 所示：

表 13　　　　　　　　　　　　　自變量描述性統計表

variables	N	極小值	極大值	均值 統計量	均值 標準誤差	標準差
SIZE	636	16.510	26.410	22.017	.0,549	1.385,5
INDEP	636	14.29	66.670	36.92	.2,215	5.587,3
DIMA	636	.000	1.000	0.146	.0,140	.3,536
SHAS	636	1.001	816.889	21.412	2.434,0	61.385,3
AUAG	636	.000	1.000	.066	.0,099	.24,854
ROE	636	-3,706.070	157.620	4.024	5.913,4	148.660,6
BETA	636	-.250	5.090	.993	.0,103	.2,588
STASH	636	.000	79.670	14.349	.8,879	22.392,3
INST	636	.000	86.410	18.69	.8,146	20.542,8
LEV	636	1.650	1,223.840	67.948	2.703,9	68.188,8

數據來源：國泰安數據庫（上市企業系列）。

從表 13 中可以看到各個自變量和控制變量的情況。同時，為了更直觀地預測各個自變量對中國房地產上市企業年度報告中風險信息披露質量是否有關，本文將 2005—2012 年中國房地產上市企業分成兩組。一組是在年度報告中披露了風險信息的企業，另一組是在年度報告中未披露任何描述性風險信息的企業。通過比較兩組企業各個自變量的情況，可以進一步看出待驗證的影響因素對中國房地產上市企業年度報告中風險信息披露質量是否有影響。統計情況見表 14（為了削弱少量缺失值對均值比較的影響，本文對缺失值進行了序列均值替換）。

表 14　　　　　　披露風險企業與未披露風險企業各因素均值比較

項目		SIZE	INDEP	DIMA	AUAG	STASH	SHAS	ROE	BETA
披露風險企業	N	636	636	636	636	636	636	636	636
	EM 均值	22.01	0.37	0.146	0.057	0.144	21.41	2.51	0.99
未披風險企業	N	440	440	440	440	440	440	440	440

從表14可以看出，①在企業規模上，披露風險企業的企業規模明顯大於未披露風險的企業。②在公司治理特徵上，披露風險的企業的獨立董事持股比例平均大於未披露風險的企業，在兩職合一程度方面，披露風險的企業為0.146，明顯小於未披露風險企業，但聘請的會計師事務所的特徵基本相同，差異不大；就股權結構來看，可以看出披露風險的企業的第一大股東與第二大股東持股比的比值比較小，即股權制衡度高於未披露風險的企業。③對於衡量財務績效的淨資產收益率（ROE），未披露風險的企業平均ROE為負值（-24.28），而披露風險企業的平均ROE則為正，二者差異極大。所以，從表14可以看出，企業的規模、公司治理特徵和財務績效會影響上市企業的風險信息披露決策。

在進行迴歸檢驗之前，本文對各個進入模型的變量進行了相關性檢驗，初步判斷了自變量與因變量之間的相關性，為迴歸分析提供了相關性基礎。同時，本文檢驗了各個自變量之間的相關性，檢驗了模型的多重共線性問題。

表15　　　　　　　　　　　　Pearson 相關係數矩陣

	RISKQU	SIZE	INDEP	DIMA	SHAS	AUAG	ROE	BETA	LEV	STASH	INST
RISKQU	1										
SIZE	.113**	1									
INDEP	.071	.042	1								
DIMA	-.024	-.172**	.131**	1							
SHAS	-.073	-.037	-.028	-.087*	1						--
AUAG	-.042	.275**	.062	-.110**	.000	1					
ROE	.119**	0,337	.008	-0.03	0.12**	.066	1				
BETA	.108**	-.063	-.021	.013	-.14**	-.133**	.062	1			
LEV	.018	-.066	-.032	-.000	.188**	-.02	-.008	-.05	1		
STASH	-.004	-.013	-.085*	-.069*	-.025	.003	-.056	-.033	.000	1	
INST	.023	.074	.049	-.006	.255**	.027	.078*	-.196**	.002	.073	1

** 表示在0.01水平（雙側）上顯著相關，* 表示在0.05水平（雙側）上顯著相關。

從表15可以看出，房地產上市公司風險信息披露的質量與企業的規模和股票的β係數在5%的水平上顯著正相關，與股權制衡度和企業的淨資產收益率在10%的水平上顯著負相關，即SHAS值越高，股權制衡度越低，風險信息披露質量越低。同時還可以看到，上市公司風險信息披露質量與獨立董事持股比例正相關，與上市公司聘請的審計師事務所的性質（四大會計師事務所為1，否則為0）負相關。

同時，表中結果也顯示了各個自變量之間相關係數比較小，在（0,1）之間接近於0，不存在顯著的相關性，即模型自變量之間不存在多重共線性問題，可以進行多元線性迴歸。

(二) 實證結果及分析

基於前文提出的研究假設：為驗證中國房地產上市公司風險信息披露質量的影響因素，本文建立了多元線性迴歸模型進行檢驗，迴歸模型為（1），本文利用 SPSS17.0 統計軟件，採用多元線性迴歸方法，以「全部進入」的方式納入各個自變量進行迴歸檢驗，在檢驗過程中對各自變量兩端各去除了兩個極大值和極小值，并對缺失值進行了序列均值替換。本文採用了標準參數檢驗（T檢驗和F檢驗）來分別確定各個自變量和方程整體的顯著性。同時為了保證多元線性迴歸的有效性，本文還進行了共線性診斷，列示了 Durbin-Watson 統計值以排除殘差項的共線性問題對迴歸結果的影響。表 16 為中國房地產上市公司風險信息披露質量影響因素的多元迴歸結果。

表 16　　　　　　　　風險信息披露質量影響因素迴歸結果

模型		非標準化系數		標準系數	T	P.	共線性統計量	
		B	標準誤差	試用版			容差	VIF
1	（常量）	-5.543	9.773		-.567	.571		
	SIZE	.872	.397	.096	2.198	.028**	.792	1.262
	INDEP	.155	.089	.069	1.740	.082*	.963	1.038
	DIMA	-.522	1.431	-.015	-.365	.715	.935	1.070
	SHAS	-.088	.045	-.083	-1.973	.049**	.863	1.158
	AUAG	-3.422	2.071	-.068	-1.652	.099*	.903	1.107
	ROE	.083	.039	.090	2.138	.033**	.856	1.168
	BETA	6.389	2.610	.100	2.448	.015**	.922	1.084
	LEV	.011	.010	.046	1.151	.250	.957	1.045
	STASH	.003	.022	.006	.143	.886	.978	1.023
	INST	.029	.025	.047	1.137	.256	.890	1.123
N		636			F檢驗		3.131	
R^2		0.048			P檢驗		0.001	
調整 R^2		0.032			$D-W$檢驗		1.773	

註：**、* 分別表示在 5%、10% 的水平上顯著相關。

從總體上看，F統計值在 1% 的水平上是顯著的，這說明本文的模型多元迴歸方程在整體上通過了檢驗，線性的擬合度顯著。同時可以看到，迴歸方程的容差均大於 0.1，容忍度比較高，且方差的膨脹因子 VIF 均顯著小於 10，這再次驗證了各個自變量之間不存在多重共線性問題。而 $D-W$ 檢驗的值為 1.775，比較接近於 2，說明該多元迴歸模型的殘差之間總體上是相互獨立的，即該迴歸不存在影響結果的自相關問題。不過 R^2 為 4.8%，調整 R^2 僅為 3.2%，即該模型選擇的自變量對因變量的解釋力度有限，說明還存在其他未發掘的影響中國房地產上市公司風險信息披露質量的因素。

從具體的迴歸結果來看，房地產上市公司的規模與其年度報告中的風險信息披露質量在5%的水平上呈顯著的正相關關係，這說明規模越大的房地產上市公司，其年度報告風險信息披露質量較高，即假設1得到了驗證。就公司治理特徵的各個變量來看，迴歸結果顯示獨立董事持股比例與風險信息披露質量顯著正相關，驗證了假設2；股權制衡度與風險信息披露質量在5%的水平上顯著負相關，即股權制衡度越低（SHAS值越大），風險信息披露質量越低，驗證了假設4；同時結果顯示，「四大」審計的年報風險信息披露質量反而越低，否認了假設5。最後，表16顯示，中國房地產上市企業的財務績效和風險系數都與風險信息披露質量顯著正相關，驗證了假設6和假設7。最後，兩職合一與風險信息披露質量負相關，但結果不顯著。

七、結論

綜合上述結論，本文認為中國房地產上市企業的風險信息披露質量在不斷改善。同時，通過驗證中國房地產上市公司風險信息披露質量的影響因素，本文認為規模大的企業的風險信息披露質量較高；自身財務績效比較好的上市企業或本身存在明顯風險因素（如 β 系數高）的企業更願意披露風險信息，其風險信息披露質量較高；公司治理也會影響風險信息披露質量，獨立董事的監督和股權制衡對風險信息披露質量都有積極作用。但四大會計師事務所的審計對風險信息披露質量沒有作用，這可能是因為風險信息披露質量主要還是直接受企業自身特點的影響，而審計師事務所的審計已經是間接影響。

參考文獻：

[1] 蔡吉甫.中國上市公司內部控製信息披露的實證研究［J］.審計與經濟研究，2005，20（2）：85-88.

[2] 曾穎，陸正飛.信息披露質量與股權融資成本［J］.經濟研究，2006（2）：69-79.

[3] 曾穎，葉康濤.股權結構代理成本與外部審計需求［J］.會計研究，2005（10）：63-70.

[4] 程新生，譚有超，劉建梅.非財務信息、外部融資與投資效率——基於外部製度約束的研究［J］.管理世界，2012（7）：137-150.

[5] 崔學剛.公司治理機制對公司治理效率的影響分析——來自中國上市公司的經驗數據［J］.會計研究，2004（12）：72-80.

［6］鄧傅洲，李正. 論非金融類公司年度報告中的風險信息披露［J］. 會計研究，2003（8）：19-22.

［7］高雷，高田. 信息披露、代理成本與公司治理［J］. 財經科學，2010（5）.

［8］黃方亮，宋曉蕾，種莉萍，黃少安. IPO風險信息披露的規範性——基於內容分析法的研究［J］. 製度經濟學研究，2012（3）：8.

［9］BALAKRISHNAN, R., QIU, X. Y., SRINIVASAN P. On the predictive ability of narrative disclosures in annual reports［J］. European Journal of Operational Research, 2010, 202（3）：789-801.

［10］BALL R., JAYARAMAN S., SHIVAKUMAR L. Audited financial reporting and voluntary disclosure as complements: a test of the confirmation hypothesis［J］. Journal of Accounting and Economics, 2012, 53（1-2）：136-166.

［11］BOWMAN E. H., HAIRE, M. A strategic posture toward corporate social responsibility［J］. California Management Review, 1975, 18（2）.

［12］BRYAN S., LILIEN S. Characteristics of firms with material weaknesses in internal control: an assessment of Section 404 of Sarbanes Oxley［DB］. SSRN, 2005（4）：1-32.

［13］CHOI J. P. Information concealment in the theory of vertical integration［J］. Journal of Economic Behavior and Organization, 1998, 35（1）：117-131.

中國上市公司股權分置改革與經營績效研究
——以電子行業上市公司為例

吳越

一、前言

　　2005 年 5 月，困擾中國證券市場十多年的股權分置問題終於開始得到解決。2005 年 4 月底，證監會頒布了《關於上市公司股權分置改革試點有關問題的通知》，並於 5 月 10 日先行選擇了三一重工、金牛能源、清華同方、紫江企業四家上市公司作為試點對象，正式啓動了股權分置改革的試點工作。股改試點成功後，大範圍的股權分置改革全面展開。據統計，截至 2007 年 1 月 4 日，滬深兩市交易所共公布了 64 批股改公司名單，兩市共有 1,303 家公司完成股改或進入股改程序。目前兩市未股改公司共有 40 家，其中滬市 18 家，深市主板 22 家[①]。股權分置改革對於上市公司而言是一項系統工程。通過股改希望能結束由股權分置帶來的種種弊端，提高中國上市公司的質量，增強其競爭力。本文研究的目的是通過對股權分置改革的研究，看經過股改的企業是否真的改善了公司經營環境，是否提高了上市公司質量，是否使股權結構合理化了，是否提高了其經營績效。

　　到目前為止，中國股改進程已經接近尾聲，1,000 多家上市公司都陸續參與了股權分置改革工作，然而股權分置改革對於上市公司意味著什麼？非流通股股東獲得流通權後對上市公司有何影響？尤其是對上市公司經營績效有何影響？這是本文寫作的目的。筆者希望通過本文的寫作，瞭解在股權分置改革後、財務管理環境發生變化的情況下上市公司經營績效的變化，以期能給中國的上市公司今後的經營管理帶來現實意義。

---

①　數據來源於股權分置改革網，參見 http://www.cs.com.cn/gqfz/。

二、股權分置相關問題介紹

（一）股權分置問題的由來

1992年中國人民銀行總行、國家體改委、國家計委、財政部聯合發布的《股份制企業試點辦法》規定：「根據投資主體的不同，股權設置規定為：國家股、法人股、個人股、外資股四種形式。」1994年頒發的《股份制試點企業國有股權管理的實施意見》做出了國家股、法人股暫不上市流通的規定。這就形成了「中國特色」的股權結構，使得中國上市公司出現了非流通股和流通股兩大格局。雖然這種股權分置特有的格局在資本市場發展的特定時期發揮了積極的作用，但是隨著市場的發展，其負面作用也越來越大。

隨著股改工作的進一步深化，非流通股和流通股之間比例的變化給上市公司帶來了一系列問題，比如股權分置改革導致的上市公司股權結構的直接變化、股權分置改革帶來的企業財務管理環境的改變、股權分置改革能否提升上市公司經營業績等。這些財務問題都成了理論與實務界關注的焦點。雖然現有理論都對上述問題單獨進行了闡述，但是對於中國證券市場這一重大變革——股權分置改革給上市公司帶來的經營業績變化卻較少研究。因此，本文主要就這方面問題進行研究和探討。

（二）股權分置的弊端

本文總結出股權分置的弊端，主要表現在以下三個方面：

1. 股權分置是流通股股東和非流通股股東利益不一致的根本原因

上市公司2/3不流通、1/3流通的股權分置格局，破壞了上市公司利益機制一致性的基礎。這主要表現在：非流通股股東的資產投資收益并不是取決於上市公司的每股利潤，而是取決於其淨資產值的增加，因此其主要關心的是上市公司淨資產的變化，對股價的變化漠不關心，而流通股股東的利益只能通過股票市場股價的波動反應出來，因此其高度關注股價的變化。這樣的股權格局造成非流通股股東和流通股股東各自關心的焦點不同，最終使得利益由股東共同分擔，而風險主要由流通股股東承擔的不公平的現象。由於非流通股資產價值與流通股的市場價格沒有關係，控股股東，即非流通股股東不會把主要資源放到如何提高公司業績、如何提高企業的競爭力上，而是把更多的精力放在高溢價融資上，形成上市公司的短期行為。這就是中國上市公司業績難以改善、缺乏長期投資價值的內在原因。股權分置使上市公司、控股股東、流通股股東的利益形成「二元」割據的局面。

2. 股權分置使中國的資本市場淪為上市公司「圈錢」的場所

雖然中國最初建立資本市場是為了國有企業改制籌集建設資金（其在國企改革的初期發揮了積極的作用），但是在股權分置的條件下，上市公司的戰略行為與控股股東的利益高度一致，頻繁地發生大規模的資產關聯交易，使上市公司成為母公司，即控股股東的影子，進而演變成為控股股東的提款機。中國的股權分置導致了中國上市公司獨特的、與成熟市場完全不同的融資行為和融資順序。優序融資理論是內部股權融資優先，債務融資次之，外部股權融資最後。而中國上市公司的融資行為與現代資本結構理論所描述的優序融資順序幾乎相逆。上市公司之所以不惜一切代價進行外源式的股權融資的原因就是，非流通股股東通過高溢價發行可以在短期內獲得資本投資的高收益，從而能夠迅速增加每股收益。這樣為了達到高溢價發行的目的，上市公司排隊上市，通過 IPO 來大量「圈錢」，同時還盛行了配股和增發新股等方式籌集資金。這樣，中國的資本市場淪為上市公司「圈錢」的場所。

3. 股權分置喪失了資本市場應有的定價和資源配置功能

中國資本市場建立之初，就被簡單賦予了為國企融資解困的使命。在當時落後的意識形態下，以國有股為前提，人為限制了國有股的流動，這樣一種計劃性的製度安排，導致了市場上不公平的利益分配，實際上固化、強化了低效率的國有資本，使得對資本收益率的確定缺乏準確性，從而按照此收益率計算的未來收益的淨現值就相應缺乏應有的準確性。這樣就破壞了資本市場的「價格發現機制」，最終使上市公司股票價格不能如實反應企業價值。同時在股權分置格局下，股票定價除公司基本面因素外，還包括 2/3 股份暫不上市流通的預期。2/3 股份不能上市流通，導致單一上市公司流通股本規模相對較小、股市投機性強、股價波動較大等。

三、股權分置改革前後上市公司股權結構分析

（一）股改之前股權結構特點

1. 股權結構的人為複雜化

從中國上市公司歷年股本結構情況統計表（見表1）可以看出，從 20 世紀 90 年代初中國資本市場開始建立到 2005 年，中國上市公司持股主體都呈多元化狀態，不僅有國家股、法人股、內部職工股、轉配股和流通股等「股權性質差別」，還有 A 股、B 股、H 股等「市場性質差別」。其中，國家股、法人股、內部職工股和轉配股不能夠在市場上自由流通，而 A 股、B 股、H 股可以在市場上自由流通。持股主體不同造成其所持股票流通權不同，導致中國形成了上市公司同股不同權的奇怪現象。

表1　　　　　　　1992—2005年中國上市公司歷年股本結構統計表　　　　單位：億股

年代	國家股	發起人法人股	境外法人股	募集法人股	職工股	其他未流通股	A股	B股	H股	合計
1992	28.5	9.05	2.80	6.49	0.85		10.93	10.25		68.87
1993	190.22	34.97	4.09	41.06	9.32	0.19	61.34	24.70	21.84	387.73
1994	296.47	73.87	7.52	72.82	6.72	1.10	143.76	41.46	40.82	684.54
1995	328.67	135.18	11.84	61.93	3.07	6.27	179.94	56.52	65.00	848.42
1996	432.01	224.63	14.99	91.82	14.64	11.60	267.32	78.65	83.88	1,219.54
1997	612.28	439.91	26.07	130.48	39.62	22.87	442.68	117.31	111.45	1,942.67
1998	865.51	528.06	35.77	152.34	51.70	31.47	608.03	133.96	119.95	2,526.79
1999	1,115.52	591.34	40.50	193.36	36.98	35.02	812.90	141.91	124.54	3,092.07
2000	1,173.92	643.75	46.20	214.21	24.29	33.62	1,079.62	151.57	124.54	3,491.72
2001	2,410.61	663.17	45.80	245.25	23.75	16.28	1,318.13	163.10	331.94	5,218.03
2002	2,774.78	686.92	53.26	282.13	14.73	27.33	1,509.49	167.22	360.08	5,875.93
2003	3,029.58	712.3	56.69	326.61	11.03	21.05	1,716.95	175.35	377.62	6,427.18
2004	3,344.2	757.32	70.30	345.02	8.94	55.41	1,992.53	197.01	387.64	7,158.37
2005	3,433.34	552.22	226.30	242.83	3.97	268.59	2,281.16	218.08	415.53	7,642.02

資料來源：中國證券監督管理委員會．2006中國證券期貨統計年檢[M]．上海：學林出版社，2006：178．

2．股權過於集中，即「一股獨大」

中國上市公司股權結構的特色是股權高度集中。從2000年中國上市公司前十大股東持股情況（見表2）可以看出，上市公司第一大股東的平均持股比例超過了50%，最高的近90%，形成了中國上市公司「一股獨大」的股權結構特色。前十大股東的平均持股比例合計近70%，即中國上市公司僅有30%股份分散在社會公眾手中。若以總股本為基數，第一大股東平均持股是第二大股東平均持股的5.03倍，是第三至第五大股東持股總和的9.85倍，也就是說，第一大股東與其他股東在持股比例上的差距非常大。同時，上市公司的前五大股東平均持股比例高居不下，股權呈現高度集中狀態。若以總股本為基數，前五大股東平均持股份比例占到了股份總額的66.08%，其餘眾多中小股東持股比例僅占33.92%。由以上數據可見，中國上市公司股權集中度非常高。

表2　　　　　　　2000年中國上市公司前十大股東持股情況　　　　單位：%

	第一	第二	第三	第四	第五	第六	第七	第八	第九	第十
平均	50.81	10.11	3.04	1.28	0.84	0.64	0.50	0.40	0.35	0.30
最低	2.29	0.01	0.01	0.01	0.01	0.01	0.01	0.01	0.01	0.01
最高	88.58	36.82	20.10	16.70	6.70	6.70	4.04	4.04	4.04	4.04

資料來源：董季良．公司控製權、代理成本與公司治理結構的選擇[J]．經濟縱橫，2001（8）．

3. 國有股、非流通股比重過大

非流通股、國有股在中國上市公司股本結構中居於不可動搖的主導地位（見表3）。1999—2004年，中國A股市場上的國有股的比例均是最大，其次是法人股。二者之和占總股本的合計比例都超過了60%，平均達到了61.35%，雖然2000年和2001年的平均國有股和法人股比例合計略有下降（低於平均數），但是2003年顯著增加，達到了64.19%的最高值。僅從2004年看，深滬兩市總股本為7,158.37億股，流通股僅有2,577.18億股，只占總股本的36%。

表3　1999—2004年中國A股股票市場上國有股、公司法人股、流通股平均持股比例

年度	國有股	公司法人股	前兩項合計	流通股	總計
1999	36.09	25.85	61.94	34.97	96.91
2000	35.23	25.66	60.89	35.96	96.85
2001	39.62	20.52	60.14	34.84	94.98
2002	40.91	21.69	62.60	32.07	94.67
2003	43.14	17.05	60.19	35.32	95.51
2004	44.78	17.58	62.36	34.11	96.47
平均	39.96	21.39	61.35	34.55	95.90

註：①國有股中包括國有法人股。②作者根據深圳證券信息有限公司數據庫提供的有關數據整理而成。

（二）股權分置改革後中國上市公司股權結構變化

1. 樣本公司的選擇和數據的收集

由於中國目前股改工作接近尾聲，尚有部分企業仍在股改進行中，收集股改後2005年和2006年上市公司的相關數據存在困難。同時，如果從全國範圍來分析股改對上市公司的股權結構的影響，缺乏同行業企業的可比性，很難對股改的成效得出一般性的結論。因此本文選取了中國目前上市的電子類上市公司作為研究對象，對其由股改導致的股權結構的變化進行統計分析。

為了能夠清晰地反應股改前後上市公司股權結構的變化，本文選取電子行業2004年、2005年和2006年三年的反應股權結構的相關指標進行分析。根據有關統計①，中國2004年上市的電子類企業共45家。為了保證數據的完整性，剔除2005年新上市的廣州國光（002045）、晶源電子（002049）以及2004年年報披露後被暫停上市的＊ST長興（000827）以及直到2006年12月31日仍未參與股改的S三星（000068），以剩餘的41家電子類上市公司為研究對象。其中，深市16家，滬市25家。本文樣本數據均來自《2006中國證券期貨統計年鑒》、國泰安研究服務中心提供的上市公司年報數據及金融界網站上上市公司的資料。

---

① 證券監督管理委員會. 2006中國證券期貨統計年檢［M］. 上海：學林出版社，2006.

2. 統計分析股改前後上市公司股權結構變化及其影響

本文主要選擇上市公司以下的股權結構指標作為分析主體。通過這些指標的變化情況,分析中國上市公司股權分置改革前後股權結構指標的變化。本文選擇的股權結構指標分別是:國有股比例、上市公司第一大股東持股比例、非流通股比例。電子行業及全國平均的相關指標數據如表4所示。

表4　　　　　2004—2006年電子行業與全國上市公司股權結構比較①　　　　單位:%

年份\行業	國有股比例		第一大股東比例		非流通股比例	
	電子	全國	電子	全國	電子	全國
2004	26.66	46.78	40.69	48.75	58.69	63.95
2005	26.90	45.00	39.84	45.32	57.02	61.8
2006	24.84	43.25	30.59	40.68	44.48	58.36

註:電子是指電子行業、全國是指全國平均。

(1)國有股持股比例變化情況。

上市公司國有股持股主體分國家股和國有法人股。國家股是有權代表國家投資的機構或部門向股份公司出資形成的股份;國有法人股是具有法人資格的國有企事業單位以其法人資產向股份公司出資形成的股份。國家股與國有法人股的主要區別在於持股單位不同。國家股的持股單位為有權代表國家投資的機構或部門,國有法人股的持股單位為向公司投資的國有法人單位。雖然從法律上講兩類持股主體有所差異,但是其性質都屬於國家。因此,本文在統計過程中將國家股和國有法人股合并為國有股進行統計分析。

表5顯示,在進行統計分析的三年中,電子行業的國有股比例都顯著低於全國平均的國有股持股比例,根據上述數據繪制的差異圖如圖1所示。全國平均的國有股持股比例和電子類上市公司國有股比例都顯著下降,但二者差異進一步擴大到18.41%。經過股改,上市公司股權結構及持股主體整體發生了變化。

表5　　　　　　　股改前後上市公司國有股比例變動表　　　　　　單位:%

類別	2004年	2005年	2006年	股改前後變化
電子行業	26.66	26.90	24.84	1.82
全國平均	46.78	45.00	43.25	3.53
差異	20.12	18.10	18.41	

註:股改前後變化是指2004年與2006年數據的增減。差異是全國平均與電子行業的各年的差值。

---

① 本表中的電子行業平均數與統計年檢有差異,主要原因是本文只選取了41家電子行業上市公司作為研究對象,剔除了數據不全的部分電子類上市公司。

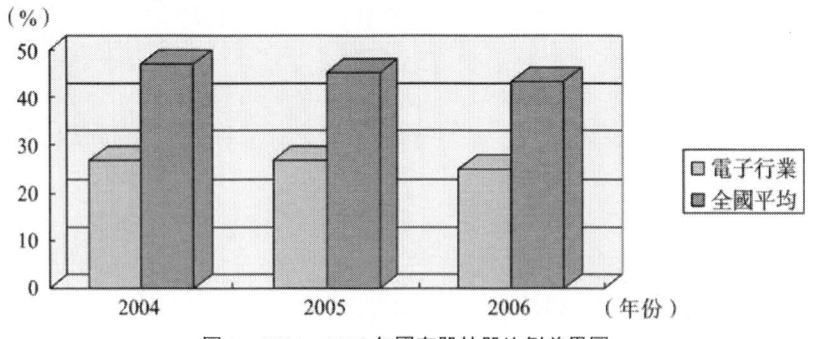

図 1　2004—2006 年國有股持股比例差異圖

（2）第一大股東持股比例變化情況。

上市公司第一大股東是與上市公司有密切關係的持股主體。一般而言，第一大股東佔有持股比例的絕對優勢，從而形成獨具中國特色的「一股獨大」的特點。第一大股東對上市公司的絕對控製權，最終使得上市公司的經營業績和內部治理機制都和其密切相關。中國上市公司大多是由國有企業改制而來的，因而這種現象在中國尤為明顯。通過分析電子行業的 41 家樣本公司發現，三年間第一大股東持股比例整體呈下降趨勢，降幅達到 10.10%（見表 6）。從全國看，2004—2006 年全國 1,000 多家上市公司第一大股東的持股比例也呈下降趨勢，降幅達到 8.07%。全國總體第一大股東持股比例都大於電子行業第一大股東持股比例，2005 年二者差異縮小到 5.48%，這是由於當年深滬兩市參與股改的上市公司總共有 234 家，而電子行業僅有 11 家。2006 年全面股改後二者比例進一步拉大，達到 10.09%。

表 6　　　　　股改前後上市公司第一大股東持股比例變動表　　　　單位：%

類別	2004 年	2005 年	2006 年	股改前後變化
電子行業	40.69	39.84	30.59	10.10
全國平均	48.75	45.32	40.68	8.07
差異	8.06	5.48	10.09	

註：股改前後變化是指 2004 年與 2006 年數據的增減。差異是全國平均與電子行業的各年的差值。

（3）非流通股比例變化情況。

股權分置改革就是要消除股份在流通權上的差異，然而中國自證券市場建立之初就存在股份的流通權差異，改革不可能把已經存在了十幾年的非流通股徹底根除，這需要一個過程，因此只能循序漸進地解決流通權差異的問題。從表 7 可以看出，無論是電子行業還是全國上市公司，股改非流通股的比例在三年間都是下降趨勢，電子行業的降幅遠遠超過了全國平均數，達到了 15.86%，二者的變動關係可以在圖 2 中清晰

地反應出來。股改前，2004年電子行業和全國平均非流通股比例相差不大，僅有3.61%。但是隨著股權分置改革的全面推進，2006年二者相差竟達到了13.88%，可見股改對電子行業的股權變動效果還是比較明顯的。而從全國範圍看，股改對於非流通股比例下降的作用并不十分顯著。截至2006年股改基本完成，全國平均的非流通股比例雖然比2004年有所下降，但是也達到了58.36%，仍有過半數的股票沒有上市流通。

表7　　　　　　　　股改前後上市公司非流通股比例變動表　　　　　　　　單位：%

類別	2004年	2005年	2006年	股改前後變化
電子行業	60.34	57.02	44.48	15.86
全國平均	63.95	61.8	58.36	5.59
差異	3.61	4.78	13.88	

註：股改前後變化是指2004年與2006年數據的增減。差異是全國平均與電子行業的各年的差值。

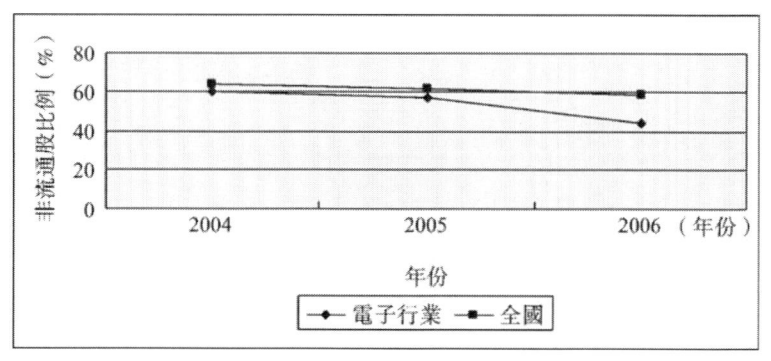

圖2　2004—2006年非流通股比例折線圖

四、股權分置改革前後上市公司經營績效分析

（一）上市公司經營績效指標的體系設計

根據上市公司2005年分行業業績評價結果可知，電子行業在所有23個行業中排名最後，因此本文仍然選擇電子行業的41家樣本公司作為研究對象，看行業排名最後的上市公司在股改前後經營績效指標有何變化。根據2006年5月7日國資委頒發的《中央企業綜合績效評價管理暫行辦法》，本文選擇的指標如表8所示：

表8　　　　　　　　　　　上市公司財務績效評價指標

項目	指標	計算公式
盈利能力	每股收益	淨利潤/普通股平均股數
	平均每股經營現金流量淨額	經營活動產生的現金流量淨額/總股本
	淨資產收益率	淨利潤/（所有者權益年初數+所有者權益年末數）/2

為了能夠清晰地反應股改前後上市公司經營績效指標的變化，本文選取了電子行業上市公司的2004年、2005年和2006年三年的上述財務指標進行分析。由於所有樣本公司都是在2006年12月31日前全部完成股改，因此2006年財務數據就可以作為股改之後上市公司經營績效指標分析的基礎。本文樣本數據均來自《中國證券期貨統計年鑒2006》、國泰安研究服務中心提供的上市公司年報數據及金融界網站上上市公司的資料。

（二）股改前後上市公司經營績效指標的變化分析

盈利是每個企業生存和發展的靈魂，上市公司經營狀況的好壞可以直接從其盈利能力指標的大小進行判斷。要分析股權分置改革對上市公司的影響，主要還是看相關指標在股改前後的變化情況。如表9所示，筆者選擇的三個代表性的盈利能力指標都低於全國平均水平。下面分別進行詳細分析。

表9　　　　2004—2006年電子行業與全國上市公司經營業績指標比較

行業\年份	每股收益 電子	每股收益 全國平均	平均每股經營現金流量淨額 電子	平均每股經營現金流量淨額 全國平均	淨資產收益率 電子	淨資產收益率 全國平均
2004	0.23	0.25	0.15	0.38	0.04	9.12
2005	-0.06	0.22	0.16	0.43	-0.04	8.19
2006	0.02	0.28	0.28	0.34	-16.37	11.32

1. 每股收益

每股收益是指公司的淨利潤除以公司的總股本後的值，反應了公司每一股所具有的當前獲利能力。[①] 考察每股收益歷年的變化，是研究公司盈利能力變化最簡單明了的方法。分析2004—2006年電子行業和全國平均的每股收益變動（見表10），二者顯著的差異如圖3所示。2004年電子行業與全國平均水平相差不大，但是2005年電子行業的每股收益小於0，股改後，2006年情況稍微好轉，但是與全國平均水平仍然相差較

---

① 由於統計數據是以舊會計準則為依據的，故沒有按照《企業會計準則第34號——每股收益》來規範每股收益。

大。分析其原因，信息產業部、發改委等都做出了國家宏觀調控以及市場競爭導致利潤下降、國際競爭環境加劇的結論，并表示這與部分上市公司參與股權分置改革沒有直接關係。2006年，樣本公司股權分置改革全部完成，每股收益較2005年大幅上升，與全國平均的差異也略有縮小，股權分置改革完成後電子行業每股收益略有上升。

表10　　　　　　　　股改前後上市公司每股收益變動表

類別	2004年	2005年	2006年	股改前後變化幅度
電子行業	0.23	-0.06	0.02	-91.30%
全國平均	0.25	0.22	0.28	12%
差異	0.02	0.28	0.26	

註：股改前後變化幅度是2006年與2004年數據之差與2004年數據相比較得到。差異是全國平均與電子行業的各年之差。

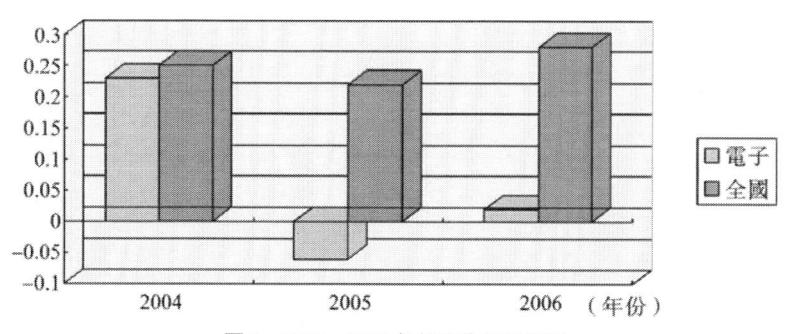

圖3　2004—2006年每股收益差異圖

2. 平均每股經營現金流量淨額

現金是每個公司的血脈，尤其是經營性現金流量，其作為現金流量最關鍵的指標，已越來越受到投資者、債權人和監管部門的重視。經營性現金流量的增加是企業健康發展的重要標誌。從表11以及圖4可以看出，雖然電子行業的平均每股經營現金流量淨額遠低於全國平均水平，但是二者整體都呈上升趨勢。全國平均水平上升較緩，總體增幅為16.98%，但是2006年電子行業大幅上升，較2004年的增幅達到了86.67%。通過上述數據分析發現，股權分置改革使上市公司更加注重企業盈利能力的實際質量。這也是中國證監會2005年10月19日頒發的《關於提高上市公司質量的意見》所要達到的預期目標。

表11　　　　　股改前後上市公司平均每股經營現金淨額變動表

類別	2004年	2005年	2006年	股改前後變化
電子行業	0.15	0.16	0.28	86.67%

表11(續)

類別	2004年	2005年	2006年	股改前後變化
全國平均	0.53	0.59	0.62	16.98%
差異	0.38	0.43	0.34	

註：股改前後變化幅度是2006年與2004年數據之差與2004年數據相比較得到。差異是全國平均與電子行業的各年之差。

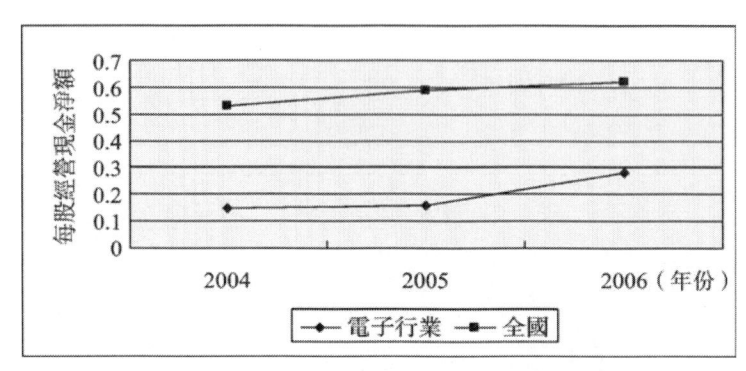

圖4　2004—2006年平均每股經營現金淨額折線圖

3. 淨資產收益率

淨資產收益率（ROE）是評判一家公司，尤其是上市公司經營業績的主要指標。淨資產收益率是公司稅後利潤除以淨資產得到的百分比率，用以衡量公司運用自有資本的效率，彌補了每股稅後利潤指標的不足。對比2004—2006年電子行業和全國上市公司淨資產收益率，三年間電子行業都遠低於全國平均水平。二者的差異可從圖5看出，2004年相差9.08%，2005年差異略有縮小，但到2006年二者差異達到歷史最高，竟到了27.69%。同時，三年間樣本公司的淨資產收益率呈下降趨勢，與2004年相比，2006年電子行業降幅竟到了410.25%；而全國整體的淨資產收益率則呈上升趨勢，整體上浮了24.12%。2006年年底股改基本完成，上市公司總體業績較好，這說明股改給中國上市公司帶來了積極的效果。但是電子行業由於全行業的競爭及國家宏觀政策和國際環境的影響，抵消了股改對上市公司的積極效應，經營業績降幅較大，這說明電子行業上市公司利用自有資金實現盈利的能力較差。

表12　　　2004—2006年股改前後上市公司淨資產收益率變動表　　　單位：%

類別	2004年	2005年	2006年	股改前後變化
電子行業	0.04	-0.04	-16.37	-410.25
全國平均	9.12	8.19	11.32	24.12

表12(續)

類別	2004 年	2005 年	2006 年	股改前後變化
差異	9.08	8.23	27.69	

註：股改前後變化幅度是 2006 年與 2004 年數據之差與 2004 年數據相比較得到。差異是全國平均與電子行業的各年之差。

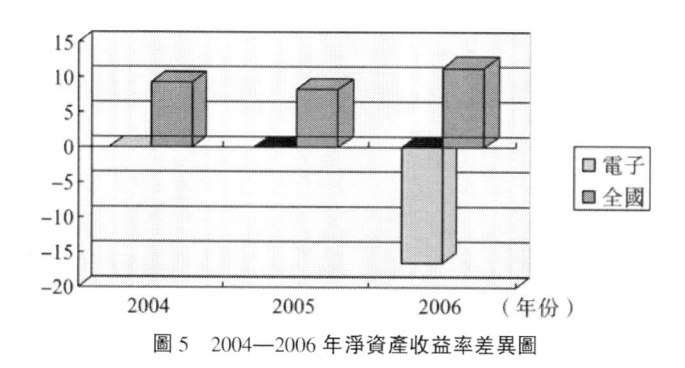

圖5 2004—2006 年淨資產收益率差異圖

（三）股權分置改革完成後上市公司經營績效趨勢分析

目前上市公司的股權分置改革已經基本完成，股權流動性差異的情況已經不存在，同時上市公司於 2007 年 1 月 1 日開始執行最新企業會計準則。在股改後，為了分析上市公司執行新的企業會計準則的情況下經營業績的變化，本文根據樣本公司 2007 年中報資料搜集了其盈利能力指標數據并進行了進一步的分析，希望能夠瞭解上市公司經營業績的變化趨勢。

盈利是上市公司的核心。上市公司經營業績變化主要還是通過盈利能力指標反應，同時企業高層管理人員關注的焦點也是盈利能力方面的信息，因此本文對電子行業上市公司盈利能力進行了進一步趨勢分析。從圖 6 可以看出，2004—2007 年全國上市公司整體的每股收益變化相對比較穩定，基本在 0.2~0.3 徘徊。然而電子行業上市公司波動較大，除了 2004 年比較接近全國平均水平外，其他比較年份都遠低於全國平均水平，這也證實了電子行業全國排名靠後的現實。通過分析電子行業內部變化可以看出，2005 年有較大下降，每股收益小於 0，但 2006 年樣本公司股改全部完成後稍有轉變。從其 2007 年半年報的變化趨勢可以判斷，股改後的電子行業上市公司經營績效將穩步回升，但是仍然與全國平均水平有差距，這也是由電子行業激烈的市場競爭造成的。

图6 每股收益变化趋势图

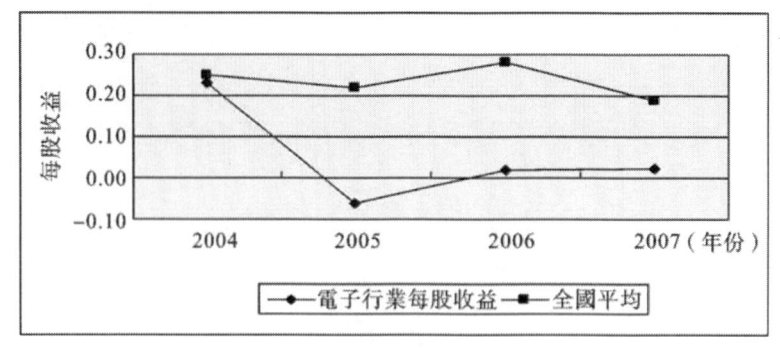

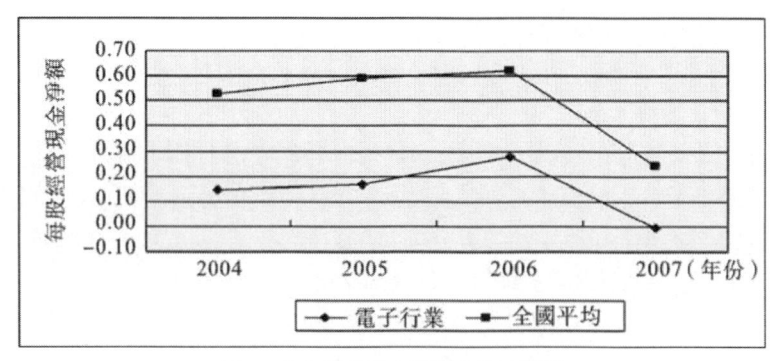

现金是一个公司进行正常经营的血脉，缺乏足够现金的公司将举步维艰。从图7可以看出，电子行业仍然远低于全国平均水平，但二者的变化趋势很相似，即各年年报数据都是稳中有升，但是2007年的中报数据却远远低于年报数据。这是由于上市公司在年度中期为了扩大销售而进行了大量的赊销行为，使得每股收益等相关盈利能力指标较高，但是年度中期并没有及时回笼资金的要求，导致每股经营现金净额较低，电子行业甚至接近0。这也比较符合人们的理财习惯，都是在接近年关时收回大量资金。然而作为公司，需要制订合理的资金回笼计划，避免坏帐产生。

图7 每股经营现金净额变化趋势图

从图8可以看出，全国整体的净资产收益率各年基本保持稳定，电子行业仍然远低于全国平均水平，和前面的指标结论保持一致。然而在比较2004年、2005年及2007年半年报数据后，发现其基本保持稳定，因此可以判断电子行业净资产收益率未来的变化趋势仍是稳中有升，但由于激烈的市场竞争，其与全国平均水平仍保持着距离。

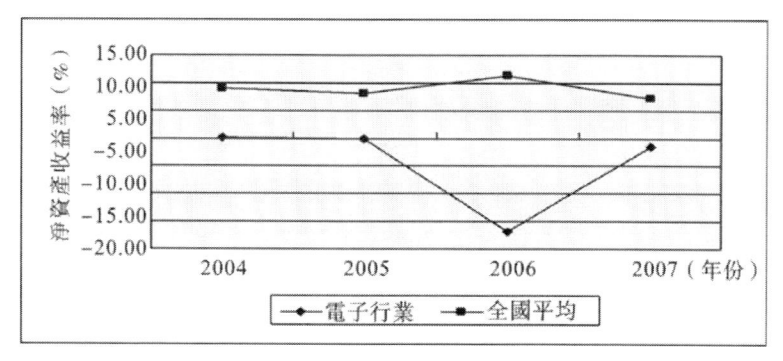

圖8　淨資產收益率變化趨勢圖

五、股權分置改革後上市公司進一步改善經營績效的對策

（一）加強企業內部管理，完善管理機制

1. 發揮財務槓桿效應，拓寬上市公司融資渠道

經過股改後，各類不同的持股主體的利益形成機制一致，中國過去那種排隊上市的現象將不再發生，大股東強烈的股權融資偏好將減弱，公司（實質上是大股東）融資行為會在收益與風險的匹配過程中趨於理性。在股權分置時代，上市公司的融資選擇體現的是大股東的行為偏好和利益趨向，國際上常見的融資優先順序選擇幾乎不存在。而在股權分置改革完成後，由於包括大股東在內的所有非流通股股東的股票價值都市場化了，非理性的融資選擇客觀上會影響股票價格。這實際上形成了市場化的融資成本機制，從而使上市公司遵循優先序融資選擇路徑。

2. 優化內部資源配置，提高資源利用效率

資產對於每個企業來說都是不可或缺的，資產利用效率的高低關係到企業經營狀況的好壞。對於上市公司而言，資產不僅包括原材料、固定資產等有形資源，還有人力資料、信息資源等無形資源。只有各類資源內部及其相互之間實現了合理有效的分配，才能提高其利用效率，實現企業預期的經營目標。股權分置改革之前，上市公司流通股股東和非流通股股東缺乏共同的利益形成機制，因此其目標缺乏一致性。從本文前面的論述可知，上市公司流通股股東和非流通股股東的最終目標僅僅是關注某一方的利益，這樣容易導致上市公司內部的運行效率低下，資源閒置甚至浪費——尤其中國的上市公司大部分是由國有企業改制而成的。大股東侵吞上市公司的財產，導致國有資產流失的現象屢見不鮮。股權分置改革是上市公司進行資源整合的契機，借股改之機，上市公司應做到人力資源配置、信息資源配置、有形財產配置等方面的資源

整合。

3. 提高上市公司質量，實現企業的可持續發展

2004年1月，國務院出抬了《國務院關於推進資本市場改革開放和穩定發展的若干意見》，其中明確提出了提高上市公司質量的問題。上市公司是國民經濟運行中最具發展優勢的群體，是資本市場投資價值的源泉。雖然上市公司以股權分置改革為契機，解決了資產質量不佳等歷史遺留問題，推動了上市公司建立長效的激勵機制，完善了法人治理結構，為資本市場的健康穩定發展奠定了基礎，但是在股改完成後甚至今後更長的時期內，提高上市公司質量依然是需要解決的現實問題。股改只是改革了影響中國證券市場十幾年的股權的流動性分裂問題，使上市公司的股權結構更加合理化，這對於提高上市公司質量有一定現實意義，但卻并不能形成長效機制。提高上市公司質量，關鍵在於公司董事會、監事會和經理層要誠實守信、勤勉盡責，努力提高公司競爭能力、盈利能力和規範運作水平。同時，各有關方面要營造有利於上市公司規範發展的環境，支持和督促上市公司全面提高質量。

(二) 強化外部協調機制，創造良好競爭環境

1. 切實貫徹執行各項法律法規，保護中小投資者的合法權益

2005年4月29日，中國證監會發布了《關於上市公司股權分置改革試點有關問題的通知》，宣布啓動股權分置改革的試點工作。本次「通知」的亮點，即股權分置改革的基本原則就是如何保護投資者特別是公眾投資者的合法權益。同時，2005年10月27日，新修訂的《公司法》《證券法》獲得審議通過，並於2006年1月1日起開始施行。兩部法律的修訂與出抬，標誌著中國證券市場法制建設邁入一個新的歷史階段。修訂後的兩法為改善上市公司治理結構提供了法律依據和製度保障。上述政策法規的制定，為股改完成後的上市公司生產經營建立了良好的法律環境。國家的各項政策法規切實體現了保護中小投資者合法權益的決心，但是政策法規能否切實發揮作用還在於法規的貫徹與實施。因此中國證監會應該加大對上市公司的監管力度，實行上市公司的年度審批製度。另外，還應通過註冊會計師的民間審計來完成對上市公司年度財務報表和其執法情況的監督和檢查。

2. 培育良好的職業經理人市場

培養經理人市場的意義，不僅在於經理人市場對管理人員的機會主義提供了有效的事後清償手段，還因為活躍的經理人市場有利於企業創造出更好的價值。當在職的經理人不合格時，董事會就可以方便地從職業經理人市場尋找合適的替代人員。然而中國的職業經理人市場還屬於一個新興市場，目前中國上市公司尚未建立以市場為基礎的製度化的公司管理層篩選機制，從而導致公司管理資源的配置缺乏效率。因此，應該強化中國職業經理人市場的建設。總之，一個市場化運作的經理人市場是中國股票市場繁榮和發展的前提和基礎。

參考文獻：

[1] 王斌. 股權結構論 [M]. 北京：中國財政經濟出版社，2001.

[2] 吳曉求. 資本結構與公司治理 [M]. 北京：中國人民大學出版社，2003.

[3] 金鑫. 上市公司股權結構與公司治理 [D]. 上海：復旦大學，2003.

[4] 劉紀鵬. 全流通難題如何解決 [J]. 中國工商，2004（1）.

[5] 高愈湘. 中國上市公司控製權市場研究 [M]. 北京：中國經濟出版社，2004.

[6] 吳曉求. 中國資本市場：股權分裂與流動性變革 [M]. 北京：中國人民大學出版社，2004.

上市公司資本結構和經營績效相關性研究

辛亦維

一、研究背景

企業經營正常運轉的前提和基礎是資金，然而由於資金的來源方式和渠道并不相同，企業形成了不同的資本機構。詳細來講，企業的資金來源有自由資金、銀行債務等。根據其比例的不同，企業的資產負債率也會不同。學術界研究較為熱烈的問題之一就是在公司資本結構差異性條件下，如何確定最合理的資本結構。判斷企業資本結構合理性的最重要的因素之一是公司的資產負債率。根據 MM 理論，公司資本結構的不同會導致公司的資本成本均值產生變化，從而導致公司的經營績效和管理程度有所差異。國內很多學者都對此問題進行了不同程度的調查及研究，并且獲得了滿意的成果。

在中國市場經濟發展過程中，有關資本結構和經營績效之間的關係，國內大多數的研究學者普遍認為就多數上市企業而言，兩者存在相關關係。

雷卿然（2012）在研究中指出，但凡公司出現資金週轉困難問題而且必須進行融資時，企業的第一選擇便是內源融資；第二選擇是通過債務融資；第三選擇是進行股權融資。這些方式可以使公司的資金問題在一定程度上得到解決。在公司經營績效直線上升階段，公司能夠源源不斷產生更多的內源資本。此時，假設企業有新的項目需要資金注入，內部資源就可以提供充足的資金，基本上不需要對外舉債，負債比率也就較低。可見，資本結構與公司經營績效之間的作用和影響是相互的，不是單方面獨立存在的。[1]

---

[1] 雷卿然. 資本結構與公司績效互動關係研究——基於動態面板數據 DIFF-GMM 方法 [D]. 成都：西南財經大學，2012.

彭景頌（2014）在研究中指出，在技術產業方面，特別是高新技術產業中，公司的股權結構與經營效益是成正比的，即股權結構越完善，公司的經營效益就越好。債權結構與公司經營效益是成反比的，即債務占的比例越多，公司的經營效益受該條件影響後就變得越差。可見，提高公司經營績效不可或缺的條件之一，便是合理的公司資本結構。[①]

從研究公司經營績效的角度出發，分析并研究企業的不同資本結構存在的合理性、研究不同的資本結構對企業經營績效的影響，有其積極的理論和現實意義。所以，無論是在理論研究層面還是在實際操作層面，通過研究資本結構與公司績效之間的關係來判定企業的資本結構情況是否處於合理的狀態，以及如何改變資本結構來不斷改善經營績效，都具有現實性的重要意義。

本文從資本結構的含義和要素入手，通過分析 MM 理論、代理理論，引出評定企業績效的三種不同方法。隨後通過對比三種方法，選取最合適的托賓 Q 值法來進行實證分析。

實證分析數據樣本是通過隨機方式，在中國的上市公司中選取 42 個存在差異的公司進行分組而最終確定的。分組標準則通過企業資產負債率的高低來劃分。因此，第一組為低資產負債率組，第二組為高資產負債率組。隨後對資產負債率及企業績效評定方法的托賓 Q 值進行描述性統計。本文的推導是建立在上市公司的資本結構和經營業績的相關性上的，所以在進行接下來的數據研究及分析之前，關於資產負債率和企業托賓 Q 值是否具有筆者所推測的相關關係，需要通過數據來驗證。本文的驗證方法是通過畫出散點圖來直觀地觀察兩個變量間的相關性和建立兩變量之間的 OLS 方程來計算兩者相關性。隨後通過對托賓 Q 值使用 SPSS 19.0 和 stata12.0 進行獨立樣本 t 檢驗，從而得出兩者的相關性結論。

最後找出中國經濟市場中，資產負債率高低與經營績效之間有何聯繫，以期在上市公司資本結構差異性前提下，找出企業最佳資本結構，并對當前市場經濟和上市公司未來發展提出參考建議。

二、研究設計

（一）相關理論概念

1. 資本結構的含義

資本結構是指在特定時間中，企業各種資本價值的比例關係；且存在兩種含義之

---

① 彭景頌．高新技術上市公司資本結構與公司績效相關性研究［D］．廣州：廣東工業大學，2014．

分（廣義、狹義）。公司在某特殊的固定時期可將公司的資本進行重新劃分，一種方式是股權資本和債務資本，另一種方式是長期資本與短期資本。一是廣義的資本結構，指企業各種資本在全部資本中的占比關係。二是狹義的資本結構，指所有長期資本的價值構成和比例在公司中存在的相關關係，即股權資本與長期債務資本的價值構成和所占比例。

2. 資本結構的要素

影響企業經營績效的原因之一便是資本結構的組成和占比有所不同。判斷企業資本結構是否需要改進需要考慮三個要素。

（1）成本要素。

該指標是企業在進行融資和使用資金時需要支付的相關費用，即資金成本，通過資金成本的高低來判斷是否需要改進企業資本結構。最合理的資本結構會使企業價值最大化，同時使得資金成本達到最低。

（2）風險要素。

資金成本通常與風險息息相關，兩者呈負相關關係。當資金成本降低時，風險則相應提高；當風險對資本結構產生影響時，企業的資金成本便早已對資本結構產生了影響；當企業的資本結構優化時，企業的風險壓力也會降低。在固定的資金成本下，最合理的資本結構則為風險最小的資本結構。

（3）彈性要素。

資本結構內部的組成部分存在不同的占比關係，該指標是指各組成部分的占比具有可變化性和轉換性。企業在生產經營中一般會有較穩定的資本結構，但市場環境瞬息萬變，使得穩定的資本結構難以適應。在固定的資金成本和風險下，企業最優的資本結構即為該指標盡可能大的資本結構。

以上所敘述的要素通過彼此間的作用對企業的資本結構產生不同的影響。其中如果資本結構是大風險、小彈性的，那麼資金成本較低；如果資本結構是小風險、大彈性的，那麼結果與之相排斥。同時，企業不可能獲得風險小、彈性大，并且資金成本低的融資。想要使得資本結構取得最優組合，只能通過合理組合上述要素，從而達到此目的。

3. 資本結構相關理論介紹

淨收益理論、淨營業收益理論、代理理論、MM理論、等級籌資理論等都是關於資本結構的相關理論。本文在分析上市公司的資本結構和經營績效相關關係時主要採用MM理論和代理理論。

（1）MM理論。該理論用數量關係來揭示資本結構、資本成本和公司價值之間的關係。該理論指出在固定風險下，且不考慮所得稅時，企業資本組成中的負債對企業的經濟價值不產生影響；若是考慮所得稅時，因為負債利息可在稅前支付，所以，企

業可以增加企業的價值并減少綜合資本成本。綜上所述，要想達到公司價值的最大化，便需要增加負債。負債越多，槓桿作用越明顯，同時可使財務槓桿利益不斷加大，從而通過不斷降低其資本成本的方式來達到目的。資本結構中債務資本接近於百分之百時，此效果便是最佳資本結構，與此同時企業價值得以最大化。值得注意的是，中國資本市場及市場監督管理目前并不完善，而 MM 理論是以完善的資本市場和市場監督管理為前提的。這在中國市場經濟發展階段是否適用，還需實證。

（2）代理理論。該理論是企業股東和債權人等資源的提供者與企業管理人，即資源使用者的契約關係。企業的資本結構通過影響管理人員的工作態度、工作行為、工作責任心，進而對企業的經營績效產生作用。在企業的生產經營中，債務融資是企業常用的方式，并在企業的發展方面產生不可小覷的促進作用。一方面，企業進行債務融資，使得公司的管理層出現危機意識，進而促使管理人員積極參與公司重大決策，并進行理性判斷，兢兢業業地工作，避免了管理層不作為帶來的代理成本的上升。另一方面，在公司進行債務融資後，代理成本還表現在債權人與企業管理層之中。企業不斷優化資本結構，使股權成本和債務成本比例趨於合理，這對提升企業經濟價值及企業人員積極性和增強其工作責任心起到了積極作用。

（二）企業績效的評定方法

雖然企業的生存和發展環境都隨著市場經濟的不斷發展而變化，但是企業間的競爭愈來愈激烈，對企業績效的評定方法也需隨著市場經濟的不斷發展而變化。在現今模式的經濟市場中，企業績效評定方法主要有三種。

1. 淨資產收益率法（ROE）

該指標是公司稅後利潤與淨資產的比值，反應了企業自有資本的運用效率，體現了自有資本獲得淨收益的能力。投資帶來的收益越高，表明此指標值越高。企業總資產減去負債後的淨額得到企業淨資產，淨資產的增加則是企業在生產經營中創造的價值。企業運用恰當的財務槓桿可以使資金的使用效率最大化。企業的財務風險增大是由借入的資金過多而引起的，在條件不變且無其他影響因素的前提下可以增加盈利，降低資金的使用率，便是由於借入的資金過少而引起的。

2. 經濟增加值法（EVA）

該指標是從稅後淨營業利潤中扣除包括股權和債務的全部投入資本成本後的所得。值得注意的是，所有企業的資本投入都是有成本的。只有當企業的盈利高於其資本成本時，企業才處於良性發展，才會滿足股東所需，為股東創造應用價值。

3. 托賓 Q 值

托賓 Q 值的計算公式為：托賓 Q 值＝（企業年末的流通市值+企業非流通股份占淨資產的金額+企業長期負債價值+企業短期負債價值）/企業年末的總資產。其中，年末流通值＝該企業股票流通股數額×收盤價，非流通股份占淨資產的金額＝非流通股份數×

每股淨資產，每股淨資產＝股東權益/總股本。① 一般情況下，企業在一定時期的重置成本是比較穩定的，波動也較小，這時，如果該指標顯示較高，那麼說明市場價值高於重置成本，公司將更具有投資價值，企業的生產經營處於良性軌道。反之，如果該指標顯示較低，那麼說明市場價值低於重置成本，企業不能產生收益，是沒有投資價值的，反應出的企業生產經營水平也就較差。由上文可知，可以通過計算托賓 Q 值來判斷企業的經營水平。

實踐中，雖然前三種方法都可以進行企業價值評定，但對比淨資產收益率法和經濟增加值法，托賓 Q 值法則更適用於企業價值的評定，并且能凸顯其優勢。三種方法的優劣對比如下：一是淨資產收益率忽視了企業債務在企業經營中的作用，只關注了企業稅後利潤與股東權益的關係，會導致研究結果不準確，而托賓 Q 值法避免了這一問題；二是經濟增加值法不能展現出在未來市場中對公司收益的預測和判斷。實際上，在較短時間內，宏觀經濟狀況、行業的情況、資金供應狀況等許多不可控因素都對該數值產生影響。以此為依據，研究結果會有失偏頗，托賓 Q 值法在這方面考慮得更全面。三是托賓 Q 值法能夠展現企業的業績情況及狀況、未來成長性高低和該企業在未來市場中是否存在比較具有優勢的投資價值。該方法在國內被普遍採用，用來衡量公司經營績效的財務狀況，比起前兩種方法更具可操作性。

綜上，本文最終選取托賓 Q 值法來判定企業的經營績效水平。選取的研究數據包括了現在中國市場經濟環境中的許多影響因素及條件，這使得本文研究分析結果更為準確。

（三）提出假設

公司在進行債務融資時需要按期付息。股權融資則在企業有盈利時向投資人發放股利，但是債務利息可以在稅前扣除，而股利只有在稅後支付。因此當債務融資成本等於股權融資成本的情況下，由於稅盾作用，債務融資比股權融資的成本更低。但當企業遭遇破產時，償還順序是先債權人後股東，因此股東的風險更高，要求的報酬率也相應較高。

在公司資本結構中，提高債務資本時，公司資本均值將降低。如果將公司的債務資本和股權資本占比進行優化，企業的加權平均資本就能夠處於最低。同時，會支付大量現金，從而達到降低企業代理成本的目的。

因此我們提出以下假設：在其他因素不變的情況下，公司資產負債率越低，企業經營績效便越會低於資產負債率高的企業。

---

① 何利英. 基於 Q 值的企業投資策略研究 [D]. 南昌：華東交通大學，2009.

三、實證分析及結果

(一) 樣本及指標設計

在中國經濟市場中,上市企業的資本結構差異化明顯。中國資本市場中的每一家上市公司都有其獨特的資本結構,企業資產負債率在(20%,80%)區間的上市公司數量較多。為了使研究結果準確,筆者選擇了2012—2014年中國A股上市公司三年資產負債率均值在(20%,80%)區間的42家上市公司為研究對象。同時考慮到金融行業、被特殊處理上市公司由於經營方式、財務方式和決策與其他企業有顯著的差異,應予以排除。將這42個上市公司根據資產負債率的高低分為兩個小組。第一組為資產負債率低的樣本組,企業個數為21家,其資產負債率均低於40%。第二組為資產負債率高的樣本組,企業個數同樣為21家,其資產負債率均高於60%。通過對這兩組樣本的研究來驗證企業資本結構和經營效益的相關關係。

1. 描述性統計

資本結構描述性統計輸出表如表1所示:

表1　　　　　　　　資本結構描述性統計輸出表

Panel A　低資產負債率組

Percentiles	Smallest			
1%	0.040,0	0.040,0		
5%	0.120	0.120		
10%	0.180	0.180	Obs	21
25%	0.230	0.190	Sum of Wgt.	21
50%	0.290	Mean	0.278	
Largest	Std. Dev.	0.094,4		
75%	0.330	0.350		
90%	0.360	0.360	Variance	0.008,91
95%	0.360	0.360	Skewness	−0.539
99%	0.480	0.480	Kurtosis	3.850

Panel B　高資產負債率組

Percentiles	Smallest			
1%	0.500	0.500		
5%	0.620	0.620		
10%	0.620	0.620	Obs	21
25%	0.700	0.660	Sum ofWgt.	21
50%	0.730	Mean	0.739	
Largest	Std. Dev.	0.092,4		
75%	0.810	0.840		
90%	0.840	0.840	Variance	0.008,53
95%	0.860	0.860	Skewness	−0.615
99%	0.880	0.880	Kurtosis	3.331

由 Panel A 描述性統計可以看出，第一組的資產負債率均值為 0.278，標準差是 0.094,4，其中四分之一分位數是 0.23，二分之一分位數是 0.29，四分之三分位數是 0.33。可見，該組資產負債率程度較為集中，且分布較為均勻，偏差不大，能較好地代表財務槓桿低的上市公司。

由 Panel B 可知，第二組的資產負債率均值為 0.739，標準差是 0.092,4，其中四分之一分位數是 0.7，二分之一分位數是 0.73，四分之三分位數是 0.81，偏度（Skewness）比第一組略微偏右，但分布還是基本均勻，依然能較好地代表財務槓桿高的上市公司。

托賓 Q 值描述性統計輸出表如表 2 所示：

表 2　　　　　　　　　　托賓 Q 值描述性統計輸出表

Panel A　低資產負債率組

Percentiles	Smallest			
1%	0.880	0.880		
5%	1.030	1.030		
10%	1.090	1.090	Obs	21
25%	1.380	1.150	Sum ofWgt.	21
50%	2.310	Mean	2.580	
Largest	Std. Dev.	1.517		

Panel A（續）

Percentiles	Smallest			
75%	2.560	3.740		
90%	5.540	5.540	Variance	2.302
95%	5.610	5.610	Skewness	1.134
99%	6.020	6.020	Kurtosis	3.291

Panel B　高資產負債率組

Percentiles	Smallest			
1%	0.620	0.620		
5%	0.710	0.710		
10%	0.810	0.810	Obs	21
25%	0.920	0.890	Sum of Wgt.	21
50%	1.010	Mean	1.038	
Largest	Std. Dev.	0.234		
75%	1.070	1.250		
90%	1.420	1.420	Variance	0.054,5
95%	1.520	1.520	Skewness	0.713
99%	1.540	1.540	Kurtosis	3.299

由表2可以看出，第一組的托賓Q值均值為2.58，標準差是1.517，其中四分之一分位數是1.38，二分之一分位數是2.31，四分之三分位數是2.56。可見，該組托賓Q值程度較為分散，樣本有向較小的托賓Q值集中的趨勢。

由表2可知，第二組的托賓Q值均值為1.038，標準差是0.234，其中四分之一分位數是0.92，二分之一分位數是1.01，四分之三分位數是1.07，偏度（Skewness）比第一組更小，且標準差比第一組小得多，說明第一組分布相對更加集中，從而初步驗證了前面提出的假設。

2. 實證分析

（1）資產結構與經營績效相關性論證。

由於本文的推導是建立在上市公司的資本結構和經營業績的相關性上的，其中前者的代理變量為資產負債率，後者代理變量為托賓Q值，因此在進行接下來的數據研究及分析之前，關於資產負債率和企業托賓Q值是否具有筆者所推測的相關關係，仍然需要通過數據來驗證。本文的驗證方法是通過畫出散點圖來直觀地觀察兩個變量間的相關性分布，如圖1、圖2所示：

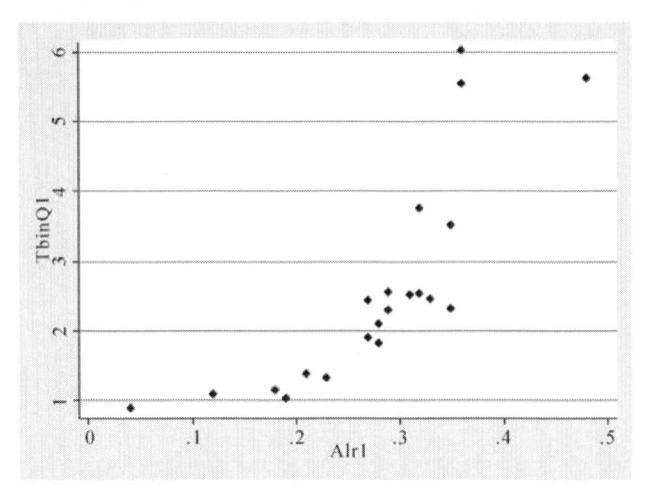

圖 1　第一組資產負債率（Alr1）和托賓 Q 值（TbinQ1）散點圖

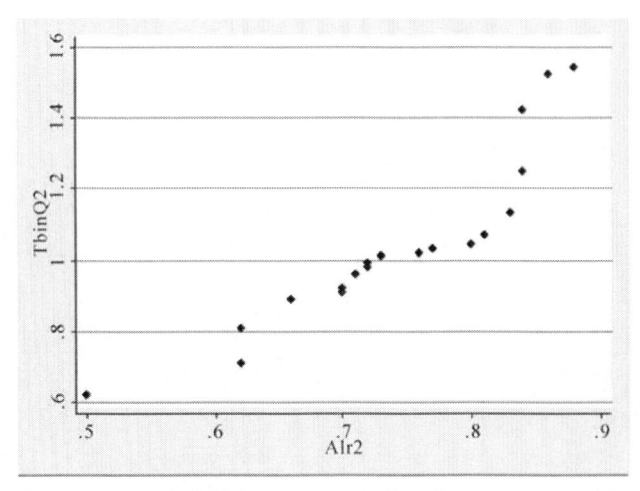

圖 2　第二組資產負債率（Alr2）和托賓 Q 值（TbinQ2）散點圖

　　從圖 1、圖 2 可以看出，無論是低資產負債率組還是高資產負債率組，資產負債率和托賓 Q 值存在較為近似的線性關係。

　　同時，基於謹慎性原則，筆者建立兩變量之間的 OLS 方程，迴歸結果如表 3 所示：

表 3　　　　　　　　　　資產負債率和托賓 Q 值 OLS 結果

Panel A　第一組

Source	SS	df	MS	Number ofobs	=	21
Model	29.22	1	29.22	Prob>F	=	0
Residual	16.82	19	0.885	R-squared	=	0.635
Total	46.03	20	2.302	Root MSE	=	0.941
TbinQ1	Coef.	Std. Err.	t	P>|t|	95% Conf.	Interval
Alr1	12.80	2.229	5.750	0	8.140	17.47
cons	-0.975	0.652	-1.500	0.151	-2.339	0.390

Panel B　第二組

Source	SS	df	MS	Number ofobs	=	21
Model	0.908	1	0.908	Prob>F	=	0
Residual	0.183	19	0.009,63	R-squared	=	0.832
Total	1.091	20	0.054,5	Root MSE	=	0.098,2
TbinQ2	Coef.	Std. Err.	t	P>|t|	95% Conf.	Interval
Alr2	2.307	0.238	9.710	0	1.809	2.804
cons	-0.666	0.177	-3.770	0.001,00	-1.036	-0.296

由表 3 的 panel A 和 panel B 可以看出，在第一組中，資產負債率和托賓 Q 值的可決系數（R-squared）為 0.635，而在第二組中達到了 0.832，說明了兩個變量之間的相關關係。在樣本數據中分別得到了 63.5% 和 83.2% 程度的解釋，說明了樣本數據對變量存在著相當高的解釋力度。

通過以上步驟，筆者非常科學地驗證了本文推導的合理性。因此，本文採用的獨立樣本 t 檢驗是符合條件并且切實可行的。因此如要分析兩個對比組之間的托賓 Q 值存在的差異情況，則需使用獨立樣本 t 檢驗來對兩組進行該指標的檢測，以此研究資本結構差異化與企業經營績效之間的關係。

（2）托賓 Q 值獨立樣本 t 檢驗。

實踐中，獨立樣本 t 檢驗的前提是樣本組相互獨立，且服從正態分布。眾所周知，現實中企業托賓 Q 值會受到很多基本相互獨立的隨機因素的影響。假設對托賓 Q 值產生影響的因素及條件的影響力度不大，則其對於公司的總影響力方面是服從正態分布的。所以，本文運用的獨立樣本 t 檢驗是切實可行和符合條件的。

筆者計算了在 2012—2014 年 42 家上市公司的托賓 Q 值均值後，對結果使用 SPSS

19.0進行獨立樣本t檢驗，結果如表4所示：

表4　　　　　　　　　　　托賓Q值獨立樣本t檢驗

數據		托賓Q均值	
		假設方差相等	假設方差不相等
方差方程的 Levene檢驗	F	0.318	
	Sig.	0.574	
均值方程 的t檢驗	t	0.638	0.638
	df	78	76.151
	Sig.（雙側）	0.525	0.525
	均值差值	0.118	0.118
	標準誤差值	0.184	0.184
差分的95% 置信區間	下限	-0.249,06	-0.249,2
	上限	0.484,07	0.484,21

本文設置的顯著性水平為0.05，從表4可見，F值為0.318，相伴概率Sig.為0.574，大於顯著性水平0.05。因此筆者認為應採用假設一，樣本組第一組和樣本組第二組的方差是相等的。假設一種t檢驗的結果為0.638，大於顯著性水平0.05。因此筆者認為樣本組第一組和樣本組第二組的托賓Q值的均值不存在顯著性差異。結論為：在中國市場經濟中，企業的資產負債率與經營績效沒有顯著的相關關係。

四、結論

綜上，中國經濟市場中，資產負債率的高低與經營績效沒有明顯的關聯，與前文所假設的觀點并不一致。究其原因如下：

一是抽取樣本存在偶然性。兩個對比組可能存在抽取出同類行業的情況，導致樣本受到行業因素的影響較大。相比4,000多家上市公司的數據總量，本次抽取樣本數量也較少，不能全面地反應上市公司經濟狀況。

二是假定條件考慮不足。由於條件所限，對比組研究中，本文的研究是假設其他條件不變的情況下進行的，然而在市場經濟中，不僅中國經濟市場多變且複雜，而且上市公司的發展環境及具體的生存條件也都互不相同。在現實中，可以影響企業資本結構和公司經營績效的原因及因素過多，可能會導致結果與前文的假設有所不同。

三是中國經濟市場特殊性使然。假定研究結果與中國現在的市場相吻合，可以明

顯看出國內的發展現象和此理論的研究結果是相互排斥的。而造成此現象的原因極有可能是現今的中國經濟市場發展不夠完善，人為主觀因素、政策調整等因素導致這一結果產生。如果假設成立，的確需要引起監管主體和市場主體的高度重視。

五、趨勢

在當今經濟環境下，企業發展存在許多機遇與挑戰。在此浪潮中，企業應該分析未來的發展趨勢及前景，不斷改進及創新，把握發展機遇，不懼挑戰，使企業更好地發展。未來市場經濟和企業管理的發展可以歸結為三個部分：

一是以從古至今的經驗來看，中國選取的市場經濟體制改革先行的模式比法治先行的模式面臨更大的風險。這就意味著，影響中國經濟市場發展的人為因素、政策調整等不確定因素將日益減弱，製度化、規範化的市場體系不斷完善。

二是在未來更加成熟的社會主義市場經濟體制中，國家政策鼓勵更加互補的公有制為主體、多種所有制經濟共同發展的基本經濟製度，也就是說市場將發揮更大的作用。在市場需求多樣化的今天，更具競爭的開放型經濟體系將是大勢所趨。企業針對市場需求也會形成不同的企業架構，也就是說，多種所有制經濟共同發展下，企業管理架構的差異將逐漸加大。

三是從科學應對當今及未來社會項目化趨勢日益增強的需求出發，現代企業管理系統融合了戰略管理、營運管理、項目管理、組織管理、人員管理和信息化管理等各種實踐理論成果。這些均已成為現代企業管理人員的必修課。企業資本結構優化需要考慮的影響因素將越來越多。

參考文獻：

[1] 陳德萍. 資本結構與企業績效的互動關係研究——基於創業板上市公司的實證檢驗 [J]. 會計研究，2012（8）.

[2] 彭景頌. 高新技術上市公司資本結構與公司績效相關性研究 [D]. 廣州：廣東工業大學，2014.

[3] 雷卿然. 資本結構與公司績效互動關係研究——基於動態面板數據 DIFF-GMM 方法 [D]. 成都：西南財經大學，2012.

[4] 陳志娟. 中國上市公司資本結構與企業績效相關性的實證分析 [D]. 北京：首都經濟貿易大學，2006.

［5］姜秀山. 資本結構、治理結構與企業績效的關聯關係研究［J］. 生產力研究，2009（22）.

［6］李丹. 中國製造業上市公司資本結構與績效相關性的研究［D］. 北京：北京化工大學，2007.

［7］王懿. 代理理論在管理會計應用中的中國問題研究［D］. 北京：對外貿易經濟大學，2006.

［8］陳亞敏. 經濟增加值及其在企業價值評估中的應用研究［D］. 西安：長安大學，2010.

［9］孫聖東. 公司經營績效與資本結構、股權結構的關係研究［J］. 現代商貿工業，2009，21（8）.

［10］魯靖文，朱淑芳. 上市公司資本結構與公司績效的實證研究［J］. 財會通信，2008（11）：6-8.

［11］呂長江，金超，韓慧博. 上市公司資本結構、管理者利益侵占與公司業績［J］. 財經研究，2007（05）：50-61.

［12］肖作平. 上市公司資本結構與公司績效互動關係實證研究［J］. 管理科學，2005，18（3）：16-22.

［13］畢皖霞，徐文學. 對資本結構與企業價值相關性的實證研究［J］. 統計與決策，2005（12）.

［14］章德洪，吳娜. 上市公司資本結構與業績相關性的實證研究［J］. 財會通信，2005（8）：11-16.

［15］林孔團，李禮. 資本結構與公司業績的行業特徵：基於中國上市公司的實證研究［J］. 生產力研究，2006（6）：120-121.

［16］劉靜芳，毛定祥. 中國上市公司資本結構影響績效的實證分析［J］. 上海大學學報，2005，11（1）：107-110.

［17］徐偉，高英，邢英. 資本結構、股權結構與經營績效——基於上市公司的實證研究［J］. 山西財經大學學報，2005，27（4）：116-120.

［18］王任飛. 創新型戰略企業的資本結構選擇［J］. 管理學報，2004，1（3）：281-284.

［19］侯麗娟. 上市公司研發投入與托賓Q值的關係檢驗［J］. 會計之友，2012（26）：76-77.

［20］BERGER, A. N., E. B. PATTI. Capital structure and firm performance: A new approach to testing agency theory and an application to the banking industry［J］. Journal of Banking & Finance, 2006（30）.

［21］FRANK, M. Z., GOYAL, V. K. Capital structure decisions［R］. Vancouver:

University of British Columbia, 2003.

[22] MURADOGLU G., S. SIVAPRASAD. Capital structure and firm value: An empirical analysis of abnormal returns [J]. Ssm Electronic Journal, 2009.

[23] JORDAN J, LOWE J, TAYLORP. Strategy and financial policy in UK small firms [J]. Journal of Business Finance and Accounting, 1998 (25).

[24] BALAKRISHNAN S., FOX I. Asset specificity, firm heterogeneity and capital structure [J]. Strategic Management Journal, 1993, 14 (1).

房地產業「營改增」問題的探討

徐鷺

一、引言

為規範和完善中國增值稅製度，促進中國產業結構調整，「營改增」自 2012 年起逐步在中國各省市的部分行業實施，但是增值稅只有覆蓋全行業才能滿足其稅收中性的特點，才能發揮其功能和作用。因而自 2016 年 5 月 1 日起，中國開始在全國範圍內開展「營改增」的納稅試點工作，建築業、房地產業、金融業、生活服務業等全部營業稅納稅人，被納入「營改增」試點範圍的改革中。其中，房地產業是中國經濟的支柱產業，土地收入也是地方政府最主要的收入來源，因此房地產行業的「營改增」問題備受關注。2016 年，國家稅務總局制定了《房地產開發企業銷售自行開發的房地產項目增值稅徵收管理暫行辦法》，自 2016 年 5 月 1 日起執行。對於房地產開發企業中的一般納稅人銷售自行開發的房地產項目，適用一般計稅方法計稅，按照取得的全部價款和價外費用，扣除當期銷售房地產項目對應的土地價款後的餘額來計算銷售額。銷售額的計算公式如下：

銷售額 =（全部價款和價外費用−當期允許扣除的土地價款）÷（1+11%）

一般納稅人銷售自行開發的房地產老項目（合同開工日期在 2016 年 4 月 30 日前的房地產項目），適用簡易計稅方法，按照 5% 的徵收率計稅。

但此前，中國房地產行業流轉稅一直採用營業稅和土地增值稅雙重徵收的製度，從價稅關係上看，營業稅和土地增值稅均屬於價內稅。由於營業稅沒有抵扣機制，這種雙重價內稅實際上加重了房地產行業的稅負。同時在「營改增」之前，房地產業的計稅依據當中包含工程價款及相關費用，其中工程價款中就已經含有上個環節的稅金，

因此存在一定的重複徵稅。然而增值稅相對於營業稅具有稅收中性的特點，因此「營改增」有利於降低因重複徵稅而導致的過重稅負。因此，「營改增」的實施從理論上來說對房地產業的持續、健康發展是非常有必要的。然而房地產業「營改增」的實施和推行存在一定的困難，且具體到一個企業的稅負是增加還是減少也是由多方面原因導致的。本文就「營改增」對房地產業產生的影響以及出現的困難進行分析，并給出相應的建議。

二、「營改增」對房地產業稅負的影響

「營改增」的實施對企業而言產生的最大影響應該是稅負的變化。對於房地產企業而言，新政策對其稅負的影響是多方面的。

（一）建築行業的稅負轉嫁影響

建築行業也是此次「營改增」後受影響較大的企業，也是與房地產行業關係最緊密的行業。建築業未來新項目的營業額同樣適用於先以11%的增值稅稅率計算銷項額，再減去可抵扣的進項稅額，即為需要繳納的增值稅。但建築行業的成本構成中，人工費和相應的一些期間費用占相當大的比重，而這些費用很難取得進項抵扣，因此，建築行業在原有的經營模式基礎上，很可能產生稅負增加，從而將增加的負擔轉向其下游的房地產行業。

（二）建築材料的採購影響

房地產行業中，建築安裝成本在其建設成本中佔有相當大的比重，其中，價值量較高的鋼筋水泥是主要的建築安裝成本來源。「營改增」後，房地產企業會更多地選擇讓建築公司只提供建築服務，而不提供建材，採取由甲方自行購買建材的方式，以獲得17%的增值稅進項稅。同時，對於建築鋼材而言，「營改增」之前，部分鋼鐵生產企業及貿易商均實行不帶票銷售，而在新政策下，為了爭取足夠多的進項指標，工地方面對進項發票的要求將逐步提高。這種現象一方面利於進一步規範市場交易行為，也使得建築工地可能較多地購買能夠提供足夠發票的品牌產品，從而使得原來的一些小型鋼企面臨巨大壓力，但從積極的角度來看，全面「營改增」可以助推鋼鐵產業升級，促進企業多元化發展。

（三）房地產業各項進項稅抵扣的實施

雖然「營改增」的主要目的是消除重複徵稅，而且相比營業稅，增值稅對企業來說可籌劃的空間更大，但是增值稅是一個全鏈條、道道抵扣的問題，不能只局限於某一個行業改革。比如對於房地產行業來講，建築業和金融業「營改增」與其息息相關，這也成為房地產「營改增」的一個難點。房地產業最重要的成本構成有三塊：一是土

地成本，二是建築成本，三是銀行貸款的利息支出。其中，房地產業成本中占比最重的土地出讓金（一般占成本的40%~50%）可以在銷售額中扣除。這使得計稅額度有一定程度的減少，企業的負擔也將減少。

但是，房產業成本構成中有很大一部分的人力成本。這些成本支出都是企業內部產生的不可進行抵扣的人力成本，因為沒有取得專用增值稅務發票，也會對企業稅負造成不小的影響。

(四) 計算分析「營改增」對房地產企業的稅負影響

「營改增」的實施首先會影響企業增值稅的繳納與企業所得稅的變化。假設房地產企業當期營業額為100萬元，其中土地成本占營業額的30%，建築安裝成本占營業額的25%，財務成本占營業額的3%，其他可抵扣的成本所占比例為10%。其中營業稅稅率5%，附加費（包括城建稅、教育費附加等）為流轉稅的12%。建築業、金融業「營改增」後，兩行業增值稅稅率分別為11%和6%；其他成本增值稅稅率為6%。

表1對不同稅率下「營改增」對企業產生的增值稅影響做出分析：

表1　　　　　　　　不同稅率下「營改增」對企業產生的增值稅影響　　　　　單位：萬元

指標	「營改增」前	「營改增」後 稅率11%
營業收入	100	100
應交稅負	5.6	8.37
營業稅	5	0
增值稅		7.47
銷項稅額		11
進項稅額		3.53
建安成本進項抵扣		2.75
財務成本進項抵扣		0.18
其他成本進項抵扣		0.6
附加費	0.6	0.90

從此假設條件的分析結果來看，房產企業「營改增」後很有可能面臨更高額的增值稅負，雖然可以轉嫁給購房者，但是也會加重自身負擔。

然而，建築安裝成本所占銷售額比重越大的企業，可以更好地運用其進項稅抵扣，因此，以高檔住宅為主的產品線產品，如「精裝修」產品將明顯獲益。同時，商業、辦公等建安成本也相對較大，也有望獲得更多稅收抵扣，今後可作為企業調節稅負的有力手段。具體如表2所示。

表 2　　　　　　　　不同建安成本對「營改增」後企業稅負的影響　　　　　單位：萬元

指標	「營改增」前	「營改增」後			
		建安成本占比 20%	建安成本占比 30%	建安成本占比 40%	建安成本占比 50%
營業收入	100	100	100	100	100
應交稅負	5.60	8.98	7.75	6.52	5.29
營業稅	5.00	0	0	0	0
增值稅	0	8.02	6.92	5.82	4.72
銷項稅		11.00	11.00	11.00	11.00
進項稅抵扣		2.98	4.08	5.18	6.28
建安成本增值稅抵扣		2.20	3.30	4.40	5.50
財務成本增值稅抵扣		0.18	0.18	0.18	0.18
其他成本增值稅抵扣		0.60	0.60	0.60	0.60
附加費	0.60	0.96	0.83	0.70	0.57

同時，如果企業的財務成本可抵扣部分多，也能在一定程度上緩解企業資金壓力，具體如表 3 所示。

表 3　　　　　　　　不同財務成本對「營改增」後企業稅負的影響　　　　　單位：萬元

指標	「營改增」前	「營改增」後				
		財務成本占比 1%	財務成本占比 3%	財務成本占比 5%	財務成本占比 10%	財務成本占比 15%
營業收入	100	100	100	100	100	100
應交稅負	5.60	8.50	8.37	8.23	7.90	7.56
營業稅	5.00	0	0	0	0	0
增值稅	0	7.59	7.47	7.35	7.05	6.75
銷項稅		11.00	11.00	11.00	11.00	11.00
進項稅抵扣		3.41	3.53	3.65	3.95	4.25
建安成本增值稅抵扣		2.75	2.75	2.75	2.75	2.75
財務成本增值稅抵扣		0.06	0.18	0.30	0.60	0.90

表3(續)

指標	「營改增」前	「營改增」後			
		財務成本占比1%	財務成本占比3%	財務成本占比5%	財務成本占比10%	財務成本占比15%
其他成本增值稅抵扣		0.60	0.60	0.60	0.60	0.60
附加費	0.60	0.91	0.90	0.88	0.85	0.81

與此同時,「營改增」同樣會導致企業所得稅稅負的改變。一方面,企業所得稅的應納稅款所得額是由企業的收入減去成本得到的,但是「營改增」之後,企業收入和成本兩個因素的數值都發生了改變。例如,假設含稅收入為100元,扣掉5%的營業稅之後的95元為主營業務收入;而「營改增」之後,稅率若為11%,按照增值稅的計算方法,主營業務收入為90.09元[100÷(1+11%)],有所減少。另一方面,對成本也有影響,比如企業支出100元,在營業稅的前提下,100元即為成本,但「營改增」後的成本則需要扣除增值稅。

此外,具體到一個企業的稅負到底是增加還是減少,還要看企業的業務性質、銷售流程等細節問題。比如不同地域,一個在北京的房地產開發企業和一個在成都的房地產開發企業,前者的毛利相對較大,而銷售數量較小,但後者的毛利較低,銷量大。也許最終二者的銷售額相近,按照營業稅的計算,兩者納稅數額相同,而如果按照增值稅計算,進項可以抵扣,稅負的多少就由盈利程度和投資來決定。因此,「營改增」對房地產業的稅負影響要根據企業最終的收入成本結構來判定。

三、「營改增」對房地產企業財務管理的影響

(一)「營改增」對房地產企業負債表項目的影響

「固定資產」項目是房地產企業報表中的一項重要資產。在「營改增」前,因為營業稅屬於價內稅,沒有增值稅進項稅額的抵扣,所以這部分費用計入固定資產的原值。「營改增」後,增值稅進項稅額可以用於抵扣而不計入固定資產成本,因此固定資產的入帳價值降低,資金的占用減少,并且固定資產的折舊將會相應降低,其期末餘額也會顯著降低。因此,「營改增」後,固定資產投資成本可相應地得到節約,減少了資金的占用。房地產企業固定資產的變動會使得房地產企業的整體經濟結構發生很大改變,從而使得房地產企業的資產負債表中的數據發生顯著性波動。

(二)「營改增」對房地產企業經營成果的影響

「營改增」對房地產企業利潤的影響主要包括兩方面:對收入的影響,以及對成本

費用的影響。「營改增」後，企業銷售額中不包括向購買方收取的增值稅銷項稅額。收入下降的百分比計算公式為：[1-1/（1+11%）]。同時，「營改增」後，曾經的營業稅取消，減少了利潤表中的費用，并且企業在外購原材料等方面的進項稅額在取得增值稅專用發票後也可以進項抵扣，而以前這項支出是計入成本核算的。

(三)「營改增」對房地產企業現金流的影響

房地產行業屬於資金密集型行業，因此房地產行業更需要大量的資金來維繫其日常運作，「營改增」政策對房地產企業現金流量的影響對於企業的發展而言至關重要。由於增值稅稅率相比營業稅稅率提高了，因此由企業採購施工設備產生的投資活動現金流出數據，相對「營改增」之前會相應增加。但在「營改增」初期，房地產業市場競爭激烈，企業融資範圍是否加大，對籌資活動現金流產生的影響依然有不確定性。因此，企業仍需慎重規劃籌資活動，避免因還款時間過於集中，增大特定時期的還款壓力，增加償債壓力，造成企業財務困難。

(四)「營改增」對房地產企業財務風險管理的影響

1. 對財務人員要求高

「營改增」後，實行新的稅收體制，對財務人員的素質要求必然提高。相對於營業稅來說，增值稅計算相對複雜，需要核算的內容很多，給企業財務人員帶來更繁瑣的任務，增加其工作壓力。增值稅「以票控稅」和「差額徵稅」的特徵，使得增值稅申報更加複雜。納稅申報包括銷項稅額、進項稅額、應交稅金、專票認證等多方面信息。因此「營改增」後，必定帶來開票系統、認證抵扣、報稅系統、稅款繳納等操作方面的一系列問題。如果財務人員學習能力不強，業務不熟練，就不能實現替企業減輕稅負的目的，甚至還可能因為失誤給企業帶來財務風險。

2. 對企業資本結構管理的影響

企業可以合理地利用新政策下增值稅的抵扣機制，進行相應的納稅籌劃的調整，以達到節稅的目的，相當於政府給房地產企業的補助，可在一定程度上減輕房地產企業的債務負擔。企業因而可以在「營改增」後籌劃最低資本成本，以選擇最佳資本結構，使得企業在競爭中獲得更多的盈利。

四、房地產業應對「營改增」的對策建議

(一) 房地產企業加強納稅籌劃管理

首先企業決策層以及各級財務人員應明確稅法所體現的國家政策與立法精神，理解稅法的嚴肅性，嚴格區分納稅籌劃與偷逃稅的違法行為。政府與各稅務機關應積極開展各項針對納稅籌劃及職業道德的宣傳工作，正確引導企業規範自身的納稅籌劃

行為。

1. 完善進項稅額的抵扣管理

進項稅抵扣問題主要涉及與房地產企業的上游企業的銜接，理論上來說應優先選擇一般納稅人作為合作方，便於增值稅鏈條的完整。從企業採購環節來說，材料採購成本佔有相當大的比重，因而在原材料供應商的選擇過程中，應盡量選擇能提供增值稅專用發票的納稅人。對於需要合作的小規模納稅人，要求其代開增值稅專用發票；對於不能開增值稅專用發票的合作方，需根據對利潤和現金流的影響，重新議價。同時，在勞務成本的籌劃中，應選擇正規的勞務企業，從而使得繳納的稅款得以進行增值稅的進項抵扣。

不僅如此，流轉環節增值稅稅負的高低不僅受可抵扣項目影響，還取決於稅率及增值稅稅負能否向下一環節轉嫁。因此，企業還應做好「營改增」稅負測算和評估。「營改增」稅負測試，即對改革帶給企業在盈利、稅負、現金流等方面的影響進行評估，測算出改革前後稅負的變化情況，以便能夠事先對企業做好「營改增」稅負測算和評估。

2. 申請延期納稅

從財務管理角度來說，合理的延期納稅可使得資金留在企業內部，用於資金的週轉和進一步的經營投資，相當於無息借款，從而節約籌資的成本，爭取貨幣的時間價值。比如，企業在計提固定資產折舊時，相比直線法，採用雙倍餘額遞減法更能幫助企業延緩稅款的繳納時間。

3. 積極配合稅務部門工作

在房地產行業「營改增」初期，企業面臨更多的機遇與挑戰。作為國家納稅的主管機關，稅務部門也承擔著大量的新工作和對新政策的梳理。企業稅收籌劃的最終效果與企業和稅務部門的密切溝通相關，比如企業需加強對稅務機關工作程序的深入瞭解，及時掌握中國稅收法規的發展趨勢，關注及充分利用國家各項政策優惠，以及在某些新生事物上的稅務處理是否恰當等都需要與稅務部門密切溝通得到其認可，從而高效地完成納稅籌劃工作。

(二) 提高企業財務管理水平

房地產業「營改增」是一場重大的稅收變革，對企業產生多方面影響。因此，提高企業財務管理水平有助於企業適應「營改增」帶來的變化。首先應提高企業對「營改增」的重視程度，加強財務人員的專業知識培訓。只有強化相關工作人員在稅收等方面的專業知識培訓，增強工作人員對增值稅的認識，提高職業隊伍整體素質，才可以盡量減少甚至避免營業稅和增值稅對接過程中對企業產生的不利影響。也可通過一定的獎懲措施提高員工學習的積極性，以便更順利地完成「營改增」的銜接工作，并且提高納稅籌劃的能力。同時，房地產企業財務人員應該嚴格按照《增值稅發票管理

辦法》從事增值稅發票購銷、使用及管理工作，避免出現各種違反《增值稅發票管理辦法》的現象，以致給單位造成不必要的損失。此外，房地產開發企業應該對自身「營改增」前後的業務運行進行差異分析，發現銷售、供應鏈、結算及發票管理、會計處理、內控制度、業務流程、計算機系統等方面的增值稅風險點，制定系統完善的應對策略。

（三）加強和完善房地產企業內部控製

在「營改增」初期，中國房地產市場面臨未來的多重不確定性，且需要應對各種困難，因此增強企業內部控製是房地產企業提升市場競爭力和防範風險的有效措施。在房地產企業內部風險控制過程中，應健全和落實控制制度，建立企業內部控製文化，提高企業管理人員的內部控製認知水平，必要時可以聘請企業外部的內部控製專家，以確保企業內控的管理成效。

（四）加強稅改期間對當地企業的政策輔導

政策剛剛生效并處於執行階段時，需要適當地補償稅負增加的企業，以便減少對企業的負面影響，給予困難企業適當的財政支持。政府還需要與國家財政部門一起對「營改增」的具體實施情況進行研究，以便確保「營改增」全面覆蓋整個行業，有效地實現企業進項稅額的完全抵扣。另外，還需要政府針對相關稅改政策對企業進行輔導，加強對相關工作人員的培訓，及時掌握好「營改增」的動向。

五、結語

中國房地產行業經歷了漫長的營業稅繳納時期，但營業稅的徵收存在較為嚴重的重複徵稅問題。中國實行「營改增」的目的是避免房地產企業的重複徵稅。理論上來說，「營改增」可以使房地產業與上下游行業的重複徵稅問題得到解決，是中國稅收體制進步的一個重要表現。現階段，中國房地產企業還處於「營改增」政策的初期階段，但是其改革措施對房地產企業的成本控製、稅負減免以及效益等方面具有較大的影響。在研究過程中，本文從「營改增」對房地產行業稅負的影響，以及對企業財務管理的影響入手，分析了新政策下房地產企業面臨的重大變革和相應的困難。其中稅負問題是各個企業最關心、也是最複雜的問題，尤其是房地產行業的上游企業——建築業也加入了「營改增」行列，未來很有可能將稅負轉移至其下游企業。房地產企業應及時採取應對措施，進行產品創新，積極開展納稅籌劃工作。從長遠發展來說，「營改增」實行後，房地產企業或將在一定時期內有現金流的盤活，產品線升級，多業態并行，企業管控水平逐步加強，行業集中度也會進一步提升。雖然「營改增」對房地產業的稅負影響要根據企業最終的收入成本結構來判定，但在稅制改革過程中，房地產企業

需要及時考慮到改革對自己的影響，并需要對改革進行全面、細緻的分析與研究，盡量減少改革帶來的負面效應，發揮其中的有利影響，從而有效地促進企業的發展。

參考文獻：

[1] 趙暉.「營改增」改革對房地產企業未來影響的研究 [J]. 財會學習，2013 (6)：46-48.

[2] 張偉巍.「營改增」後房地產企業的稅務籌劃 [J]. 當代經濟，2015 (17)：26-27.

[3] 陳禮祥.「營改增」背景下企業稅收籌劃的相關建議 [J]. 金融經濟，2015 (16)：219-221.

[4] 高敏. 中國房地產稅收負擔問題研究 [D]. 成都：西南財經大學，2014.

[5] 畢雪超.「營改增」對房地產開發企業財務管理影響分析 [J]. 當代經濟，2015 (11)：52-53.

[6] 朱旭丹. 淺析「營改增」對房地產企業稅收的影響及籌劃對策 [J]. 全國商情，2016 (10).

[7] 張鐘玲. 房地產企業「營改增」後三大難題及應對措施 [J]. 中外企業家，2016 (16).

[8] 徐曦.「營改增」擴圍改革對房地產企業的稅負影響 [J]. 中國集體經濟，2016 (21).

[9] 郭宇鑫. 風險導向下房地產企業內部控製研究 [J]. 經營管理者，2016 (16).

[10] 陶梅. 淺談「營改增」對房地產企業財務管理的影響 [J]. 現代國企研究，2016 (10).

[11] 常紅. 房地產評估中的風險與控製管理探析 [J]. 房地產導刊，2015 (21)：8，109.

應用型大學會計實訓課程教學改革研究
——以「基礎會計實訓」課程為例

許蓉

一、會計實訓教學的重要性

培養高級應用型人才是「應用型」大學的培養目標。這要求培養的學生具有較高的實踐應用技能,能夠將所學的專業知識比較熟練地運用到實際工作崗位。會計實訓教學是培養學生應用能力、動手能力以及專業技能熟練程度的最主要的教學手段,因此,實踐教學體系在整個教學體系中的地位和重要性將越來越凸顯。通過會計實訓課程改革研究,以期應用型大學在現有的會計專業實踐的教學內容、教學手段、專業實驗室及教學評價等方面有所優化,發揮應用型大學的辦學優勢,不斷提高會計專業人才的實踐應用能力和職業素養。

二、會計實訓教學中存在的問題

(一) 教學方面

1. 理論教學和實踐教學脫節

應用型大學的培養目標是應用型人才,主要是加強實踐性教學改革,培養具有較強動手能力的會計人才。良好的實踐教育必須以理論教育為前提。因此,在重視實踐教學的同時也不能忽略了理論教學。但是大多數高校中,理論教學一直做得比較好,會計實踐性教學卻

沒有被給予足夠的重視或者是學校有設置實訓課程但是流於形式，實訓教學效果不好。以四川大學錦江學院為例，基礎會計理論課程在第二學期開設，總共有 64 課時，基礎會計實訓課程在第三學期開設，總共有 48 課時。這樣的課程設置本身是很好的，期望學生在紮實的理論教學基礎上，能通過實訓課程的學習取得良好的會計實務操作能力。

四川大學錦江學院這樣的課程設置在教學實施過程中產生了一系列的問題，因為理論教學和實踐教學的授課教師往往不同，其在對各自教學內容進行設計時沒有良好地溝通，各講各的，導致某些知識點如會計憑證、會計帳簿填制等基本理論重複講解，某些問題如銀行存款餘額調節表的填制等需要在理論課講解的內容卻要在實訓課上補充講解，這樣就導致了理論教學和實踐教學脫節，降低了實訓教學的效果。

2. 實訓教學方法落後

錦江學院目前還沒有專門的會計手工實驗室，基礎會計實訓課程的教學都是在教室完成。教師在基礎會計實訓的教學上，以講授為主，主要教學目的是學生「聽懂」「學會」填制以後在工作當中會接觸到的一些主要的會計憑證和會計帳簿，個別做得好一點的老師會模擬給出一個公司一個會計期間的業務，要求學生編制資產負債表、利潤表等。這樣的教學方式忽視了學生的主體性，缺乏互動，無法激發學生學習的興趣和創造性，導致學生對手工做帳產生抵觸情緒，認為會計是非常枯燥和繁瑣的工作，認為編制報表就是根據一些數字計算得出報表數據去完成表格。

（二）教材方面

目前市面上大多數的實訓教材內容在設計上大同小異，有些內容甚至與會計實務脫節，例如基礎會計學課程中，企業方登記的「銀行存款日記帳」與銀行方登記的「對帳單」進行核對，如果存在未達帳項，需進行銀行餘額調節核算。實際工作中會計人員於雙方帳目登記的每筆對應數據旁，同時打勾表示核對，到核對完畢後，在雙方帳目中，凡是未有打勾標記的數據即為未達帳項，直接將這些數據記錄到「銀行存款餘額調節表」上，進行調整平衡即結束對帳。目前的教材及基礎會計實訓教學中，涉及「未達帳項」的表述是通過例題、用文字描述有關「企收銀未收、銀收企未收、企付銀未付、銀付企未付」四種未達帳項，讓學生判斷屬於哪種未達帳項并填制銀行存款餘額調節表，可見實務和理論教學存在明顯的差異。還有一個缺點就是大多數實訓教材有關憑證和帳簿填制的部分是沒有參考答案的，學生在實訓中遇到的問題，有可能連授課教師也難以解答，畢竟大多數教師沒有接觸過會計實務第一線，如此，有參考答案的教材就顯得尤為重要。

（三）師資隊伍

一方面，實訓課程的教學尤其要求教師具備良好的會計實務能力，但是目前高校普遍存在的問題是教師缺乏會計從業經驗，他們大多數是從學校畢業以後直接來到高校就業的，沒有到企事業單位真正工作過，教師能教給學生的完全是從他的老師那裡

學來的「理論上的實訓知識」。這種教師在實訓課的教學過程中往往使實訓課變成了理論教學課，很少結合當前企業的會計實務情況進行實踐教學和相關的案例分析導學，談不上理論聯繫實踐教學，這樣難以培養出能滿足社會需要的實踐性人才，就會使會計實踐教學難以達到預期的效果。甚至有些會計實務問題在教科書上根本就沒有講到，試問教師本人都一知半解，教出來的學生又怎麼會是真正的「應用型」人才？

另一方面，即使教師們想取得一些實務經驗，到企事業單位一線體驗實務工作也難以實現。教師日常忙於課堂理論教學，而寒暑假期間有需要招聘實習生的企事業單位會更傾向於找在校大學生，老師們難以找到合適的鍛煉實務能力的實習工作。

（四）學校硬件設施方面

會計專業是一門實踐性很強的學科，在每門專業課程結束後，針對該課程的主要內容開設模擬實驗，實驗室的建設是重中之重。沒有硬件設施的支撐，很多教學手段、教學方法都是空談。錦江學院現在還沒有基礎會計的手工模擬實驗室，雖然目前已經建有沙盤模擬實驗室，但也存在硬件跟軟件兼容不當等問題，使得會計電算化的實訓教學也沒有辦法取得預期的教學效果。

三、會計實訓課程教學改革的思路

根據錦江學院的會計專業人才培養方案，結合目前學院的教學現狀，筆者根據實際的教學經驗，提出以下會計實訓課程教學改革方案。

（一）教學方面的改進

1. 完善「應用型」大學會計專業實訓教學體系

針對實訓教學中存在的理論教學和實踐教學脫節的問題，會計學院通過多次教研活動，對本科學生培養方案進行進一步調整，把實訓課程融入相關理論課程教學當中，如取消基礎會計實訓課程，把實訓課融入理論教學，基礎會計理論課程的學分由原來的4學分調整為5學分，其中3個學分是理論教學部分，2個教學是基礎會計實訓部分。這樣調整的目的是同一個教師兼任理論教學和實訓教學，避免兩門課程由於教師不同而產生知識點重講、漏講等問題，而且學生在學完理論後馬上進行實訓，能達到更好的實訓效果。該課程培養方案已經在2015級新生中執行。

2. 為學生建立與會計實踐環節相適應的企業實習基地

針對實訓課教學方法落後問題，提議學校跟企業合作，在企業內部建立相對穩定的實習基地，開展校外實習。教師組織實習小組定期到企業的財務會計及其他業務部門實習，這是實訓課程的延續。會計實訓課程畢竟是會計業務的模擬，讓學生有機會到實際工作中去真實演練，能很快地提高學生的會計實務能力。同時，通過建立企業

實習基地，可以與企業合作和研究經濟領域的課題，針對企業財會人員後續教育進行培訓，提高企業財會人員的素質，使學校和企業達到雙贏。

(二) 加強會計實踐教材改革

由於現有的教材裡找不到集理論和實訓於一體的教材，因此提議學院組織老師自己編寫適應會計專業需要的會計理論和實踐教程。以基礎會計學教材為例，新編寫的教材應該既滿足理論教學的需要，又滿足實訓教學的需要，是一本真正的「二合一」的教材。會計學院有現成的教材編寫班子，已經編寫出版了基礎會計學等理論教材，這也為編寫實踐教材打好了基礎。

(三) 建立教師實踐基地，提高教師實訓課教學水平

針對教師缺乏實務能力且難以找到實習機會的問題，高校應著手建立教師實踐基地，有計劃有步驟地鼓勵教師到相關實踐基地現場實習以提高實訓教學能力。同時鼓勵高校從企業聘請一定數量的校外會計師、高級會計師來校兼職，承擔一些實訓課程的講授任務，組織校內教師去聽課學習，這樣在一定程度上也帶動了校內會計教師素質的提高。

(四) 完善手工模擬實驗環境，強化會計電算化的應用

為達到良好的實驗效果，應盡量採用真實的，或者模擬真實材料進行實驗，使學生在模擬實驗過程中，如同置身企業的真實業務環境中，從而達到實驗目的。同時，提高學生計算機應用能力，強化會計電算化應用，積極推廣會計實用軟件、多媒體課件、考試軟件的使用。建議學院建立仿真的多功能會計模擬實訓室，需要模擬真實的財務室，配備完善的實訓室設備，包括計算機、打印機和憑證裝訂機等硬件，以及報銷流程圖、實訓操作規程、實訓考核方法等圖表。實訓室分為若干區域，每個區域均為一個仿真財務室，配置會計機構負責人、出納、財產物資核算、工資核算、成本費用核算等會計崗位，每個區域可按崗位安排學生分別進行模擬實訓。崗位分工應靈活，學生可在實訓室模擬不同企業財務部門的內部崗位分工及製度設計，體現會計崗位分工的「一人一崗」「一崗多人」等多種形式，讓學生有身臨其境的感覺，完全體驗到真正的財務工作。

參考文獻：

[1] 蔡秀勇. 高職會計專業實踐性教學的基本形式———模擬實訓 [J]. 會計之友, 2007.

[2] 陶曉峰. 一體化教學模式下會計實踐教學實踐探討 [J]. 高等職業教育, 2011.

[3] 孫喜平. 本科會計實踐教學方案之優化 [J]. 財會月刊, 2013 (12).

國家治理視角下的國家預算
執行審計問題研究
——基於審計結果公告

楊凌彥

一、研究背景及意義

　　隨著經濟、政治、社會的發展和民主法治建設的推進，國家審計在參與國家治理中的地位與作用更加突出。2011年7月8日，審計長劉家義提出「國家審計是國家治理的重要組成部分，國家審計應在國家治理中發揮重要作用」這一著名論斷後，關於「國家審計與國家治理」的議題就被廣泛討論與研究。長期以來，世界各國審計機關在維護國家經濟安全、反腐倡廉以及提高政府工作透明度等方面都發揮了重要作用，這正是國家審計服務國家治理的重要表現和途徑。然而，多年來預算執行「屢審屢犯」的現象，說明基於國家治理的製度有缺陷，未形成一套完整的國家預算管理系統，審計覆蓋面不足，預算執行不規範，責任追究製度不健全。

　　本文通過對預算執行審計報告的研究、分析和歸納，設計和構建合理規範的預算執行審計責任追究製度、審計報告、創新國家審計方式、方法與類型，對形成國家預算經費的有效使用及完善國家預算執行審計體系具有重要的指導意義。研究和探索基於國家治理視角下的政府預算執行審計相關問題，可以完善中國審計理論基礎，拓展審計整體的廣度和深度，更好地發揮預算執行審計的積極作用。

二、研究現狀

預算執行審計的研究主要集中在預算執行審計存在的主要問題，以及完善預算執行審計發揮其監督作用的政策性建議上。

對於審計中主要存在的問題及現狀，李順明（2004）等認為，中央部門預算執行審計過程中，存在監督作用明顯滯後、檢查的手段比較單一和檢查面比較窄等諸多問題。曹豔杰（2005）也指出，隨著中國依法加快建設法治政府的腳步，政府審計報告也越來越多地向大眾披露，違法、違規案件也公之於眾。審計發現的問題資金大多與預算管理有關，這主要是部門預算編制不規範和預算執行中違法違規行為造成的。歐陽華生（2009）等認為，雖然中國部門預算執行審計的力度和範圍逐年擴大，審計結果也越來越受到被審計單位的重視，但實際糾正效果卻不大如人意，被審計單位「屢審屢犯」的現象普遍存在。

很多學者就完善預算執行審計發揮其監督作用提出了政策性建議。郝振平（2009）指出預算執行審計目標至少分為四個層次：系統目標、總體目標、一般目標、具體目標。張界新（2010）強調部門預算執行應以績效審計為主；加大部門預算執行審計範圍；建立科學的部門預算執行審計指標體系；靈活選取績效審計方法。張杰為（2011）認為部門預算執行審計是國家審計永恆的主題。有學者基於審計公告對預算執行審計進行了研究。杜鵑（2008）基於2003—2007年中央部門預算執行審計結果公告的數據進行了描述性統計分析，指出了中國預算執行中的問題。謝加濤（2012）對中央部門預算執行審計結果公告的數據分析進行了研究，以描述性統計分析的方式，試圖把審計署官方網站上2004—2011年有關中央部門預算審計的審計結果公告中的問題財政資金按照性質進行歸類，然後對這八年間的審計公告數據進行了橫向以及縱向的比較分析。

三、中央部門預算執行審計現狀描述性統計分析

本文數據來源於2009—2013年審計署公布的中央部門單位年度預算執行情況和其他財政收支情況審計結果。通過部門預算審計公告的披露，我們可以得知每年被審計部門數以及其揭示的違法違規行為和涉及的財政資金規模。具體統計結果如表1所示：

表 1　　　　　2009—2013 年部門預算執行審計結果公告各個年度概況　　　單位：萬元

年份	2009	2010	2011	2012	2013
各年度被審計部門數（個）	56	53	49	57	37
違規金額總計	3,096,306.87	2,890,897.31	1,838,417.56	3,817,886.24	2,177,102.86

註：違規金額數據來源於國家審計署 2009—2013 年「部門年度預算執行和其他財政收支審計結果」中「審計發現的主要問題」所披露內容的整理和統計。

由表 1 可以看出，2009—2011 年審計出的違規金額有一個下降的過程，原因可能是被審計部門數有所減少，所以金額隨之下降，但在 2012 年，違規總金額有明顯的上升。不過，由於每年被審計部門數不一致，因此違規金額數也沒有規律可循。從五年審計的部門數量看，除了 2013 年，被審計部門在數量上沒有太大的變化。2012 年的審計數量是近五年來的最大數量，審計出的違規金額總量也是最大的，而 2013 年的審計數量是近五年來的最小數量，審計出的違規金額總量也是最小的。

（一）問題財政資金分類

首先對 2009—2013 年中央部門預算執行審計公告中所披露問題的資金進行分類。筆者根據《中華人民共和國預算實施條例》，按照重要性水平和違規問題經濟實質的原則，將 2009—2013 年五年間的審計公告所揭露的違規問題進行了分類。具體內容如表 2 所示：

表 2　　　　　五年公告中涉及問題資金的 13 個項目以及統計範圍

違規事項的分類	具體事項
1. 預算未細化	公告提到的年初預算未細化到具體單位和項目及項目預算不細化
2. 會計核算不規範	公告提到的款項應收未收、固定資產未納入帳簿、往來資金未及時清理、會計製度不健全、已完工基建項目未辦理竣工決算、未列入專戶管理、未納入會計帳表、會計核算、相關會計科目未及時清理涉及的資金
3. 資金未發揮效益	公告提到的資金、設備、樓房等閒置以及閒置產生的費用，預算當年未執行或形成結轉結餘資金或形成損失、閒置
4. 無預算、超預算、超標準列支	公告提到的超範圍、超預算和超出預算年度列支的資金
5. 擴大支出範圍、改變支出內容列支	公告提到的擴大支出範圍、列支其他無關支出、未經批准經費之間相互調劑使用、列支、未經批准、擴大支出範圍或改變支出內容
6. 未按預算執行	公告提到的未經批准、違規的收入和支出，違規使用財政資金，處置國有資產，費用轉嫁、攤派，未經公開和違規招標以及重複招標採購，自行調整預算，「三公」經費違規使用等
7. 預算資金取得和使用不真實	公告提到的虛報套取財政資金或以虛假方式獲得財政資金，虛假或不合規發票報銷，套取現金及財政資金，虛列支出

表2(續)

違規事項的分類	具體事項
8. 違規編制、申領預算、預算編制不實	公告提到的未按規定和未編報支出預算,預算編制不準確,違規申領、申報預算,預算編制不夠完整和真實,無項目承擔能力或不符合申報條件的情況下申領、申報預算
9. 收入/應交上繳款未及時上繳	公告提到的收入和結餘未按規定及時上繳國庫或財政專戶,結餘資金未按規定上繳,未納入年初預算統籌安排、核算及清理
10. 管理不規範	公告提到的國有資產管理不規範,項目、課題經費管理使用不夠嚴格和規範
11. 帳外帳	公告中提到的應收未收回、帳外存放、核算、帳外資產、小金庫對應的資金
12. 收支未納入預決算管理	公告提到的收支、補貼未納入預決算
13. 其他	公告提到的房屋租金未繳納房產稅、營業稅及附加,未代扣代繳個人所得稅、租車費、事業收入超預算等

按照上面的分類原則,本文統計的 2009—2013 年審計結果公告中所涉及的問題財政資金的具體金額數值分別為:3,011,205.3 萬元、2,833,677.86 萬元、1,815,248.2 萬元、3,803,942.22 萬元、2,175,861.77 萬元。

(二) 連續被審計 5 年的 15 個部門問題資金的年度變化分析

由於審計署針對中央部門確定的審計對象每年都有變化,因此,本文選取了連續 5 年接受審計署審計的中央部門作為統計的對象,共 15 個中央部門。這些連續 5 年都被審計的部門既可以保證時間上的連續性,又具有一定的代表性。

本文分類別研究不同類型問題資金的年度變化的趨勢,根據 5 年間同類問題資金的變化趨勢,探究審計對該類問題的整改效果以及其中可能存在的問題。具體如表 3 所示:

表3　　　　　　　　　　2009—2013 年 15 個連續審計部門
　　　　　　　　　預算執行審計結果涉及問題財政資金的金額　　　　　　單位:萬元

違規事項＼年份	2009	2010	2011	2012	2013
1. 預算未細化	1,625,260.9	345,577.7	260,306.22	2,100	259,300
2. 會計核算不規範	148,667.71	114,423.68	27,385.37	165,342.65	60,951.85
3. 資金未發揮效益	8,002.79	10,735.98	12,654.36	1,999.25	12,047.63
4. 無預算、超預算、超標準列支	5,029.36	2,965.9	24,009.19	7,206.13	5,091.03
5. 擴大支出範圍、改變支出內容列支	33,281.22	42,274.21	45,455.1	33,079.16	69,899.86

表3(續)

違規事項 \ 年份	2009	2010	2011	2012	2013
6. 未按預算執行	37,876.44	131,577.71	228,019.45	134,843.32	79,208.03
7. 預算資金取得和使用不真實	16,489.	8,027.18	78.72	29,967.95	21,973.91
8. 違規編制、申領預算、預算編制不實	300	62,661.17	978.86	28,556.01	4,235.36
9. 收入/應交上繳未及時上繳	95,087.12	44,965.43	59,125.65	6,732.54	7,214
10. 管理不規範	14,115.71	30,059.73	4,636.88	4,309.07	0
11. 帳外帳	0	1,295.02	0	4,482.81	94.96
12. 收支未納入預決算管理	2,093.14	8,925.67	308.04	7,825.03	0
13. 其他	27.86	562.11	0	0	3,713.67

註：違規金額數據來源於2009—2013年國家審計署「部門年度預算執行和其他財政收支審計結果」中「審計發現的主要問題」所披露內容的整理和統計。

為了讓表3所反應的問題更清晰、直觀，本文將13項問題資金年度變化用折線圖表示。

1. 預算未細化

預算未細化資金的年度變化如圖1所示：

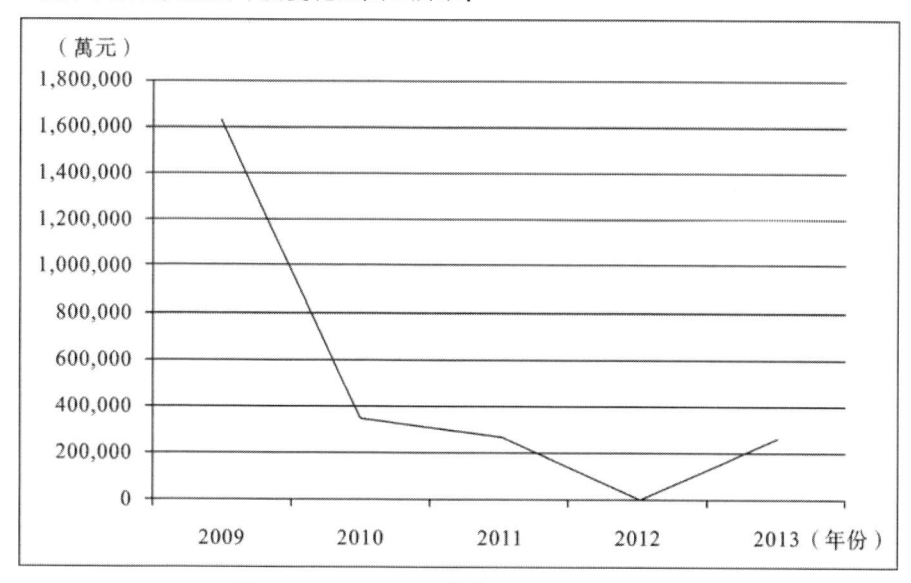

圖1　2009—2013年預算未細化資金的年度變化

如圖1所示，預算未細化資金在5年間大幅減少，體現了審計在促進預算資金細化問題的改進上效果顯著，這是預算編制的重大進步。2013年該問題又變嚴重了，但

— 239 —

是只集中在個別部門。不過可以肯定的是，今後的重點將逐步轉移到細化後的資金執行過程的監督和審計。

2. 會計核算不規範

會計核算不規範資金的年度變化如圖 2 所示：

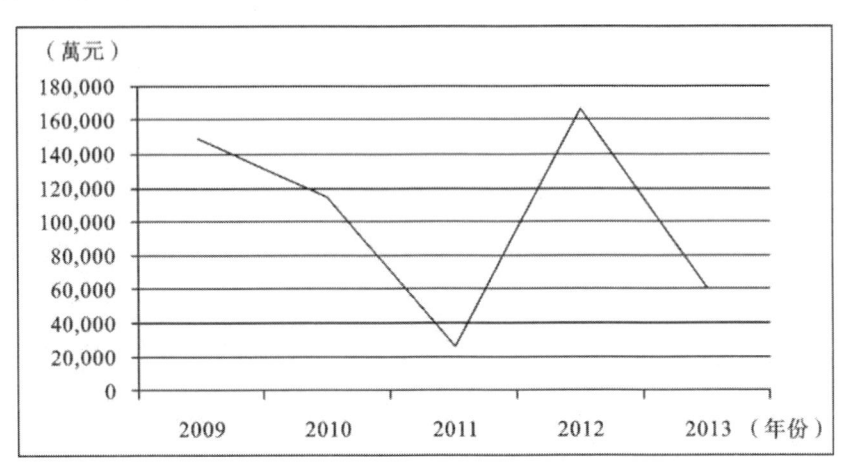

圖 2　2009—2013 年會計核算不規範資金的年度變化

會計核算問題的資金總體呈現波動狀態。這表明審計的現時作用比較明顯，但「屢審屢犯」的現象依然存在。審計對於該類問題的整改不夠徹底，有效性不足。另外這類問題的複雜性和多變性，也是審計的困難之一。會計核算不規範問題是審計今後應重點關注的內容。

3. 資金未發揮效益

資金未發揮效益的年度變化如圖 3 所示：

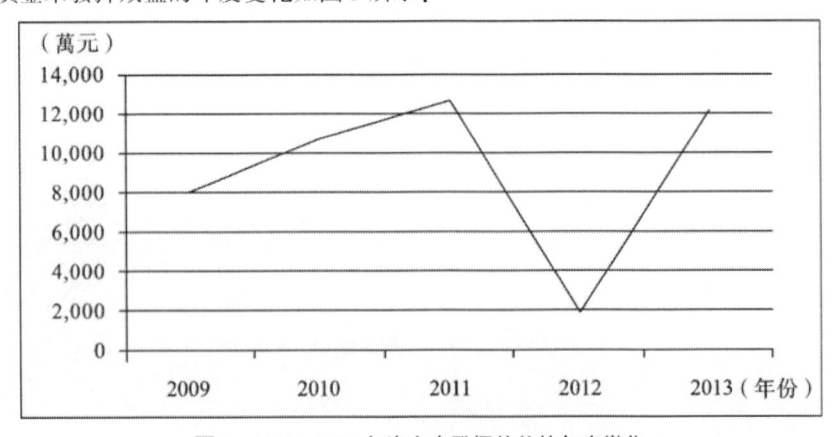

圖 3　2009—2013 年資金未發揮效益的年度變化

從近 5 年來看，除了 2012 年有大幅度的下降，其餘年度問題資金都保持較高水平。這反應出政府部門需要提高資金的使用效率。在如今財政收入增速放緩、民生支出等剛性支出不斷增加的情況下，財政收支的矛盾日益凸顯。所以政府績效審計還應加強。

4. 無預算、超預算、超標準列支

無預算、超預算、超標準列支資金的年度變化如圖 4 所示：

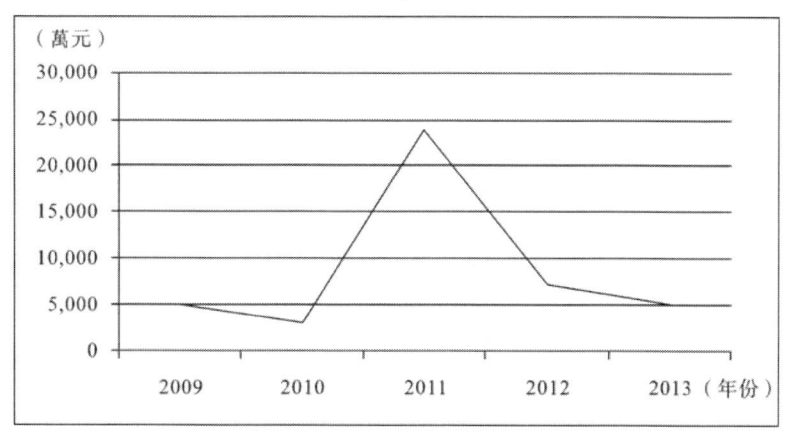

圖 4　2009—2013 年無預算、超預算、超標準列支資金的年度變化

圖 4 所體現的預算超支金額包括無預算、超預算、超標準列支。之所以將三者放在一起統計，是因為在預算執行的實際過程中，這三者可能是無法完全區分開來的，在審計公告中存在合并列示的情況。該類問題資金除了 2011 年有大幅上升外，其餘四年基本保持在一個水平線上。這說明在審計過程中該類問題的有效性不明顯。

5. 擴大支出範圍、改變支出內容列支

擴大支出範圍、改變支出內容列支資金的年度變化如圖 5 所示：

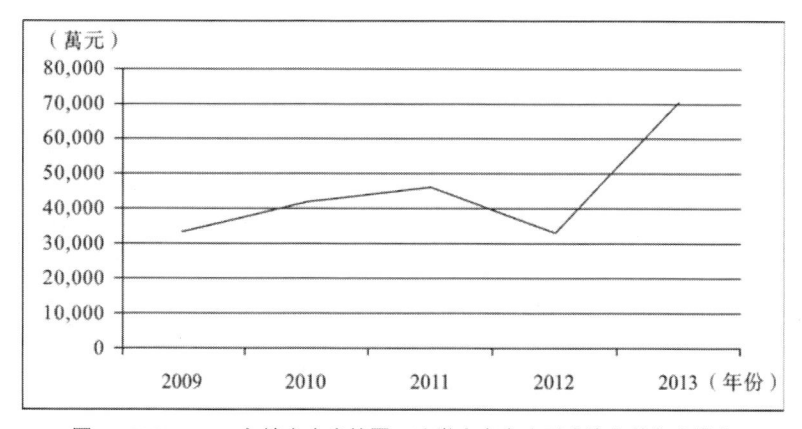

圖 5　2009—2013 年擴大支出範圍、改變支出內容列支資金的年度變化

該類問題資金有一個共同的特點，即將原本合理合法的預算資金使用範圍自行擴大。從5年來的統計數據的變化趨勢來看，擴大支出範圍、改變支出內容列支資金總體呈現一個上升的趨勢。在審計過程中該類問題的有效性不明顯，這是今後審計以及審計整改過程中需要特別加以關注的地方。2013年該類資金的大幅上升也是由幾個部門造成的，并不是普遍現象。加強項目資金的合規使用將成為部門預算管理的重點和今後審計的重點。

6. 未按預算執行

未按預算執行資金的年度變化如圖6所示：

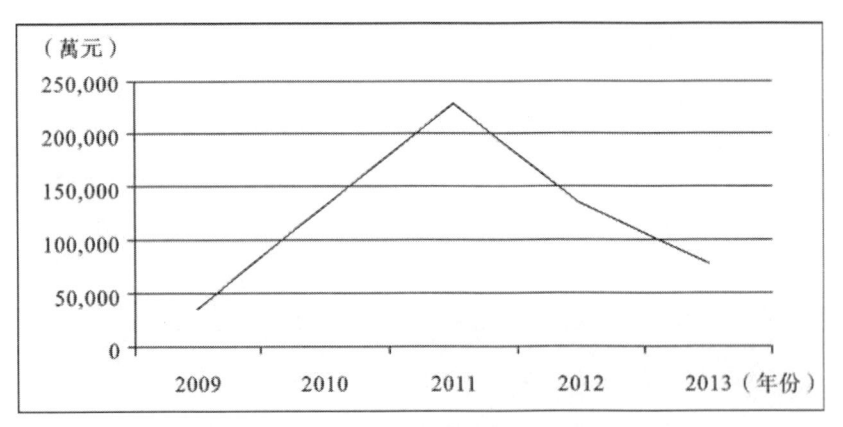

圖6 2009—2013年未按預算執行資金的年度變化

未按預算執行一直是預算執行中存在的主要問題之一，其涉及的金額也很大。從這5年的數據可以看出，該類問題資金先是經過了大幅上升，後又大幅下降。預算資金使用的不規範問題，不涉及資金本身違規，而在於資金的使用過程和使用方法的不規範。近年來中國對於預算執行的規範越來越詳細，更加有章可循、有法可依，因此執行過程中具體、詳細的約束能夠規範預算資金的使用。

7. 預算資金取得和使用不真實

預算資金取得和使用不真實資金的年度變化如圖7所示。

公告中提到的虛報套取財政資金包括以虛假方式獲得財政資金、虛假或不合規發票報銷、套取現金及財政資金、虛列支出等。該類問題資金在2011年得到了很好的改善，但是在2012年又有了大幅度提升，2013年又有所下降。這說明該類問題資金并沒有得到根本上的規範，反覆出現。

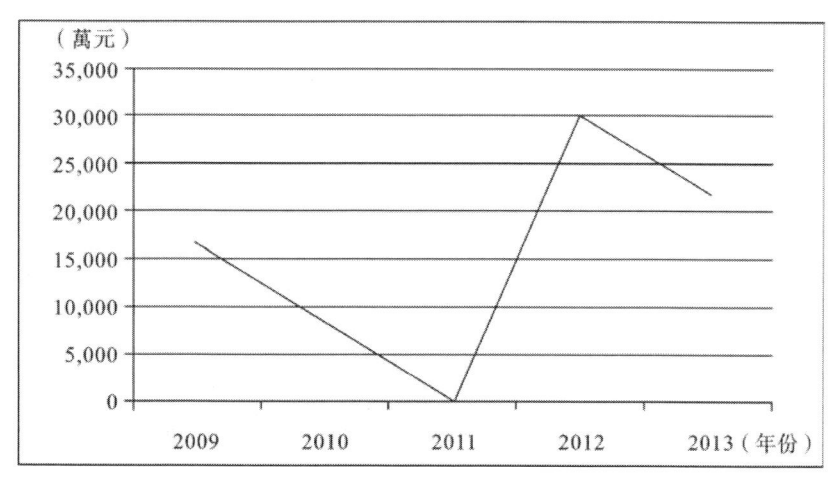

圖 7　2009—2013 年預算資金取得和使用不真實資金的年度變化

8. 違規編制、申領預算、預算編制不實

違規編制、申領預算及預算編制不實資金的年度變化如圖 8 所示：

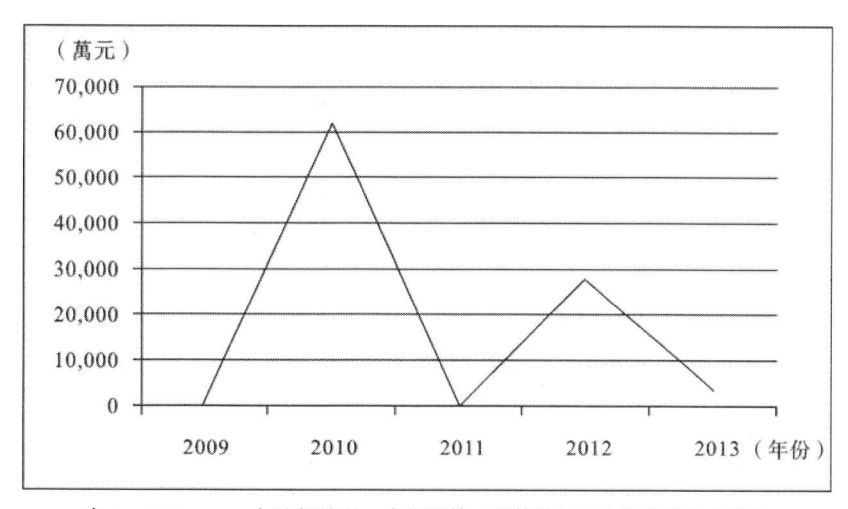

表 8　2009—2013 年違規編制、申領預算、預算編制不實資金的年度變化

對於該類違規資金的分類較爲籠統，公告提到的有：未按規定和未編報支出預算，預算編制不準確、違規申領、申報預算，預算編報不夠完整和真實，無項目承擔能力或不符合申報條件的情況下申領、申報預算等。這些問題都是預算編制執行中較爲嚴重的問題，但問題的嚴重程度不同，表現方式也多樣，難以細分。從近 5 年的統計數據來看，該類資金年度變化總體呈現波動狀態。資金總額在總體上呈下降趨勢，但是

下降的程度很微弱。這表明審計的現時作用比較明顯，但「屢審屢犯」的現象依然存在。審計對於該類問題的整改不夠徹底，有效性不足。另外這些問題的複雜性和多變性，也是造成審計出現困難的原因之一。違規問題是審計今後應重點關注的內容。

9. 收入/應交上繳款未及時上繳

收入/應交上繳款未及時上繳資金的年度變化如圖9所示：

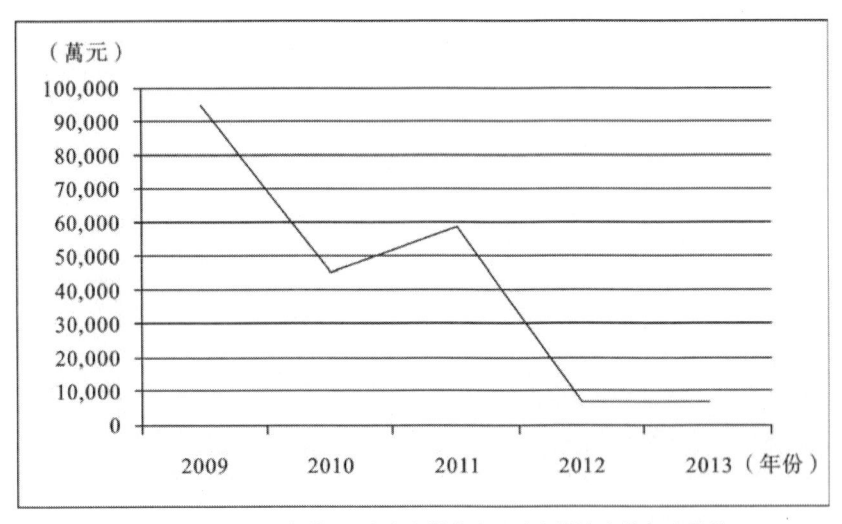

圖9　2009—2013年收入/應交上繳款未及時上繳資金的年度變化

10. 管理不規範

管理不規範資金的年度變化如圖10所示：

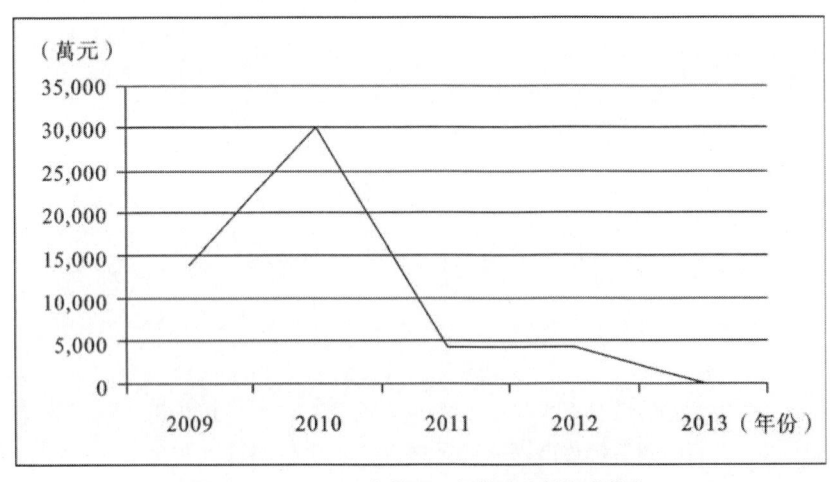

圖10　2009—2013年管理不規範資金的年度變化

收入/應交上繳款未及時上繳和管理不規範問題都有比較明顯的下降趨勢。這表明審計署對於中央部門的預算執行審計在促進各部門加強預算管理、督促及時上繳收入/應交上繳款、減少違規行為的過程中起到了重要的促進作用，整改效果明顯。尤其是不規範問題資金的數量在 2010—2013 年有了大幅度的變化，可見審計對規範管理的突出貢獻。

11. 帳外帳

帳外帳資金的年度變化如圖 11 所示：

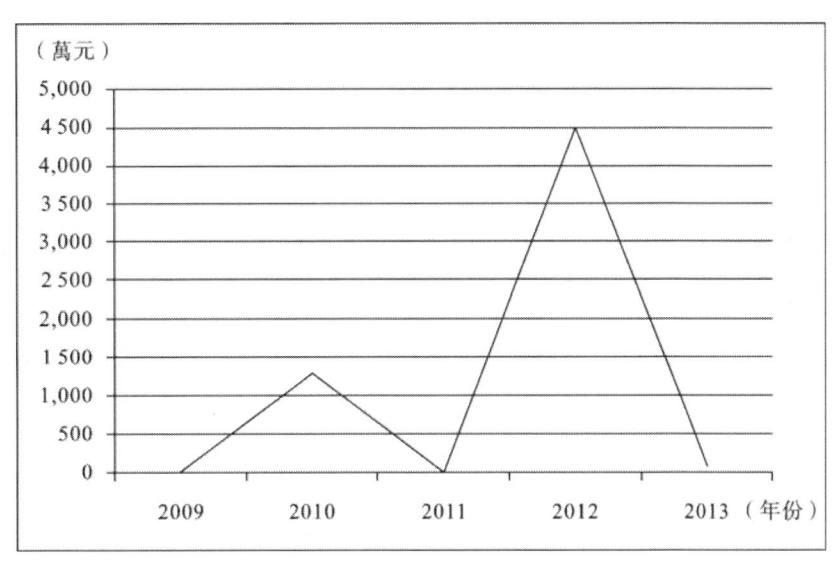

圖 11　2009—2013 年帳外帳資金的年度變化

12. 收支未納入預決算管理

收支未納入預決算管理資金的年度變化如圖 12 所示。

從圖 11、圖 12 來看，帳外帳和收支未納入預決算管理這兩部分違規資金存在一個很有趣的起伏狀態，在一定程度上可以表明審計對於該問題是具有即時效應的。往往在審計出問題資金量較大的下一年度，該類問題可以得到明顯的改善，但是在接下來的一個年度又會反覆出現。可見審計「屢審屢犯」的現象還是存在的。這兩類問題在審計的監督管理下并沒有得到顯著的改善，也說明審計對此的有效性較弱，今後需要加強對這兩類問題的審計力度和整改監督力度。

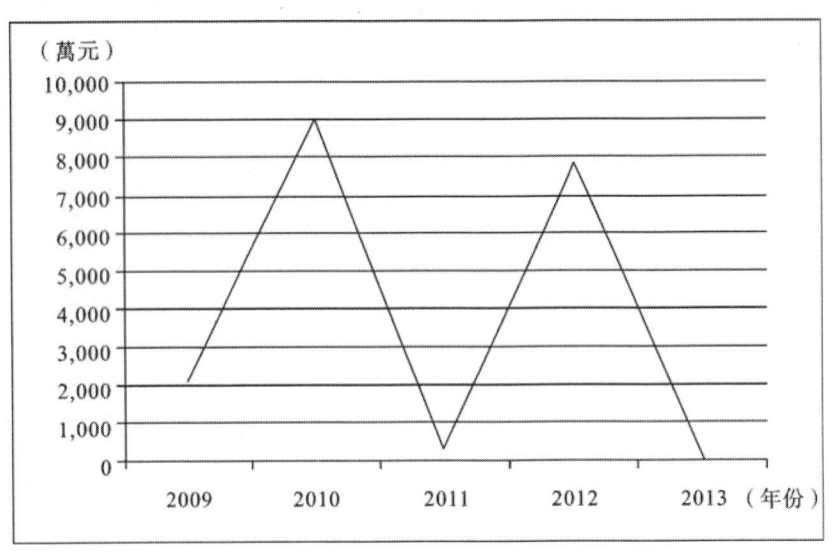

圖 12　2009—2013 年收支未納入預決算管理資金的年度變化

13. 其他

其他問題資金的年度變化如圖 13 所示：

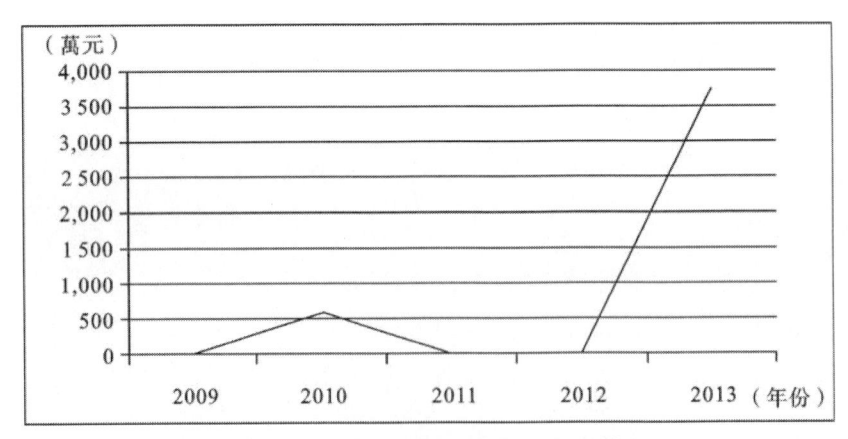

圖 13　2009—2013 年其他問題資金的年度變化

最後，對於其他類的問題資金，總體還呈現上升趨勢。而其涉及的金額總量不大，不具有代表性。因此對於其他類的問題資金，不作年度變化統計分析。

四、存在的問題及原因分析

綜合中央部門預算執行審計的總體分析和對分類數據的具體分析結果，審計發現存在的主要問題可以歸納為四個方面。

（一）審計覆蓋面較低

縱覽審計署近幾年公布的中央部門預算執行審計結果公告，從範圍上來看，連續5年被審計的部委僅有15個，只占中央部門的很少一部分。對同一個部門單位的審計時間跨度較大，大部分部門的預算執行情況無法得到連續全面的審計，甚至有些單位幾乎從未被審計。出現審計覆蓋面不足現象的原因可以從兩個方面加以分析，一方面是審計力量不足造成的；另一方面是審計效率不高造成的。

（二）預算執行缺乏嚴格的管理製度

無論是在問題單位數概率分布中還是問題資金數概率分布中，預算執行不規範現象都是占比很大和十分突出的問題。在執行部門預算前，編制預算的過程中就存在一定的問題。之所以會產生這些問題，是因為部門預算缺乏嚴格的審核機制，無法對預算編制進行嚴格的審核把關，在預算編制的環節缺乏審計的參與。預算一旦編制完成就進入了執行階段，編制預算過程中的問題就會直接帶入執行過程，給執行帶來更多的問題。執行中的不規範問題，其出現的原因在於缺乏製度規定，缺乏嚴格的管理和統一的流程，還缺乏嚴格的審批手續。

（三）審計公告存在缺陷

由於未形成健全的公告機制，披露的審計結果信息不完整的現象依然存在，當前審計結果公開製度還存在很多不足之處。

首先，是數據的缺陷。目前審計署公布的審計公告中所披露的絕大部分是違規問題資金的數量，但看不到每項違規資金所占比例的大小。社會公眾在獲取這些信息的時候缺乏一個參照比例，無法形成一個科學合理的判斷。其次，是內容上的不足。在審計公告中，對於「審計發現問題的整改情況」部分所披露的整改信息，內容比較籠統，沒有細分說明，故不利於進行統計分析。對於規範性的整改內容，涉及較多，并且多以文字方式體現，缺乏具體的數據信息，無法具體體現審計的整改情況和效果。

（四）被審計部門存在「屢審屢犯」現象

通過對5年的預算執行審計報告的分析，我們可以發現「屢審屢犯」現象始終存在，有些方面還呈現出加重趨勢。這說明國家審計對部門預算并沒有起到良好的監督作用。在國家審計機制層面，現行預算執行審計管理製度的局限性影響了審計監督作用的發揮，導致部分違法違規問題得不到及時糾正。而且審計處理處罰力度不大，加

之審計機關目前的跟蹤整改機制不完善，整改「走過場」現象較為普遍。現在國家對於個人的違法違紀有一套比較明確的措施，加以懲處、加以糾正，但對於部門違法違紀的懲處措施是滯後的，部門的問題領導班子寫個檢查，寫個報告就不了了之了。問責機制缺失也是造成審計問題「屢審屢犯」的重要原因。

五、相關建議

（一）完善審計隊伍建設，加強審計效率

隨著現代審計內容的不斷更新，對審計人員的要求也越來越高，完善審計人員知識結構，推廣現代化的計算機審計，提高審計效率，是增加審計項目完成數、擴大審計覆蓋面，增強審計效果的有效措施。當前，審計機關最重要的一點就是要更新審計人員的知識結構和技術方法，適應信息化環境，提高實戰能力，尤其是績效審計和跟蹤審計的水平。審計人員既要保持良好的政治思想、高尚的道德品質，能夠獨立、公正地對待審計工作，又要不斷提高自身的知識能力和業務水平，以適應工作中不斷出現的新問題和新挑戰。

（二）探討治理導向審計、「三公經費」審計

首先，國家審計應基於國家治理評價，實施基本審計程序，編制審計報告。其次是「三公經費」審計。2011年，中央部委相繼公布「三公消費」，這是中國積極推行「透明政府」的一大重要舉措。2012年，中央出抬「八項規定」以後，加大了對「四費」的審計力度，其披露出來的問題、違規金額也很多，但「三公消費」審計不能只停留在發現問題、揭示問題的階段，相關審計人員應該分析違規消費的原因、判斷是否有浪費或高消費的行為等。不僅是「三公消費」的問題，對所有的預算執行審計都應該揭示其深層次的原因。從產生問題的原因入手，分析原因出現的部門和環節，從各個環節規範預算執行審計，進而更好地發揮審計監督作用，服務國家治理。

（三）強化預算執行審計、經濟安全審計及腐敗治理審計

一是加大中央部門預算執行審計力度，擴大審計範圍。從深度上可加強預算管理，規範預算執行，提高財政資金使用效益；從廣度上要擴大審計範圍，增加連續審計部門的數量，并加大對下屬預算部門的審計，因為從審計報告的數據分析來看，現在很多問題被轉嫁、攤派給下級部門，問題呈現一種下沉的趨勢，所以要擴大審計的覆蓋面，讓違規問題無死角，從而推動財政體制改革進一步深化。二是加強經濟安全審計。國家審計對維護國家經濟安全具有重要的作用。三是加強腐敗治理審計。腐敗的一個重要原因是行政部門掌握了太多權利而且很少受到監管。當權力很大又缺乏有效監管的時候，腐敗就很容易滋生、蔓延。

(四) 加強國家預算執行審計責任追究製度建設

在過去的審計中，我們往往重視違規問題的披露而忽視責任追究，致使部門預算審計公告的問題難以得到徹底的整改，甚至出現「屢審屢犯」的現象，嚴重影響了審計公告效益的有效發揮。對此，我們應完善部門預算審計問責的追蹤機制，促進行政問責制的建立，加大對違法違規問題的查處力度，推進反腐倡廉建設，強化審計問責力度，細化責任主體，實現從個人問責走向部門問責。同時，要完善任中和離任審計製度，做好經濟責任審計工作，明確責任主體的法律後果，即責任主體具體承擔什麼責任，是直接責任、間接責任、行政責任還是其他責任，實現由行政問責轉向法律問責。

(五) 健全審計公告製度及法律體系

審計公告是審計機構的工作成果向全社會公開的一個平臺和渠道，健全的審計公告製度既可以規範審計行為、接受公眾的廣泛監督，又能夠增強審計的效果、促進違法違規行為的整改落實，同時也是民主法制不斷發展和完善的體現。要深入研究違規問題的性質和違規手段，特別是財政專項資金管理和二級預算單位監督問題，要進行專門研究，提出管理和監督的辦法，杜絕公用經費擠占專項經費問題，杜絕違規問題下沉隱蔽到二級、三級單位問題。從長遠來看，只有將審計公告的法律地位提高，才能夠增強其效力和威信力。

(六) 規範審計公告內容

審計報告的內容分為基本情況、審計發現的主要問題、審計處理情況和建議以及被審計單位整改情況等方面。審計發現的主要問題是其中最主要和最核心的部分。該部分是審計建議的直接來源和審計工作的重要成果。在問題披露的過程中要有統一的評價標準，應該統一審計報告對發現問題的表述，無論是中央還是省級審計公告的統計形式、文本、內容都應該一致，這樣便於選取基本一致的樣本進行比較分析，使不同年度、不同省份的問題能夠進行對比。審計公告可以按公告對象的不同，分別制定不同的公告內容和方式。一是對社會公眾的公告，主要涉及公眾關心的領域，例如「三公」經費的使用情況，關係到國計民生的重大專項等。二是對被審計單位的公告，以針對被審計單位的具體情況，詳細地提出整改建議和意見，從而幫助其改進，也利於後續的跟蹤整改落實情況。三是對上級主管部門的公告，要涉及審計工作進度以及審計中發現的問題及處理情況。通過對審計公告對象的不同分類，既可以規範審計公告的內容，形成統一的規範標準，又能夠避免涉密信息的洩露，最大限度地發揮審計公告的作用。

(七) 保障國家預算執行審計透明度

增加政府透明度，旨在保障公民知情權，實現公民對政府的監督。對於審計中查處的問題，其整改報告應該翔實，具體怎麼處理，怎麼整改，責任最後落實到哪個部門、哪個人，都應該公開、透明地向大眾披露。對違法、違規的個人和部門的嚴懲也可解決部門「屢審屢犯」的問題。透明政府的建立，可為國家審計工作創造有利的製

度與體制環境。這樣才能更好地發揮審計在保障國家經濟安全、促進國家宏觀政策的貫徹落實、加強廉政建設、維護民主法治、促進改善民生、推動深化改革等方面的作用，推動國家善治的實現。

參考文獻：

[1] 蔡春，蔡利. 國家審計理論研究的新發展——基於國家治理視角的初步思考 [J]. 審計與經濟研究，2012（2）：3-19.

[2] 陳慧. 如何實現國家審計與國家治理的嚙合推動 [J]. 審計月刊，2013（6）：14-15.

[3] 陳英姿. 國家審計推動完善國家治理的作用研究 [J]. 審計研究，2012（4）：16-19.

[4] 曹豔杰. 「審計風暴」引發部門預算監督的思考 [J]. 中國農業大學學報：社會科學版，2005（3）：60-64.

[5] 杜鵑. 部門預算執行審計結果研究 [D]. 長沙：湖南大學，2008.

[6] 範燕飛. 中國政府審計公告存在的問題研究 [J]. 財會月刊，2011（9）：42-44.

[7] 郝振平. 政府預算執行審計的目標分析 [J]. 審計研究，2009（2）：10-14.

[8] 李健. 基於製度的國家治理與國家審計 [J]. 現代審計與經濟，2011（5）：6-7.

[9] 李嘉明，劉永龍. 國家審計服務國家治理的機制和作用比較 [J]. 審計研究，2012（6）：45-49.

[10] 李坤. 國家治理機制與國家審計的三大方向 [J]. 審計研究，2011（4）.

[11] 梁海燕. 基於國家治理的政府投資項目跟蹤審計研究 [D]. 蚌埠：安徽財經大學，2012.

[12] 劉宏偉. 部門預算執行審計發現的問題及對策 [J]. 現代審計與經濟，2006（4）：21-22.

[13] 劉家義. 國家審計和國家治理 [J]. 中國審計，2011（16）.

[14] 劉實. 強化部門預算執行審計大有必要 [J]. 中國審計，2002（12）：29-30.

[15] 羅春梅. 預算違規行為與預算權失衡——基於審計公告的分析 [J]. 審計與經濟研究，2010（3）：13-18.

[16] 歐陽華生，劉雨，肖霞. 中國中央部門預算執行審計分析：特徵與啟示 [J]. 審計與經濟研究，2009（2）.

[17] 秦貞婷. 基於國家治理的國家審計研究 [D]. 濟南：山東財經大學，2013.

[18] 錢嘯森，吳星. 深化中央部門預算執行審計的若干思考 [J]. 審計與經濟研

究，2008（4）：5-8.

[19] 秦榮生. 深化政府審計監督 完善政府治理機制［J］. 審計研究，2007（1）.

[20] 宋常，王睿，趙懿清. 國家審計在走向善治的國家治理中的若干問題［J］. 審計與經濟研究，2012（1）：10-15.

[21] 孫玥. 提高審計結果公告效用問題研究［J］. 中國審計，2008（7）：53-54.

[22] 孫永軍. 國家審計推動完善國家治理的現實要求與路徑研究［J］. 審計研究，2013（6）：57-60.

[23] 師範中. 政府審計結果公告製度存在的問題及改進建議［J］. 財會研究，2012（8）：66-67.

[24] 審計署審計科研所，中國審計學會. 國家審計與國家治理研討會綜述［J］. 審計研究，2012（1）：3-5.

[25] 王學龍. 試論國家審計在國家治理中的作用及路徑［J］. 財會研究，2012（16）：64-68.

[26] 王會金，黃溶冰，戚振東. 國家治理框架下的中國國家審計理論體系構建研究［J］. 會計研究，2012（7）：89-95.

[27] 吳廣軍. 部門預算執行審計研究［D］. 濟南：山東大學，2013.

[28] 謝加濤. 中國中央部門預算執行審計有效性實現的對策研究［D］. 烏魯木齊：新疆財經大學，2012.

[29] 謝柳芳. 政府審計、政府信息披露與政府治理效率研究——基於「三公經費」披露的視角［D］. 成都：西南財經大學，2013.

[30] 薛芬. 預算執行審計「屢審屢犯」問題探析——以國家治理視角的考量［J］. 江蘇行政學院學報，2012（4）：107-111.

[31] 燕繼榮. 善治理論3.0版［J］. 人民論壇，2012（9）：22-23.

[32] 俞可平. 治理與善治［M］. 北京：社會科學文獻出版社，2000：1-9.

[33] 尹平，戚振東. 國家治理視角下的中國政府審計特徵研究［J］. 審計與經濟研究，2010（5）：9-14.

[34] 張軍. 國家審計與國家治理：美國的經驗與啟示［J］. 中央財經大學學報，2012（8）：91-96.

[35] 張俊民，胡國強，張碩. 國家審計服務國家治理實踐研究：基於18份審計工作報告的分析［J］. 審計研究，2013（5）：10-16.

[36] 張淼. 中國中央部門預算執行審計有效性分析［D］. 北京：財政部財政科學研究所，2014.

[37] 趙福昌，蓋利華. 國外編制部門預算的特點［J］. 預算管理與會計，2004（9）：12-17.

淺析《會計師事務所從事中國內地企業境外上市審計業務暫行規定》

楊世麒

一、緒論

(一) 研究背景及意義

2013年9月，習近平主席在出訪期間，第一次提出了要共同建設「絲綢之路經濟帶」以及「21世紀海上絲綢之路」，也就是現在的「一帶一路」戰略構想 (the Belt and Road Initiative)。這一偉大戰略思想的提出，不僅秉承了中國對外開放的政策，更是把中國經濟與其他亞洲沿線國家，甚至歐洲聯繫起來，使得更多的中國企業本土產品能夠更快、更便捷地走出去。2014年為推動「一帶一路」戰略的發展，中國更是加強了國際合作，積極參與沿線國家的交通對接建設，如中俄鐵路、埃及新蘇伊士運河建設、中泰高鐵、中巴瓜達爾港建設、青藏鐵路延伸、等等。隨著中國經濟的飛速發展，加之政策的有力支持，中國內地企業實力也在逐步壯大，越來越多有實力的中國內地企業將企業未來的發展由國內逐步擴展到國外更成熟的資本市場。據中國證監會主板境外上市外貿股公司籌資統計數據顯示，截至2015年2月，中國企業主板境外上市共180家，2005—2015年共有112家企業選擇在境外上市，而境外上市的地點多為中國香港，期中僅11家企業上市地點為紐約，4家企業在倫敦上市，1家在新加坡。如圖1所示，CVSource數據顯示中國企業赴美上市的規模總體呈現上揚態勢——雖然2010—2012年步伐有所放緩，但仍不能改變其總體的向上走勢。對於IPO的融資金額規模，雖然在2012年進入低谷，但是在之後兩年均上升，在2014年更是達到了191.3億元。這反應出在境外上市成為中國內地企業的一個發展趨勢，而目前更多的企業選

淺析《會計師事務所從事中國內地企業境外上市審計業務暫行規定》

擇在中國香港上市，紐約則是他們的第二選擇。現在中國內地企業在「一帶一路」戰略的指導下，也將不再只把目光投向中國香港、美國，未來更是可以擴展到英國倫敦、德國法蘭克福、法國巴黎，等等。

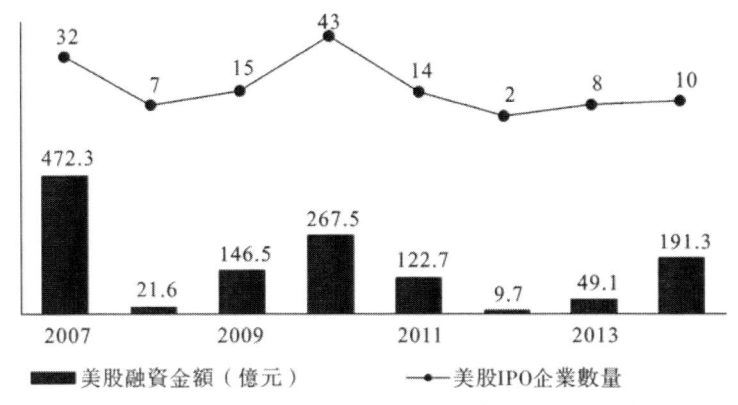

圖 1　2007—2014 年 YTD 中國企業美國資本市場 IPO 規模

註：數據來源於 www.ChinaVenture.com.cn。

　　跟隨著「一帶一路」的戰略思想，未來將會有越來越多的內地企業涉及境外業務，也不乏更多的內地企業將會選擇在境外上市。境外上市是把雙刃劍，不僅反應出中國企業蓬勃發展的趨勢，同時也加大了相關管理部門對這些企業監管的壓力與難度。中國《公司法》第 164 條規定「公司應當在每年會計年度終了時編制財務會計報告，並依法經會計師事務所審計」，那麼對於在境外上市的內地企業來講，應當接受審計的財務數據應該同時包括境內和境外的。對於審計而言，境內的審計難度遠低於境外。由於審計業務的特殊性，企業所處境內、境外的雙重地域，以及境內外法律法規的不協調均增加了境外上市的內地企業的審計難度。又由於在 2015 年 5 月《會計師事務所從事中國內地企業境外上市審計業務暫行規定》出抬之前，中國在這一塊的法律製度比較空白，僅在 1994 年出抬的《關於中外合作會計師事務所、境外會計師事務所執行中國企業在境外上市審計業務若干問題的規定的通知》以及 2011 年出抬的《境外會計師事務所在中國內地臨時執行審計業務暫行規定》兩項相關規定，因此在很多問題上都存在著爭議。例如：對於境外財務數據到底是由境外會計師事務所審計，還是由境內審計，或者是雙方合作審計，那麼雙方各自的審計責任風險如何分配以及在審計過程中形成的審計底稿歸屬問題如何解決等。李俠（2015）認為，《會計師事務所從事中國內地企業境外上市審計業務暫行規定》的出抬，在一定程度上彌補了中國法律在這方面的空白。羅晶晶（2014）也同樣認為該規定在審計業務跨境執行時，讓會計師事務所有了可以遵循的製度依據。

(二) 論文結構

本文將分為六個部分，對《會計師事務所從事中國內地企業境外上市審計業務暫行規定》進行分析。第一部分為緒論，闡述論文的研究背景、意義以及結構安排；第二部分將介紹中國內地企業境外上市審計的相關理論概述；中國內地上市企業審計業務的相關問題將會在第三部分被討論；第四部分是對該暫行規定的詳細分析；第五部分在第四部分的基礎上就該暫行規定提出了相關意見和建議；結論將會在第六部分被陳述。

二、中國內地企業境外上市審計的概述

(一) 境外上市的概述

境外上市（Cross-Border Listing），顧名思義是中國企業在中國境外的其他地區首次公開募股（Initial Public Offerings，IPO）。雖然香港是中國的領土，但由於歷史原因以及中國一國兩制的政策，中國內地企業在香港上市也屬於境外上市的範疇。在1994年《國務院關於股份有限公司境外募集股份及上市的特別規定》中，境外上市被定義為「股份有限公司向境外投資人發行的股票，在境外公開的證券交易所流通轉讓」。

境外上市的方式一般有兩種：直接上市和間接上市。兩者的主要區別在於是否直接以國內公司的名義在國外的證券交易所掛牌上市交易。如圖2所示，直接上市又可以進一步劃分為首次公開募股（Initial Public Offerings，IPO）、債券上市（跨國發行上市債券）和存托憑證上市（發行對象為境外投資者，但在境內進行存放），而間接上市主要由買殼上市和造殼上市組成（範雯霞，2002）。馬驍、劉力臻（2013）認為借殼（買殼）上市（Back Door Listing）是指非上市公司通過并購重組、核心資產注入等手段成為已上市公司（Shell Company）的控股股東，具有一定的控製權。這樣的上市形式規避了要求繁瑣且成功難度較大的IPO，但同樣在實質上控製相應上市公司。而對於造殼上市，魏勇強（2012）認為是指一家新的海外公司被中國企業註冊，且以控股公司的名義上市。

(二) 中國內地境外上市企業審計的概述

中國公司法規定，年度會計報告需要由會計師事務所依法審計，那麼中國內地境外上市企業也不例外。由於該種企業具有的特殊性——上市地點在境外、語言差異、上市方式多種多樣、境內外法律法規差異，其給中國會計師事務所的審計工作帶來了相當大的難度，也增加了相應的審計風險。

圖 2　境外上市的方式

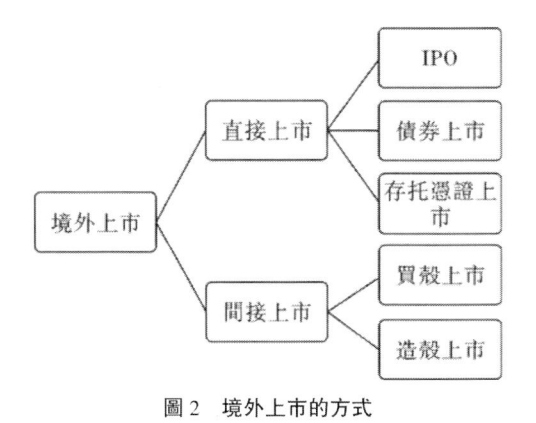

三、中國內地境外上市企業審計業務的問題

在《會計師事務所從事中國內地企業境外上市審計業務暫行規定》出抬之前，如何對內地在境外上市企業的財務報告進行審計，對境內會計師事務所、相關監管機構來說都是一個重點以及難點問題。關於審計業務對象是內地且在境外上市的企業的相關法律法規并不完善，甚至沒有具體的製度規範。因此，在對內地境外上市企業進行審計工作時，出現了許多問題。

（一）內地境外上市企業審計業務範圍不明確——臨時執業問題

隨著改革開放的深入，中國也開始對外開放會計與審計的相關業務。1994 年出抬的《關於中外合作會計師事務所、境外會計師事務所執行中國企業在境外上市審計業務若干問題的規定的通知》（簡稱審計業務問題通知）中明確規定：只有上市公司委託的中外合作會計師事務所以及擁有臨時執業批准的外國事務所能對中國內地境外上市企業進行審計工作。在這一通知中，明確了該類審計業務要麼需要中外合作，要麼是由有臨時執業批准的外國事務所來開展。而對於沒有在中國境內設置機構的境外會計師事務所，可以根據其開展審計業務的需要向相關部門申請臨時執業的許可證（王建亮，1997）。但是擁有臨時執業許可的外國事務所的業務到底是什麼？範圍有哪些？直接在境外上市的內地企業，是僅僅負責境外地區業務審計，還是需要連同境內業務一同審計？這些問題卻沒有在該項規定中說明。

對外開放審計相關業務，雖然一方面是向國內會計師事務所審計引入了強大的競爭對手，激勵了中國審計業務的發展，加強了國內外事務所合作，但另一方面，也帶來了相關的問題。2011 年為規範臨時執業問題，財政部《境外會計師事務所在中國內

地臨時執行審計業務暫行規定》做出相關規定，該項規定解決了1994年審計業務問題通知中對臨時執業業務概念的不明確問題：「臨時執行審計業務是指境外會計師事務所接受境外委託方的委託，對中國內地設立的公司或其他相關機構臨時性執行審計業務，且業務範圍僅限於境外委託方委託的審計業務，臨時執業報告在內地也不具備法律效益。」鑒於該項規定，臨時執業的業務範圍就應該是境外企業作為委託方，審計的是境內公司的業務。例如，美國的上市公司在中國境內設立分公司，為了監管其業務，委託美國事務所對其分公司進行審計。換而言之，中國內地企業境外上市審計業務并不屬於臨時執業的範疇。因此，關於境內企業境外上市的審計業務的相關法律規範又一次進入了相對空白的階段。

但由於關於境外事務所在境內臨時執業的相關管理製度還不夠完善，并沒有明確指出境內企業境外上市的審計業務不屬於臨時執業的審計業務範圍，有的間接境外上市的境內企業利用該項規定的漏洞，用殼公司名義委託境外事務所進行審計，利用境內外法律法規的不同，逃避監管，擅自開展或擴大其他審計業務，從而違規執業，甚至欺瞞造假，影響境內會計師事務所的正常發展以及經濟秩序。

（二）境內外會計師事務所合作的權責問題以及審計工作底稿的歸屬問題

由於中國內地境外上市企業的特殊性——在境外發行股票吸收境外投資者的資金或者利用間接模式註冊境外公司，控股境內公司然後再上市，同時涉及境內與境外相關財務問題，因此財務報告的相關數據以及財務報表相關信息也更加複雜。不同國家的會計準則、編報基礎也存在著差異，那麼就意味著，該類企業很可能需要做兩套財務報告，企業很可能被雙重監管，因此財務報告的相關審計業務很可能需要境內與境外會計師事務所通力合作。又由於境內境外監管雙方的側重點不同，企業可能鑽監管漏洞，加大審計執業難度。此外，境內外相關法律法規衝突（在同一問題上，不同國家的法律效力相抵觸）的存在，使得審計執業難度更大了（範雯霞，2002）。例如，美國 Public Company Accounting Oversight Board（PCAOB）定期會對註冊會計師事務所進行檢查，實施監管，但是中國由於「法律限制或國家主權」、商業機密等原因，PCAOB 無法對中國境內的註冊會計師事務所進行調查，這一定程度上使中國註冊會計師事務所無法被美國相關監管機構監管（金子，2013），增加了出現審計失敗或虛假審計報告的風險。如果採用中外會計師事務所合作的方式，那麼雙方在執行審計業務過程中都分別有哪些權利、義務，并且分別應當承擔什麼樣的審計風險并沒有相關法律文件予以明確，只能依靠雙方進行洽談。一旦出現審計失敗或者虛假審計報告，也無法明確雙方的審計責任，對於境外會計師事務所責任的追討也十分困難。

其中還涉及審計工作底稿的歸屬所有權問題。審計工作底稿是重要的審計證據，能夠充分體現被審單位財務狀況、經營成果及現金流量是否公允，也能反應出審計人員在實施審計程序過程當中，是否按照相關審計準則、法律法規執業，因此審計工作

底稿也是相關監管機構檢查財務造假、明確審計責任的重要證據載體。此外，審計工作底稿的相關內容很可能涉及商業機密、保密技術，甚至是國家機密。正是由於審計底稿的重要性，中國《檔案法》《保守國家秘密法》均有相關規定，要求審計工作底稿不得擅自向境外提供。對於內地企業境外上市企業，其工作底稿需要保存在國內，那麼境外監管機構就無法輕易調閱審計工作底稿，這在一定程度上可能造成境內監管難度大、境外無法監控以及審計漏洞的出現。

四、對《會計師事務所從事中國內地企業境外上市審計業務暫行規定》的分析

2015年5月，中國財政部制定出拾的《會計師事務所從事中國內地企業境外上市審計業務暫行規定》（簡稱《境外上市審計業務暫行規定》）毫無疑問為如何對中國內地境外上市公司執行審計業務指明了方向。

（一）明確規定境外上市公司審計業務的範圍

根據境外上市審計業務暫行規定，無論境外上市公司的上式方式是直接還是間接，會計師事務所只要提供其與發行股票、債券或其他證券并上市的公司的相關財務報告審計或今後的年報審計等業務，都屬於境外上市公司審計業務的範圍，都必須按照該暫行規定相關要求開展業務。此外，與上述相關的審計業務均不屬於臨時執業審計業務的範疇。該項規定不僅明確了境外上市公司審計業務的範圍，也杜絕了以往境外會計師事務所利用以往臨時執業範圍的不明確以及臨時執業的便利對內地境外上市公司開展審計業務。該項審計業務範圍的明確，規範了會計師事務所的執業範圍，在對外開放、歡迎境外會計師事務所在中國執業的同時，也避免了對應的審計漏洞。

在明確臨時執業審計業務不包含內地企業境外上市公司審計業務的同時，該規定第二條指出：本規定中的內地企業境外上市公司不包含由中國香港、臺灣、中國澳門投資者直接或間接持股利比超過50%的企業。雖然這形式上屬於境外上市，但不適用於該規定。這對於港澳臺會計師事務所來說實際上也是一種保護。原來委託港澳臺會計師事務所實施審計的，現在也不用重新聘用內地會計師事務所，或者尋求內地會計師事務所進行合作，在一定程度上保證了它們的利益。

（二）鼓勵會計師事務所跨境合作，規範其開展業務的要求、條件以及責任

隨著「一帶一路」戰略思想的提出，中國企業將在國際市場上越走越遠，境外上市也將是越來越多內地企業的選擇。

中國內地境外上市企業可以自主選擇符合相關規定的境外或境內會計師事務所對

其上市財務報表以及年報進行審計，但是《境外上市審計業務暫行規定》同時也要求如果企業委託境外事務所開展審計業務，應當與內地事務所展開業務合作。一方面，該項規定推動了境內境外會計師事務所的合作，促進了內地會計師事務所向境外事務所學習，提高了中國會計師事務所的審計質量。而中外事務所的合作可以加強事務所之間的交流，可以讓國內事務所更便利地學習國外事務所的相關管理經驗以及開展審計業務的先進經驗，促進自身改革發展，從中國自身實際出發，取長補短。另一方面，境內外事務所之間的合作加強了審計從業人員的深層次交流，有助於提高境內審計從業人員業務水平。同時，該項規定也為更多的內地會計師事務所拓展了業務範圍。以前完全委託境外會計師事務所的內地境外上市公司，根據該項規定，要麼需要變更為符合條件、有執業能力的內地會計師事務所，要麼需要選擇符合條件的內地會計師事務所合作，并且只要是內地依法設立、有 IPO 審計或上市公司年報審計經驗的、執業質量和職業道德良好且最近 3 年內未因執業行為受到暫停執業 6 個月以上行政處罰的合夥制（含特殊的普通合夥）會計師事務所，都可以成為境外會計師事務所的合作夥伴。

除了鼓勵跨境合作外，該規定還明確了雙方應當簽訂書面協議，明確了雙方的責任與義務。在境內生成的工作底稿應存放境內，并且強調接受委託的境外會計師事務所也需要依法承擔相應的審計責任。該項條款不僅要求合作雙方明確各自責任，并且提出境外事務所應依法承擔相應審計責任，這對內地會計師事務所無疑是個利好消息。以往沒有明確跨境審計業務的相應責任，一旦出現審計失敗或應當承擔審計責任時，由於境外監管懲罰難度大，內地會計師事務所往往首當其衝，增加了承擔法律責任的風險。這也間接導致內地部分會計師事務所不敢或不願接受內地境外上市公司的審計業務委託。

（三）增加了境外事務所執行該項審計業務違規時的處罰

在《境外上市審計業務暫行規定》出抬之前的相關法規，對於境外事務所實施內地企業境外上市業務審計違法違規時，僅停止其境內違法行為，處以相應罰款。這樣的處罰，對於境外會計師事務所并沒有太大的影響，違法成本較低。而《境外上市審計業務暫行規定》中明確指出：「境外會計師事務所逾期不報告或報告信息不真實、不完整的，由省級以上財政部門予以通報，責令限期改正并轉送其所在國家（地區）有關監管機構處理；情節嚴重的，予以公告，自公告日起 5 年內不得從事中國內地企業境外上市審計業務。」這說明如果境外會計師事務所出現以上情況，不僅僅會影響其在境內執行審計業務，而且會通報其所在地，由相關機構處理。這樣的規定大大增加了境外事務所的處罰以及監管力度，能起到更強的威懾作用。

此外，該規定還規範了參與跨境合作內地會計師事務所的相關資質要求，例如要求執業質量良好且近 3 年內未因執業行為受到暫停執業 6 個月以上行政處罰的合夥制

事務所，等等。這些相關規定不僅提高了承接內地境外上市公司審計業務的事務所要求，也間接保證了審計的質量。

五、完善以及更好地實施《會計師事務所從事中國內地企業境外上市審計業務暫行規定》的建議

（一）明確審計工作底稿境外調閱的條件

《境外上市審計業務暫行規定》第五條指出：「在中國境內形成的審計工作底稿應由中國內地會計師事務所存放在內地。」這雖明確了審計工作底稿的所有權以及存放地，但未給出如果合作境外事務所或者境外監管機構需要查閱工作底稿應該滿足怎樣的條件或進行怎樣的申請。

以美國為例，美國證券交易委員會（Securities and Exchange Commission，SEC）依據美國《薩班斯-奧克斯利法案》（Sarbanes-Oxley）的規定，SEC有權要求註冊會計師事務所提供工作底稿，而從事中國內地境外上市審計業務的中國會計師事務所根據中國《保護國家秘密法》《檔案法》，未經國家相關部門批准，可以拒絕提供審計工作底稿。2012年SEC就起訴了四大會計師事務所以及德豪會計師事務所中國附屬公司，因它們拒絕提供在美上市公司的相關審計工作底稿。拒絕提供審計工作底稿，違反了美國的法律，直接提供又違反了中國的法律，那麼明確審計工作底稿境外調閱的條件和流程就顯得尤為重要。

中國可以出抬相關政策：對於境外監管機構，如果有必要，例如調查相關企業財務造假等情況，需要借閱審計工作底稿，須先申請，再上報相關機構審批，審批機構在規定日期內下達審批結果，審批通過則下發准許調閱審計底稿憑證。中國會計師事務所憑准許憑證，提供相關工作底稿。這樣既避免了類似美國SEC起訴會計師事務所的情況發生，又避免了中國會計師事務所左右為難的尷尬局面，還能為及時發現財務造假、舞弊提供證據。

（二）加強境內境外監管機構的合作

由於中國內地企業境外上市審計既涉及境內，又涉及境外，因此只有境內境外監管機構雙方通力合作，才能充分發揮其作用，保證審計業務質量，更好地維護企業、社會、投資者各方的利益，形成健康的經濟社會。

由於本文之前所分析的境內境外在法律法規、會計準則、審計準則、監管機構、監管理念等方面存在不同，因此有的中國內地境外上市企業利用這些差異進行財務造假，毀壞中國企業在國際投資者中的形象及信譽。對此，中國可以與境外簽署合作協議，由雙方監管機構共同構建一個跨境合作監管機構。該跨境合作監管機構可以以合

作協議為依託，向境內境外監管機構共同指派獨立監管人員組建跨境監管機構，由該機構進行相關業務的監管。

六、結論

《會計師事務所從事中國內地企業境外上市審計業務暫行規定》已於 2015 年 7 月 1 日開始施行。它不僅明確了中國內地企業境外上市審計業務的範圍，鼓勵了境內外會計師事務所的合作交流，而且還規範了參與境外會計師事務所合作的事務所資質，明確了雙方的責任和義務，是未來相關審計業務執行的規範準則。相信在未來的施行過程中，該暫行規定也會越來越完善。

參考文獻：

[1] 王建亮. 中國會計市場的開放與社會審計執業環境 [J]. 山西審計，1997 (02).

[2] 中華人民共和國財政部. 境外會計師事務所在中國內地臨時執行審計業務暫行規定 [Z]. 2011.

[3] 李俠. 填補製度空白規範中國企業境外上市審計行為 [N]. 金融時報，2015-06-08.

[4] 羅晶晶. 內地企業境外上市所涉審計業務將被納入監管範圍 [N]. 中國會計報，2014-05-16.

[5] 中華人民共和國財政部. 關於中外合作會計師事務所、境外會計師事務所執行中國企業在境外上市審計業務若干問題的規定的通知 [J]. 財務與會計，1994 (6).

[6] 中華人民共和國國務院. 國務院關於股份有限公司境外募集股份及上市的特別規定 [Z]. 1994.

[7] 範雯霞. 境外上市監管的法律問題研究 [D]. 上海：華東政法學院，2002.

[8] 馬驍，劉力臻. 中、美及香港證券市場借殼上市監管製度比較 [J]. 證券市場導報，2013 (3).

[9] 魏勇強. 海外買殼上市和造殼上市評析 [J]. 金融理論與實踐，2012 (9).

[10] 金子. 中國概念股做空危機：監管漏洞及對策——以中美審計跨境監管合作為例 [D]. 上海：華東政法大學，2013.

中小企業融資國際經驗及啟示

袁雪霽

一、研究背景

中小企業是中國國民經濟和社會發展的重要力量。近年來，中國中小企業和非公有制經濟保持了良好的發展勢頭，在繁榮經濟、增加就業、推動創新和催生產業中發揮出越來越大的作用。面對金融危機，中小企業仍然表現出很強的抗逆性，對經濟穩定增長的作用超過人們的預期，在抑制經濟下滑、緩解經濟下行壓力，解決城鄉就業問題、促進社會和諧穩定，活躍國內市場、擴大國內需求中發揮了重要作用，為「保增長、保就業、保民生」的大局做出了積極貢獻，讓我們更加認識到中小企業在中國國民經濟發展中的重要性。據國家統計局統計，中小企業對 GDP、進出口額的貢獻比例均占一半以上，并解決了全國 75% 的就業，更成為自主創新、產業結構升級的強勁助推力。

二、中小企業融資難困境分析

(一) 政策和法律不夠完善

長期以來，一些部門對中小企業特別是民營中小企業採取歧視性政策。國家出抬的政策大部分是按照企業規模和所有制設計的，對大企業優待特別多。在稅收政策上，國有企業可以先繳後退。中小企業特別是私有企業往往是小額貸款納稅人，增值稅發票難以抵扣，存在納稅過重的現象。雖然中央政府出抬了一系列支持中小企業發展的

政策,目前的《中華人民共和國中小企業促進法》也已經出抬,但是與中小企業發展相配套的投資、融資、創新、部門合作等方面的法律製度尚未建立;《中華人民共和國物權法》已經出抬,但是缺乏實施細則;《中華人民共和國反不正當競爭法》也缺乏針對小企業面對大企業惡意競爭的有效保護條款;《中華人民共和國反壟斷法》的立法起草已歷時多年,但遲遲未出抬,致使政府扶持中小企業的各種政策不能及時得到有效貫徹和執行,地方政府的各種政策因素進一步影響了政策的落實。

(二) 金融體系不夠完善

中國政策性金融體系是以四大國有銀行為主導,多種商業銀行共同發展的。銀行注重信貸資金的質量、安全性、流動性和營利性,但是由於中小企業存活率低,放貸風險大,中小企業貸款的單位交易費用較高,每筆貸款調查和監管費用比較高,同樣是信貸的投放,花費同樣多的時間與精力,做一單大企業貸款所獲得的經濟收益和社會效益往往是中小企業的數倍。再加上中小企業自身的缺陷——不能夠提供透明的財務報表,財務數據不真實,不完善的公司治理,使得銀行的審查監督成本增加和潛在利益不對稱,降低了中小企業貸款方面的積極性。同時,監管部門嚴格的信貸政策,導致金融機構對中小企業的支持力度不夠,國有銀行嚴重惜貸,各大商業銀行傾向於風險低收益高的國有大中型企業。

由於中小企業的自身特殊性,其對於資金的需求也是多樣化的。多元化的資金需求需要適合中小企業的金融服務品種和融資渠道,但中國的金融市場發展滯後,缺乏專門服務於中小企業的金融機構、匹配的金融產品和相應的法律保障。

(三) 尚未建立起新型的資本市場

一個完整的體系和健全的市場,包括主板市場、創業板市場和風險投資機制。在主板市場上,中國證券市場門檻高,股權融資不現實。對於債券融資而言,債券市場的落後致使大中型企業都難以通過債券獲取資金,中小型企業更是望塵莫及。創業板市場和風險投資機制是支持產業結構升級換代和高新技術產業發展的有效金融體系。在創業板市場上,儘管2004年5月深交所正式推出了中小企業板塊,但是中小企業板塊的原則是「兩個不變,四個獨立」,即「遵循現有法律環境不變,發行市場標準不變」「獨立掛牌,獨立交易,獨立披露信息,獨立設立指數」。這使得進入中小企業板塊的門檻較高,上市條件比較嚴格,接近於主板市場,只能解決部分的高風險高回報的科技型企業融資問題,對勞動密集型企業沒有太大幫助。對於2009年5月1日推出的創業板,入市門檻仍舊較高,目標較為單一,定位為成長性好的中小企業,缺乏可靠評級成長的標準,故信息披露製度仍舊需要完善。在建立風險投資機制上,中國風險投資、產業基金、集合發債、網路貸款等多元化的融資渠道在中國剛剛起步,發展不成熟,法律製度不完善,政策不能很好地落實,門檻較高,融資成本也比較高,故當前無法很好地解決中小企業融資困難的難題。

(四) 中小企業自身缺陷

中國中小企業存在以下缺陷：存活率低，風險大，沒有現代的企業製度，資產規模小，經營業務單一化，專業化程度低，管理製度不完善，人員機構素質參差不齊，企業管理不夠規範，產業調整困難，市場適應性差，風險問題突出。企業自身信息缺失、不完整，會計報表信息披露不完全，財務數據不真實，資產負債率高，信用等級低。銀行和企業缺乏真實的信息溝通，無法通過正規途徑來瞭解該企業的經營及財務狀況，致使金融機構不敢輕易向中小企業提供信貸支持。由於中小企業自身擔保能力不足，可抵押的物品少，固定資產少，抗風險能力低，中小企業平均的資產規模只有大企業的 1/76，中小企業平均的信貸資產只有大企業的 1/26，因此較難找到合適的擔保公司承擔風險，缺乏滿足當前金融機構放貸要求的抵押品和擔保品。不完善的管理水平、不高的管理人員素質、淡薄的信用觀念，影響了中小企業良好的融資信用的建立，嚴重損害了企業的信譽，惡化了信貸關係。

(五) 缺乏社會信用和擔保體系的建立

中國的擔保體系以政策性融資擔保為主體，以政府出資為主。這種政策性擔保體系追求的是社會效益，不符合擔保的高風險性，加上條件苛刻，審查嚴格，擔保基金主要來自地方財政，而地方財政能力有限，遠遠不能滿足中小企業的融資需要。而對於商業的擔保機構來說，規模小，擔保業務單一集中，不能滿足中小企業的貸款需求，并且擔保公司本身沒有很強的資金實力，因此擔保能力相當有限，無法分散風險，從而降低了擔保的積極性。

三、汲取國外經驗解決中小企業融資問題

(一) 美國

目前，美國的中小企業占美國總企業數的 99%，其就業人員占總就業人員的 60% 以上，其生產總值占美國國內生產總值的 40% 以上，更承擔了美國一半以上的技術創新，是美國產業升級和競爭力增強的助推力。美國一直致力於如何發展中小企業的研究和探索，形成了美國中小企業模式，即強調以市場為主導，利用完善的法律製度和有效的資本市場配合政府為中小企業融資服務，成為其他國家相繼模仿的典範。

1. 政府支持

美國的經濟體制是市場經濟占主導型的經濟體制。政府對中小企業的支持主要強調法律支持，消除不正當競爭，引導金融資本、民間資本流向中小企業，為中小企業提供一個公平的競爭環境。美國政府通過了《小企業法》《公平信貸機會法》等一系列維護中小企業利益的法律法規，還成功地推出了促進中小企業創新發展的措施，比

如 SBIR（中小企業創新計劃），并構築了全方位、社會化的中小企業管理和技術諮詢服務體系。同時，政府還設立了財政專項基金，用於鼓勵中小企業產品創新、吸納就業和幫助中小企業降低市場風險，并通過政府給予採購支持。1953 年頒布的《小企業法》中明確規定：政府採購應給予中小企業不少於 23% 的份額。

2. 多層次融資擔保體系

構建中小企業的融資擔保體系，是美國中小企業發展的關鍵。美國形成了以小企業管理局、區域性專業擔保和社區性專業擔保的三層中小企業擔保體系。

為解決中小企業資金不足的問題，美國建立了小企業管理局（SBA），主要向中小企業提供援助和諮詢（見圖1）。SBA 提供的貸款模式主要以聯邦政府作為擔保機構，以國會中小企業預算資金中的專項資金作為風險補償金，主要為中小企業提供信用擔保。美國中小企業管理局直接參與管理，由美國各州的中小企業管理局辦公室分級管理和委託仲介機構提供諮詢，協助銀行給中小企業發放貸款。最常用的貸款模式是 7 (a) 貸款計劃。在這種模式中，貸款的風險由小企業管理局和金融機構共同承擔，分擔了以往金融機構獨立的承擔模式，調動了金融機構向中小企業貸款的積極性，有利於中小企業從金融機構中獲得融資。除此貸款計劃外，小企業管理局還為成長性中小企業（CDCs）提供長期的「504」貸款擔保計劃，為出口企業提供 90% 的貸款擔保服務等。

根據美國各地的地方特色，美國設立了區域性專業擔保，為不同地域的中小企業量身打造不同的區域擔保計劃。社區性的中小企業擔保體系為協助社區內貧困人員創辦中小企業提供了一定的幫助，比如 7 (m) 微量貸款計劃，向中小企業提供 500 美元~2.5 萬美元的微量貸款，以創辦家庭經營企業，特別適合沒有資產抵押的中小企業。

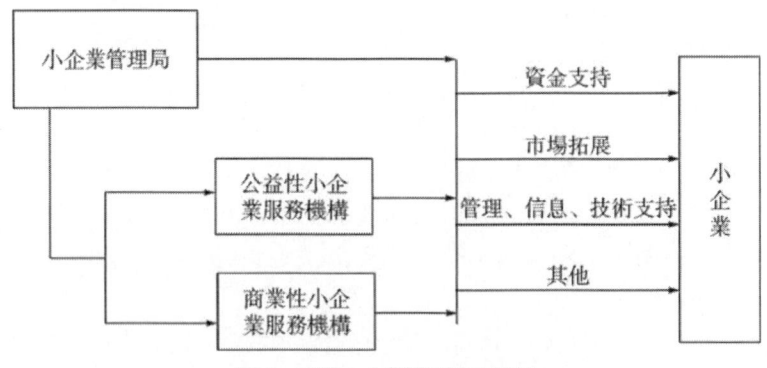

圖 1　美國小企業服務體系框架

3. 多層次的資本市場

多層次的資本市場為美國中小企業融資提供了資金來源，拓展了中小企業的融資渠道。為鼓勵和促進中小企業到資本市場區直接融資，美國的納斯達克（NASDAQ）市場為中小企業尤其是科技型的中小企業提供了很好的融資平臺，其分層次的創業板市場體系已成為全球創業板市場最成功的典範。納斯達克的分層次市場體系有三個市場，達不到全球市場標準的公司可以先在小型資本市場融資；一旦在小型資本市場中得到足夠成長，滿足全球市場的相關上市的條件，就可以經過簡單的程序到全球市場上市；全球一定數量的最高質量企業才有機會被納入納斯達克全球精選市場。這種分層次的創業板市場既符合中小企業的發展週期，也便於中小企業根據自身實力選擇不同的融資市場，因為在不同的市場具有不同的融資規則和法律監管體系。

同時，風險投資也為中小企業提供了直接融資的良好途徑。風險投資是職業金融家投入到新興的、迅速發展的、有巨大競爭潛力的企業中的一種權益資本，是追求一種長期性、高回報的投資，是促進中小企業特別是高新技術產業成長的最有效的融資渠道。據統計，美國成立了上萬家專門從事中小企業金融服務的中小企業投資公司。它們為那些融資困難的中小企業提供貸款和無擔保或擔保不充分的貸款，以促進中小企業的科技創新，并從中獲取高額回報。

（二）歐盟地區

1. 政府政策和金融支持

歐盟為向中小企業提供融資服務專設了歐洲投資銀行（EIB）。為了扶持中小企業在工業、服務業和農業以及能源方面的小規模基礎設施建設，該政策性銀行專門為其提供了全球貸款；并同時用 EIB 的經營利潤設立總額為 10 億歐元的 3 年期阿姆斯特丹特別行動計劃（ASAP），對高度勞動密集型或新技術領域的中小企業進行項目投資和資金援助；并由歐盟財政預算支持貸款的利息補貼，向固定資產低於 7,500 萬歐元、雇員人數低於 250 人的小企業提供貼息貸款。

德國政府針對國家政策性銀行制定了國家擔保、不上繳利潤以及免稅的三大優惠政策，使廣大中小銀行通過政策性銀行獲得資金得以生存。德國清算銀行和德國復興信貸銀行是德國兩大政策性銀行。國家每年向它們提供 50 億歐元的資金補助用於它們向中小企業提供貸款的利息補貼，并且該資金用於它們為這些銀行承擔最多能達到 60% 的貸款擔保損失。德國政府還和德國商會合理分工（見表 1），扮演不同角色為德國的中小企業服務。這種服務強有力地支持了德國中小企業健康迅速地發展。

義大利希曼斯特金融機構支持中小企業向外發展，每年提供 20 億美元的中期優惠貸款，重點支持中小企業的產品出口、設備採購和對外投資。

表 1　　　　　德國政府和商會為中小企業服務時的分工與協作

服務領域	政府	商會
諮詢服務	給予企業諮詢顧問薪水補貼	提供企業諮詢和專家
教育和培訓	負責德國雙元制職業教育中的理論培訓（職業學校）、給予商會經營的跨企業培訓場所補貼	負責德國雙元制職業教育中的實踐培訓（企業內的培訓以及在跨企業培訓場所的培訓）、提供繼續教育
博覽會及對外經貿	給予中小企業參加博覽會補貼，以及提供出口融資、出口保險或產品市場化促進項目	組織中小企業參加國內外博覽會、開展對外貿易
金融服務	（1）給予擔保銀行補貼（包括無息或貼息長期貸款） （2）為創業者提供啟動創業用的貼息貸款 （3）為環境保護項目等特殊項目提供貼息貸款	（1）提供和申請貸款有關的評估意見與信息 （2）對創業者的經營計劃提出建議 （3）有代表進入擔保銀行的監事會

2. 稅收製度

德國對大部分的小手工業企業免徵營業稅，通過提高納稅起徵點來促進中小企業的發展，并按《中小企業研究與技術政策總方案》設立專項基金，向中小企業的技術和發展提供資助，累計金額已達百億歐元。義大利南部地區和西西里島地區的手工業和中小企業佔有相當大的比重，政府制訂了一系列的免稅計劃以刺激當地的中小企業發展，對改變當地落後的狀況起到了重要的作用。在法國，中小企業的繼承稅可緩繳 5 年，并可減免部分出口稅。若是雇員不超過 10 人的中小企業，在 5 年內可以減少建築稅和運輸稅。

3. 發展資本市場，建立風險投資基金

目前歐盟主要通過英國的倫敦交易所的 AM 市場進行上市融資。AM 市場除了對會計報表有規定外，沒有設立規模、經營年限和公眾持股量等最低上市標準。它融資的便捷吸引了全球的中小企業來此上市融資。其最大特點在於它的保薦人製度：所有在 AM 上市的企業都必須聘請一位符合法定資格的企業作為其保薦人，以保證企業持續地遵守市場原則。AM 的保薦人由英國金融監管局審批，由 LSE 監管。在企業申請上市前，保薦人要對發行人的條件做實質性審查。上市後，督促企業持續地遵守市場規則，按照要求履行信息披露義務。

同時，歐盟紛紛建立各種風險投資基金以支持中小企業發展。歐洲投資銀行和歐洲投資基金兩大金融機構合作建立了「歐洲技術便捷啟動基金」（ETF）。該基金投資於發展高新技術且創新能力強的技術型中小企業。德國聯邦經濟和技術部設立了「小型技術企業參與基金」，為中小企業參加高新技術研究和新產品開發提供貸款。

4. 建立信用擔保製度

歐盟建立了歐洲投資基金（EIF）。該基金建立的目的就是為中小企業提供融資擔保。當中小企業項目融資或是低於 100 名僱員的中小企業基於「增長和環境」的目的開展能夠帶來重大環境利益的項目時，EIF 可以根據具體情況對條件適合的中小企業提供融資擔保。這些擔保措施使中小企業能夠獲得更有利的貸款條件，同時獲得較低的貸款利率。在德國，為促進新產品、新工業的產生，減少投資風險，中小企業可以從銀行得到金額為 25 萬~100 萬歐元的投資擔保資金，銀行還設置了特殊貸款，用於解決欠發達地區中小企業資金短缺的問題。義大利的互助擔保製度，是義大利金融界與中小企業密切結合的典範。企業互保製度的建立，有利於企業自身信用的提高，降低銀行的信貸風險，提高企業獲取資金的能力，有助於中小企業中長期發展和行業建設。

(三) 日本

日本是政策性融資扶持中小企業的典型代表，其強調政府的作用，是世界上政府扶持中小企業較早也較全面的國家。日本主要通過政府直接向中小企業貸款，建立了中小企業廳，制定了 30 多部中小企業專門法律，為中小企業提供直接貸款、協調貸款和擔保貸款三種形式的長期無息貸款，并積極發展民間中小企業金融機構。

1. 財政補貼，利率優惠

日本中小企業可以按照最低利率向國家專業銀行或金融公司貸款，并且還款期限還可以根據自身情況延長。當民間機構向小型企業發放無抵押貸款時，國家預算向其提供放款基金的補償。同時，在新事業、新技術振興的地方為中小企業設立利息補助製度。

2. 創新支持

建立技術顧問製度，聘用技術上經驗豐富的專家擔任顧問，對提高中小企業產品質量和技術水平進行具體指導，并設有 200 多個公立試驗機構無償提供中小企業技術和產品的技術指導，保障中小企業自身發展和創新能力，加強中小企業自身建設，提高其獲利能力，使其獲取金融機構的融資支持。政府還撥出專項資金，積極幫助中小企業與各種研究機構進行技術合作，成立中小企業振興事業團，由中小企業事業團制定研究課題，委託中小企業和研發機構共同開發實用性技術。逐步強化「創造性技術研究開發補助金製度」，根據《中小企業創造活動促進法》，增加對創造性中小企業的技術開發費用補助，增設「新技術育成補足框架」，在資金方面支持中小企業對基礎和應用階段的技術進行開發。

3. 建立中小企業信用擔保體系

日本為了消除因不能擔保給中小企業帶來的融資困難，以立法的形式確定了信用保證協會製度。中小企業根據自身需求，向信用保證協會申請擔保，被審查合格後，由信用保證協會向金融機構擔保，金融機構根據此委託擔保向中小企業發放貸款。若

企業不能到期還款，由信用保證協會向銀行還款。日本還成立了信用保險製度來保證信用保證協會的利益，建立了綜合事業團。綜合事業團在企業無法還款而協會已還款的情況下，會以保險金的形式支付還款額的70%給協會，協會把向企業繼續追債的價款返還給事業團。信用擔保製度和信用保險製度的雙重結合，為中小企業借貸提供了有力的保障。

四、國外經驗對中國的啟示

各國在扶持中小企業的發展中，無不是從政治支持、市場環境建設、信用保障體系的建立等各個方面出發，根據自身國情採取各種激勵和強制措施，保證中小企業能夠快速、穩定健康地發展。中國正處在中小企業蓬勃發展的時期，融資瓶頸已成為制約中國中小企業發展的絆腳石。無論是以美國為模範的市場經濟導向的中小企業融資環境的建立，還是以日本為模範的政府導向的中小企業融資，中國都應該認真學習和借鑑，總結各自長處和經驗，并且結合中國自身國情，建設適合中國國情的中小企業融資體系。

（一）建立完善的中小企業發展法律體系

發達國家在扶持中小企業發展、解決中小企業融資的問題上，都制定了完善的針對中小企業的法律和法規。由於中國在這方面起步較晚，目前立法保障和國外還存在比較明顯的差距，需要進一步完善和發展。鑒於中國現有法律和法規的不完善，專項法規覆蓋面較窄（見表2），實施有困難，目前中國應該進一步明確中小企業在中國經濟生活中的重要地位，加強政策保證，改善企業融資環境，建立與《中小企業促進法》相匹配的專項法律，為中小企業提供公平健康的發展環境。

表2　　　　　　　中國與國外中小企業立法保障情況的比較表

比較內容		國外	國內
基本法規		有	有
專項法規	公平的經營環境	有	有
	金融支持	有	有
	技術進步	有	無
	結構調整和現代化建設	有	無
	出口和投資	有	無
	其他	有	無

(二) 完善多層次中小企業金融服務體系

國有銀行和股份制商業銀行應加強和改善對中小企業的金融服務，加快中小銀行發展，加快以中小企業為放貸主體的貸款公司、村鎮銀行、資金互助社等新型中小金融機構的發展，完善多層次的中小企業金融服務體系。

1. 國有大中型銀行和股份制商業銀行

國有商業銀行應該轉變經營觀念和經營方式，認識到中小企業融資已經不僅僅是應該承擔的社會問題，還是銀行業務轉型的重要方向。而絕大多數的中小企業外源融資的主渠道還是銀行體系（見表3），所以需要完善為中小企業提供服務的信貸體系，建立一整套針對中小企業的信用評估體系，創新金融產品和服務，努力促進中小企業信貸市場供求平衡。金融機構應當適當降低中小企業信貸准入標準，優化信貸流程，提高信貸審批效率，下放小企業信貸審批權限，促使分支機構拓展小企業信貸市場。同時積極參加政府有關部門主辦的各種中小企業融資對接會、項目推介會，加強與政府主管部門、擔保公司、投資公司簽訂合作協議。

表 3 中國中小企業融資來源構成

融資來源	國有銀行	農村金融機構	股份制/城市商業銀行	企業間借款	其他
所占比例（%）	42.8	21.2	16.4	10	9.6

2. 加快中小銀行發展

目前中國中小銀行156家，總資產規模已超過17億元，占銀行業總資產的22%以上，中小企業已成為整個金融體系活力的源泉，成為中小企業服務的主力軍。數據顯示：城市商業銀行的中小企業貸款占比高達71.6%，高於大銀行的45.07%。中小企業平均每個網點貸款支持的中小企業客戶數量是大銀行的5倍以上，但是中小銀行仍處於弱勢地位，國家政策和財稅政策的支持偏向導致中小企業不能得到應有的社會地位，導致中小銀行的人才和客戶流失。最大問題是中小企業信貸風險大，卻沒有得到相應的風險補償機制，抑制了中小企業的信貸熱情。基於此，政府應該加大對中小銀行的政策扶持力度，鼓勵建立中小企業貸款風險補償基金，并鼓勵和支持中小銀行上市，以社會資金來補償中小銀行的長足發展。

3. 發展區域性中小金融機構

2008年5月中國銀行業監督管理委員會和中國人民銀行頒布的《小額貸款公司試點的指導意見》規定，引導和規範民間資本，使民間借貸更加透明和程序化，為中小企業開闢方便快捷的融資渠道，為改善農村地區的金融服務做出了突出貢獻。國發〔2009〕36號再次強調必須加快研究鼓勵民間資本參與，發起設立村鎮銀行、貸款公司等股份制金融機構的辦法，積極支持民間資本以投資入股的方式參與城市商業的增

資入股,支持規範發展小額貸款公司,鼓勵有條件的小額貸款公司轉為村鎮銀行。至今有大概 100 多家村鎮銀行,村鎮銀行的成立對突破縣經濟投資的瓶頸,包括支持中小企業和「三農」發展,將會起到非常重要的作用。

4. 發展「非正規金融」,民間借貸合法化、規範化

在一些民營經濟發達地區,非正規金融活動十分普遍。非正規金融是指不受法律保護,處在金融當局監管之外的各種金融機構、金融市場、企業、居民等所從事的各種金融活動,一般包括民間借貸、貸款經紀人、地下錢莊等。中小企業在向正規金融機構融資受到抑制的情形下,便會轉向商業信貸和民間借貸。企業為了生存,很多企業家不得不向民間資金伸手,一些月息竟然達到 9%～10%,比銀行利率高了十倍。這種缺乏監管的地下錢莊一直處於灰色地帶,高息借貸企業多數還款困難,很多民營中小企業逐步陷入了資金流轉的惡性循環之中,企業破產的情況頻頻出現。政府應該盡快出抬法律法規,適時推出《放貸人條例》,合理地引導非正規金融合法化、民間借貸合規化,完善支持小額貸款組織發展,促進多層次信貸市場的形成和發展,使非正規金融與正規金融協調發展,共同解決中小企業融資難的問題。

5. 金融創新

商業銀行必須從產品設計、管理機制、服務理念等多個方面進行金融創新,為中小企業融資難的問題找到突破口,尋求適應中小企業融資需求的金融產品。比如合作營銷的模式,主要是銀行通過與政府部門、工商聯、高新技術園區、行業協會等機構的合作,實行集群化的營銷,以降低信息成本,降低企業的貸款成本。比如通過供應鏈融資的方式來發展中小企業的業務,主要是通過銀行自身的大企業的客戶資源,通過供應鏈的融資切入,為處在大企業上下游兩端的中小企業提供服務。

(三) 發展資本市場,拓寬融資渠道

在建立多層次的資本市場以拓寬中小企業的融資渠道方面,市場經濟發達的國家一般都建有不同級別的資本市場,為不同規模類型的企業提供融資服務,企業可以根據自身能力選擇不同的市場進行資金籌集。中國應在健全和監督資本市場的前提下,盡快加快資本市場的發展。2009 年 3 月 31 日,中國頒布了《首次公開發行股票并在創業板上市管理暫行辦法》,并於 2009 年 5 月 1 日起正式實施。創業板相對於銀行信貸、中小企業板塊來說,為中小企業提供了新的融資渠道。創業板明確了創業板服務於國家自主創新的市場定位,鼓勵前景好、成長快的企業上市融資和規模擴張,較適合「高成長,高科技與新經濟,新服務,新農村,新能源,新材料,新商業模式」的高新企業。希望最終通過創業板的引導,能夠提升總體競爭實力,實現中小企業快速發展,促進中國經濟穩定健康發展。

私募股權融資不僅能給企業帶來資本,還能為企業提供增值服務,比如公司治理、規範法人結構、產業運作經驗、上市運作等。鑒於中國已進入民間資本充裕的時代,

更多的海外私募基金進入中國，而目前中國私募股權投資約占 GDP 的 1%，與發達國家 4%~5%的比例還有距離，所以發展私募融資不僅是中小企業的需求也是中國資本市場多層次、多元化的需求。

（四）加強企業創新能力

通過國家的政策扶持、貸款扶持，依託國家成立的各種技術培訓和指導服務機構，完善企業自身的優勢，保持不斷創新的能力，是中小企業在激烈的市場競爭中獲得競爭優勢和實現可持續發展的關鍵，也是增強中小企業獲得金融機構的認可的有力保障。在技術創新方面，國外主要從四個方面支持中小企業的技術創新：①用立法手段保障技術創新；②採用積極的財稅政策鼓勵中小企業技術創新；③設立技術創新基金；④大力扶持中小企業技術服務機構。中國經過近 20 年的發展，在各個方面都有很大的提高，但是相對於發達國家還存在明顯的差距。中國應加快技術創新基金的建立，建立大量的高新技術企業孵化器、創業服務中心、生產力促進中心等科技服務機構，加大財政科技支出，投入中小企業技術創新服務體系，為中小企業的創建、成長和發展提供強大的資金保障。

（五）建立完善的中小企業信用擔保服務體系

建立和完善中小企業融資的信用擔保體系，是幫助中小企業獲得商業性融資的最佳途徑。發達國家的政府部門雖然也為中小企業提供直接政策貸款，但主要還是提供信用擔保。

中國應盡快建立包括中央、地方財政出資和企業聯合組建的多層次中小企業融資擔保基金和擔保機構，完善相應的法律支持體系（見圖2），并且鼓勵建立小企業貸款風險補償基金，對金融機構發放的小企業貸款增量給予適當補助，對小企業的不良貸款損失給予適度的風險補償，并提高擔保機構對中小企業的融資擔保能力。建立中小企業評級製度，以信用等級作為資信證明，完善中小企業信貸考核體系，構建守信受益、失信懲戒的信用約束機制，增強中小企業信用意識。

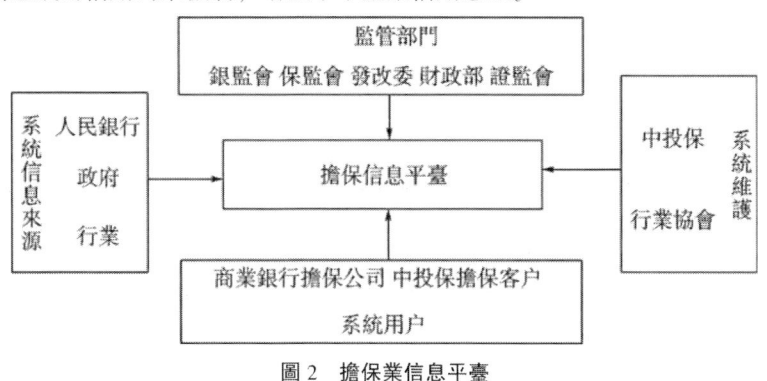

圖 2　擔保業信息平臺

五、結語

中小企業問題是個國際性問題。中小企業在各國經濟發展中都有不可替代的作用，各國政府都在積極地採取各種政策支持本國的中小企業發展。中小企業發展中最大的問題就是企業的融資瓶頸，但是中小企業融資難的問題不可能僅憑一朝一夕就能解決，它是個長久的過程，需要政府、金融機構和企業共同的努力。在科技不斷創新、產業結構優化調整、融資環境發展良好、融資渠道不斷拓寬的環境下，中小企業融資難的問題將會逐步得到解決，為國民經濟的穩定和繁榮做出新的貢獻。

參考文獻：

[1] 王蕊. 從日本經驗看中國中小企業發展的幾個問題 [J]. 環球中國，2008（3）.

[2] 王仁波，申靜. 國外中小企業融資經驗的借鑑與啟示 [J]. 商業現代化，2009（2）.

[3] 楊思思. 借鑑國外成功經驗積極探討解決中國中小企業融資難問題 [J]. 西南金融，2009（9）.

[4] 隋玉明. 創業板股票上市與拓寬中小企業融資渠道研究 [J]. 淮南職業技術學院學報，2009（2）.

[5] 施穎，劉倩. 中外中小企業融資製度借鑑 [J]. 合作經濟與科技，2008（12）.

[6] 林忠，鞠雷，孫靈希. 中日韓中小企業技術創新環境比較研究 [J]. 經濟社會體制比較，2009（6）.

[7] 楊澤雲，楊宜. 淺析構建中國中小企業融資體系 [J]. 經濟叢刊，2009（1）.

[8] 楊宇明. 發展「非正規金融」是解決中小企業融資難的現實途徑 [J]. 武漢商業服務學院學報，2009（12）.

[9] 賀紀書. 中國創業板市場建設的思考——基於中小企業融資的視角 [J]. 山東商業會計，2009（1）.

[10] 張朝元，梁雨. 中小企業融資渠道 [M]. 北京：機械工業出版社，2009.

[11] 蔡寧. 中小企業競爭力與創業板市場 [M]. 北京：科學出版社，2004.

[12] 仲偉俊，胡鈺，梅姝娥. 民營科技企業的技術創新戰略和政策選擇 [M]. 北京：科學出版社，2005.

[13] 劉玎. 中小企業創辦，生存和關閉的實證分析：美國中小企業發展研究 [M]. 北京：經濟科學出版社，2004.

中國上市公司委託理財投資及影響因素研究

張明星

一、上市公司委託理財的概念

委託理財是現代經濟領域普遍存在的一種經濟行為，特別是在一些經濟比較發達的國家和地區，委託理財的發展也頗具規模，不僅個人投資會參與其中，大型的公司企業同樣也在進行委託理財。可見，廣義上的委託理財是一個內涵簡單、外延豐富的經濟概念，泛指一切財產所有者（委託方）與管理者（受託方）之間的一種廣義委託代理關係（也包括信託關係）。但本文所討論的上市公司委託理財行為僅為狹義上的委託理財，為以示區別，下面就先介紹下狹義委託理財的六個特徵：

（1）上市公司委託理財涉及的委託財產僅限於貨幣資金，即現金及銀行存款。廣義上的委託理財涉及的委託財產可以是貨幣資金、有價證券、固定資產、設備等有形資產，也可以是專利技術等無形資產。本文討論的上市公司委託理財行為所涉及的委託財產僅限於貨幣資金。

（2）上市公司委託理財不等同於上市公司理財。上市公司理財是一個非常寬泛的概念，類似於上市公司的財務管理，包括了公司籌資活動、投資活動、分配活動的方方面面，對公司的經營管理有著非常積極正面的意義。而委託理財只是公司理財中投資活動的一部分，僅是公司理財的一種手段而已。

（3）上市公司委託理財不包括公司的直接證券投資行為。雖然委託理財與直接證券投資都是將公司的自有資金投入金融市場，但委託理財與直接證券投資相比，具有兩個主體，即同時存在著委託方與受託方。直接證券投資僅是一種自主行為，不存在

委託代理關係。

（4）上市公司委託理財不包括公司的購買基金投資行為。雖然購買基金這一投資形式也存在著委託代理關係，但是與委託理財相比，兩者的契約形式不同。上市公司購買基金訂立的契約是基金公司自主擬定的一般性條款，而委託理財有所不同，是上市公司與受託方雙方協商并簽訂協議。

（5）上市公司委託理財不包括私募基金。原因主要有三點：一是兩者體現的法律關係不同。私募基金屬於信託範疇，基金持有方將財產資源交由基金管理者進行投資，但基金管理者并不保證其中的收益；而上市公司委託理財簽訂的委託協議中均存在保本條款，甚至有的協議還包括了保證的資金回報率或保證資金回報率不低於某個水平。二是兩者在所有權是否發生轉移方面存在差異。私募基金中資金所有權發生轉移，但是委託理財中涉及的資金所有權并沒有發生轉移。三是受託方不同。私募基金的受託方是具有合法資格的基金管理公司，而委託理財的受託方範圍更加廣泛，包括銀行、證券公司、投資公司、信託公司等。

（6）上市公司委託理財不包括委託貸款的內容。考慮到現有上市公司的委託貸款行為多涉及關聯方交易，具有更特殊的情形，也比較複雜，故將其排除在外。

綜上所述，本文所討論的上市公司委託理財的定義可界定為：上市公司將貨幣資金（包括現金和銀行存款）委託給銀行、證券公司、信託公司等受託人在一定期限內進行管理，其中收益情況由委託方與受託方共同約定來進行分配或由受託方收取管理費的投資行為。

二、上市公司委託理財的現狀

2011年迎來了上市公司委託理財發展的新階段。上市公司這一階段的委託理財行為一方面面臨著「錢荒」的壓力，另一方面又面臨著行業監管的適度鬆綁和自身理財的迫切需要，因此這個階段的發展與前兩個階段的發展相比，呈現出不同的特點。下面筆者就從不同的角度對2011—2014年上市公司委託理財的情況做出詳細分析。

（一）規模情況

首先從涉及委託理財的上市公司數量來看，2011年，滬深兩市的上市公司中參與委託理財的公司僅有29家，占當年所有上市公司總量的1.23%。之後，參與委託理財的上市公司數量一直保持著快速增長的勢頭。截至2014年，參與委託理財的上市公司更是出現了井噴式增長，其數量迅速增長到了894家，占2014年上市公司總數的34.21%，超過了上市公司總量的三分之一，由此可見上市公司委託理財投資行為具有普遍性，而非個別特例。詳細統計數據見表1。

表 1　　　　　　2011—2014 年參與委託理財的上市公司數量統計

	2011 年	2012 年	2013 年	2014 年
涉及企業數量（家）	29	268	555	894
占上市公司比例（%）	1.23	10.75	22.30	34.21

其次從上市公司委託理財的投資規模來看，2011 年上市公司共投入委託理財的累計金額約 118 億元，參加的上市公司平均每家都累計投入了 4 億多元，累計投資頻次為 135 次。截至 2014 年，滬深兩市上市公司參與委託理財的現象更是達到白熱化。兩市中上市公司投資於委託理財的累計數額已突破了 11,600 億元，其中平均每家上市公司的累計理財金額是 12.98 億元，理財累計次數也高達 15,709 次。具體統計數據請見表 2。

總之，無論從參與其中的上市公司數量，還是從理財規模的累計規模與次數來看，上市公司熱衷於委託理財已是中國資本市場的普遍現象，且其大規模的投入勢必隱藏著極大的風險。

表 2　　　　　2011—2014 年上市公司委託理財累計金額及累計頻次統計數據

	2011 年	2012 年	2013 年	2014 年
委託理財累計金額（億元）	118.38	1,565.60	4,271.20	11,604.80
委託理財累計頻次（次）	135	1,922	5,592	15,709

（二）行業分布情況

通過統計近 4 年的上市公司委託理財信息發現，除了 P 類教育行業，其他行業都有上市公司參與委託理財，可見行業分布很廣泛。但總體上來說，參與委託理財上市公司的行業分布又相對集中，其中每年過半數的上市公司都集中分布在製造業，其次為批發和零售業，信息傳輸、軟件和信息技術服務業，房地產業也比較突出。相關統計數據見表 3。

表 3　　　　　　　　委託理財上市公司行業分布情況表

行業代碼	行業名稱	2011 年 上市公司數量	2011 年 行業占比	2012 年 上市公司數量	2012 年 行業占比	2013 年 上市公司數量	2013 年 行業占比	2014 年 上市公司數量	2014 年 行業占比
A	農、林、牧、漁業	0	0	2	5.00	6	14.63	11	26.83
B	採礦業	0	0	6	9.52	11	16.67	17	25.76
C	製造業	18	1.21	143	9.03	362	22.51	583	36.26

表3(續)

行業代碼	行業名稱	2011年 上市公司數量	2011年 行業占比	2012年 上市公司數量	2012年 行業占比	2013年 上市公司數量	2013年 行業占比	2014年 上市公司數量	2014年 行業占比
D	電力、熱力、燃氣及水生產和供應業	1	1.33	8	9.64	9	10.98	18	21.95
E	建築業	0	0	9	14.75	11	17.19	23	35.94
F	批發和零售業	3	2.42	29	19.08	43	27.92	74	48.05
G	交通運輸、倉儲和郵政業	0	0	12	14.46	17	20.24	29	34.52
H	住宿和餐飲業	0	0	1	8.33	4	33.33	5	41.67
I	信息傳輸、軟件和信息技術服務業	2	1.57	16	13.22	29	21.97	42	31.82
J	金融業	0	0	4	9.52	9	20.93	9	20.93
K	房地產業	0	0	20	13.79	29	20.86	35	25.18
L	租賃和商務服務業	1	3.57	4	18.18	10	41.67	12	50.00
M	科學研究和技術服務業	0	0	0	0	1	8.33	7	58.33
N	水利、環境和公共設施管理業	0	0	2	8.33	3	12.50	5	20.83
O	居民服務、修理和其他服務業	1	8.33	0	0	0	0	0	0
P	教育	0	0	0	0	0	0	0	0
Q	衛生和社會工作	0	0	0	0	0	0	1	33.33
R	文化、體育和娛樂業	2	11.11	8	34.78	7	29.17	11	45.83
S	綜合	1	1.85	4	18.18	4	17.39	12	52.17
	合計	29	—	268	—	555	—	894	—

從行業縱向角度來看，2011年，上市公司委託理財投資行為的行業滲透度還是很低的。除了居民服務、修理和其他服務業與文化、體育和娛樂業中，參與委託理財的上市公司占本行業上市公司總數比例在5%以上以外，其他行業要麼未發生委託理財，要麼也只是零星的公司參與其中。行業占比最高的是文化、體育和娛樂業，但也僅為11.11%。但到了2014年，大部分行業的滲透率都在30%以上，行業占比超過50%的有

租賃和商務服務業、科學研究和技術服務業。最高的就是科學研究和技術服務行業，達到了58.33%。

經上述分析也不難發現，上市公司委託理財的傾向與行業發展狀況密切相關。每年參與委託理財的上市公司中過半都來自製造業。這是因為製造業近年來面臨著轉型升級的壓力，盈利狀況一直都不容樂觀。此時，上市公司一方面為補足主營業務上的不足，有足夠的動機參與委託理財，另一方面或因短時間內尋找不到理想的實業投資項目，而將財務資源投入委託理財以盡快獲取收益。同時，從行業滲透率數據可以看出，批發和零售業與住宿和餐飲業每年都比其他行業保持著更高的行業滲透率。這大概是因為批發和零售行業的現金回收期普遍比其他行業短，從而維持著較高的現金持有量水平，這也為上市公司普遍參與委託理財提供了機會。

（三）委託期限情況

從表4可以看出，2011—2014年，參與委託理財的上市公司的平均委託期限都在3個月左右，沒有太大的波動。其中2011年、2012年和2013年出現的最長委託期限是5年，2014年的最長委託期限是10年。最短委託期限也變化不大，為1天或5天。

表4 　　　　2011—2014年上市公司委託理財累計委託期限統計數據

累計委託理財期限	2011年	2012年	2013年	2014年
平均值	2.90月	3.54月	2.73月	3.97月
最大值	5年	5年	5年	10年
最小值	5天	1天	1天	1天

三、上市公司委託理財的理論分析與研究假設

本文認為上市公司為提高資金使用效率而參與到委託理財本無可厚非，但基於過度委託理財會對上市公司本身甚至整個金融市場產生負面影響的考慮，本文在後續的實證研究部分中將探索影響上市公司委託理財規模的影響因素有哪些。故在此先利用現存財務理論對上市公司委託理財規模影響因素做出理論分析，并提出有關研究假設。

（一）代理理論

代理理論是現代企業財務理論的一個重要觀點，其核心理念就是：在現代企業中，投資者（委託人）將其財務資源委託給經營者（代理人）進行經營管理，這導致了公司所有權與經營權的分離。在這種兩權分離的委託代理關係中，經營者并不會像管理自己的財產一樣謹慎地管理所有者的財富，追求股東財富的最大化，而是會追求自身

的收入報酬、在職消費和閒暇時間等的最大化。後來，代理理論又逐漸發展成了契約成本理論。契約成本理論假定企業由一系列的契約組成，包括資本的提供者（如企業股東和債權人等）、資本的經營者（企業管理當局）、企業與供貸方、企業與顧客、企業與員工等的契約關係。因此，現代企業的委託代理問題不再局限在企業所有者與管理者之間，而是廣泛存在於企業內、外部。就現存有關研究來看，企業內、外部的代理問題主要有四大類：企業股東與管理者之間的代理問題；企業大股東與中小股東之間的代理問題；企業股東與債權人之間的代理問題；企業中小股東與機構投資者的代理問題。

1. 企業股東與管理者之間的代理問題

亞當·斯密最早提出有關公司股東與管理者之間的代理問題。早在200多年前，他就在《國富論》中指出，當企業的所有者與企業的管理者不同時，管理者是在管理別人的錢而不是自己的，因此不會像管理自己的財富那樣謹慎。所有者與管理的分離在提高企業運行效率的同時，也為管理者濫用職權、為自己牟取私利提供了機會。

2. 企業大股東與中小股東之間的代理問題

在現代企業中，當股權高度分散時，所有股東都不能憑藉足夠的持股比例進入董事會并對公司的經營管理進行有效監督，公司董事會基本上由公司管理層控製，董事會則形同虛設。但隨著公司第一大股東的持股比例增加到一定程度時，其就能進入公司的決策機構——董事會，便能發揮對管理層的監督作用，提高公司的營運效率，如投資效率等。若公司第一大股東的持股比例進一步增大，也會出現一股獨大的局面。已有學者研究發現，中國的資本市場普遍存在著國有股或機構股一股獨大的情況。在第一大股東的持股比例達到了能享有公司絕對控製權的水平時，這種控製權往往會為大股東掏空中小股東、轉移企業資源為自己牟取私利提供機會，而委託理財有可能就是上市公司大股東掏空中小股東的一種途徑。因此，本文認為第一大股東持股比例將對上市公司委託理財產生影響。

3. 企業股東與債權人之間的代理問題

股東與債權人之間的代理問題主要源於對投資項目的不同偏好。即債權人在選擇投資項目時往往會更看中投資項目獲利的穩定性，要求項目的風險性盡可能地小，這樣就能保證貸出資金的安全性。而股東在投資時則更看中投資項目的高收益性，即使該項目具有高風險性。因為當投資項目成功時，股東除了償還固定的本金利息外，能獨享投資項目的高收益；當投資項目失敗時，也有借入資金來一同承擔投資損失，股東最多損失自己投入的本金部分。總之，股東與債權人利益目標的不同，也會導致兩者之間出現委託代理問題。因此，負債的存在將減少公司的自由現金存量，能在一定程度上減少企業對一些無效項目的投資。同時，債務約束將加大公司破產的可能性。管理層出於保護自身聲譽的考慮，也會慎重選擇投資項目，從而有助於保護投資人的利益。

4. 機構投資者與企業中小股東的代理問題

隨著中國資本市場的不斷成熟，證券市場投資者中湧現了越來越多的機構投資者。機構投資者能有效發揮監督公司管理層的作用，降低上市公司無效投資出現的可能性，從而有助於提升上市公司的價值。後續的許多研究也都證實了這個觀點，那就是機構投資者會傾向於反對上市公司損害股東利益的投資行為，能有效監督公司管理層的經營管理活動。由此可推導出，機構投資者持股比例越大，越有可能影響公司的投資決策；同時，由於機構投資者往往更看重被投資企業的長遠發展，因此能在一定程度上抑制公司管理層的「短視」投資行為。

基於上述理論分析提出本文的假設1、假設2：

H1：第一大股東持股比例與上市公司委託理財規模呈正相關關係。

H2：負債水平與上市公司委託理財規模呈負相關關係。

(二) 投資Q理論

1969年，托賓又提出了一個極具創新的投資理論——投資Q理論。在該理論中，托賓指出：「投資家所期望的資本增加速度，是和資本價值與再生產成本的比值相關的。且從經濟學理論上講，當這一比例大於1時，投資將越過正常資本損耗及一般正常增長的速度而進行；當這一比例小於1時，投資將會減退。」因此，將托賓的這一理論運用到企業投資中就可以得出企業投資取決於企業市場價值與其資產的重置價值的比例（稱為托賓Q值）。當托賓Q值大於1時，說明公司資本的市場價值是大於其重置資本時所付出的成本的，因此企業應當追加投資；反之，當托賓Q值小於1時，說明公司資本的市場價值要小於其重置成本，此時企業就應當出售資本；當托賓Q值恰好等於1時，企業就應當保持原有的資本存量。此後該理論中的托賓Q值也被廣泛用來衡量公司的業績和企業的成長潛力。投資往往是公司不斷成長的重要體現。公司成長潛力會在一定程度上影響公司的投資規模。

筆者認為在面臨公司成長性差的情況下，上市公司出於讓留存在公司內部的資金保值、增值，提高資金的使用效率的考慮，很有可能將這部分資金用於委託理財。

基於上述分析，提出本文的假設3：

H3：公司成長能力與上市公司委託理財規模呈負相關關係。

(三) 自由現金流理論

自由現金流理論相關研究發現，當企業擁有大量的自由現金流時，管理者出於自身利益的考慮，會將自由現金流投入淨現值為負的投資項目中，從而導致了企業的過度投資行為出現。上市公司的自由現金流水平與上市公司主營業務的盈利密切相關。當上市公司的主營業務不景氣時，出於粉飾報表、避免ST或下市的風險，企業有動機通過委託理財這一快速以錢生錢的投資活動來美化企業報表。因此主營業務盈利能力與上市公司委託理財規模可能呈負相關關係。當上市公司主營業務盈利狀況很好，能

為企業產生大量現金流時,出於提高資金使用效率的目的,上市公司也有可能將部分經營活動的閒散資金用於委託理財。因此主營業務盈利能力與上市公司委託理財規模可能呈正相關關係。基於以上分析提出本文的假設4:

H4:主營業務盈利能力與上市公司委託理財規模有可能呈正相關關係,也有可能呈負相關關係。

(四) 股權融資偏好與上市公司委託理財

在西方發達國家,公司一般遵循著優序融資理論來進行融資,即當公司需要資金進行再投資時,一般首先考慮使用留存收益(即內源融資),其次是債權融資,最後才是股權融資。但中國許多學者發現中國上市公司普遍存在著與優序融資理論完全相反的融資傾向,即上市公司在進行融資決策時往往更加偏好股權融資。究其原因,本文認為首要原因就是債權融資不僅會讓管理層面臨還本付息的壓力,還會增加公司的財務風險。而股權融資能在大量、低成本地籌集到資金之餘,不必受到債權人的約束和被替代的威脅。同時,在研究股權融資偏好對投資的影響方面,已有學者發現股權融資通過影響企業內部現金流,出現了進行過度投資或投資不足的非效率投資現象。因此,本文認為當上市公司近期有股權融資行為時,因為充足現金流的存在,上市公司往往更有條件參與到委託理財中,且過度購買委託理財的概率越大。

基於上述分析,提出本文的假設5:

H5:近期有股權融資行為的上市公司的委託理財規模會更大。

四、上市公司委託理財實證研究

(一) 樣本選擇與數據來源

本文選取了2011—2014年滬深兩市上市公司中有發布委託理財公告的上市公司作為研究樣本。同時:

(1) 剔除了所研究期間數據不全的樣本。
(2) 考慮到金融行業的特殊性,剔除了金融行業的上市公司。
(3) 剔除了個別異常值,譬如資產負債率大於100%的公司。

剔除了上述數據後,總共獲得1,655個樣本。本文採用的數據來源於CSMAR數據庫、同花順iFinD數據庫,另外,筆者也通過巨潮資訊網進行了數據的手工收集。本文在進行數據處理和迴歸時,採用軟件EXCEL2010和STATA12.0。

(二) 變量設計與定義

1. 被解釋變量的選擇

委託理財規模的對數(LNEF):考慮到行業特點、公司規模的差異,本文選取了

上市公司公布的委託理財累計金額的對數作為被解釋變量。其數值越大，表示委託理財規模越大。

2. 解釋變量的選擇

（1）第一大股東持股比例（HOLDER）。為衡量第一大股東對公司的控製權，本文選取控股股東持股比例來度量。

（2）負債水平（LEV）。為檢測負債的存在是否對公司的委託理財投資行為有一定的抑製作用，本文選取資產負債率衡量負債水平，即總負債/總資產。

（3）主營業務利潤率（QM）。為衡量上市公司主營業務的盈利能力，同時要避免投資收益的影響，本文選取了營業毛利率作為主營業務盈利的衡量指標，即（主營業務收入-主營業務成本）/主營業務收入。

（4）成長能力（TBQ）。目前學術界用於衡量企業成長性的指標有很多，諸如 TBQ、營業收入增長率、利潤增長率、總資產增長率等。考慮到本文的研究對象是上市公司，其成長性與市值密切相關，即更加側重於企業價值的增長，故本文採用托賓 Q 值來加以衡量。

（5）近期是否有過股權融資行為（FIN）。為研究股權融資行為對上市公司委託理財規模的影響，本文引入 FIN 這一虛擬變量。當 FIN 取值為 1 時，表示上市公司近三年有過股權融資行為，包括 IPO、配股和增發；否則其取值為 0。

（三）描述性分析

本文所有變量的描述性分析請見表5：

表5　　　　　　　　　　　描述性分析表

	委託理財規模對數（LNEF）	控股股東持股比例（HOLDER）	資產負債率（LEV）	主營業務毛利率（QM）	托賓Q值（TBQ）	近年是否有過股權融資行為（FIN）
最大值	15.392,2	88.549,3	0.974,9	0.969,6	26.677,3	1
最小值	0.042,0	5.047,7	0.008,0	-0.151,5	0.045,6	0
平均值	10.110,0	37.298,0	0.385,6	0.297,0	2.147,9	0.530,8
中位數	10.309,0	35.026,8	0.368,2	0.254,3	1.743,1	1
標準差	1.919,8	16.704,0	0.213,8	0.182,1	1.539,4	0.499,2

由表5可以看出，上市公司委託理財規模對數的最大值為15.392,2，是2014年的美的集團（000333）；最小值為0.042,0，是2014年的榮盛發展（002146）。且從平均值、中位數、標準差數據可知，近四年上市公司委託理財的規模都很龐大。就控股股東持股比例而言，持股比例最高的是2013年的環旭電子（601231），其控股股東的持

股比例達到了88.549,3%；最低的是2014年通葡股份（600365），其控股股東的持股比例僅為5.047,7%。控股股東持股比例的平均值為37.298,0%，可見參與委託理財的上市公司大多存在一股獨大的情況。主營業務利潤率最高值為96.96%，最小值為 -15.15%，平均值為29.70%，可見參與委託理財的上市公司盈利能力較好。再者，托賓Q值的最大值為26.677,3，最小值為0.045,6，平均值為2.147,9，可知參與委託理財的上市公司普遍缺乏成長性。

（四）相關性分析

多重共線性是指在迴歸模型中，由於自變量之間存在高度的或精確的相關關係導致迴歸出現錯誤。多重共線性的影響使迴歸出現錯誤的情況如下：一是顯著性檢驗失效，二是變量經濟意義與迴歸結果不一致。為了檢驗模型中的自變量之間有無嚴重的多重共線性問題，本文進行了相關性檢驗，結果如表6所示：

表6　　　　　　　　　　　　解釋變量相關性分析表

	控股股東持股比例（HOLDER）	資產負債率（LEV）	主營業務毛利率（QM）	托賓Q值（TBQ）	近年是否有過股權融資行為（FIN）
控股股東持股比例（HOLDER）	1.000,0				
資產負債率（LEV）	0.028,8	1.000,0			
主營業務毛利率（QM）	-0.047,6	-0.376,9	1.000,0		
托賓Q值（TBQ）	-0.097,6	-0.264,7	0.307,6	1.000,0	
近年是否有過股權融資行為（FIN）	0.079,6	-0.136,0	-0.002,3	-0.012,2	1.000,0

從表6可以看出，模型中的自變量之間的相關係數很小，全部都在0.5以下。其中最大的為主營業務毛利率與公司資產負債率之間的相關係數，相關係數值為0.376,9。根據Judgeetal（1988）的觀點，當兩個變量之間的相關係數少於0.8時是不會對迴歸造成不利影響的，因此可以將上述自變量全部納入迴歸模型。

（五）實證結果與分析

1. 迴歸模型

基於本文的假設，將上市公司委託理財規模設為被解釋變量，具體建立如下迴歸模型進行多元線性迴歸分析：

$$LNEF = \beta_0 + \beta_1 HOLDER + \beta_2 DIRECT + \beta_3 LEV + \beta_4 FCF + \beta_5 QM + \beta_6 TBQ + \beta_7 FIN + \varepsilon$$

2. 迴歸結果

迴歸結果如表7所示：

表7　　　　　上市公司委託理財投資規模影響因素實證迴歸結構表

	Coef.	Std. Err.	t	P>t	[95% Conf. Interval]	
HOLDER	0.019,713,9 ***	0.002,797,7	7.05	0.000	0.014,226,6	0.025,201,3
LEV	-0.580,156,8 **	0.245,000,6	-2.37	0.018	-1.060,702	-0.099,611,4
TBQ	-0.061,176,91 *	0.032,167,1	-1.90	0.057	-0.124,269,5	0.001,915,8
QM	0.521,279,2 *	0.282,393,2	1.85	0.065	-0.032,608,4	1.075,167
FIN	0.143,257,9	0.094,072,1	1.52	0.128	-0.041,255,7	0.327,771,4
_cons	9.514,129	0.361,305,7	26.33	0.000	8.805,462	10.222,8

註：legend * $p<0.1$；** $p<0.05$；*** $p<0.01$。

如表7所示，第一大股東持股比例、上市公司主營業務利潤率，以及上市公司近期是否有過股權融資行為與上市公司委託理財投資的規模呈正相關關係；資產負債率、托賓Q值與上市公司委託理財投資的規模呈負相關關係。同時經顯著性檢驗發現，解釋變量第一大股股東持股比例和自由現金流量在1%的水平上顯著；解釋變量資產負債率在5%的水平上顯著；解釋變量托賓Q值和主營業務利潤率在10%的水平上顯著。

3. 共線性診斷

共線性診斷結果如表8所示：

表8　　　　　　　解釋變量共線性診斷結果表

變量	VIF	1/VIF
LEV	1.28	0.778,935
QM	1.24	0.806,627
TBQ	1.15	0.868,193
FIN	1.04	0.966,125
HOLDER	1.02	0.976,603
Mean VIF	1.12	

為避免多重共線性的問題，現對迴歸模型中的各解釋變量進行共線性診斷。有關多重共線性的問題用容忍度（Tolerance）進行衡量。容忍度是指每個解釋變量作為被解釋變量對其他解釋變量進行迴歸分析時得到的殘差比值。其取值是用1減去決定系數來表示，取值越小表示容忍度越低，即多重共線性問題就越嚴重。一般而言，當方差膨脹因子（VIF）小於10時，就表明解釋變量不存在嚴重的多重共線性問題。在表8中，各解釋變量的VIF值均遠小於10，因此模型中的各解釋變量之間不存在嚴重共線性問題。

4. 實證結果分析

從上述迴歸結果及顯著性檢驗結果可以得出如下分析：

上市公司委託理財規模與控股股東持股比例呈正比，參數符號與預期一致，支持假設1：控股股東的持股比例與上市公司委託理財規模呈正比。這說明存在控股股東侵占中小股東利益、為自己牟取私利的情況。同時，該變量系數通過了1%水平的顯著性檢驗，說明上市公司中控股股東的持股比例對委託理財的規模存在顯著影響。

上市公司委託理財規模與資產負債率呈反比，參數符號與預期一致，支持假設2：負債水平與上市公司委託理財規模呈反比。這說明債務的到期還本付息壓力能抑制上市公司委託理財的規模。同時，該變量系數通過了5%水平的顯著性檢驗，說明上市公司負債水平是委託理財規模的主要影響因素。

上市市公司委託理財規模與公司成長性呈反比，參數符號與預期一致，支持假設3：公司成長能力與上市公司委託理財規模呈反比。這說明當上市公司將財務資源投入委託理財後會對公司的成長能力造成負面影響。同時，該變量系數通過了10%水平的顯著性檢驗，說明參與委託理財的上市公司的未來成長性會顯著下降。

上市公司委託理財規模與主營業務利潤率呈正比，參數符號與預期相反，不支持假設4：主營業務盈利能力與上市公司委託理財規模行為呈反比。且該變量系數通過了10%水平的顯著性檢驗，說明參與委託理財上市公司不存在粉飾利潤、美化報表的動機。

上市公司委託理財規模與近期是否有過股權融資行為呈正比，參數符號與預期一致，支持假設5：近期有股權融資行為的上市公司的委託理財規模會更大。但相關變量系數未通過顯著性檢驗，說明當上市公司有將股募資金投入委託理財的動機，但該動機目前并非影響委託理財規模的主要因素。

五、研究結論與政策建議

（一）研究結論

本文以2011—2014年滬深兩市發布過委託理財公告的上市公司為研究樣本，從理論和實證兩個方面對影響上市公司委託理財投資規模的各個因素進行分析研究，并通過迴歸分析，得到了如下結論：

結論1：上市公司委託理財的投資規模會隨著公司內部第一大股股東的持股比例增加而增大。這說明當上市公司中存在一股獨大的情況時，大股東與中小股東之間的代理問題更加嚴重。

結論2：隨著上市公司負債水平的上升，上市公司委託理財的投資規模會下降。這說明負債的存在能有效減少上市公司的低效率投資行為。

结论3：未来成长性越差的上市公司更倾向於将大量财务资源投向委托理财。這說明上市公司進行委託理財的動機更多地源於提高資金使用效率，而非出於粉飾財務報表的目的。

(二) 政策建議

1. 優化投資決策機制，加強對委託理財的風險管控

為有效控製委託理財風險、提高委託理財的投資收益、維護公司及股東利益，上市公司應針對自身實際情況，制定有關委託理財的投資決策機制。具體建議如下：一是指定部門對委託理財進行歸口管理，負責編制委託理財計劃與方案，負責對委託理財進行日常管理，負責委託理財的財務核算，必要時可聘請外部專業機構進行諮詢。二是公司董事會或股東大會按公司章程的規定行使委託理財的審批權；同時，董事會秘書要負責委託理財相關信息的及時披露。三是在董事會或股東大會審議通過之後，要由董事會派遣專人負責跟蹤委託理財的進展情況，并及時向董事會反饋信息。四是在整個投資過程中，獨立董事要發揮自己獨有的監管作用，除了在投資決策之前發表獨立意見之外，在投資期間也要積極發揮其監督、檢查的功能。

2. 限制委託理財投資規模，鼓勵企業專注於實體經濟發展

在自身主營業務經營良好、同時資金充裕的前提下，上市公司將自有閒散資金投入委託理財以提高資金使用效率的做法本無可厚非，但目前實際情況是，許多上市公司是在主營業務萎靡不振的情況下，看中了委託理財這樣以錢生錢、能快速產生收益的捷徑，甚至有的公司已開始放棄主業，專職於委託理財，這無疑是一種飲鴆止渴的做法。縱觀全球的優秀企業，無一沒有經歷過主營業務的低谷期，但都是在低谷期中積極發展實業經濟，培育公司新的增長動力和核心競爭力，這樣才有助於公司的長遠發展。因此，要對委託理財的投資規模進行適當限制，同時鼓勵上市公司專注於實體經濟的發展。

3. 完善相關法規條例，規範委託理財的信息披露

首先，相關監管部門要盡快出抬有關委託理財信息披露的條例或指引，統一委託理財信息披露的標準與口徑，以引導上市公司優化委託理財信息披露，幫助投資者及時獲取信息做出正確經濟決策。其次，上市公司對委託理財的信息披露應貫穿在整個業務過程中，包括在委託理財投資之前，要及時、完整、準確披露有關資金來源、預計理財期限、預計投資收益、受託方情況、可能發生的風險、風險控製預案等信息。特別是對資金來源的披露要詳細、明確。對於將募集資金暫時用於委託理財的情況，一定要詳細說明，并附上董事會及獨立董事意見書等，嚴禁存在將帳外資金用於委託理財的情況。在委託理財投資之後，要定期報告委託理財業務的最新進展情況。若在委託理財過程中有突發情況出現，應向公眾及時披露相關信息。在委託理財投資到期之後，也要及時準確地披露委託理財的收益及回收情況。特別是在實際收益與預期收益嚴重不一致的情況下，還要對不一致的情況進行詳細分析。

參考文獻：

[1] 陳崢嶸，黃義志. 識別上市公司委託理財的廬山真面目 [J]. 經濟導刊，2001（6）：45-52.

[2] 巴曙松. 圈錢遊戲中的「惡莊」與委託理財 [J]. 現代管理科學，2001（5）：11-13.

[3] 陳湘永，丁楹. 中國上市公司委託理財的實證分析 [J]. 管理世界，2002（3）：107-117.

[4] 孫燕，陳茜. 上市公司委託理財——一種博弈論分析 [J]. 江蘇統計，2002（1）：11-16.

[5] 劉星，魏鋒，詹宇，Benjamin Y. Tai. 中國上市公司融資順序的實證研究 [J]. 會計研究，2004（6）：66-72.

[6] 黃品奇，楊鶴. 中國上市公司「暫時閒置募集資金」使用情況的實證分析——來自2000年IPO公司的初步證據 [J]. 統計與決策，2006（5）：121-122.

[7] 王黎華. 信息不對稱狀態下的企業委託理財問題研究 [D]. 成都：四川大學，2003.

[8] 陸正飛，高強. 中國上市公司融資行為研究——基於問卷調查的分析 [J]. 會計研究，2003（10）：16-24.

[9] 清議. 主營業務才是立命之本——從上市公司委託理財說開去 [N]. 證券時報，2001-05-11.

[10] 裘益政，陳瓊瓊. 三問上市公司委託理財 [J]. 國際融資，2004（9）：31-34.

[11] 王建新，剛成軍. 公司治理、債務約束與自由現金流過度投資——基於發電行業上市公司的實證研究 [J]. 科學決策，2009（11）：35-42.

[12] 黃挺. 中國上市公司委託理財規模的影響因素研究——以公司內部委託代理關係為視角 [D]. 上海：復旦大學，2008.

[13] 馬天平. 中國上市公司參與銀行理財產品市場投資特徵 [J]. 經濟論壇，2013（3）：62-70.

[14] 李苑. 後「錢荒」時代上市公司理財值得關注 [J]. 金融博覽，2013（19）：54-55.

[15] RICHARDSON S. Over-invest of Free Cash Flow [J], Review of Accounting Studies, 2006, 11.

基於可持續增長率的財務困境
預警模型實證研究

馮世全

一、導論

(一) 研究背景與研究意義

自 Fitz Patrick 於 20 世紀 30 年代首先採用單變量的方法對公司破產進行預測分析以來，財務困境 (Financial Distress) 問題逐步為經濟學家們所重視。Beaver、Altman、Deakin 等人開創性的研究推動了財務困境探討的不斷深入，使之成為財務風險理論的重要分支。財務困境 (Financial Distress) 又稱財務危機 (Financial Crisis) 或財務失敗 (Financial Failure)，最嚴重的財務困境就是企業破產 (Bankruptcy)。

1. 研究背景

Fortune 刊登的有關數據顯示：美國中小企業平均壽命不到 7 年，大企業平均壽命不足 40 年，一般的跨國公司平均壽命為 10~12 年，世界 500 強企業的平均壽命是 40~42 年，而 1,000 強企業的平均壽命為 30 年。歐洲與日本企業的平均壽命為 12.5 年。Forbes1917 年的百強企業到 1987 年，只剩 39 家。1955 年的 Fortune500 強企業中，目前仍然存在的還不到一半。隨著全球化市場競爭的不斷加劇，企業失敗與破產正呈現出結構性增加的態勢。

在中國，1993 年、1995 年、1997 年、2000 年、2002 年連續進行的 5 次全國私營企業大規模抽樣調查表明，1993 年以前私營企業平均存續週期只有 4 年，2000 年提高到 7.02 年。根據中關村科技園區最近的調查研究，1995 年時的企業中規模最大的前 20% 企業，只有 38.5% 生存下來，另 61.5% 的企業在 2003 年的時候已經不復存在。生

存下來的這38.5%中，只有22.9%的企業仍然居於2003年中關村科技園區規模最大的前20%之列。從這些統計數據可以看出，在企業的發展過程中，每時每刻都有發生財務危機的可能。

2. 研究意義

企業財務預警是企業風險管理的重要組成部分。財務預警是指公司對企業經濟活動中可能發生的財務風險，預先向決策部門發出警報或提醒的一項財務管理活動。企業財務預警系統，就是為了防止企業經營偏離正常軌道而建立的報警和實施系統。企業財務預警系統是企業預警系統的重要組成部分和子系統。目前能夠解釋財務危機原因且具說服力的規範性理論很少，并且這些理論模型對於企業陷入財務危機的原因及其過程并沒有給出明確的解釋，使得關於財務危機預警問題的各種研究沒有一個統一的、被廣泛接受的理論依據。

企業的可持續增長與企業的財務困境之間有無緊密的聯繫？或者說，如果一個企業的實際增長率長期偏離了其實際可持續增長率，是否意味著企業將來要陷入財務困境？本文通過實證研究，借助美國資深財務學家羅伯特·希金斯（Robert C. Higgins）的可持續增長模型（Sustainable Growth Model，SGM），運用數理統計方法，把企業的可持續發展戰略與企業的財務困境聯繫起來，使財務管理的目標與企業可持續發展戰略實現直接的溝通。這對於豐富和完善企業可持續增長理論和財務預警理論都具有重要的學術意義。

(二) 文獻綜述

1. 財務困境預測研究文獻

（1）財務困境預測方法的研究文獻。

早期的企業財務困境預測一般採用趨勢分析法，考察企業失敗前的財務狀況變化趨勢，但未能真正提供預警功能。隨著相關領域的研究越來越受到學術界的關注，國外學者先後嘗試了很多具有較高理論價值和較好可操作性的方法，用以構建財務困境預測模型。主要有以下方法：

①一元判別分析方法（Urtivariate Discriminant Analysis，UDA）。

一元判別分析方法是財務困境預測實證研究中最早採用的方法，是以單個變量在財務困境企業與財務健康企業間所呈現的顯著差異為判別依據的。1932年，Fitz Partrick曾借助單個變量進行過企業破產預測的研究。

②多元線性判別方法（Multivariate Discdminant Analysis，MDA）。

多元線性判別方法通過將多種財務比率指標加權匯總，構造出多元線性函數公式來對企業財務困境進行預測。它能夠綜合考慮兩個或多個變量的關係，使企業各方面的特徵得以綜合反應，從而在一定程度上彌補一元判別分析方法的不足。運用多元線性判別方法構造的財務困境預測模型首推Altman的Z. score模型。Altman（1968）以

1946—1965年期間提出破產申請的33家公司和相對應的33家非破產公司作為樣本，將22項財務比率分為流動性、獲利性、財務槓桿、償債能力及活動能力五大類指數。根據統計結果，Z值越小，企業陷入財務困境的可能性就越大。採用多元線性判別方法，模型判別準確度較高，但數據收集和分析的工作量很大。

③多元邏輯迴歸方法（Logistic）。

為了克服多元判別方法受嚴格統計假設約束的缺陷，多元邏輯迴歸方法被引入財務困境預測的研究。Ohlson（1980）以1970—1976年105家破產企業和2,058家非破產企業為樣本建立Logit模型。研究結果顯示，企業的規模大小、財務結構（負債比率）、經營績效（資產報酬率或營運資金比率）及流動性四個因素與企業發生財務失敗的概率高度相關。多元邏輯迴歸方法最大的優點就在於不受嚴格的假設條件限制，因而模型的適用範圍較為廣泛。該方法的缺點在於計算過程比較複雜。

④人工神經網路技術（Artificial Neural Networks，ANN）。

人工神經網路技術於20世紀90年代初被引入財務困境預測研究。該技術是對人類大腦神經運作的模擬，具有較好的模式識別能力、學習能力和糾錯能力，在解決分類問題上顯示出了良好的可應用性。Coats & Fant（1992）以1970—1989年間94家失敗公司與188家正常公司為樣本，將Z. score模型中的五個財務比率作為研究變量，使用人工神經網路模型進行了驗證比較。通過分析這些公司破產前3年內的數據，他們認為Z. score模型對破產當年具有很好的判斷效果，但提前預測效果不夠理想，神經網路模型則能夠解決這個問題。

國內研究應用邏輯迴歸模型的以陳治鴻、陳曉（2000）的研究為代表。該研究將財務困境公司進一步界定為因財務狀況異常而被ST的公司，發現負債/權益比率、應收帳款週轉率、主營利潤/總資產比率、留存收益/總資產對上市公司財務困境具有顯著的預示效應，構建的最優邏輯迴歸模型能夠從上一年ROE公告小於5%的上市公司中較為準確地預測出下一年將進入ST板塊的公司，預測誤判率僅為3.68%。

針對判別分析方法在解決財務困境預測模型中存在的問題的作用，神經網路法在中國學者的研究中也有所運用。楊保安等（2001）利用30個樣本作為學習樣本，選取反應營運能力、盈利能力、短期償債能力和長期償債能力的四類共15個指標，運用神經網路法構建的模型對學習樣本的回判正確率高達95%，對未參加學習的15個樣本進行測試，也得到較好的預測正確率。

吳世農和盧賢義（2001）以中國上市公司為研究對象，對其財務困境的預測模型問題進行了一項綜合研究，得到如下結論：第一，中國上市公司的財務指標包含著預測財務困境的信息含量，因此其財務困境具有可預測性；第二，在中國上市公司陷入財務困境的前一年和前兩年，各單個財務指標預測財務困境的準確率不同，其中以淨資產報酬率的判定效果較好；第三，多變量模式優於單變量模式；第四，比較多變量

模式下的兩種計量模型的效果發現，Logit 模型的判定準確率更高。

（2）財務困境與其影響因素相關性的實證研究。

近年來，越來越多的學者注意到了以往財務困境預測模型建立中理論支持的欠缺，開始做出一些嘗試性的改進工作，通過設計實證命題并選擇相應替代變量來檢驗財務困境與一些可能影響因素之間的相關性。研究的內容主要集中在公司治理結構、股權結構與財務困境的相關性上。

Jensen（1993）認為，保持董事會的較小規模有助於提高公司業績，董事會人數的增加（尤其是超過 7~8 人時）會使董事職能的有效發揮受到制約，使他們更容易被 CEO 控制。沈藝峰（2002）指出，董事會規模過大可能是中國 ST 公司董事會治理失敗的重要原因。

Laporta, Shleifer, Vishny（1999）研究發現，許多國家上市公司的控股股東通常所擁有的控制權明顯超過他們所擁有的現金流量要求權，兩者之間偏離度越大，控股股東對公司和小股東侵占的動機就越強烈，對公司業績的負面影響也就越大。曹德芳、夏好琴（2006）以中國 125 家工業企業上市公司為研究對象，根據中國上市公司的股權結構現狀及有關法規，研究了股權結構變量對企業財務困境的影響，發現法人股比例、控股模式、流通股比例、前五大股東持股比例的平方和、國有股比例五個變量對企業的財務困境有著顯著的影響。

綜合國內外財務困境預測方面的文獻可以看出，關於預測方法的研究依然需要不斷地探索，諸多細節問題還存在不少爭議，而財務困境形成原因方面的研究尚不深入，也未得出統一的結論，有待於進一步的改進和完善。在研究方法上，定量研究多、定性研究少。定量研究側重於使用財務指標，忽略了非財務指標的運用。比較而言，財務指標更多地從徵兆上反應財務困境，非財務指標則能更多地從原因上說明問題，有利於從源頭上防範財務困境的發生。

2. 可持續增長模型研究文獻

財務學家羅伯特·希金斯首次從企業財務管理角度提出企業可持續增長的觀點。他沿襲經濟學是研究稀缺資源分配的定義，提出財務管理是對現有資源和新資源的管理思想。為此，希金斯突出強調了可持續增長的意義，并從財務角度定義可持續增長率是指在不需要耗盡財務資源的情況下，企業銷售所能增長的最大比率。

詹姆斯·範霍恩（James Van Home）和約翰·瓦霍維奇（John Wachowics）合寫的《財務管理基礎》一書裡曾涉及可持續增長的問題。他們沿用希金斯對企業可持續增長的含義，并且在此基礎上發展了企業可持續增長模型。

隨著可持續增長在中國的逐步重視，國內學者對可持續增長進行了大量的探索。趙華、李清和康林（2001）沿用了羅伯特·希金斯對企業可持續增長的含義，并用可持續增長率來表示企業的可持續增長，指出維持生存、追求企業價值最大化、并購與

反并購是現代企業可持續增長的主要動因。在企業超速增長和低速增長情況下，解決增長問題的財務策略有所不同。王蓬、李月川（2003）認為企業的增長必須與資產和利潤保持平衡，三者之間的任何失衡都會對可持續增長率產生嚴重影響，進而影響到企業價值。郭澤光、郭冰（2002）以財務目標為起點，從財務基本平衡等式入手，分析制約企業增長的關鍵因素，論證股票發行、企業負債與企業增長的關係，提出實現企業增長的基本財務策略。企業增長太慢會造成公司資源浪費，但是，增長過快又會造成公司資源緊張，即企業增長率高并不一定意味著企業創造出了價值。

陳錦帆、王靜蓉（1999）對詹姆斯·範霍恩的可持續增長模型做了詳細的介紹，并將模型中指標加以細分，同時研究了可持續增長模型的修正。油曉峰、王志光（2003）在其文章中針對現實問題，發展了可持續增長模型，將其與企業的兼并、重組、財務危機的控制以及激勵約束機制聯繫起來，從而拓寬了可持續增長模型在中國的應用範圍。朱開悉（2003）在對傳統財務管理目標進行評述的基礎上，引入企業財務核心能力，將國外經濟學家關於可持續增長的定義進一步拓展為：「保持財務政策不變和既定外部環境條件下，在可預見的未來，企業能夠實現的銷售和盈利的持續增長。」

（三）本文的研究方法

本文以中國滬深兩市 A 股上市公司為樣本，將因財務狀況異常而被特別處理（ST 或 *ST）的上市公司界定為財務危機公司，通過多元邏輯迴歸建立財務預警模型。在實證部分，運用描述性統計對中國上市公司財務困境的現狀進行分析，進而運用相關性檢驗和 Logistic 迴歸分析方法，借助 SPSS15 統計軟件構建出財務困境預測模型，尋求上市公司財務困境的有效判別方法。

二、可持續增長與財務困境預警相關理論

（一）財務困境預警理論

1. 財務困境基礎理論

總體而言，目前能夠被各個方面的研究人員和企業界所普遍接受的相關理論主要是企業生存因素理論、權衡理論和現金流量理論三種。

（1）企業生存因素理論。該理論認為一個企業的生存受到企業內外因素的多重影響。如果各因素能夠適當地搭配，那麼企業生存的機會將會增大，并且可能會獲得良好的獲利空間；反之，企業的生存將無法保證。企業生存理論認為，企業發生財務困境往往具有非常複雜的背景，是多種因素相互交織相互作用的結果，而并非一個原因就能夠解釋的。

（2）權衡理論。權衡理論是在 MM 理論的基礎上，既考慮負債帶來的減稅利益又考慮負債帶來的各種費用并對它們進行適當平衡，從而確定企業價值的理論。與 MM 理論相比，它更多地考慮了財務拮據成本和代理成本因素。權衡理論的結論表明企業有其最佳資本結構。當企業的負債比例達到最佳結構時，企業的風險與收益最相匹配，企業的價值也最大；但若超過最佳結構，則財務拮據成本和代理成本的作用會顯著增強，從而導致企業價值的降低，而同時企業的財務風險和破產的概率隨之增大。

（3）現金流量理論。Blum（1974）認為，當公司債券到期未支付、進入破產程序、債權人同意減少負債時，就意味著企業失敗。他所構建的現金流量模型以現金流量為指導理論，將企業看作流動性資產的蓄水池，以流動性、獲利性和變異性三類指標來建立模型。根據這一理論，只有將「蓄水池」流入與流出的某種比率維持在一定水平之上時，企業才能生存。

（二）可持續增長模型的理論

羅伯特·希金斯為了表示企業增長速度與其財務資源之間的內在聯繫，提出了可持續增長率等式，而後從財務學的角度系統地表述了其對可持續增長率的觀點。希金斯定義公司可持續增長率，是指在不需要耗盡財務資源的情況下，公司銷售所能達到的最大增長比率。這裡財務資源的意思是指企業籌集資金的能力。

詹姆斯·範霍恩對企業可持續增長率的定義與希金斯的定義的最大區別就在於強調可持續增長率是目標值，而不是實際值，也就是說可持續增長率是計劃問題，是事先根據目標財務比率計算的，而不是事後的分析問題。

究竟是什麼限制了企業銷售所能增長的速度？在不改變資本結構的情況下，隨著股東權益的增長，負債也應同比例增長；負債的增長和股東權益的增長一起決定了資產所能擴展的速度，而後者反過來限制了銷售的增長率。限制銷售增長率的就是股東權益所能擴展的速度，因此，一個企業的可持續增長率就是股東權益的增長率。由此產生了以下的可持續增長方程式：

$SGR = g* = $ 股東權益變動值/期初股東權益 (1)

其中，股東權益變動值為計算期期末與期初股東權益的差額。在企業不發售新股的情況下，上式中的分子項等於企業留存收益率（用 R 表示）乘以企業淨利潤，因此：

$SGR = g* = R \times$ 淨利潤/期初所有者權益 (2)

其中的「淨利潤/期初股東權益」又可以用「淨資產收益率（ROE）」表示，因此：

$SGR = g* = R \times ROE$ (3)

其中，$ROE = $ 銷售淨利率×總資產週轉率×權益乘數，最後可得：

$$SGR = g* = P \times R \times A \times T^{①} \tag{4}$$

上式中：P 為銷售淨利率；R 為留存收益率；A 為總資產週轉率；T 為權益乘數。

公式（4）說明一個企業銷售的可持續增長率等於 P、A、R 和 T 四個比率的乘積。這當中，P 代表了企業的盈利能力，A 概括了企業的經營效率，而其他兩個則描述了企業主要的財務策略。可持續增長方程式的一項重要意義在於 $g*$ 只代表與四個比率的穩定價值相一致的銷售增長率。要是一個企業的銷售按照不同於 $g*$ 的任何比率增長，這當中的一個或多個比率就必須改變。

三、研究設計

（一）研究假設

通過對研究文獻的回顧以及對財務困境產生原因的理論分析，財務困境公司與非財務困境公司在公司償債能力、經營效率、盈利能力、資本結構、現金流等財務指標方面存在顯著差異。同時，財務可持續增長率這一變量與公司是否陷入財務困境也緊密相關。在上述理論分析前提下，本文提出以下基本假設：

假設1：公司的變現能力、資產管理能力、償債能力、盈利能力與陷入財務困境的概率負相關。

假設2：公司財務可持續增長率與陷入財務困境的概率負相關。可持續增長率越低，財務危機發生的概率越大，反之亦然。

從已有的研究成果來看，假設1在健全的證券市場上是客觀存在的。本文在這裡仍以此作為研究假設，目的是檢驗中國上市公司財務報表數據的真實性和有效性，以及能否以所選取的報表數據為基礎建立財務危機預警模型。假設2則是從公司可持續增長能力的角度去完善財務危機預警模型，期望在研究中發現可持續增長指標與財務危機發生概率的相互關係，試圖發現可持續增長指標的不同是否是導致財務危機發生的深層次原因之一。

首先，按照由繁到簡的原則，從深、滬兩市2007年 ST（*ST）的公司中選擇了50家上市公司作為出現財務危機公司的樣本，同時選擇了125家非 ST（*ST）公司作為財務正常公司樣本；這175個樣本公司組成建模樣本。另外以2008年首次被 ST（*ST）的18家公司和45家非 ST（*ST）公司作為檢驗樣本。本文在借鑑前人研究的基礎上，選取了6個財務指標，利用 SPSS15 統計軟件并結合 Logistic 迴歸分析方法構建模型并加以檢驗。

---

① ROBOT C. HIGGINS. How much growth can a firm afford [J]. Financial Management, 1977 (6): 7.

(二) 研究方法設計

1. Logistic 模型設定

通過上文分析，Logistic 邏輯迴歸模型是理論上最成熟且預測誤判率最低的模型。此外，因為現實數據往往不能滿足自變量呈正態分布的假設，而 Logistic 模型放鬆了這一假設，所以此模型的應用範圍更廣泛。基於此，本文在研究中將採用 Logistic 迴歸的方法進行研究。Logistic 模型適用於因變量是非連續的且為二分類選擇模式。Logistic 模型將違約概率限定在 0 和 1 之間，並通過函數的對數分布來計算違約的概率。在二分類判別法中假設因變量為 1 和 0，分別對應事件發生和事件不發生。Logistic 概率函數的形式為：

$$P_i = \frac{1}{[1 + e^{-(\alpha + \sum_{j=1}^{n} \beta_{ij} X_{ij} + \varepsilon_i)}]}$$

其中，P_i 是指在條件 X_{ij} 下事件發生的概率，$1 - P_i$ 代表事件不發生的概率，α 是截距，β_{ij} 是待估的參數。設定臨界值并以此作為事件發生與否的標準。如果事件發生的概率大於臨界值，則判定事件發生；反之，判定事件不發生。

Logistic 迴歸模型的一般形式如下：

$$L_i = \text{Ln}\left(\frac{P_i}{1 - P_i}\right) = \alpha + \sum_{j=1}^{n} \beta_{ij} X_{ij} + \varepsilon_i$$

邏輯迴歸模型的曲線為 S 型，且其預警的最大值趨近 1，其預警的最小值趨近 0。邏輯迴歸模型一般選擇 0.5 作為分割點。假定財務危機公司為 1，財務正常公司為 0，即如果判別概率值大於 0.5，則表明破產的可能性比較大，那麼判定為財務危機公司；如果判別概率值小於 0.5，則表明財務正常的可能性比較大，判定為財務正常。

2. 財務預警判別精度的設定

判定標準設定的關鍵在於分割點的確定，主要取決於兩個方面，即對預測先驗概率和預測誤差成本的估計。在統計技術中可以通過最小化預測誤差機會成本來選擇最優分割點，而多元邏輯迴歸（Logistic）在理論上并不存在最優的分割點，因為在這種方法中一類錯誤的減少意味著另一類錯誤的增加，分割點的選取取決於模型使用者的具體目標。大多數的研究都假定預測先驗概率為 50%，因為預測結果的兩類誤差所帶來的成本是一樣的，即認為一家公司破產與否的概率是一樣的，而且將一家即將破產的公司預測為不會破產所造成的成本與將不會破產的公司預測為會破產公司而帶來的成本是一樣的。

對於分割點的選擇，所有的模型都會犯兩類錯誤：I 類錯誤（拒絕錯誤）和 II 類錯誤（誤受錯誤）。一類錯誤的減少意味著另一類錯誤的增加。和判定分析方法不同，Logistic 模型在理論上并不存在「最優分割點」，分割點的選擇取決於模型使用者的具體目標。因此本文將以 0.5 作為分割點。

（三）變量定義和樣本選取

1. 變量的定義

（1）財務困境的界定。

財務危機的定義來自經濟學或財務理論，但在選取陷入財務危機的公司樣本時，很難以經濟或財務理論做出定性判斷。西方學者在研究財務危機預警問題時，大多以公司破產為依據。雖然中國也有《中華人民共和國破產法》，但在中國股票市場上，上市公司破產的事件很少。基於以上分析，本文所定義的陷入財務危機的上市公司為因財務狀況異常而被 ST（*ST）的上市公司。同時，其他非 ST（*ST）公司為財務正常公司。

（2）可持續增長模型的選擇。

在實證研究中，我們選擇希金斯的可持續增長模型來計算可持續增長率，即：

$SGR = g* = P \times A \times R \times T$

上式中：P 表示銷售淨利率；A 表示總資產週轉率；R 表示留存收益率；T 表示權益乘數。

（3）其他財務比率的確定。

據熊莉（2007）統計，在不同國家雜誌上的 47 篇文獻中，應用最多的財務指標有營運資金/總資產、總負債/總資產、流動資產/流動負債、息稅前利潤/總資產、淨利潤/總資產。而對中國關於財務危機預警的 34 篇研究文獻總結後發現，應用最多的是償債能力指標、盈利能力指標、資金營運能力指標，包括資產負債率、營運資金/總負債、流動比率、速動比率、淨資產收益率、銷售利潤率等，如表 1 所示。

表 1　　　　　　　　中國財務危機研究中財務變量選擇統計表

變量名稱	引用次數（次）	變量名稱	引用次數（次）
總資產/總負債	11	應收帳款週轉率	3
流動資產/流動負債	9	長期負債/股東權益	2
淨資產收益率	6	主營業務增長率	2
每股經營活動現金流量淨額	5	淨利潤增長率	2
營運資產/總資產	4	利息保障倍數	2
總資產週轉率	4	不良資產比率	2
存貨週轉率	4	長期資產適合率	2
銷售淨利率	4	主營業務現金比率	2
主營業務利潤率	4	主營業務比率	1
速動資產/流動負債	3	營業活動收益質量	1

本文選取財務指標的原則基於以下考慮：①國內外財務預警實證研究中使用頻率最高的財務指標；②研究表明顯著性最高的指標；③剔除與可持續增長率重複或者共線性較高的指標；④全面反應企業財務狀況的財務指標。基於這種分析，本文選定的其他財務指標如表2所示：

表2　　　　　　　　　　　　本文其他財務指標的選擇

指標分類	財務指標	計算公式
長期償債能力	資產負債比率	負債總額/資產總額
短期償債能力	營運資金對資產總額比率	營運資金/資產總額
資產管理能力	總資產週轉率	銷售收入/資產總額
盈利能力	資產報酬率	（利潤總額+財務費用）/資產總額
成長能力	主營業務增長率	（本年主營業務收入-上年主營業務收入）/上年主營業務收入
現金流量	每股經營活動現金流量	經營現金淨流入/普通股股數

（4）本文迴歸指標及變量（見表3）。

表3　　　　　　　　　　　　迴歸變量表

指標	變量	說明
是否財務困境 ST（*ST）公司	Y	1代表ST（*ST）公司，0代表正常公司
可持續增長率	X_1	
營運資金對資產總額比率	X_2	
資產負債率	X_3	
總資產週轉率	X_4	
資產報酬率	X_5	
每股經營活動現金淨流量	X_6	
主營業務收入增長率	X_7	

（二）樣本數據的選取

根據前文的敘述，本文的研究對象界定為2007年因財務狀況異常而被滬深兩市證券交易所特殊處理（即被ST或*ST）的A股上市公司。之所以這樣選擇是基於兩個原因。

1. 選擇上市公司A股

根據規定，A股上市公司執行國內的會計準則和會計制度，由國內的會計事務所

審計；B股上市公司採用國際會計準則，由外資會計事務所審計。這兩種會計製度和審計製度所計算出來的業績及其他相關資料有很大的偏差，從而導致了B股公司財務資料與A股公司財務資料的不可比性，不能將其簡單地堆砌在一起作實證研究的對象。所以本文的研究對象還是要區分A股和B股的。

2. 選擇因「財務狀況異常」而被特別處理的A股上市公司

為保證結果的準確性和客觀性，按照如下原則進行樣本篩選：①在2007年被首次ST和*ST公司；②剔除了因其他原因ST（*ST）的公司；③數據不全或數據不合理的公司。

財務正常公司的選擇遵循以下原則：①剔除金融類上市公司的樣本。金融類上市公司因其採用的會計準則與其他行業有較大差別，因此很難用相同的財務指標進行危機預測。②按照上海證券交易所和深圳深圳證券交易所對公司行業的劃分，按照相同行業、相同會計年度的原則配對選取樣本。③選取作為ST（*ST）和非ST（*ST）公司的資產規模相近的配對樣本。

從ST（*ST）公司的實際經營情況來看，其陷入財務危機的狀況是一個連續的動態的過程，而并非一朝一夕的事情。因此，要做到客觀具體的財務危機預警模型的研究，應選取被ST前1、前2、前3年這三個財務年度的數據分別進行分析預測。在本論文的研究中，定義上市公司發生財務危機的前1年為$t-1$年，前2年為$t-2$年，前3年為$t-3$年。

最後本文選取的建模樣本數為175個，其中，ST（*ST）公司50個，其他非ST（*ST）公司125個。本文選取的檢驗樣本數共63個，其中2008年被首次ST（*ST）的公司18個，正常公司45個，選取標準和建模樣本相同，比例相同，都為1：2.5。本文所有數據來自於CSMAR數據庫。檢驗軟件為EXCEL2007和SPSS15.0。

（三）研究程序與方法

（1）以所選取的在滬深兩市的2007年50家ST（*ST）公司和125家非ST（*ST）公司$t-3$、$t-2$、$t-1$連續三年的6個財務指標變量以及可持續增長率變量作為建模樣本。

（2）描述性統計與相關分析。利用SPSS軟件，分別對建模樣本在被ST（*ST）的前三個會計年度的7個變量進行描述性統計。在進入模型前，要對其進行相關性的分析。

（3）運用Logistic迴歸分析。本文的研究核心是可持續增長率在財務困境預測中的信息含量，所以本文先利用三年的可持續增長率數據進行單變量迴歸，發生財務危機的概率為因變量，定義ST（*ST）公司為1，非ST公司為0，以檢測可持續增長率在財務困境預測方面的能力。之後，同樣運用Logistic模型，採用逐步迴歸的方式進行多變量迴歸分析。

（4）對所建的在上市公司被 ST（*ST）前連續三年的財務危機預警模型，使用 18 家 ST 公司及 45 家非 ST 公司，運用 EXCEL 對模型進行檢驗。

四、實證檢驗結果和分析

（一）描述性檢驗與分析

1. 描述性分析

首先對變量的樣本序列進行 $t-1$、$t-2$、$t-3$ 連續三年的描述性分析及檢驗，結果如表 4 所示。表中，1 和 0 分別代表 ST（*ST）公司和非 ST（*ST）公司，*mean* 為均值，N 為樣本量，*Std. Deviation* 是標準差。對 ST 和非 ST 公司連續三年的 6 個財務指標和可持續增長率指標用 SPSS 軟件進行數學上的描述性分析後發現，ST（*ST）公司和非 ST（*ST）公司在這些指標上均有一定差異，但不同指標的顯著性差異不同。從總體上來看，非 ST（*ST）公司比 ST（*ST）公司在財務指標上表現明顯優良。

在可持續增長率方面：①ST（*ST）公司和非 ST（*ST）公司的可持續增長率均值差別非常明顯，ST（*ST）公司的可持續增長率均值在 $t-1$、$t-2$、$t-3$ 連續三年明顯小於非 ST（*ST）公司，而且在 $t-2$、$t-3$ 兩年為負值。②隨著財務危機的臨近，ST（*ST）公司的可持續增長率均值逐年減小。這表明可持續增長率對財務困境有很強的分辨能力，與我們的研究假設相符。

表4 雙量描述性分析

年份	Y	統計量	X_1	X_2	X_3	X_4	X_5	X_6	X_7
$t-3$	0	Mean	0.060,822	0.138,126	0.473,801	0.712,999	0.057,047	0.462,017	0.252,695
		N	125	125	125	125	125	125	125
		Std. Deviation	0.127,523	0.206,976	0.172,606	0.504,878	0.064,039	0.632,335	0.375,590
	1	Mean	0.037,164	0.118,279	0.547,192	0.552,036	0.033,061	0.227,447	0.423,335
		N	50	50	50	50	50	50	50
		Std. Deviation	0.049,873	0.603,091	0.159,594	0.427,582	0.027,439	0.531,141	1.069,079
	Total	Mean	0.054,062	0.132,455	0.494,770	0.667,009	0.050,194	0.394,997	0.301,450
		N	175	175	175	175	175	175	175
		Std. Deviation	0.111,375	0.364,741	0.171,785	0.488,322	0.057,032	0.612,934	0.654,498
$t-2$	0	Mean	0.054,522	0.112,431	0.488,774	0.718,782	0.056,501	0.537,671	0.119,782
		N	125	125	125	125	125	125	125
		Std. Deviation	0.120,144	0.220,177	0.172,528	0.501,949	0.049,943	0.709,351	0.270,390
	1	Mean	-0.228,557	-0.228,557	-0.044,465	0.632,590	0.514,649	-0.085,023	0.038,742
		N	50	50	50	50	50	50	50
		Std. Deviation	0.166,342	0.206,394	0.166,382	0.534,667	0.103,692	0.471,079	0.260,926
	Total	Mean	-0.026,358	0.067,604	0.529,864	0.660,458	0.016,065	0.395,120	0.044,612
		N	175	175	175	175	175	175	175
		Std. Deviation	0.185,813	0.227,148	0.182,355	0.518,275	0.094,427	0.687,150	0.292,373
$t-1$	0	Mean	0.083,129	0.092,285	0.506,970	0.736,383	0.063,258	0.510,851	0.215,017
		N	125	125	125	125	125	125	125
		Std. Deviation	0.200,089	0.233,060	0.161,078	0.521,362	0.051,257	0.818,124	0.476,069
	1	Mean	-0.524,084	-0.208,038	0.778,459	0.568,938	-0.131,379	0.061,334	-0.098,729
		N	50	50	50	50	50	50	50
		Std. Deviation	0.590,867	0.305,687	0.349,409	0.762,218	0.145,215	0.419,383	0.359,625
	Total	Mean	-0.090,361	0.006,478	0.584,538	0.688,541	0.007,647	0.382,418	0.125,376
		N	175	175	175	175	175	175	175
		Std. Deviation	0.450,03	0.289,03	0.260,77	0.602,56	0.124,85	0.753,66	0.467,05

2. 相關性檢驗

在進行多元 Logistic 迴歸之前，本文利用初步選擇的財務變量進行相關性檢驗。Logistics 模型對自變量的多元共線性很敏感。當多元共線性不太嚴重時，Logistic 迴歸的係數估計基本是無偏且有效的，因此幾乎可以忽略其影響，但是 Berry 和 Feldman 在 1985 年提出當共線性程度增加時，其偏差會增大。由於自變量之間的嚴重相關性可能意味著共線性，所以本文對財務變量之間的相關性進行檢驗（見表5、表6、表7）。

表 5　　　　　　　　　$t-3$ 年數據 Person 相關性分析①

		X_1	X_2	X_3	X_4	X_5	X_6	X_7
X_1	Pearson Correlation	1	0.121	0.131	0.085	0.023	0.193(*)	0.192(*)
	Sig.(2-tailed)		0.110	0.085	0.262	0.000	0.011	0.011
	N	175	175	175	175	175	175	175
X_2	Pearson Correlation	0.121	1	-0.263(**)	0.111	0.116	-0.055	0.003
	Sig.(2-tailed)	0.110		0.000	0.142	0.127	0.466	0.972
	N	175	175	175	175	175	175	175
X_3	Pearson Correlation	-0.131	-0.263(**)	1	0.029	-0.343(**)	-0.007	0.041
	Sig.(2-tailed)	0.085	0.000		0.701	0.000	0.926	0.588
	N	175	175	175	175	175	175	175
X_4	Pearson Correlation	0.085	0.111	-0.029	1	0.062	0.160(*)	-0.012
	Sig.(2-tailed)	0.262	0.142	0.701		0.413	0.034	0.872
	N	175	175	175	175	175	175	175
X_5	Pearson Correlation	0.023	0.116	-0.343(**)	0.062	1	0.303(**)	0.111
	Sig.(2-tailed)	0.000	0.127	0.000	0.413		0.000	0.142
	N	175	175	175	175	175	175	175
X_6	Pearson Correlation	0.193(*)	-0.055	-0.007	0.160(*)	0.303(**)	1	0.057
	Sig.(2-tailed)	0.011	0.466	0.926	0.034	0.000		0.455
	N	175	175	175	175	175	175	175
X_7	Pearson Correlation	0.192(*)	0.003	0.041	0.012	0.111	0.057	1
	Sig.(2-tailed)	0.011	0.972	0.588	0.872	0.142	0.455	
	N	175	175	175	175	175	175	175

註：** Correlation is significant at the 0.01 level (2-tailed); * Correlation is significant at the 0.05 level (2-tailed)。

---

① Pearson 相關係數的判斷標準為：相關係數 $r=0$ 時表示不存在線性相關；$0<|r|\leqslant 0.3$ 時為弱相關；$0.3<|r|\leqslant 0.5$ 時為低度相關；$0.5<|r|\leqslant 0.8$ 時為顯著相關；$0.8<|r|\leqslant 1$ 時為高度相關；$|r|=1$ 時為完全線性相關。後同。

表6   t-2 年數據 Person 相關性分析

		X_1	X_2	X_3	X_4	X_5	X_6	X_7
X_1	Pearson Correlation	1	0.323（**）	-0.392（**）	0.163（*）	0.049	0.373（**）	0.557（**）
	Sig.（2-tailed）		0.000	0.000	0.031	0.000	0.000	0.000
	N	175	175	175	175	175	175	175
X_2	Pearson Correlation	0.323（**）	1	-0.614（**）	0.127	0.296（**）	-0.042	-0.003
	Sig.（2-tailed）	0.000		0.000	0.094	0.000	0.584	0.965
	N	175	175	175	175	175	175	175
X_3	Pearson Correlation	-0.392（**）	-0.614（**）	1	-0.082	-0.364（**）	-0.061	-0.129
	Sig.（2-tailed）	0.000	0.000		0.282	0.000	0.426	0.089
	N	175	175	175	175	175	175	175
X_4	Pearson Correlation	0.163（*）	0.127	-0.082	1	0.107	0.216（**）	0.238（**）
	Sig.（2-tailed）	0.031	0.094	0.282		0.160	0.004	0.001
	N	175	175	175	175	175	175	175
X_5	Pearson Correlation	0.049	0.296（**）	-0.364（**）	0.107	1	0.425（**）	0.438（**）
	Sig.（2-tailed）	0.000	0.000	0.000	0.160		0.000	0.000
	N	175	175	175	175	175	175	175
X_6	Pearson Correlation	0.373（**）	-0.042	-0.061	0.216（*）	0.425（**）	1	0.300（**）
	Sig.（2-tailed）	0.000	0.584	0.426	0.004	0.000		0.000
	N	175	175	175	175	175	175	175
X_7	Pearson Correlation	0.557（**）	-0.003	-0.129	0.238（**）	0.438	0.300（**）	1
	Sig.（2-tailed）	0.011	0.965	0.089	0.001	0.000	0.000	
	N	175	175	175	175	175	175	175

註：** Correlation is significant at the 0.01 level（2-tailed）；* Correlation is significant at the 0.05 level（2-tailed）。

表7   t-1 年數據 Person 相關性分析

		X_1	X_2	X_3	X_4	X_5	X_6	X_7
X_1	Pearson Correlation	1	0.493（**）	-0.682（**）	-0.021	0.0310	0.248（**）	0.311（**）
	Sig.（2-tailed）		0.000	0.000	0.779	0.000	0.001	0.000
	N	175	175	175	175	175	175	175
X_2	Pearson Correlation	0.493（**）	1	-0.687（**）	0.035	0.562（**）	0.047	0.214（**）
	Sig.（2-tailed）	0.000		0.000	0.647	0.000	0.537	0.004
	N	175	175	175	175	175	175	175
X_3	Pearson Correlation	-0.682（**）	-0.687（**）	1	0.019	-0.652（**）	-0.133	-0.151（*）
	Sig.（2-tailed）	0.000	0.000		0.802	0.000	0.080	0.046
	N	175	175	175	175	175	175	175
X_4	Pearson Correlation	-0.021	0.035	0.019	1	-0.061	0.061	0.149（*）
	Sig.（2-tailed）	0.779	0.647	0.802		0.422	0.420	0.049
	N	175	175	175	175	175	175	175

表7(續)

		X_1	X_2	X_3	X_4	X_5	X_6	X_7
X_5	Pearson Correlation	0.031	0.562（**）	-0.652（**）	-0.061	1	0.355（**）	0.307（**）
	Sig.（2-tailed）	0.000	0.000	0.000	0.422		0.000	0.000
	N	175	175	175	175	175	175	175
X_6	Pearson Correlation	0.248（**）	0.047	-0.133	0.061	0.355（**）	1	0.090
	Sig.（2-tailed）	0.001	0.537	0.080	0.420	0.000		0.238
	N	175	175	175	175	175	175	175
X_7	Pearson Correlation	0.311（**）	0.214（**）	-0.151（*）	0.149（*）	0.307（**）	0.090	1
	Sig.（2-tailed）	0.000	0.004	0.046	0.049	0.000	0.238	
	N	175	175	175	175	175	175	175

註：** Correlation is significant at the 0.01 level（2-tailed）；* Correlation is significant at the 0.05 level（2-tailed）。

相關檢驗說明部分變量存在較高的相關性，但由於本文迴歸分析將採用逐步迴歸的方式，因此對變量不進行刪除，而是讓 SPSS 軟件在逐步迴歸中自動刪除不顯著的變量。

（二）Logistic 迴歸分析

1. 模型迴歸描述

本文迴歸的流程如下：

第一步，運用二元 Logistic 迴歸分析，以是否為財務困境公司［定義 ST（*ST）公司為1，非 ST（*ST）公司為0］為因變量，以可持續增長率為自變量進行單變量迴歸。之所以進行單變量迴歸是考察可持續增長率在財務困境預測模型中的信息含量，即有多少貢獻。在這一步，分別以 ST（*ST）發生前三年的數據分別進行迴歸，考察隨著財務危機的到來，模型有無顯著性變化。

第二步，以是否為財務困境公司［定義 ST（*ST）公司為1，非 ST（*ST）公司為0］為因變量，以6個財務變量和可持續增長率為自變量，採用 Forward：LR 方式，對50家 ST（*ST）公司和125家非 ST（*ST）公司變量在危機發生前三年最顯著的年份進行迴歸，Forward：LR 方式下，SPSS 軟件會自動進行逐步迴歸。

2. 變量檢驗與分析

為了檢驗可持續增長率在財務困境預警模型中的信息含量，先利用2007年之前三年可持續增長率的數據分別進行單變量迴歸，結果如下：

表8、表9、表10和表11反應了 $t-1$、$t-2$、$t-3$ 年的迴歸結果，因此，得到如下 $t-3$ 年的 Logistic 迴歸方程：

表 8　　　　　　　　　　　　模型整體顯著性檢驗結果

		Chi-square	df	Sig.
$t-3$	Model	1.559	1	0212
$t-2$	Model	111.626	1	0.000
$t-1$	Model	133.720	1	0.000

註：Chi-square 為卡方統計量，df 為自由度，Sig. 為顯著性水平，即 P 值。

表 9　　　　　　　　　　　　三項統計量結果表

	-2 Log likelihood	Cox & SnellR square	Nagelkerke R square
$t-3$	207.835（a）	0.009	0.013
$t-2$	97.768（a）	0.472	0.676
$t-1$	75.674（a）	0.534	0.766

表 10　　　　　　　　　　　對樣本數據的分辨結果

年份	觀測值		預測值		判斷正確百分比
			Y		
			0	1	
$t-3$	Y	0	124	1	99.2
		1	50	0	0
	總百分比				70.9
$t-2$	Y	0	121	4	96.8
		1	8	42	84
	總百分比				93.1
$t-1$	Y	0	121	4	96.8
		1	10	40	80
	總百分比				92

註：分割點為：0.500。

表 11　　　　　　　　　　　迴歸值及其顯著性表

		B	S. E.	Wald	df	Sig.
$t-3$	X_1	-1.846	1.511	1.493	1	0.222
	Constant	-0.824	0.183	20.314	1	0.000
$t-2$	X_1	-18.298	2.873	40.565	1	0.000
	Constant	-1.762	0.292	36.445	1	0.000
$t-1$	X_1	-15.183	2.528	36.066	1	0.000
	Constant	-2.074	0.336	38.163	1	0.000

註：B 為常數項和系數，S. E. 為標準差，Wald, df, Sig. 分別為 Wald 統計量、自由度和 P 值。

從結果可以看出，在 0.05 的顯著性水平上，發生財務危機（被 ST 或 *ST）前一年和前兩年的結果都具有很高的顯著性，其 P 值明顯地小於 0.05；而前三年的數據不具有顯著性（見表 12）。

表 12　　　　　　　　　　單變量預測誤判率比較表

誤判率（％）　　時間窗	所使用的比率	$t-1$	$t-2$	$t-3$
Beaver（1996）	現金流量/總資產	13	21	23
陳靜（1999）	流動比率	0.00	11.1	14.8
吳世農，等（2001）	淨資產收益率	9.35	17.14	5.9
彭韶兵，等（2005）	總資產收益率	11.34	12.86	17.14
本研究	可持續增長率	8	6.9	29.1

3. 多元檢驗與分析

利用前一年的數據依次加入其他變量，進行多變量迴歸，結果如下（見表 13～表 18）：

表 13　　　　　　　　　模型整體顯著性檢驗結果

		Chi-square	*df*	*Sig.*
Step 1	Step	149.774	1	0.000
	Block	149.774	1	0.000
	Model	149.774	1	0.000
Step 2	Step	5.844	1	0.016
	Block	155.619	2	0.000
	Model	155.619	2	0.000
Step 3	Step	6.299	1	0.012
	Block	161.918	3	0.000
	Model	161.918	3	0.000

表 14　　　　　　　　　　三項統計量結果表

Step	*-2 Log likelihood*	*Cox & Snell Rsquare*	*Nagelkerke R square*
1	59.620	0.575	0.824
2	53.776	0.589	0.844
3	47.476	0.604	0.865

表 15　　　　　　　　　　　　對樣本數據的分辨結果

Observed			Predicted		Percentage Correct
			Y		
			0	1	
Step 1	Y	0	121	4	96.8
		1	5	45	90.0
	Overall percentage				94.9
Step 2	Y	0	122	3	97.6
		1	5	45	90.0
	Overall percentage				95.4
Step 3	Y	0	121	4	96.8
		1	4	46	92.0
	Overall percentage				95.4

註：分割點為：0.500。

表 16　　　　　　　　　　　　迴歸值及其顯著性表

		B	S. E.	Wald	df	Sig.	Exp（B）
Step 1 （a）	X_5	-56.077	9.763	32.989	1	0.000	0.000
	Constant	-0.859	0.343	6.254	1	0.012	0.424
Step 2 （b）	X_1	-5.967	2.308	6.687	1	0.010	0.003
	X_5	-43.110	10.429	17.088	1	0.000	0.000
	Constant	-1.365	0.424	10.340	1	0.001	0.255
Step 3 （c）	X_1	-6.445	2.403	7.195	1	0.007	0.002
	X_4	-2.766	1.126	6.030	1	0.014	0.63
	X_5	-47.917	12.030	15.864	1	0.000	0.000
	Constant	-0.015	0.688	0.000	1	0.983	0.985

註：① Variable（s）entered on step 1：X_5；② Variable（s）entered on step 2：X_1；③ Variable（s）entered on step 3：X_4。

表 17　　　　　　　　　　　　逐步迴歸及其顯著性變化表

Variable		Model Log likelihood	Change in -2 Log likelihood	df	Sig. of the Change
Step 1	X_5	-104.697	149.774	1	0.000
Step 2	X_1	-29.810	5.844	1	0.016
	X_5	-37.837	21.898	1	0.000

表17(續)

Variable		Model Log likelihood	Change in -2 Log likelihood	df	Sig. of the Change
Step 3	X_1	-27.121	6.765	1	0.009
	X_4	-26.888	6.299	1	0.012
	X_5	-34.442	21.407	1	0.000

表18　　逐步迴歸及其刪除變量的分值表

	Variable		Score	df	Sig.
Step 1	Variables	X_1	6.472	1	0.011
		X_2	0.666	1	0.414
		X_3	1.191	1	0.275
		X_4	4.765	1	0.029
		X_6	0.674	1	0.412
		X_7	1.050	1	0.306
	Overall Statistics		12.529	6	0.051
Step 2	Variables	X_2	0.188	1	0.665
		X_3	0.020	1	0.886
		X_4	5.477	1	0.019
		X_6	0.952	1	0.329
		X_7	1.059	1	0.303
	Overall Statistics		6.732	5	0.241
Step 3	Variables	X_2	0.150	1	0.698
		X_3	0.178	1	0.673
		X_6	0.619	1	0.431
		X_7	0.507	1	0.477
	Overall Statistics		1.625	4	0.804

從以上逐步迴歸結果來看，利用 $t-1$ 年的3個變量迴歸結果顯著性最高，因此得到以下 Logistic 迴歸方程：

$$L = \mathrm{Ln}(\frac{p_i}{1-p_i}) = -0.015 - 6.445X_1 - 2.766X_4 - 47.917X_5)$$

其中，P_i 為 t 年公司陷入財務困境的概率。基於以上連續三年單變量迴歸分析與

一年的多變量逐步迴歸分析，本文的結論如下：

（1） SPSS15 報告在 $ModelChi-Square$ 一行中給出卡方值，并提供自由度和顯著性水平。上述單變量分析結果顯示，可持續增長率在前兩年的卡方值均為 0.000，說明可持續增長率在財務困境預警模型中具有很高的信息含量，即可持續增長率可以作為一項重要的財務預警指標。這也符合我們的理論分析，證明了前面的假設是正確的。

（2） 在第二部分的多變量迴歸中，可持續增長率在第二步中進入模型，而且通過了 0.05 的顯著性水平檢驗。整個模型具有很高的整體顯著性，說明以上研究得到的模型是可以信賴的。

（3） 從變量系數上看，三個變量的系數均為負值。Logistic 模型的概率計算模型為：

$$P_i = \frac{1}{[1 + e^{-(\alpha + \sum_{j=1}^{n} \beta_{ij} X_{ij} + \varepsilon_i)}]}$$

其中，P_i 為財務困境出現的概率。從這個模型分析，本文三個變量：可持續增長率（X_1）、總資產週轉率（X_4）、資產報酬率（X_5）均與財務困境發生的概率負相關，即可持續增長率、總資產週轉率、資產報酬率越高，財務危機發生的概率越小，這也符合前文的理論分析，證實了理論分析與假定的正確性。

（4） 從財務變量的預警情況看，預測效果最好的為資產報酬率，其次為可持續增長率，再次為總資產週轉率。這三個財務變量具有良好的預測效果，且符合本文假設1。同時，衡量現金流的財務變量沒有入選，說明雖然 ST（＊ST）公司與非 ST（＊ST）公司在現金流方面出現了一定的差異，但是現金流變量的預測能力不強。此外，由於財務比率是以應記制為基礎的，而現金流則是以收付實現制為基礎的，經營淨現金流的相關變量并不能提高模型的預測能力，故未能入選三年的預警模型。

（三） 模型檢驗

1. 分割點的選擇

在財務危機預警模型建立以後，模型是否對樣本進行有效判別是區分模型好壞的一個重要標誌。模型的總判別率的高低除了與模型本身有關以外，還與分割點的確定有關。由於預測是根據樣本做出的，故有可能得到錯誤的判斷，因此在確定分割點時，要對分類的錯誤率進行關注。分類錯誤分為第一類錯誤和第二類錯誤。第一類錯誤是以真為假，即將 ST（＊ST）公司誤判為非 ST（＊ST）公司；而第二類錯誤是以假為真，即將非 ST（＊ST）公司判斷為 ST（＊ST）公司。這兩類錯誤帶來的風險是不一樣的。第一類錯誤，會導致投資人或債權人做出錯誤的決策，面臨巨大的損失，這類錯誤的成本非常高；而第二類錯誤只會令投資人或債權人提高警惕，採取保守、慎重的決策，其損失的可能是一個投資機會。兩者比較，第一類錯誤的誤判成本比較高，

因此，應盡量控制第一類錯誤的發生。當然，這還取決於模型使用者的風險偏好。

Logistic 模型并不存在理論上的最優分割點，即理論上概率分割點可以是 0~1 的任何值。當分割點不同時，兩類錯誤發生的概率也不同。一類錯誤的減少必然會導致另一類錯誤的增加。

此外，建模樣本中 ST（*ST）公司與非 ST（*ST）公司的配比會對模型的效率及分割點的確定產生影響。因為總誤判率等於兩類錯誤誤判率的加權平均數，所以，對分割點的確定還因樣本配比的不同而不同。

2. 模型檢驗

(1) 檢驗概率計算模型。

$$P_i = \frac{1}{[1 + e^{-(\alpha + \sum_{j=1}^{n} \beta_{ij} X_{ij} + \varepsilon_i)}]}$$

(2) 計算結果。

從預測結果來看，多變量迴歸模型對 ST（*ST）公司的預測準確率高達 100%，對非 ST（*ST）公司的預測準確率稍低，因為本迴歸 ST（*ST）公司與非 ST（*ST）公司的樣本比例為 1∶2.5，這種結果極有可能是由設定誤差造成的。

五、研究結論和對策建議

(一) 研究結論與建議

本文以中國上市公司為研究對象，將因財務狀況異常被特別處理界定為財務困境，在分析中國上市公司財務困境的現狀與影響因素的基礎上，建立了可持續增長率模型與財務指標相結合的財務困境監測指標體系，並運用多元邏輯迴歸方法，利用中國 A 股上市公司的數據，進行了財務困境預測模型的實證研究。主要的研究結論如下：

(1) 財務困境的形成是一個累積與漸進的過程，受到各種因素的影響，表現出龐雜多樣的徵兆信號。因此，財務困境的預測研究不僅要致力於預測識別模型的開發，還應結合財務困境的成因與徵兆，檢驗具有良好日常監測能力的重點指標。從思路上來看，兩者是相逆的。兩相結合將更有利於完善財務困境預測研究的理論框架，對於企業的生存與發展也具有更為重要的意義。

(2) 總體來看，中國上市公司的財務數據在財務困境的預測上表現出了較強的有用性。利用上市公司的可持續增長率和對外公布其他財務報表中的財務信息，能夠較為有效地對財務困境進行監測和識別。

(3) 在財務困境預測中考慮加入可持續增長率指標是有效的。在以 A 股上市公司

為樣本的財務困境預測模型構建過程中，本文用可持續增長率指標不僅通過了顯著性檢驗，還在多元分析中顯示出了很強的預測能力。因此，可持續增長率指標在財務困境的預測上有較高的信息含量。

（4）中國的ST（*ST）製度在反應上市公司財務健康程度方面是有效的。儘管該製度更多側重於上市公司盈利能力的考察，但A股上市公司樣本的單變量檢驗和多變量檢驗結果顯示，ST（*ST）公司和非ST（*ST）公司的資產營運效率、償債能力、可持續增長率以及治理行為方面確實也存在顯著的差異，並且距離ST（*ST）年份越近，這種差異越明顯。

（二）研究的不足之處與後續研究方向

本文在財務困境預測模型的構建中只選取了具有代表性的A股上市公司作為研究樣本。同時，由於可持續增長率模型本身存在的應用還不是很成熟，因此在理論上其在財務困境方面有所欠缺。

本文的實證結果顯示，與反應上市公司其他財務指標相比，反應上市公司可持續增長能力的可持續增長率指標在財務預警中有很好的預測作用。今後可進一步嘗試擴大樣本量，進一步進行這方面的定性與定量研究，檢驗其在公司財務困境預測中的信息含量。同時，還可嘗試以其他先進方法，如人工神經網路方法構建模型，以比較不同建模方法的有效性。

參考文獻：

[1] 陳曉，陳治鴻. 中國上市公司財務困境預測 [J]. 中國會計與財務研究，2000（9）.

[2] 高培業，張道奎. 企業失敗判別模型實證研究 [J]. 統計研究，2000（10）：46-51.

[3] 黃永紅. 中國上市公司可持續增長的實證研究 [J]. 統計與決策，2002（12）.

[4] 李華中. 上市公司經營失敗的預警系統研究 [J]. 財經研究，2001（10）：56-63.

[5] 蘇冬蔚，吳仰儒. 中國上市公司可持續發展的計量模型與實證分析 [J]. 經濟研究，2005（1）.

[6] 湯谷良，遊尤. 可持續增長模型的比較分析與案例驗證 [J]. 會計研究，2005（8）.

[7] 王滿玲，楊德禮. 國外公司財務危機預測研究進展評述 [J]. 預測，2004（6）：15-20.

[8] 吳超鵬，吳世農. 基於價值創造和公司治理的財務狀態分析與預測模型研究

［J］. 經濟研究, 2005 (11).

［9］ 吳世農, 黃世忠. 企業破產的分析指標和預測模型［J］. 中國經濟問題, 1987 (6).

［10］ 吳世農, 盧賢義. 中國上市公司財務困境的預測模型研究［J］. 經濟研究, 2001 (6).

［11］ 張玲. 財務危機預警分析判別模型及其應用［J］. 預測, 2000 (6): 38-40.

［12］ 張鳴, 張豔, 程濤. 企業財務預警研究前沿［M］. 北京: 中國財政經濟出版社, 2003.

［13］ 張鳴, 張豔. 財務困境預測的實證研究與評述［J］. 財經研究, 2001 (12).

［14］ ALTMAN EDWARD I. Corporate financial distress and bankruptcy: a complete guide to predicting and avoiding distress and profiting from bankruptcy［M］. New York: John Wiley and Sons, Inc, 1993.

［15］ BEAVER W. H. Financial ratios as predictors of failure［J］. Journal of Accounting Research (Supplement), 1996 (4): 99-111, 71-83.

［16］ JAMES C. VAN HOME. Sustainable growth modeling［J］. Journal of Corporate Finance, 1988 (1): 19-25.

［17］ JEFFERY W. G., ROBERT R. M. Early warning models in real time［J］. Journal of Business Finance and Accounting, 1996 (23): 1415-1434.

［18］ OKLSON J. S. Financial ratios and prediction of bankruptcy［J］. Journal of Accounting Research, 1980 (19): 109-131.

［19］ ROBERT C. HIGGINS. Sustainable growth under inflation［J］. Financial Management, 1981 (10): 36-40.

［20］ ZMIJEWSKI M. E. Methodological issues related to the estimation of financial distress prediction models［J］. Journal of Accounting Research, 1984 (22): 59-82.

基於應用型人才培養的
財務管理教學改革研究

馮世全

一、研究背景

　　隨著工業經濟的發展，現代財務管理分別經歷了以籌資為管理重心、以內部控製為管理重心、以投資為管理重心和以資本運作為管理重心的四個階段。這四個階段的管理內容也構成了財務管理專業教育的核心內容。

　　中國高校本科財務管理專業教育發端於1989年上海財經大學試辦的財務學專業。1992年教育部公布的高校專業目錄將其定為理財學專業。1998年教育部頒布的《普通高等學校本科專業介紹》在大幅度削減專業數量的情況下，新設「財務管理」專業。將財務管理本科的培養目標定位為：培養具備管理、經濟、法律和理財、金融等方面的知識和能力，能在工商、金融企業、事業單位及政府部門從事財務、金融管理以及教學、科研方面工作的工商管理學科高級專門人才。

　　2000年國家教育部高等學校工商管理類專業教學指導委員會在關於財務管理專業的指導性教學方案中，提出培養目標：「培養德智體美全面發展，適應21世紀社會發展和社會主義市場經濟建設需要，基礎紮實，知識面寬，綜合素質高，富有創新精神，具備財務管理及相關的管理、經濟、法律、會計和金融等方面的知識和能力，能夠從事財務管理工作的工商管理高級專門人才。」

　　財務管理作為新興專業，其培養方向目前還存在諸多爭論。爭論的實質在於財務管理專業應該培養什麼樣的人才，培養出來的人才有何專業特色，能否在競爭激烈的人才市場佔有一席之地。經過多年的發展，獨立學院和公立高校的財務管理專業完成

了數量上的擴張，但如何和市場接軌，實現應用型特色教育方法，還處於探索階段。本文通過對比分析國內獨立學院和公立高校的財務管理專業在教育方向和課程設置方面的經驗，為獨立學院未來應用型財務管理專業的建設提出新的構想。

二、國內高校財務管理專業方向比較分析

我們選取了設有財務管理專業的 14 所國內著名高校進行分析，其中 7 所公立大學、7 所獨立學院，如表 1 所示。

表 1　　　　　　　　　　　　　財務管理專業方向比較

高校類型	獨立學院							公立高校						
	中山大學南方學院	西南財經大學天府學院	四川大學錦城學院	廈門大學嘉庚學院	浙江大學寧波理工學院	東北財經大學津橋商學院	華中科技大學武昌分校	廈門大學	東北財經大學	武漢大學	中國人民大學	上海財經大學	中央財經大學
財務管理專業方向	財務分析師	公司理財	公司理財	未分方向	未分方向	未分方向	未分方向	公司財務	資產評估	未分方向	未分方向	未分方向	未分方向
	理財規劃師	理財規劃	證券投資					證券投資	其餘未分方向				
	CFA（特許金融分析師）	資產評估											
	非營利組織理財												

資料來源：根據各高校網站資料整理。

分析顯示，除了廈門大學和東北財經大學以外，其他 5 所公立高校的財務管理專業都未開設方向。東北財經大學開設一個資產評估方向，其餘財務管理專業學生沒有開設方向，即僅僅是財務管理專業。獨立學院中，約一半的高校為財務管理專業分設了方向。其中，四川大學錦城學院財務管理專業有公司理財方向和證券投資方向，明顯參考了廈門大學的方向設置。西南財經大學天府學院和中山大學南方學院的專業方向具有鮮明的特色，前者在公司理財、資產評估方向的基礎上，開設了理財規劃方向；後者將方向的設置與職業資格結合起來，有財務分析師方向、理財規劃師方向、CFA（註冊財務分析師）方向和非營利組織財務理財方向。

我們認為，作為一個新設立的專業，財務管理專業教育在國內還處於探索階段。從應用型教育的觀點來看，中山大學南方學院這種將專業教育與職業資格結合起來的

做法既增加了教育特色，又體現了應用型人才的培養目標。

三、國內高校財務管理專業課程比較分析

由於資源限制，我們僅獲得了以上高校中部分高校的課程設置資料。各個學校課程類別的名稱有所不同，但是，基本上都包括了以下七個模塊：①基礎技能課程；②經濟學科課程；③管理學科課程；④法律學科課程；⑤會計學科課程；⑥金融/財務學科課程；⑦其他學科課程。

（一）基礎技能學科課程

基礎技能學科課程為財務管理人才提供工具性的技能知識，包括大學英語、大學數學、統計學、計算機、信息管理、商務溝通與商務禮儀、商務寫作等。表2列示了各高校這個模塊的課程的異同。

表2　　　　　　　　　　財務管理專業基礎技能課程比較

技能類型	獨立學院			公立高校		
	浙江大學寧波理工學院	廈門大學嘉庚學院	中山大學南方學院	上海財經大學	東北財經大學	武漢大學
英語	大學英語	大學英語	大學英語	大學英語	大學英語	大學英語
數學	大學數學	大學數學	高等數學	大學數學	高等數學、概率論與數量統計	高等數學
統計分析	管理統計	統計學原理	統計學	統計學	統計學、統計學實驗	統計學
計算機	大學計算機基礎	計算機基礎、VB程序、設計基礎	計算機基礎	計算機應用	大學計算機基礎、另設：數據庫基礎	計算機基礎與應用
信息管理	管理信息系統	—	—	管理信息系統	管理信息系統（選修）	管理信息系統
商務溝通與商務禮儀	職場英語、商務英語、口語	—	商務溝通	—	公共關係學、社會學概論、管理溝通	—
商務寫作	大學語文、應用英文寫作	大學語文	—	大學語文	應用寫作	—

資料來源：根據各高校網站資料整理。

從表 2 可以看出，英語、數學、統計學和計算機技能在各個高校得到了普遍的重視，而信息管理、商務溝通和商務寫作則差別較大。管理信息系統課程本身的應用性比較強，但是所使用的教材理論性較強，因此，在獨立學院并沒有得到足夠的重視，而在公立高校得到了普及。相對而言，浙江大學寧波理工學院和東北財經大學更重視商務溝通和商務寫作。從應用的角度看，這些技能在實際工作中相對重要。

（二）經濟學學科課程

如表 3 所示，經濟學學科的課程在公立學校普遍得到強化。例如，武漢大學為財務管理專業設置了比較完備的經濟學學科課程，重視學生科研能力的培養。獨立學院的經濟學學科課程相對弱化。例如，浙江大學寧波理工學院僅僅設有經濟學一門課程。引人注目的是西南財經大學天府學院以雙語形式開設了微觀經濟學和宏觀經濟學。從經濟學科的對比分析中可以得到以下結論：公立高校更重視學生理論素質的培養，而獨立學院則更重視學生應用能力的培養。

表 3　　　　　　　　　　經濟學學科課程比較

	獨立學院			公立高校		
廈門大學嘉庚學院	西南財經大學天府學院	中山大學南方學院	浙江大學寧波理工學院	武漢大學	上海財經大學	東北財經大學
微觀經濟學原理	微觀經濟學（雙語）	微觀經濟學	經濟學	政治經濟學 I	政治經濟學 I	微觀經濟學
宏觀經濟學原理	宏觀經濟學（雙語）	宏觀經濟學		政治經濟學 II	政治經濟學 II	宏觀經濟學（選修）
中級微觀經濟學				微觀經濟學	西方經濟學 I	博弈論與企業決策
中級宏觀經濟學				宏觀經濟學	西方經濟學 II	
				計量經濟學		

（三）管理學學科課程

如表 4 所示，和經濟學學科相反，管理學學科課程在獨立學院的重視程度方面遠遠高於公立高校。所有高校都開設了管理學（原理）、市場營銷學；而戰略管理和風險管理在獨立學院基本普及。人力資源管理和生產管理也受到一定程度的歡迎。在公立高校中，東北財經大學開設的管理學具有濃厚的應用色彩，這反應出這所高校財務管理專業的定位相對趨於應用人才的培養。

表4　　　　　　　　　　　　管理學學科課程比較

獨立學院				公立高校		
浙江大學寧波理工學院	中山大學南方學院	廈門大學嘉庚學院	西南財經大學天府學院	東北財經大學	武漢大學	上海財經大學
管理學管理綜合實驗	管理學原理、組織行為學	管理學原理、組織行為學	（未取得）	管理學	管理學	管理學
市場營銷學	營銷學	營銷學原理、營銷戰略		市場營銷學	市場營銷學	市場營銷學
企業戰略管理	戰略管理	企業戰略管理		企業戰略、規劃模擬		
風險管理	風險管理與內部控製、製度設計	風險管理		風險管理		
ERP原理及應用	電子商務基礎	電子商務與物流管理		企業經營決策、電子沙盤模擬		
人力資源管理	人力資源管理			人力資源管理	人力資源管理	
營運管理	生產與運作管理		企業經營模擬實戰、營運管理Ⅱ（雙語）	企業供應鏈管理綜合實驗、企業信息化概論	生產管理	

（四）法律學學科課程

對財務管理專業而言，法律學學科最重要的課程有經濟法、稅法、納稅籌劃和國際稅收。無論是公立高校還是獨立學院，都開設了前三門課程，而國際稅收只有中山大學南方學院開設（見表5）。

表5　　　　　　　　　　　　法律學學科課程比較

獨立學院				公立高校		
廈門大學嘉庚學院	中山大學南方學院	浙江大學寧波理工學院	西南財經大學天府學院	上海財經大學	武漢大學	東北財經大學
經濟法	經濟法	經濟法	經濟法	經濟法概論	經濟法	
稅法	稅法		稅法			中國稅收
納稅籌劃、稅法案例分析	稅務籌劃	企業稅務與籌劃		稅務籌劃	稅收籌劃	稅務會計與納稅籌劃
	國際稅收					

— 315 —

(五) 會計學學科（包括審計學和內部控製學）課程

中國財務管理職業和會計職業在企業的實際工作中常常合為一體。因此，各個高校在財務管理專業中設置了大量的會計課程，基本涵蓋了所有會計學的核心課程，如基礎會計（或會計學原理）、中級財務會計、高級財務會計、成本會計、管理會計和審計學等。獨立學院在會計課程上明顯更加重視實訓（實驗）課程。這些實訓（實驗）課程包括基礎會計實訓（實驗）、財務會計實訓（實驗）、成本會計實訓（實驗）和會計信息系統實訓（實驗）等。這是獨立學院的教育傾向於應用型教育的必然結果（見表6）。

表6　　　　　　　　　　會計學學科課程比較

獨立學院				公立高校		
廈門大學嘉庚學院	浙江大學寧波理工學院	西南財經大學天府學院	中山大學南方學院	東北財經大學	上海財經大學	武漢大學
會計學原理	基礎會計	財務會計（雙語）	會計學原理	基礎會計	基礎會計	會計學
中級財務會計Ⅰ和Ⅱ、財務會計案例分析	中級財務會計	中級財務會計Ⅰ（雙語）	中級財務會計	財務會計	中級財務會計Ⅰ和Ⅱ	中級財務會計
高級財務會計	高級財務會計		高級財務會計		高級財務會計	高級財務會計
成本會計	成本會計	成本管理會計+教學模擬軟件成本模塊	成本與管理會計、高級管理會計	成本會計	成本會計	成本與管理會計
管理會計	管理會計			管理會計		
基礎會計模擬、會計模擬Ⅰ、Ⅱ、Ⅲ	會計模擬實驗	基礎會計實訓、財務會計實訓		會計信息系統、會計信息系統實訓		
審計、審計案例分析	審計學	審計學原理	審計學	審計學概論、計算機審計實驗	審計學	審計學
稅務會計、金融企業會計、預算會計、小企業會計、行業會計比較、財務會計專題	西方財務會計			內部控製		

（六）金融/財務學學科課程和其他學科課程

從理論上來說，財務學和金融學同源，具有相同的基礎理論和基本方法。財務學屬於微觀金融範疇，是運用金融方法來解決微觀層次的企業金融問題的。歸納各個高校的金融/財務學學科，可以分為以下幾個板塊（見表7）。

（1）金融學課程，包括金融學（含衍生工具和金融市場學）、貨幣銀行學、國際金融、商業銀行管理、投資學（或證券投資學）。

（2）財務管理系列課程，包括財務管理原理、中級財務管理、高級財務管理、國際財務管理和財務（報表）分析。

（3）財務管理（實訓）實驗和計算機應用實驗課程。

（4）專業方向課程，包括非營利組織財務管理、理財規劃師、CFA（註冊財務分析師）和資產評估師課程。

個別高校還開設了財政學、國際貿易等課程。

對比分析發現，獨立學院的金融/財務學學科課程更重視職業教育、技能教育。這一點從專業方向和實訓（實驗課程）就可以看出來（見表7）。

表7　　　　　　　　　　　金融/財務學學科課程比較

獨立學院				公立高校		
中山大學南方學院	西南財經大學天府學院	廈門大學嘉庚學院	浙江大學寧波理工學院	上海財經大學	武漢大學	東北財經大學
金融學、國際金融		貨幣銀行學、外匯理論與實務		貨幣銀行學、國際金融	貨幣銀行學	金融學
投資銀行管理			商業銀行管理		商業銀行財務管理	
投資學、證券投資學、證券投資基金	證券投資I（雙語）	證券投資學、投資分析	投資學	風險投資管理		衍生金融工具，證券、期貨、外匯模擬實驗
	金融市場學（雙語）			金融市場學、財務工程學		金融市場學
	財務管理I（雙語）	學科專業入門指導、財務管理I		公司財務I	財務管理原理	財務管理專業導論、財務管理基礎
財務管理	財務管理II（雙語）	財務管理II	財務管理	公司財務II	中級財務管理	公司理財

表7(續)

獨立學院				公立高校		
中山大學南方學院	西南財經大學天府學院	廈門大學嘉庚學院	浙江大學寧波理工學院	上海財經大學	武漢大學	東北財經大學
高級財務管理、資本市場與運作、行為財務學	資本運作	高級財務管理	高級財務管理、企業并購與重組專題	兼并與收購、企業價值評估、公司治理	高級財務管理	高級財務管理
國際財務管理	跨國公司理財（雙語）	跨國公司財務管理		跨國公司財務		國際財務管理、西方財務管理（英）
財務報表分析財務分析師實務	上市公司財務報表分析	財務報告分析、財務管理案例分析	財務分析、財務管理案例分析	財務分析與預算	財務分析	財務分析、財務模型分析與設計
財務信息系統及其實驗	EXCEL在財務會計中的運用財務軟件運用	財務信息系統		財務決策支持系統	財務軟件及其應用	
項目管理	項目投融資管理與決策實訓	項目管理				項目評估
資產評估	資產評估（雙語）	資產評估學	項目管理與資產評估		資產評估	資產評估基礎、資產評估實務、資產評估準則、資產評估案例分析專題
理財規劃基礎、個人理財、理財規劃師實務、CFA實務、非營利組織財務管理、非營利組織理財實務	理財規劃			個人理財		非營利組織財務管理

表7(續)

獨立學院				公立高校		
中山大學 南方學院	西南財經 大學 天府學院	廈門大學 嘉庚學院	浙江大學 寧波理工 學院	上海財經 大學	武漢大學	東北財經 大學
財會專業英語、 商業倫理與 職業道德、 公共財政學、 國際貿易		專業導論與 前沿講座、 保險學	財務英語 及寫作	財政學、 國際貿易	財政學	專業文獻 閱讀 (英文)、 當代理財 前沿專題、 財會職業 道德專題、 政府預算 管理

四、四川大學錦江學院財務管理專業建設的變革和未來構想

（一）財務管理專業的改革

四川大學錦江學院會計學院於2010年9月成立，成立之初即設有財務管理專業。經過幾年來的努力，無論師資團隊、課程改革，還是教材建設、應用能力教學等方面，財務管理專業均取得了較大的發展。主要表現在兩個方面。

1. 專業方向的改革

財務管理專業原設有公司理財、預算與成本管理兩個方向。從以上分析可以看出，公司理財方向為各高校普遍認同，也是財務管理專業學生就業的主要方向。預算與成本管理方向實際上包含了企業的預算與成本管理兩種崗位。在歷次改革中，保留了公司理財方向，并改名為企業財務管理方向，增設了非營利組織財務管理方向和理財規劃方向。這樣有利於拓寬學生的就業渠道，有利於與職業資格相結合，達到應用型人才培養的目標。

2. 課程改革

結合財務管理專業本身的規律，本次教材對課程的修改主要有：

（1）刪除了部分課程。刪除了跨國公司管理、人力資源管理、商業銀行管理、財會理論與實踐前沿、投資實訓、成本會計實訓、國際會計學、財會理論與實踐前沿。

（2）增加了部分課程。增加了國際財務管理學、非營利組織財務管理、理財規劃、高級財務會計學、稅務會計與納稅籌劃。

（3）整合了部分課程。金融學和金融衍生工具整合為金融市場學，這樣可以減少和其他課程內容的重複。

（4）課程名稱規範化。「EXCEL在財務管理中的應用」改為「計算機財務管理學」，「預算會計」改為「政府與非營利組織會計」，「會計電算化」改為「會計信息系統」。改名的目的是與國際課程名稱接軌，規範課程名稱。

（5）加強了專業實訓和實驗課程。增加專業實訓課程如財務管理實訓，以培養學生的專業素養；增加中級財務會計實訓，加強學生的專業基礎能力。

（6）加強專業特色。統計學課程改為管理統計學課程，使課程內容容易為學生所接受。

（二）財務管理專業建設的未來構想

1. 課程和方向的進一步改革

財務管理專業的課程雖然經過大刀闊斧的改革，但是還有許多遺留的問題。未來需要在以下幾方面進一步完善：一是需要進一步優化課程。考察其他各高校的課程，發現大部分高校財務管理專業的課程設置為初級財務管理（或財務管理原理等）、中級財務管理、高級財務管理、國際財務管理這樣一個序列。如表8所示，在財務管理專業中，需要加入初級財務管理課程，還需要考慮高級財務管理學課程。二是進一步加強專業特色。待條件成熟後需要增設證券投資實訓，該課程需要專門的實驗室。三是課程和方向的建設需要與職業資格進一步結合。職業資格可以考慮國際財務分析師、CFA、資產評估師等。

2. 應用型教學內容和教學方法的改革

目前的教學基本還是照搬其他公立高校的教學模式，從教學內容和教學方法上還沒有形成自己的特色，甚至對應用型教學的概念界定還模糊不清。應用型教學從內容上來說，應將實際中常用的內容列為重點，和實際工作相結合；從教學方法上來說，則需要進行徹底的變革。第一，將理論課程和實訓課程相結合，在實訓（實驗）中學習、歸納學科規律。第二，打破課程之間的界限，進行模塊式綜合授課。例如，關於企業合并的內容，高級財務管理課程中主要講授企業合并所需資金的籌集、合并後財務整合等問題，高級財務會計學中講授企業合并業務的會計處理和合并報表的編制，而稅法中又講授企業合并所涉及的稅收問題。在教學中發現，通過本科幾年的學習，學生很難將企業合并中涉及的這些相關問題結合起來。如果能夠打破課程界限，同時講授相關問題，將大大提高學生的應用能力。

表8　　　　　　　　　四川大學錦江學院財務管理專業課程建設

課程性質	舊版教學計劃主要課程	新版教學計劃主要課程	課程性質	舊版教學計劃主要課程	新版教學計劃主要課程
基礎技能學科課程	大學英語	大學英語	會計學課程	基礎會計學	基礎會計學
	大學計算機基礎	大學計算機基礎		基礎會計實訓	初級會計實訓
	大學數學	大學數學		成本會計、成本會計實訓	成本會計學
	文書秘書學	財經應用寫作		財務會計	財務會計學 中級財務會計實訓
	統計學	管理統計學			高級財務會計學
	管理信息系統	管理信息系統		審計學	審計學
經濟學課程	微觀經濟學	微觀經濟學		預算會計	政府與非營利組織會計
	宏觀經濟學	宏觀經濟學		金融企業會計	金融企業會計
法律學課程	經濟法	經濟法		管理會計	管理會計學
	稅法	稅法		會計電算化	會計信息系統
金融/財務學課程	財務管理	財務管理學、國際財務管理學、財務管理實訓		國際會計學	稅務會計與納稅籌劃
	金融學、金融衍生工具	金融市場學	管理學課程	企業導論	企業導論
	財務報表分析	財務報表分析		管理學	管理學
	投資學	投資學		戰略管理與風險控制	戰略管理
	EXCEL在財務管理中的應用	計算機財務管理學		風險管理	企業風險管理
	專業英語	財會專業英語		市場營銷學	市場營銷學
	商業銀行管理	理財規劃		跨國公司管理	
	項目評估	非營利組織財務管理		人力資源管理	
	財會理論與實踐前沿				

參考文獻：

[1] 陸正飛. 關於財務管理專業建設的若干問題 [J]. 會計研究, 1999 (3).

[2] 孫根年. 課程體系優化的系統觀及系統方法 [J]. 高等教育研究, 2001 (2).

[3] 張榮斌, 趙歡, 侯剛. 財務管理本科專業課程設置分析 [J]. 現代商貿工業, 2011 (4).

［4］楊煥玲. 應用型財務管理專業實踐教學體系建設研究［J］. 商業會計, 2011 (34).

［5］曹健. 中國高校財務管理專業實踐教學現狀的剖析與思考［J］. 首都經貿大學學報, 2009 (3).

對西藏小貸公司經營發展現狀的觀察和思考
——以14家已向中國人民銀行備案的小貸公司為例

李俊蓉　胡霞

自2009年西藏註冊設立首家小貸公司以來，7年多的發展時間裡，小貸公司作為西藏金融市場的有效補充，較好地拓寬了西藏各類個體工商戶、中小企業及農牧戶等經濟組織的融資渠道，已成為解決自治區貸款難問題的新生力量。與此同時，這類新興機構在自身發展中也遇到了重重政策阻隔和經營困難，而且很多問題都具備全國共性。如何更好助推西藏小貸公司的發展，發揮其在扶持中小微企業資金籌措等方面獨特而有益的作用，是本課題立意分析解決的問題。

一、自治區小貸公司發展現狀

經西藏自治區金融辦批准，截至2016年3月末，西藏已設立42家小貸公司，其中14家已向中國人民銀行拉薩中支備案。為了深入瞭解小貸公司經營現狀，筆者通過下發調查問卷以及個別現場走訪形式，對有關情況進行了摸查。

（一）內控製度建設情況

據瞭解，14家備案小貸公司部分設立了股東大會、監事會、董事會、董事長、總經理、副總經理等組織架構，建立了《大額貸款管理辦法》《貸款管理工作責任制》《風險管理委員工作製度》《流動資金貸款操作流程》《貸款五級分類製度》《貸款損失準備提取管理規定》及其他內控管理規定等製度和辦法。

（二）資金來源情況

14家備案小貸公司的資金來源普遍為資本金。至今尚未有任何一家公司與銀行建立或達成融資合作機制，運行資金中不含銀行業機構提供的融資。

(三) 基本經營特點

據瞭解，14家備案小貸公司在業務經營中均呈現以下特點：

(1) 貸款以信用、擔保和抵押為主，且抵押物多為動產及不動產。

(2) 貸款操作流程簡單，審批效率高於銀行業金融機構，且產品種類多、靈活性強。

(3) 對於超過80%的備案小貸公司，其放貸行為不予評級，也不予授信，僅依靠客戶經理受理。經接收客戶申請，并由客戶經理提出貸前調查意見報總經理審核後，再經報董事長審批即可放貸（對於超越權限的還將報審貸會審批）。

(4) 貸款客戶的選擇，普遍囿於商會內和朋友圈，極少面向社會公眾。

(5) 還款方式靈活多樣。各備案小貸公司還款方式多樣，有採取「貸隨本清、隨還隨結」的，也有實行「按月結息、到期還本」的，另有根據客戶實際情況按「有帳可算」原則隨時協商還款的。

(6) 資金營運近似滿負荷運行。調查獲悉，西藏轄區信貸資金需求旺盛，10家公司貸款餘額占到註冊資本金的70%以上。

二、存在問題

調查獲悉，14家備案小貸公司在發展和運行中，不同程度存在一些問題，客觀上阻礙了小貸公司的健康、可持續發展，具體體現在三個層面：

(一) 政策層面

(1) 區域監管製度遲遲沒有出抬。自2008年第一家小貸公司開業運行迄今，內地省市根據國家及相關監管部門的政策，結合地域特色，相繼出抬了適用小貸公司發展和成長的實施細則。然而，自治區迄今卻仍在沿用當初由區金融辦制定的《西藏自治區小貸公司管理暫行辦法》（徵求意見稿），不曾發布過任何含有地方特色及區情特點的本地實施辦法。

(2) 政府部門優惠政策一片空白。根據相關文件規定，小貸公司經營發展需繳納營業稅和企業所得稅。當前，隨著全國全面推行「營改增」後，自治區各小貸公司除適用的所得稅稅率仍為9%（享受西部藏區的一致性稅收優惠政策）外，其營業稅稅率與一般納稅人相同，未能享受諸如村鎮銀行、資金互助社、貸款公司等新型農村金融機構所享有的政策優惠，得不到中央財政給予的有關定向費用補貼資金。

(3) 職能部門配套服務不理想。目前，由於西藏轄區房屋、土地等固定資產確權遲緩，車輛、廠房等產權登記工作尚未開展。與此同時，由於相關業界對小貸公司認識尚淺，關聯小貸公司經營發展的職能部門配套服務也未有效跟進，因此嚴重制約了

小貸公司的業務發展。

(二) 監管層面

(1) 分層監管嚴重影響監管實效。根據《西藏自治區小貸公司管理暫行辦法》(徵求意見稿) 的規定,自治區金融辦為小貸公司主管部門,具體負責制定相關政策,對小貸公司設立、變更等重大事項進行審核等。與此同時,小貸公司所在地縣 (區) 級人民政府則負責對小貸公司的設立組織初審,以及日常監管和風險處置工作。如「分竈吃飯」的監管模式,一則監管部門信息不對稱,易造成監管真空,二則縣 (區) 級人民政府缺乏對小貸公司營運監管的專業能力,一定程度上影響了監管實效,故可謂弊端重重。

(2) 行政處罰權設置存在缺陷。當前法律製度下,政府對小貸公司的行政處罰權分散在金融辦、工商行政管理局、公安局及中國人民銀行等職能部門。上述部門根據各自職能定位,依權限範圍可對小貸公司有關違規行為採取警告、公示、風險提示、約見董事或高管談話、質詢,乃至責令停辦業務、取消高管從業資格等措施。然而,分權治之的缺陷也是顯而易見的,這在實質上造成了對小貸公司監管權與行政處罰權的分離,以致相應監管工作有效性大打折扣。

(3) 目前尚未制定小貸公司的評級製度。至今,政府或社會相關層面尚未制定小貸公司的評級製度。這造成監管部門無法如實、準確地掌握小貸公司的資信、經營、資產質量等信息,一定程度上影響了監管力度。

(4) 審批速度較快,小貸公司快速瘋長易造成行業惡性競爭。自從政府推行簡政放權改革以來,隨著審批程序的逐漸寬鬆,近幾年裡自治區小貸公司數量迅速膨脹,目前僅就拉薩市審批的小貸公司就近40家。根據內地經濟發達省市的經驗看,小貸公司審批是有節度和限制的,其大多需要參照考量區域 GDP、市場需求等因素,科學合理地設定區域小貸公司數量上限。西藏自治區經濟總量偏小偏弱,即便是首府城市——拉薩,自身經濟承載能力也不強,市場需求有限,為此,如果自治區小貸公司繼續保持目前快速發展的狀態,勢必會造成行業惡性競爭,產生經濟負面影響。

(5) 徵信系統接入遲緩。調查獲悉,自治區目前僅有一家小貸公司接入中國人民銀行徵信系統,其餘機構因條件不成熟暫未接入。為此,自治區各小貸公司普遍無法通過徵信系統實時查詢借款人的信用記錄,以對客戶身分及信貸信息進行有效甄別,而是只能依賴本地員工信息優勢,瞭解申請貸款的中小企業或個人的資產狀況和經營狀況。這樣無疑就加大了貸款風險控製的難度。據瞭解,部分小貸公司貸款逾期現象嚴重,個別已面臨停業。

(6) 資金來源單一。小貸公司業務營運完全依靠股東自有資金,長期以來資金來源單一。與此同時,由於其設立時間普遍較短以及資質欠佳等因素,至今,自治區無一家小貸公司獲得銀行融資。相應地,也無法通過擴股增資等融資方式增加資金來源。

據瞭解，目前小貸公司擴大經營規模的唯一途徑，就是增加註冊資本金，而這樣無疑抬高了小貸公司的經營門檻，把很多民營資本擋在了門外。

（三）自身發展問題

（1）人員素質欠佳。基於目前的行業經營現狀，儘管各小貸公司求才若渴，但人才瓶頸仍是其健康發展的重要制約因素。據調查瞭解，目前轄區小貸公司管理人員，尤其是具備金融專長和財會專長的人員普遍缺乏，由此嚴重影響了其業務的合規開展。

（2）規模小、總量少，難以滿足市場需求。調查獲悉，當前自治區 14 家備案小貸公司中，註冊資金過億者寥寥，普遍為幾千萬元。註冊資金缺乏容易造成資金供不應求，加之每家小貸公司員工一般不足 10 人，規模總體偏小，由此在相關業務開展上，普遍面臨市場宣傳不足、內部管理乏力，以及後續服務保障不能及時跟進等問題。

（3）支農效應弱。據瞭解，多數小貸公司為了追求利潤最大化目標，在經營策略選擇上貪功冒進，將較多的服務對象定位在工業型小企業上，而對支農企業的扶持力度弱，貸款投放總量小。

三、相關建議

（一）政策層面

（1）盡快出抬《西藏自治區小貸公司管理辦法》。從製度建設和政策保障上，推動小貸公司審批、監管等工作合規化、法制化，為其准入、營運等一系列管理工作提供健康環境。

（2）及時研究制定《西藏轄區小貸公司放貸人辦法》。期望盡早結合西藏實際，制定地方特色的《小貸公司放貸人辦法》，進而從管理機構、融資條件、融資程序、融資主體、融資方式、利率水平、貸款擔保、風險補償等方面有序規範。在此基礎上制定嚴格操作規程和管理辦法，其目的有兩點：一方面合法保護借款人權益，另一方面有效限制貸款人行為，健全司法維權機制。

（3）加快普及政策優惠。當前，擬建議參照信用社、村鎮銀行標準，普及對小貸公司的政策優惠措施，即適當減免稅費，將小貸公司享受稅收優惠政策與其支持中小企業、服務「三農」、創新貸款品種、提升服務質量、完善法人治理結構、合法合規經營，以及管控風險舉措等考核評價結果掛鉤。一般地，小企業貸款和涉農貸款可參照農村合作金融機構的標準計提呆帳準備金。發生的呆帳損失，報經主管稅務機關批准後，允許在申報企業所得稅時扣除。

（二）監管層面

（1）完善監管辦法，創新監管方式。自治區中小企業局應統一規範小貸公司業務

操作及會計核算標準,抓緊研究制定操作性強的監管辦法,有針對性地對小貸公司業務經營實施有效監管。在創新監管方式方面,擬建議加強與商業銀行的合作,通過與商業銀行簽署委託協議,把一部分監管職責委託給商業銀行。同時,要逐步培養一批專業人才,為實施有效監管提供保障。公安、人行、銀監等職能部門則應結合自身職能,密切配合自治區中小企業局履行好監管職責,充分發揮好各部門在規範小貸公司發展中的作用。

(2) 充分發揮行業協會作用。通常地,行業協會的行業自律行為在實施監管作業中獨具監管成本優勢,一定程度上也更富成效。例如:行業協會可以為小貸公司組織系列學習及教育培訓,有序規範各小貸公司的放貸行為,由此共建良性市場運作秩序。

(3) 及時建立小貸公司評價體系。相關監管部門應根據小貸公司具體情況,科學開展分類指導。例如,針對堅持「小額、分散」,服務「三農」,且規範經營的小貸公司,可適當提高其從金融機構獲取融資的比例,或給予相關政策優惠;針對偏離設立原則或經營不規範的小貸公司,應有的放矢地在業務開展、優惠措施給予等方面加以約束,以合理引導其發展。

(4) 有節奏放行審批。相關主管部門在審辦小貸公司設立方面,應考慮地區經濟承載的實際情況,合理控製同一地區小貸公司數量,以有效維護市場秩序,切實規範小貸公司經營,避免惡性競爭。

(5) 制定出抬小貸公司高管任職資格考核辦法。小貸公司高級管理人員應具備相當程度的金融知識和貸款操作資歷,具有貸款風險識別、判斷、防範和化解的能力與經驗。為此,高管的約束與管理是今後把好小貸公司准入進口的重要判斷條件。

(6) 按照「成熟一家、批准一家」的原則,有步驟地開放「金融徵信系統」。在條件成熟的前提下,中國人民銀行應有步驟地向全區小貸公司開放徵信系統,使小貸公司有權對申請貸款的對象進行系統風險查詢,從而有效規避經營風險。

(7) 考慮適當放寬欠發達地區小貸公司增資擴股條件。即有序縮短小貸公司增資擴股的時間,有條件的融資比例,允許個別小貸公司進入同業拆借市場拆借短期資金,利用時間差滾動使用。

(三) 自身發展

(1) 重視人才儲備。小貸公司應聘用有豐富金融工作經驗的人員擔任管理人員,加強公司內部人員的培訓與管理,不斷提升公司自身素質。

(2) 慎重選擇客戶。在經營發展上,小貸公司不要僅靠個人經驗來選擇客戶,更要重視依照科學程序甄別篩選客戶,即不能為貪圖盈利而放棄或簡化各種貸款手續。

(3) 建立規範的資產分類製度和計提製度,全面防範運行風險。在經營發展中,小貸公司應逐步完善內控管理製度,尤其是從長期發展、持續發展著眼,立好製度規章,把控好風險管理的底線。

（4）強化支農力度。轄區小貸公司要堅持「小額、分散」、服務「三農」的原則，找準經營定位，逐步加大對農牧區的信貸資金投入，培養穩定客戶，增強抗風險能力，夯實經營基礎。

參考文獻：

［1］虎玲華. 中國小額貸款公司可持續發展問題思考［J］. 財會月刊，2012（5）.
［2］黃曉梅. 小額貸款公司信用風險的控製和防範［J］. 企業經濟，2012（11）.
［3］王英，黃頌文. 推動小額貸款公司規範發展［J］. 中國金融，2012（18）.

新常態下西藏商業銀行經營轉型及創新研究
——以西藏分行為例

胡霞　李俊蓉

一、新常態對銀行業務的影響

2015年，經濟增速下行，利率市場化持續推進、金融脫媒化發展迅速和互聯網金融持續衝擊等因素持續發酵，作用相互交織，影響日益擴大，對商業銀行的業務經營產生了全面衝擊和深遠影響。

（一）負債業務增長受到的衝擊

受利率市場化加快及監管政策約束的影響，商業銀行的負債增速放緩。2001—2013年，商業銀行各項存款占資金來源的比重在13年間呈下降趨勢（從2001年的93.54%降低到2013年的88.86%）。自2013年以來，以餘額寶為代表的互聯網金融迅速發展，銀行類存款大量流向基金市場、股票市場、保險市場和民間借貸市場，呈現出明顯的「負債脫媒化」。以2015年上半年的情況看，中國金融機構人民幣存款增加11.09萬億元，同比減少3,756億元。從2009—2014年全國本外幣各項存款同比增速看，中國本外幣各項存款同比增速一直處於下滑態勢（見圖1）。

此外，2014年9月11日，央行聯合銀監、財政部推出的存款偏離度新規約束了銀行衝時點行為。2014年9月末，大多數商業銀行已開始考核存款偏離度。2014年9月末，主要金融機構存款偏離度僅為0.9%，而2013年同期則高達2.4%，說明「衝時點」行為明顯得到控制。與2014年第二季度相比，第三季度末商業銀行各項存款總量出現了淨減少，為多年來的首次，甚至部分商業銀行下滑幅度還相當大，這說明存款偏離度考核已經對銀行存款產生了較嚴厲的約束。

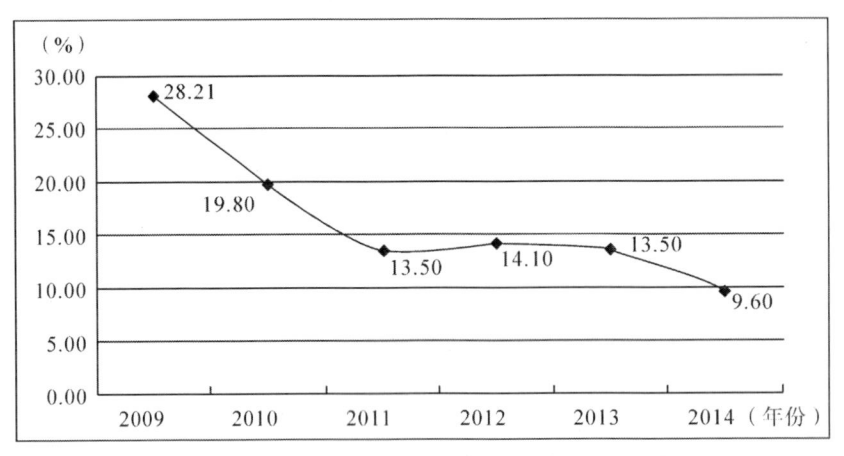

图1 2009—2014年全国本外币各项存款同比增速图

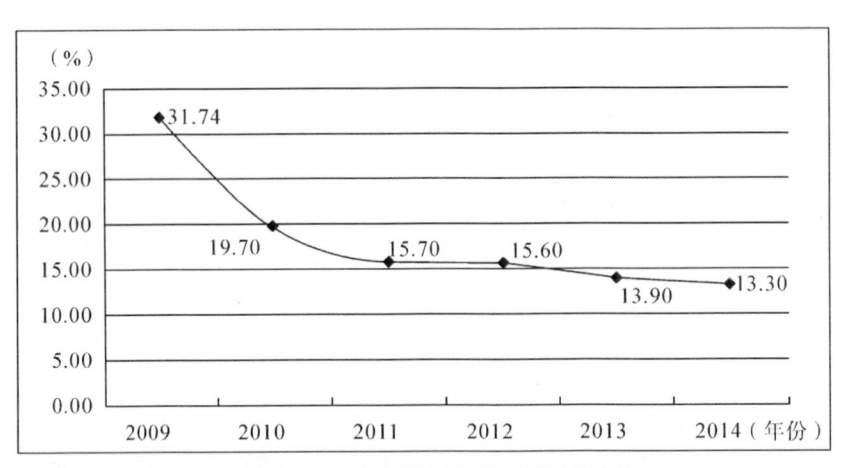

(二) 资产业务面临结构性调整

商业银行信贷规模受到央行管控，社会融资规模逐年缩小。根据央行数据，2015年全年社会融资规模为16.46万亿元，比上年减少8,598亿元。从2009—2014年全国各项本外币贷款同比增速情况来看，各项本外币贷款增长速度呈现明显下滑态势（见图2）。

图2 2009—2014年全国本外币各项贷款同比增速

在商业银行信贷规模受限的情况下，一方面，越来越多的优质客户倾向于选择直接融资方式获得资金，银行客户群体质量呈下滑态势；另一方面，为维持较高盈利水平，商业银行不得不提高风险偏好，将稀缺的信贷资源投向低信用、高风险行业，导致了银行风险防控压力增大。

(三) 信貸風險防控壓力只增不減

新常態下，經濟下行與結構調整等因素的共振效應，致使部分行業、企業的經營困難加劇；一些資源性行業占比高、產業結構相對單一的省份經濟增速放緩。這些問題反應到商業銀行經營領域，主要表現為不良貸款反彈壓力增大，並且在行業、地區和客戶分布上有逐步蔓延的勢頭。同時，境內外與表內外各類風險多點多發、相互傳染擴散的特徵也較明顯，對商業銀行加強全面風險管理形成新的考驗。從地區來看，各家商業銀行不良貸款繼續延續之前東部、長三角地區增加較多的態勢，並向中西部地區蔓延。

同時，隨著資金成本的上升，銀行為轉移成本壓力，加強資產負債錯配管理，主動選擇將信貸資源投向收益高、風險高的行業或企業，而偏好穩健、低風險的客戶將可能被放棄。這在一定程度上導致銀行資產質量繼續下降，信用風險不斷增加。優質客戶的流失和風險偏好的改變使得貸款業務變得愈加艱難，如何平衡好收益和風險的關係成為銀行信貸投放面臨的主要問題。2014年年底，全國商業銀行不良貸款餘額已達8,426億元，比年初增加了2,506億元；不良貸款率為1.25%，比年初上升0.25個百分點。2015年上半年，全國商業銀行不良貸款新增3,222億元，超去年全年增量；不良貸款率也升至1.82%的水平，較上年同期增長22個基點。從2009—2014年全國商業銀行不良貸款率看，從2012年開始，不良貸款率反彈趨勢明顯（見圖3）。

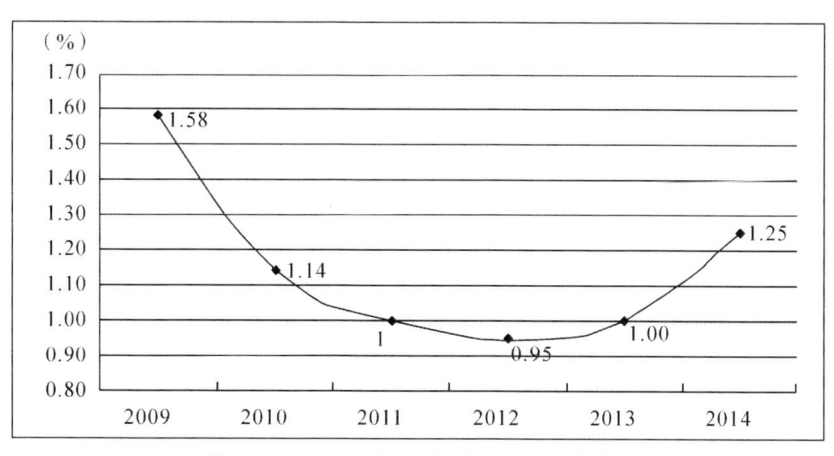

圖3 2009—2014年全國商業銀行不良貸款率

(四) 金融渠道多樣化

商業銀行傳統的支付結算方式主要有現金支付、銀行卡支付、票據支付以及轉帳匯兌等。這些傳統的支付方式都是通過現金、票據及銀行匯兌等物理實體的流轉和信息交換來完成的。近年來，互聯網公司紛紛進入金融業，資金的融通、支付等金融業

務越來越多地通過非銀行系統進行。社會直接融資比例逐步提高，渠道脫媒和融資脫媒的步伐逐步加快，商業銀行已經不是人們選擇金融服務的唯一媒體。而隨著市場准入門檻的降低，2013年年底，國內銀行業已有法人機構3,949家，民營銀行、地方性銀行、外資銀行等金融機構陸續湧現。隨著金融改制的深入、金融混業經營進程的推進，各類金融和非金融機構紛紛進軍銀行業務。商業銀行競爭對手和競爭格局已經發生了極大的變化，雖然還談不上生死存亡，但可謂是內外交困。

（五）盈利方式發生改變

根據銀監局的數據，2014年，商業銀行全年淨利潤增速較2013年下降4.8個百分點；平均資產利潤率為1.23%，同比下降0.04個百分點；平均資本利潤率為17.59%，同比下降1.58個百分點。從收入結構上看，2014年淨利息收入占總收入的78.53%，較上年下降0.51個百分點；非利息收入占比為21.47%，較上年上升0.51個百分點。數據顯示，利差收益仍然是當前國內商業銀行最重要的利潤來源，約占總利潤的70%以上。但隨著資金成本上升，利潤增速大幅放緩，銀行業高利差盈利模式已難以為繼。隨著利率市場化和監管趨嚴，商業銀行的中間業務增長勢頭減弱，發展壓力增大。一是來自監管層及銀行去槓桿政策的影響，二是在經濟下行、資產規模擴張放緩的情況下，靠資產驅動的增長模式已難以支撐中間業務繼續保持高速增長。

二、新常態下西藏銀行業將面臨極大的考驗

西藏自治區是地廣人稀、地理氣候條件複雜、民族及政治敏銳性極高的少數民族聚居區。全區面積120萬平方千米，平均海拔4,000米以上。西藏生態環境脆弱，市場發育遲緩，基礎設施建設落後，產業建設發展緩慢，特別是現代工業規模很小，自我發展能力弱，對中央政府的依賴性較大，總體上還是投資拉動型經濟。2014年年末，西藏自治區生產總值為920.85億元，為全國最低；人均地區生產總值為29,897.73元，低於全國平均水平。同時，西藏農牧民人口比重高，仍然是集中連片特殊困難區域。為扶持西藏經濟建設，中央政府一直給予西藏自治區特殊金融優惠政策，而特殊的金融優惠政策也使西藏利率市場遊離於全國利率市場之外。因此，在西藏特殊的經濟金融環境下，在藏商業銀行要深入金融改革，利率市場化發展需要面臨諸多約束和考驗。

（一）金融市場體系發育不完善

自1996年以來，中國利率市場化改革穩步推進，利率體系建設逐步深化，實現了「貸款利率管下限、存款利率管上限」的階段性目標。在此背景下，由於經濟發展的特殊性，西藏至今仍執行有管制的優惠貸款利率政策，遊離於全國利率市場化進程之外。中央特殊優惠利率政策規定在西藏發放的貸款執行比全國同期各檔次貸款基準低2個

百分點的利率水平，與國內其他省市貸款利率存在2%的利差。

隨著西藏金融改革的不斷深入，需要對利率市場化改革提出客觀要求。2012年以後，西藏地區開始嘗試利率市場化改革。2012年，西藏地區金融機構與全國同步將存款利率浮動區間的上限調整為基準利率的1.1倍。2013年7月，中國人民銀行拉薩中心支行取消貸款利率下限，執行下浮利率的貸款是無法享受中央的補貼政策的。由於西藏貸款利率本身已經低於國內貸款利率2%，因此貸款利率再向下浮動，會造成西藏商業銀行的惡性競爭。儘管中國人民銀行拉薩中心支行實行了存貸款利率浮動區間政策，但是商業銀行在西藏地區經營存貸款業務成本遠高於內地同業，且貸款利率低於國內其他省市貸款利率2個百分點，未經歷過真正的利率市場化改革過程。因此，西藏要真正達到利率市場化的目標仍需經歷一段艱辛的改革探索之路。

(二) 金融市場達不到充分競爭

西藏金融市場存在兩個弊端：一是業務同質化現象突出，二是市場競爭不充分。具體表現為：

(1) 在藏商業銀行業務經營範圍同質化現象突出，主要依賴存貸款業務，金融工具少，金融細分化、專業化程度不高，特別是能滿足小微企業需求、發展特色產業和綠色經濟的金融產品和服務不發達，難以滿足西藏實體經濟多樣化、多層次的需求。

(2) 在藏商業銀行機構數量較少。由於西藏金融體系先天不足，因此在藏商業銀行嚴重依賴中央政府補貼政策和地方政府扶持政策，難以形成充分的市場競爭。隨著市場准入的不斷放鬆，截至2014年年底，西藏商業銀行已達到10家，但是新入藏的商業銀行仍擺脫不了對政府的依賴。

(三) 單一的客戶結構制約發展

西藏銀行業業務模式簡單、客戶結構單一，主要依賴對公業務，零售業務發展不足，業務結構嚴重失衡。西藏銀行在業務上，以存貸款業務為主；在客戶結構上，以大中企業、政府機構、事業單位和部隊等大客戶為主；在收入結構上，以利息收入為主。特別是在藏四大國有商業銀行的對公類負債和資產業務分別佔總負債和總資產業務的80%以上。雖然西藏農業銀行網點多、分布廣，零售業務非常大，但產品單一、服務簡單。西藏銀行、民生銀行和中信銀行等商業銀行進入西藏市場後，選擇了零售業務作為發展重點，同樣存在產品和服務同質化明顯的問題。儘管近年來部分銀行有所重視，但西藏零售銀行業務總體上發展水平仍然較低、發展速度緩慢。過分依賴對公業務，零售業務先天不足已經成為制約西藏商業銀行發展的瓶頸。

(四) 收窄的存貸利差對成本影響大

在藏商業銀行經營模式簡單，存貸款業務分別佔負債資產業務的90%以上。在藏商業銀行主要依靠大量吸收低成本存款、發放貸款，以存貸款利差為主要利潤點。因此，在藏商業銀行對存貸利差收窄敏感度較高。存貸利差進一步收窄，將對在藏商業

銀行形成較大的財務壓力。以農行西藏分行為例，2014年，農行縣及縣以下「三農」機構保本點為12%，縣及縣以下三農機構資產利潤率僅為0.41%，低於全行綜合水平0.8個百分點。2013年7月，人民銀行拉薩中心支行取消貸款利率下限，允許貸款利率向下浮動，即西藏貸款利率可以向下浮動，但不能向上浮動；同時規定實施利率向下浮動的貸款將無法享受中央財政利差補貼。如利率市場化改革啟動，議價能力較強的優質客戶要求貸款利率向下浮動，當存貸利差收窄到商業銀行覺得無利可圖甚至虧本經營時，會產生退出機制，將不利於西藏金融市場健康發展。

（五）資產負債錯配風險的影響大

西藏經濟發展大部分依靠中央政府巨額的財政撥款和全國援助，尚未形成強有力的「造血」機制。強化西藏「造血」機制，就需要大力扶持本地中小微企業和特色產業，使其成為支持西藏經濟發展的主要力量。目前，在利率市場化改革過程中，內地商業銀行為獲取合理的存貸利差，會優化風險資產的配置。各商業銀行根據市場供給、結構期限、風險狀況等因素確定客戶貸款利率。資產負債錯配風險有：①商業銀行貸款投放偏向高收益、低風險的大項目貸款，將減少對地方中小企業貸款投放。②商業銀行追求高存貸利差，貸款投放偏向高收益、高風險行業，將導致大量不良貸款產生。如「一刀切」地實行利率市場化，讓價格決定利率，資產負債錯配風險將給西藏經濟發展帶來極大的風險。與大型國有企業相比，西藏本地中小微企業屬於「弱勢群體」，議價能力低，將導致中小微企業很難得到金融支持，不利於西藏經濟發展。

三、西藏商業銀行的產品創新方向

當前中國經濟正經歷經濟結構調整和經濟發展方式的轉變。在新常態的衝擊下，全國各地經濟發展速度放緩，而2014年，西藏經濟一枝獨秀，西藏地區生產總值保持著12%的增長速度。隨著西藏經濟的快速發展，實體經濟對金融服務的需求趨於多元化、個性化和綜合化。而在內外環境發生顯著變化和日趨激烈的競爭下，加快經營轉型、積極推進產品創新成為在藏商業銀行改革發展的必然要求。

（一）強化負債主動管理，積極創新產品穩定存款來源

當前，基於社會資金的多樣化需求，商業銀行必須立足客戶需要，找準客戶的差異性和類似性，創新產品，主動調整經營策略，實現負債業務「反脫媒」發展。具體來講，一是要大力發展理財產品。理財產品是銀行維護高端客戶、吸引存款回流銀行體系的主要工具。二是要創新利率優惠型產品。通過將期限、利率、給付標準、起存金額等進行合理組合，增加產品要素，向客戶提供最具優惠的存款利率政策，滿足客戶逐利性需要。三是要創新帳戶增值型產品。將存款產品直接與直接融資工具的收益

掛鉤，既保障了帳戶的對外支付功能，也確保了帳戶的預期收益高過普通存款帳戶。四是要平衡存款量價關係。要區分不同地域、不同群體客戶、不同期限、不同業務量，對市場變化保持高度敏感，緊盯同業，考慮機會成本和收益并實行差異化定價。

（二）大力發展資產業務，提高資產盈利水平

一是要大力發展優質中小微企業客戶。相比大型客戶，中小微企業客戶具有利差收益更高、資本占用小、經營機制靈活、對貸款需求旺盛的優點，特別是小企業簡式貸和小微企業貸款，具有明顯的可投放價值。二是要大力發展零售業務。零售業務是商業銀行重要支柱業務之一，具有資本占用少、風險低、收益高等特徵，是商業銀行戰略轉型的重中之重。三是要採取靈活定價方式。對於大型優質客戶，商業銀行應主動順應金融形勢變化，增強定價的靈活性和前瞻性，提高客戶長遠價值在定價中的評價權重，將客戶歷史價值創造和未來價值創造納入綜合定價考量範圍。四是要大力發展同業合作型業務。通過金融同業間的合作，實現銀行間的優勢互補和資源共享，這代表了銀行業務的未來發展趨勢。

（三）以客戶體驗為中心，加大電子渠道、互聯網金融等渠道創新力度

隨著金融技術和網路技術的進步，互聯網金融孕育而生，唯技術和成本的經營思路將徹底改變。以客戶體驗為中心，提供貼近客戶需求的多渠道服務成為商業銀行創新和轉型發展的主要方向。具體來講，一是要加快互聯網金融平臺建設。加強與電信營運商、第三方支付機構以及金融同業的合作，深化與戰略夥伴的深度合作與業務聯盟關係，聚合信息服務提供商、支付服務提供商、電子商務企業等多方資源，打造線上線下一體化金融服務平臺，滿足客戶多樣化金融需求。二是要加快個性化金融服務創新。加快完善微信銀行、手機銀行特色功能服務，加快支付結算類產品的個性化創新與功能升級，推進智能銀行建設。

（四）加快中間業務產品創新步伐，逐步形成自身獨特優勢和品牌效應

利率市場化後，存貸利差將縮窄，中間業務的重要性將凸顯。為此，加快中間業務發展、促進經營戰略轉型，成為當前商業銀行的重要戰略任務。中間業務產品的創新思路，一是「規範」與「發展」并重。抓好服務價格執行，不能違規收費，要推動中間業務走上「量質兼備」的健康發展之路。二是走差異化、特色化的發展之路。基於西藏區域經濟發展現狀和客戶特色化金融需求，要進行科學的市場細分和定位，實現中間業務的突破性發展。三是傳統與新興業務齊頭并進，積極培育新的增長點。

參考文獻：

[1] 王力，黃育華. 中國金融中心發展報告（2013—2014）——中國金融中心城

市金融競爭力評價［M］.北京：社會科學文獻出版社,2014.

［2］李揚,王國剛.中國金融發展報告（2015）［M］.北京：社會科學文獻出版社,2014.

［3］程爍,王國剛.中國金融發展與改革（2015）［M］.北京：社會科學文獻出版社,2015.

［4］王樹同.資本市場結構調整與商業銀行經營轉型［J］.金融理論與實踐,2006（3）.

［5］李仁杰.資本監管約束下的銀行經營轉型［J］.銀行家,2005（8）.

［6］葛兆強.管理能力、戰略轉型與商業銀行成長［J］.金融論壇,2005（5）.

［7］朱紅.中國銀行業資本監管親週期效應研究［J］.財會月刊,2011（18）.

［8］郭文偉,陳妍玲.雙重資本約束下中國商業銀行的盈利能力分析［J］.金融與經濟,2011（5）.

［9］閆培雄.論資本約束下商業銀行如何實施戰略轉型［J］.內蒙古財經學院學報：綜合版,2011（1）.

［10］齊豔明,李强,馬春梅,蘇里,王飛.資本約束下國內商業銀行經營行為研究［J］.華北金融,2011（1）.

［11］韓龍,包勇恩.巴塞爾Ⅲ對規制資本規則的修訂與影響［J］.江西社會科學,2011（1）.

［12］解光明.商業銀行資本約束困境及改進路徑分析［J］.特區經濟,2011（1）.

［13］許友傳.資本約束下的銀行資本調整與風險行為［J］.經濟評論,2011（1）.

［14］陳小憲.資本約束下的銀行戰略轉型［J］.今日財富（金融發展與監管）,2011（1）.

［15］吳俊,張宗益,鄧宏輝.商業銀行資本、風險與效率的關係：中國經濟轉型期的經驗研究［J］.財經論叢,2011（1）.

［16］範沁荔,李雙健.資本約束背景下商業銀行經營管理方式的轉變［J］.經濟研究導刊,2011（1）.

企業盈餘質量與資本成本關係的實證分析
——來自中國資本市場的經驗數據

李建紅

一、引言

　　盈餘是企業在一定時期內形成的經營成果，無論是對投資者、管理層還是監管方而言，都是一項極其重要的指標，具有非常高的信息含量。會計信息使用者在進行相關決策時，往往都將盈餘作為最基本的信息資源加以判斷。在資本市場的准入標準上，公司的盈餘也是最基本的準繩，而近年來上市公司操縱利潤的行為頻頻發生，單從數字層面上去分析一個公司的盈餘，對其利益相關者而言是遠遠不夠的。隨著中國證券市場的不斷發展和完善，盈餘質量這一概念逐漸得到認識，相關的理論研究也越來越趨向成熟。大量的研究成果使企業盈餘質量越來越多地為人們所認識和熟悉，同時也為實際的經濟生活提供了非常有益的參考。

　　資本成本是公司財務理財中的核心概念之一，同時也是資本市場中各方進行決策的基礎。公司要想達到財富最大化，必須使其成本最小化，所以公司管理者需要準確估算資本成本以進行籌資和投資抉擇。資本市場上的投資者則需要用資本成本對企業進行價值評估。同樣，資本成本對監管方而言，也具有重大意義，因為市場監管的過程需要瞭解資本市場上各種資本的使用狀況。

　　公平、公開、公正是一個成熟的資本市場的三個基本特徵。投資者在信息獲取上，特別是可靠真實的信息獲取上處於弱勢地位，造成資本市場上信息嚴重不對稱現象。在中國，許多上市公司為了滿足政策要求，盈餘管理現象非常嚴重。盈餘信息披露的真實性、可靠性及完整性等方面的問題不容樂觀。在這種情況下，企業盈餘質量是否

會對企業資本成本產生一定程度的影響？從國外現有的研究成果來看，幾乎完全一致的結論表明，高質量的盈餘能降低企業資本成本。美國 FASB 委員 Foster 曾說過：「我們的投資者信任美國市場，因為我們高質量的財務報告吸引了投資方，這也使得我們的市場成為全球範圍內最好的市場，同時也是資本成本最低的市場。」[①] 而隨著中國證券市場的不斷規範，企業盈餘質量的提高是否有助於降低企業資本成本，又在多大程度上降低了資本成本？企業是否應該改善其收益質量，以降低公司的資本成本？一方面，這些問題的研究，能夠喚起企業減少盈餘管理行為、自覺提高盈餘質量的意識，提高證券市場信息的可靠度和透明度；另一方面，企業資本成本的降低，對於提高企業價值、保護投資者利益以及維護市場的公正與公平、優化資本市場資源配置，也具有非常大的現實意義。

　　基於此，本文擬從盈餘質量的屬性界定出發，通過對盈餘質量不同屬性的度量分別驗證各不同盈餘質量屬性對公司綜合資本成本、權益資本成本及其債務的資本成本的影響，并在此基礎上分析研究盈餘的不同質量屬性對資本市場的影響是否有程度上的差異，企業的利益相關者更偏向於關注盈餘的哪些質量屬性，以及盈餘質量對債務資本成本的影響更大，還是對權益資本成本的影響更大。

二、理論分析

（一）盈餘質量

1. 盈餘質量的定義

　　國際標準化組織制定的 ISO8402-1994《質量術語》標準中，對質量作了如下的定義：「質量是反應實體滿足明確或隱含需要能力的特徵和特性的總和。」從定義可以看出，質量就其本質來說是一種客觀事物具有某種能力的屬性。由於客觀事物具備了某種能力，才可能滿足人們的需要。

　　與普通產品的質量相似，盈餘信息同樣存在著是否讓使用者滿意的問題。如果企業披露的盈餘信息越具有可靠性和相關性，越能夠滿足投資者的信息需要以做出科學正確的投資決策，盈餘的質量水平也越高。從 20 世紀 80 年代以來，盈餘質量就是國內外會計學術研究的重點問題之一。但即便如此，迄今為止，學術界和實務界仍未能對「盈餘質量」形成一個統一的定義。就目前國內的研究成果來說，對盈餘質量這一概念的界定主要是從規範角度和實證分析兩個方面來進行的。

---

① N. FOSTER. The FASB and the capital markets [EB/OL]. [2003-06-03]. http://www.asc.em.tsinghua.edu.cn.Aca_News_Detail.aspNewsID=131.htm.

出於不同研究目的和研究範式的考量，本文分別從規範研究的角度和實證分析的角度給出盈餘質量的定義。從規範研究角度來講，筆者認為，與普通產品的質量相似，盈餘質量是指企業披露的盈餘信息能滿足市場上信息使用者需要的能力。企業所提供的盈餘信息的投資者決策相關性越高，企業盈餘質量越高。從實證分析的角度來看，筆者認為企業盈餘質量應該囊括多重屬性，包括盈餘的形成過程是否客觀公正，能否真實地反應企業的實際能力（可靠性），盈餘是否伴隨相應的現金流入（現金保障性），盈餘是否持續穩定（穩定性），獲得盈餘相應的風險水平（安全性）等。下文將會對這四個質量屬性逐一進行分析并給出相應的度量方法。

2. 盈餘質量屬性的特徵及度量

（1）盈餘的可靠性。

可靠性是指會計信息使用者對企業所提供的會計信息充分信任，并且使用者可以依靠它做出正確決策。本文認為，盈餘的可靠性是指在信息層面上，企業所提供的收益數據能夠被會計報表使用者放心使用和直接使用的程度。從盈餘的可靠性角度來說，高質量的盈餘意味著財務報表中的盈餘數據是對企業過去、現在的經營成果以及未來的經濟前景的真實描述，投資者可以信任并可以依靠它做出決策。

首先，根據以下模型估計參數：

$$\frac{TA_t}{A_{t-1}} = a_0 \left(\frac{1}{A_{t-1}}\right) + a_1 \left(\frac{\Delta REV_t - \Delta REC_t}{A_{t-1}}\right) + a_2 \left(\frac{PPE_t}{A_{t-1}}\right) + a_3 \left(\frac{IA_t}{A_{t-1}}\right) + \varepsilon \quad (\text{公式 } 1)$$

其中：TA_t 表示第 t 期的總應計利潤；A_{t-1} 表示第 $t-1$ 期期末總資產；ΔREV_t 表示第 t 年與第 $t-1$ 年的主營業務收入之差；ΔREC_t 表示第 t 年與第 $t-1$ 年的應收帳款之差；PPE_t 表示第 t 年的固定資產原值；IA_t 表示第 t 年的無形資產和其他長期資產。

然後，將樣本公司數據代入公式（2），據以計算出非可控性應計利潤：

$$\frac{NDA_t}{A_{t-1}} = a_0 \left(\frac{1}{A_{t-1}}\right) + a_1 \left(\frac{\Delta REV_t - \Delta REC_t}{A_{t-1}}\right) + a_2 \left(\frac{PPE_t}{A_{t-1}}\right) + a_3 \left(\frac{IA_t}{A_{t-1}}\right) \quad (\text{公式 } 2)$$

最後，利用公式（3），計算出可控性應計利潤。該指標表示了公司盈餘的無偏程度。該指標越大，說明盈餘管理程度越嚴重；反之，則盈餘可靠程度越高。

$$\frac{DA_t}{A_{t-1}} = \frac{TA_t}{A_{t-1}} - \frac{NDA_t}{A_{t-1}} \quad (\text{公式 } 3)$$

（2）盈餘的現金保障性。

盈餘質量的另一種關鍵測度是會計盈餘與經營現金淨流量的匹配程度，即盈餘的現金保障性。在經驗研究中，Dechow 和 Dichev 用應計與現金流之間的聯繫來定義盈餘質量。DD 模型是測量盈餘質量的經典模型。本文也擬採用 DD 模型來測量盈餘的現金保障性。Dechow 和 Dichev 採用時間序列數據測量淨收益與經營現金流量的匹配程度，但由於中國證券市場存在時間還比較短，會計標準也幾經變化，因此，圍繞著中國證

券市場所進行的實證研究一般都採取橫截面迴歸模型，以橫截面迴歸模型得到的殘差絕對數作為盈餘質量的測度。同時，為了消除公司規模可能引起的異方差，應採用期初總資產對模型進行平整。

修正的 DD 模型如下：

$$\frac{Accruals_{i,t}}{TA_{i,t}} = b_0 + b_1 \frac{CFO_{i,t-1}}{TA_{i,t}} + b_2 \frac{CFO_{i,t}}{TA_{i,t}} + b_3 \frac{CFO_{i,t+1}}{TA_{i,t}} + \varepsilon_{i,t} \quad \text{（公式 4）}$$

其中：$Accruals_{i,t}$ 為 t 期公司 i 的應計利潤，CFO 表示經營現金流量，$TA_{i,t}$ 為公司 i 在 t 年度的期初總資產，ε 為誤差項。

在得到模型系數估計值之後，根據公式（5）計算盈餘現金保障性的測度值 $|\varepsilon|$。$|\varepsilon|$ 越大，表明盈餘質量越低：

$$|\varepsilon| = \left| \frac{Accruals_i}{TA_i} - b'_0 - b'_1 \cdot \frac{CFO_{i,t}}{TA_i} - b'_2 \cdot \frac{CFO_{i,t}}{TA_i} - b'_3 \cdot \frac{CFO_{i,t+1}}{TA_i} \right| \quad \text{（公式 5）}$$

（3）盈餘的穩定性。

在關於盈餘質量的屬性研究中，盈餘穩定性也是盈餘質量的一個極為重要的方面，即從盈餘的長期風險角度來度量盈餘質量。收益波動性越大，意味著企業所處環境的穩定性越差，因此盈餘數據對企業未來盈利能力的解釋力就越弱，盈餘質量越低。本文擬採用公司每股收益的波動性來反應企業的穩定性。該指標越大，盈餘穩定性越差。

收益波動性的計算公式為：

$$Flu\_EPS = \sqrt{\left[EPS_t - (\sum_{t=1}^{3} EPS_t/3) \right]^2 + \left[EPS_{t-1} - (\sum_{t=1}^{3} EPS_t)/3 \right]^2 + \left[EPS_{t-2} - (\sum_{t=1}^{3} EPS_{t-2})/3 \right]^2}$$

（公式 6）

（4）盈餘的安全性。

盈餘的安全性的實質是對企業面臨的風險水平的評估。收益與風險對稱是經濟生活中的普遍規律。企業在高風險狀態下運行而獲取中等甚至低水平的盈餘顯然不是投資者所願意看到的。當企業所面臨的系統風險因素，如宏觀經濟狀況變化、通貨膨脹、財政貨幣政策變化等發生時，不同的企業受到的影響程度是不一樣的，即不同的企業所面臨的系統風險水平存在差異。企業面臨不同的風險水平，在某種程度上決定了企業的未來收益水平。β 系數是用於綜合衡量企業所面臨的系統風險水平大小的一個公認指標。β 系數越大，表明企業所面臨的系統風險水平越高，當外部環境發生重大變化時，其收益的不確定性也越強。本文擬採用 β 系數來度量盈餘的安全性。

（二）資本成本

資本成本是公司財務理財中的核心概念之一，同時也是資本市場上各方進行各種決策的基礎。公司要想達到財富最大化，必須使其成本最小化，所以公司管理者需要準確估算資本成本以進行籌資和投資抉擇。資本市場上的投資者則需要用資本成本對

企業進行價值評估。從投資者的角度來講，資本成本是投資者要求的最低報酬率，是市場上的投資者對所投資項目的定價。投資風險越大，投資所要求的報酬率也越高。理性的投資者投資某個項目或某個企業時，會對所投資的項目或企業的報酬與所面臨的風險認真地進行研究和分析，根據科學的分析結果提出自己的報酬率要求。投資者的這種報酬率要求對於企業而言，就是企業的資本成本。從企業的角度來看，資本成本可以理解為企業為取得資本使用權所付出的代價。如在債權籌資過程中會發生利息、手續費、折溢價等相關費用，而在股權籌資過程中則會發生股利、發行費用等費用。

1. 債務資本成本

從學術的觀點而言，企業資本僅指長期資本。因此，我們在確定企業的債務資本成本時，需要區分長期負債和短期負債。其中，短期負債為資產負債表中的短期借款，長期負債包括長期借款、應付債券、長期應付款、其他長期負債等項目。本文擬採用財務費用下的利息支出剔除短期借款的利息後的餘額與長期負債合計之比來衡量債務資本成本，考慮所得稅後計算公式如下：

$$K_D = \frac{Interest}{DBET}(1 - Tax) \tag{公式7}$$

其中：K_D 表示債務資本成本，$Interest$ 表示長期負債利息，由財務費用下的利息支出剔除短期借款的利息後得出，$DBET$ 表示長期負債合計，Tax 表示實際稅率。

2. 權益資本成本

本文擬採用股利增長模型來估計企業的權益資本成本。計算公式如下：

$$K_S = \frac{D_1}{P_0} + g \tag{公式8}$$

其中：K_S 表示權益資本成本，D_1 表示預期年股利額，P_0 表示普通股當前市價，g 表示普通股利年增長率，這裡採用企業的可持續增長率來確定股利的增長率。

3. 綜合資本成本的測量

對於企業綜合資本成本的測量，本文擬採用兩種方法，一種是事後收益法，另一種是加權平均法。

方法一：用預期稅後收益與總資產之比來度量企業的綜合資本成本。

$$K_{total} = \frac{E(R_i)}{V_{m,i}} \tag{公式9}$$

總資產市值 V 是可測量的，淨收益指標是應用 Masuli 所選的調整方法對淨收益進行測算得到的：

$$E(R_i) = R'_{i,t} = \frac{1}{2}(R_{i,t-1} * \frac{V_{b,t}}{V_{b,t-1}} + R_{i,t}) \tag{公式10}$$

其中，$R'_{i,t}$ 表示公司 i 修正後的第 t 年的實際淨收益，$R_{i,t-1}$ 表示公司 i 第 $t-1$ 年的實

際淨收益，$R_{i,t}$ 表示公司 i 第 t 年的實際淨收益，$V_{b,t}$ 為該公司第 t 年的資產帳面價值，$V_{b,t-1}$ 為該公司第 $t-1$ 年的資產帳面價值。資產帳面價值取自年度財務報表。

方法二：採用帳面價值加權平均法計算企業綜合資本成本。

$$K_{total} = w_D K_D + w_s K_S \qquad\qquad (公式 11)$$

其中：K_{total} 表示企業綜合資本成本，w_D 表示債務資本占總資本成本的比重，K_D 為債務資本成本，w_s 表示權益資本成本占總資本成本的比重，K_S 為權益資本成本。

三、模型的構建及應用

（一）數據來源與樣本選擇

由於本文的研究立足點是在新的會計準則環境下，研究中國不斷發展的資本市場機制是否對資源的配置起到了更有效的作用，同時由於變量的測量要用到下一年數據，因此選取樣本的年度區間為 2007 年和 2008 年。為了消除行業影響，樣本公司鎖定在製造業。具體來說，研究的樣本對象為滬深兩市 A 股製造業除 ST 的上市公司。本文擬從 CSMAR 數據系統獲取所需數據。

（二）研究假設

研究假設分別針對盈餘質量對企業債務資本成本、權益資本成本、綜合資本成本的影響作用提出，具體如下：

（1）盈餘總體質量較低的上市公司，其邊際債務融資成本較高。具體到盈餘質量的四個屬性：盈餘可靠性質量越低，企業債務資本成本越高；盈餘現金保障性質量越低，企業債務資本成本越高；盈餘性穩定性質量越低，企業債務資本成本越高；盈餘性安全性質量越低，企業債務資本成本越高。

（2）盈餘總體質量較低的上市公司，其邊際權益融資成本較高。具體到盈餘質量的四個屬性：盈餘可靠性質量越低，企業權益資本成本越高；盈餘現金保障性質量越低，企業權益資本成本越高；盈餘性穩定性質量越低，企業權益資本成本越高；盈餘性安全性質量越低，企業權益資本成本越高。

（3）盈餘總體質量較低的上市公司，其邊際綜合融資成本較高。具體到盈餘質量的四個屬性：盈餘可靠性質量越低，企業綜合資本成本越高；盈餘現金保障性質量越低，企業綜合資本成本越高；盈餘性穩定性質量越低，企業綜合資本成本越高；盈餘性安全性質量越低，企業綜合資本成本越高。

（三）迴歸模型的構建

針對以上三個假設，分別建立以下迴歸模型：

模型 1 檢驗盈餘質量與企業債務資本成本的關係：

$$K_{d(i,\,t)} = a_0 + a_1 Attribute^j_{i,\,t} + a_2 Lev_{i,\,t} + a_3 DTL_{i,\,t} + a_4 Size_{i,\,t} + a_5 Controller_{i,\,t} + \varepsilon_{i,\,t}$$

模型2 檢驗盈餘質量與企業權益資本成本的關係：

$$K_{e(i,\,t)} = a_0 + a_1 Attribute^j_{i,\,t} + a_2 Lev_{i,\,t} + a_3 DTL_{i,\,t} + a_4 Size_{i,\,t} + a_5 Controller_{i,\,t} + \varepsilon_{i,\,t}$$

模型3 檢驗盈餘質量與企業綜合資本成本的關係：

$$K_{total} = a_0 + a_1 Attribute^j_{i,\,t} + a_2 Lev_{i,\,t} + a_3 DTL_{i,\,t} + a_4 Size_{i,\,t} + a_5 Controller_{i,\,t} + \varepsilon_{i,\,t}$$

其中：$K_{d(i,\,t)}$ 為第 i 個公司第 t 年的債務資本成本，由上述公式（7）得到；$K_{e(i,\,t)}$ 為第 i 個公司第 t 年的權益資本成本，由上述公式（8）得到；K_{total} 為第 i 個公司第 t 年的綜合資本成本，分別用兩種方法計算，由上述公式（9）和公式（11）得到；$Attribute$ 表示盈餘質量，j 分別取值1、2、3、4，分別表示盈餘的可靠性指標、盈餘的現金保障性指標、盈餘的穩定性指標、盈餘的安全性指標，盈餘的可靠性指標由公式（3）計算得出，盈餘的現金保障性指標由公式（5）得到，盈餘的安全性指標由公式（6）得到，企業的安全性指標 β 系數從 CSMAR 數據庫中獲取，其他的控制變量主要考慮到其他一些可能會影響企業的資本成本的因素，主要有資產負債率、綜合槓桿、企業規模、最終控制人是否國有等。

具體分析如下：

（1）資產負債率。資產負債率能簡要綜合地說明一個企業的財務狀況，是投資者瞭解企業最基本的一個比率，因此，對企業資本成本應有所影響。

（2）綜合槓桿。綜合槓桿系數綜合反應了企業的經營風險和財務風險。企業面臨的風險越高，投資者所要求的報酬率也越高，因此理論上企業的資本成本也將越高。

（3）企業規模。理論分析認為，企業規模越大，其抵抗公司各種風險的能力越強，股東和債權人所承受的投資風險也越小，因此，企業的資本成本也將越低。

（4）股權結構。主要考慮中國上市公司特殊的股權結構也可能對公司的總資本成本產生一定的影響。

如表1所示：

表1　　　　　　　　　　　　控制變量一覽表

變量名稱	變量符號	變量含義
資產負債率	Lev	Lev＝總負債/總資產
綜合槓桿	DTL	DTL＝每股收益變化/營業收入變化
企業規模	$Size$	以總資產的自然對數度量
股權結構	$Controller$	國有股為第一大股東取值為1，否則取值為0

四、研究結果與分析

(一) 描述性統計

由於債務資本成本、權益資本成本及綜合資本成本的替代變量所取數據各不相同，因此剔除了數據不全的公司後三個模型的樣本量也有差距。本文就三個模型分別選取了不同的樣本量，其中模型 1（債務資本成本與盈餘質量迴歸模型）的樣本量共計 472 個觀測值，模型 2（權益資本成本與盈餘質量迴歸模型）的樣本量共計 518 個觀測值，模型 3（綜合資本成本與盈餘質量迴歸模型）根據兩種方法計算，樣本量分別為 1,081 個觀測值和 208 個觀測值。

在樣本公司債務資本成本的測量中，由於許多上市公司未直接披露財務費用下的利息支出，因此剔除了數據不全的公司後，所剩樣本量僅有 472 家。據表 2 可知，2007 年與 2008 年所選樣本公司的平均債務資本成本約為 11.56%，中位數為 7.8%，最大值為 54.178%，而最小值為 0.837%，分布差異較大，β 系數平均為 1.04，說明樣本公司的系統風險比市場風險略高。

在樣本公司權益資本成本的觀察測量中，剔除了數據不全的公司後，所剩樣本量為 518 家。如表 3 所示，2007 年、2008 年所選樣本公司的平均權益資本成本約為 12.33%，中位數為 9.23%，略高於債務資本成本的平均值和中位值，其最大值為 128.90%，而最小值為 0.161,8%，分布差異較大，樣本公司的 β 系數平均為 1.01，說明樣本公司的系統風險比市場風險略高。資產負債率平均為 0.46，最大值為 0.87，最小值為 0.03。綜合槓桿系數平均為 3.85，最大為 84.48，最小為 -7.78，同樣分布差異較大。從資產規模的比較上來看，樣本間的區分度也較高。

表 2　　　　債務資本成本與盈餘質量迴歸模型各變量描述性統計

	K_D	$Attribute^1$	$Attribute^2$	$Attribute^3$	$Attribute^4$
Mean	0.115,614	0.111,63	0.047,11	0.190,881	1.045,799
Median	0.078,488	0.083,005	0.030,63	0.138,50	1.062,915
Maximum	0.561,78	0.920,81	0.589,36	2.557,425	1.780,240
Minimum	0.000,837	0.000,049	0.000,10	0.004,00	-0.554,870
Std. Dev.	0.103,285	0.108,483	0.060,026	0.215,724	0.169,485
Skewness	1.639,316	2.380,88	4.711,82	4.597,696	-2.359,28
Kurtosis	4.572,035	12.391,87	34.981,98	40.242,7	20.721,31

表2(續)

	K_D	$Attribute^1$	$Attribute^2$	$Attribute^3$	$Attribute^4$
Jarque-Bera	341.507,6	2,180.669	23,140.11	28,940.95	6,614.092
Probability	0	0	0	0	0
Observations	472	472	472	472	472
	Lev	*DTL*	*Size*	*Controller*	
Mean	0.545,407	4.266,652	22.048,86	0.629,237	
Median	0.549,503	2.935,529	21.945,37	1	
Maximum	0.956,896	244.057,7	24.021,69	1	
Minimum	0.109,864	-33.417,7	19.217,5	0	
Std. Dev.	0.150,047	14.351,16	1.083,694	0.483,522	
Skewness	-0.180,434	11.235,89	0.621,34	-0.535,13	
Kurtosis	2.696,266	174.898,4	3.644,528	1.286,368	
Jarque-Bera	4.375,454	591,062.8	38.540,22	80.279,47	
Probability	0.112,171	0	0	0	
Observations	472	472	472	472	

表3　　權益資本成本與盈餘質量迴歸模型各變量描述性統計

	K_s	$Attribute^1$	$Attribute^2$	$Attribute^3$	$Attribute^4$
Mean	0.123,317	0.119,982	0.042,36	0.138,703	1.014,828
Median	0.092,273	0.081,535	0.026,265	0.068,835	1.037,335
Maximum	1.288,992	0.937,51	0.575,24	2.337,296	1.367,99
Minimum	0.001,618	0.000,076	0.000,097	0.000,961	-0.554,87
Std. Dev.	0.129,964	0.129,79	0.054,923	0.229,398	0.182,186
Skewness	3.963,987	2.822,861	4.315,697	4.827,631	-1.993,18
Kurtosis	27.239,98	14.535,85	31.694,32	47.539,68	13.769,4
Jarque-Bera	14,038.43	3,560.17	19,378.92	45,748.65	2,844.216
Probability	0	0	0	0	0

表3(續)

	K_s	$Attribute^1$	$Attribute^2$	$Attribute^3$	$Attribute^4$
Observations	518	518	518	518	518
	Lev	DTL	Size	Controller	
Mean	0.468,676	3.846,937	21.953,66	0.577,22	
Median	0.485,252	2.477,705	21.816,12	1	
Maximum	0.878,926	84.481,01	24.021,69	1	
Minimum	0.032,853	-7.781,68	19.695,08	0	
Std. Dev.	0.162,142	4.407,258	1.097,728	0.494,479	
Skewness	-0.261,58	8.685,992	0.696,745	-0.312,63	
Kurtosis	2.511,715	94.091,74	3.572,109	1.097,738	
Jarque-Bera	11.053,22	193,554.3	48.975,23	84.539,51	
Probability	0.003,979	0	0	0	
Observations	518	518	518	518	

　　表4列示了按照預期稅後收益與總資產之比來度量綜合資本成本所得相關數據的觀測值的描述性統計結果。樣本量共計1,081家上市公司，如表4所示，樣本公司總資本成本的均值為3.23%，中位數為2.66%，最大值為50.06%，樣本分布差異較大。同樣，樣本公司的盈餘質量可靠性指標、現金保障性指標、穩定性指標和安全性指標分布差異也非常明顯。這說明，中國上市公司的盈餘質量水平是參差不齊的。對於控製變量，資產負債率平均為0.48，整體負債率都較高，其中最大為0.96，最小為0.018。這也說明中國上市公司的財務狀況差異明顯，樣本公司在資產規模上也存在顯著差異。由於用預期稅後收益與總資產之比來計算總資本成本並不是對總資本成本的最準確估計，因此本文補充採用了加權平均資本成本法計算總資本成本。但因為所需匹配數據較多，且許多上市公司披露並不完善完整，所以剔除了數據不全的公司後，僅剩樣本量計208家。如表5所示，樣本公司總資本成本的均值為11.31%，中位數為9.37%，最大值為63.10%，最小值為0.5%，整體要高於用預期稅後收益與總資產之比計算出來的總資本成本。

表4　總資本成本（事後收益法計算）與盈餘質量迴歸模型各變量描述性統計

	K_{total}	$Attribute^1$	$Attribute^2$	$Attribute^3$	$Attribute^4$
Mean	0.032,261	0.121,129	0.046,991	0.159,535	1.024,607
Median	0.026,634	0.082,1	0.029,86	0.101,5	1.059,78
Maximum	0.500,555	2.820,25	2.664,58	2.557,425	1.627,14
Minimum	0.000,044	0.000,049	0.000,097	0.002	−2.275,13
Std. Dev.	0.028,339	0.157,416	0.097,187	0.210,765	0.216,672
Skewness	4.195,837	7.236,938	18.954,34	4.639,687	−4.684,14
Kurtosis	72.878,73	99.010,99	491.591,8	34.305,86	72.171,8
Jarque−Bera	224,804.1	424,635	10,817,162	50,884.96	221,333.6
Probability	0	0	0	0	0
Observations	1,081	1,081	1,081	1,081	1,081

	Lev	DTL	Size	Controller	
Mean	0.480,846	4.586,332	21.660,17	0.596,67	
Median	0.498,392	2.952,026	21.566,26	1	
Maximum	0.956,896	417.739,7	24.021,69	1	
Minimum	0.018,299	−114.039	18.826,64	0	
Std. Dev.	0.166,054	18.325,7	1.063,059	0.490,793	
Skewness	−0.267,91	13.793,64	0.695,817	−0.394,12	
Kurtosis	2.546,402	278.748,9	3.920,292	1.155,327	
Jarque−Bera	22.198,63	3,459,132	124.377,4	181.253,4	
Probability	0.000,015	0	0	0	
Observations	1,081	1,081	1,081	1,081	

表 5　總資本成本（加權平均法計算）與盈餘質量迴歸模型各變量描述性統計

	K_{total}	$Attribute^1$	$Attribute^2$	$Attribute^3$	$Attribute^4$
Mean	0.113,19	0.119,427	0.041,363	0.187,206	1.032,22
Median	0.093,693	0.082,26	0.025,28	0.135,125	1.046,55
Maximum	0.631,072	0.920,81	0.575,24	2.557,425	1.359,3
Minimum	0.005,357	0.000,15	0.000,1	0.007,5	−0.554,9
Std. Dev.	0.090,901	0.120,995	0.061,132	0.246,708	0.180,82
Skewness	2.444,19	2.448,24	4.498,79	4.978,31	−3.597,9
Kurtosis	11.273,99	12.609,72	42.721,58	50.916,14	30.403,6
Jarque-Bera	800.411,6	1,008.126	14,722.5	21,137.29	6,957.05
Probability	0	0	0	0	0
Observations	208	208	208	208	208
	Lev	DTL	Size	Controller	
Mean	0.530,438	4.505,926	22.434,15	0.644,23	
Median	0.530,401	2.575,959	22.385,02	1	
Maximum	0.878,926	77.897,65	24.021,69	1	
Minimum	0.176,164	0.990,212	19.869,66	0	
Std. Dev.	0.135,013	7.760,131	1.092,11	0.479,9	
Skewness	−0.189,24	4.263,034	0.478,479	−0.602,5	
Kurtosis	2.821,51	50.063,79	3.430,445	1.363,05	
Jarque-Bera	1.517,634	20,554.49	9.542,434	34.809	
Probability	0.468,22	0	0.008,47	0	
Observations	208	208	208	208	

（二）相關性分析

　　在進行線性迴歸前，我們先驗證各模型變量的相關性，結果分別如表 6～表 9 所示。

從表6可以初步發現，債務資本成本與盈餘質量現金保障性指標及盈餘質量穩定性指標存在顯著的正相關關係。在控制變量中，債務資本成本與綜合槓桿係數正相關，與公司規模、流動性指標及所有權性質呈負相關關係。但由於表6中的相關係數僅是簡單相關係數而非偏相關係數，我們還需要進一步做迴歸分析。此外，我們還發現，某些自變量之間存在一定程度的多重共線性。例如，盈餘質量的可靠性指標與盈餘質量的現金保障性指標，盈餘質量的現金保障性指標和盈餘質量的穩定性指標，以及資產規模與資產負債率等。故為了規避多重共線性對模型的影響，下文的迴歸分析也將結合單變量迴歸和多元迴歸兩種方式進行。

從表7可以初步發現，權益資本成本與盈餘質量可靠性指標、盈餘質量現金保障性指標及盈餘質量穩定性指標存在顯著的正相關關係，但權益資本成本與盈餘質量安全性指標呈負相關關係。在控制變量中，權益資本成本與資產負債率及公司資產規模呈正相關關係，與綜合槓桿係數、所有權性質呈負相關關係。同樣，某些自變量之間存在一定程度的多重共線性。例如，盈餘質量的可靠性指標與盈餘質量的現金保障性指標，盈餘質量的現金保障性指標和盈餘質量的穩定性指標，以及公司規模與資產負債率等。

表6　　　　　　　債務資本成本與盈餘質量迴歸模型各變量相關係數表

相關係數	K_D	$Attr^1$	$Attr^2$	$Attr^3$	$Attr^4$	Lev	DTL	Size	Con
K_D	1.00	-0.05	0.06	0.03	-0.02	0.00	0.20	-0.16	-0.08
$Attr^1$	-0.05	1.00	0.18	0.18	-0.06	0.01	-0.04	0.07	-0.01
$Attr^2$	0.06	0.18	1.00	0.41	-0.15	-0.07	-0.05	0.08	-0.04
$Attr^3$	0.03	0.18	0.41	1.00	-0.17	0.11	0.04	0.31	0.03
$Attr^4$	-0.02	-0.06	-0.15	-0.17	1.00	0.02	0.05	-0.16	0.07
Lev	0.00	0.01	-0.07	0.11	0.02	1.00	0.02	0.27	0.10
DTL	0.20	-0.04	-0.05	0.04	0.05	0.02	1.00	0.00	-0.02
Size	-0.16	0.07	0.08	0.31	-0.16	0.27	0.00	1.00	0.14
Con	-0.08	-0.01	-0.04	0.03	0.07	0.10	-0.02	0.14	1.00

表7　　　　　　　權益資本成本與盈餘質量迴歸模型各變量相關係數表

相關係數	K_s	$Attr^1$	$Attr^2$	$Attr^3$	$Attr^4$	Lev	DTL	Size	Con
K_s	1.00	0.25	0.59	0.50	-0.31	0.01	-0.22	0.17	-0.10
$Attr^1$	0.25	1.00	0.31	0.12	-0.08	0.00	-0.09	0.09	-0.06

表7(續)

相關係數	K_s	$Attr^1$	$Attr^2$	$Attr^3$	$Attr^4$	Lev	DTL	Size	Con
$Attr^2$	0.59	0.31	1.00	0.29	-0.23	-0.04	-0.01	0.10	-0.09
$Attr^3$	0.50	0.12	0.29	1.00	-0.07	0.03	0.04	0.21	-0.04
$Attr^4$	-0.31	-0.08	-0.23	-0.07	1.00	0.16	0.08	-0.09	0.10
Lev	0.01	0.00	-0.04	0.03	0.16	1.00	0.13	0.44	0.13
DTL	-0.22	-0.09	-0.01	0.04	0.08	0.13	1.00	0.07	0.12
Size	0.17	0.09	0.10	0.21	-0.09	0.44	0.07	1.00	0.19
Con	-0.10	-0.06	-0.09	-0.04	0.10	0.13	0.12	0.19	1.00

表8　總資本成本（事後收益法計算）與盈餘質量迴歸模型各變量相關係數表

相關係數	K_{total}	$Attr^1$	$Attr^2$	$Attr^3$	$Attr^4$	Lev	DTL	Size	Con
K_{total}	1.00	0.19	0.19	0.38	-0.08	-0.19	-0.08	0.19	-0.11
$Attr^1$	0.19	1.00	0.59	0.21	-0.01	-0.02	-0.02	0.00	-0.07
$Attr^2$	0.19	0.59	1.00	0.39	0.00	-0.04	-0.01	-0.02	-0.07
$Attr^3$	0.38	0.21	0.39	1.00	-0.11	0.08	0.08	0.23	-0.03
$Attr^4$	-0.08	-0.01	0.00	-0.11	1.00	0.11	-0.02	-0.01	0.09
Lev	-0.19	-0.02	-0.04	0.08	0.11	1.00	0.03	0.38	0.14
DTL	-0.08	-0.02	-0.01	0.08	-0.02	0.03	1.00	0.04	-0.02
Size	0.19	0.00	-0.02	0.23	-0.01	0.38	0.04	1.00	0.15
Con	-0.11	-0.07	-0.07	-0.03	0.09	0.14	-0.02	0.15	1.00

表9　總資本成本（加權平均法計算）與盈餘質量迴歸模型各變量相關係數表

相關係數	K_{total}	$Attr^1$	$Attr^2$	$Attr^3$	$Attr^4$	Lev	DTL	Size	Con
K_{total}	1.00	0.22	0.62	0.51	-0.32	0.05	-0.24	0.22	-0.09
$Attr^1$	0.22	1.00	0.25	0.21	-0.10	0.06	-0.09	0.10	-0.03
$Attr^2$	0.62	0.25	1.00	0.48	-0.22	0.05	0.02	0.18	-0.07
$Attr^3$	0.51	0.21	0.48	1.00	-0.21	0.17	-0.04	0.35	0.07
$Attr^4$	-0.32	-0.10	-0.22	-0.21	1.00	0.03	0.05	-0.21	0.05

表9(續)

相關係數	K_{total}	$Attr^1$	$Attr^2$	$Attr^3$	$Attr^4$	Lev	DTL	Size	Con
Lev	0.05	0.06	0.05	0.17	0.03	1.00	0.16	0.35	0.03
DTL	-0.24	-0.09	0.02	-0.04	0.05	0.16	1.00	0.01	0.12
Size	0.22	0.10	0.18	0.35	-0.21	0.35	0.01	1.00	0.11
Con	-0.09	-0.03	-0.07	0.07	0.05	0.03	0.12	0.11	1.00

從表8可以初步發現，根據事後收益法計算出來的樣本公司綜合資本成本與盈餘質量可靠性指標、盈餘質量現金保障性指標及盈餘質量穩定性指標存在顯著的正相關關係，但與盈餘質量安全性指標呈負相關關係。在控制變量中，企業綜合資本成本與公司資產規模呈正相關關係，與資產負債率、綜合槓桿系數、所有權性質呈負相關關係。同樣，某些自變量之間存在一定程度的多重共線性。如，盈餘質量的可靠性指標與盈餘質量的現金保障性指標，盈餘質量的現金保障性指標和盈餘質量的穩定性指標，以及公司規模與資產負債率等。

如表9所示，根據加權平均資本成本法計算出來的綜合資本成本與盈餘質量可靠性指標、盈餘質量現金保障性指標及盈餘質量穩定性指標存在顯著的正相關關係，但與盈餘質量安全性指標呈負相關關係。在控制變量中，總資本成本與資產負債率、公司資產規模呈正相關關係，與綜合槓桿系數、所有權性質呈負相關關係。

(三) 迴歸結果及分析

1. 盈餘質量和債務資本成本

為了檢驗盈餘質量各屬性對債務資本成本的影響，我們先分別依次加入各盈餘質量屬性指標，包括盈餘質量可靠性指標、盈餘質量現金保障性指標、盈餘質量穩定性指標及盈餘質量安全性指標，再對模型1進行OLS單變量迴歸，檢驗不同質量對債務資本成本的影響，結果見表10。

從表10可以看出，盈餘質量可靠性指標 $Attribute^1$ 與債務資本成本無顯著的相關關係。盈餘質量現金保障性指標 $Attribute^2$ 與債務資本成本呈顯著的正相關關係。由於本文所計算出的 $Attribute^2$ 值越大，盈餘質量的現金保障性水平越低，也就是說，企業的盈餘現金保障性水平越高，債務資本成本就越低。結果顯示，企業盈餘現金保障性水平每提高1%，企業債務資本成本下降0.144%。同樣，盈餘質量穩定性指標 $Attribute^3$ 與債務資本成本在12%的顯著性水平下呈顯著的正相關關係。這也證明了企業的盈餘穩定性水平越高，債務資本成本就越低。但盈餘質量安全性指標與債務資本成本的關係與預期不符。與單迴歸相比，多元迴歸效果不如單變量迴歸效果顯著，這主要是因為盈餘質量四個屬性指標之間有一定程度的多重共線性。在控制變量中，企業綜合槓

桿系數顯著為正。可見，中國債務資本市場比較偏好風險較小的公司。而公司資產規模指標 Size 與債務資本成本顯著負相關，這說明企業資產規模越大，其債務資本成本越低，公司資產負債率與債務資本成本正相關，但并不十分顯著。虛擬控制變量公司所有權性質與債務資本成本負相關，但也不顯著。可見，國有企業在中國債務資本市場上有一定的優勢，但優勢并不明顯。

表 10　　　　　　　　盈餘質量影響債務資本成本實證檢驗結果

變量	單變量迴歸結果		多元迴歸結果	
	系數	t 值（P 值）	系數	t 值（P 值）
$Attr^1$	-0.033,2	-0.778,6 (0.436,6)	-0.053,3	-1.229,5 (0.219,5)
$Attr^2$	0.144,0	1.861,6 (0.063,3)	0.118,4	1.377,4 (0.169,0)
$Attr^3$	0.035,5	1.580,4 (0.114,7)	0.023,0	0.920,2 (0.357,9)
$Attr^4$	-0.033,3	-1.202,0 (0.230,0)	-0.025,7	-0.920,2 (0.358,0)
Lev	控製		0.036,0	1.121,5 (0.262,6)
DTL	控製		0.001,4	4.433,5 (0.000,0)
Size	控製		-0.018,6	-3.974,3 (0.000,1)
Con	控製		-0.010,0	-1.034,6 (0.301,4)
F-statistic			4.299,1 (0.000,0)	

綜合而言，模型迴歸結果說明了中國債務資本市場能夠識別企業的盈餘質量，但主要是對企業盈餘的現金保障性水平和穩定性水平比較敏感。

2. 盈餘質量和權益資本成本

同樣，為了檢驗盈餘質量各屬性對權益資本成本的影響，我們先分別依次加入各盈餘質量屬性指標，包括盈餘質量可靠性指標 $Attribute^1$、盈餘質量現金保障性指標 $Attribute^2$、盈餘質量穩定性指標 $Attribute^3$ 及盈餘質量安全性指標 $Attribute^4$，再對模型 2 進行 OLS 單變量迴歸，檢驗盈餘的不同質量對權益資本成本的影響，結果見表 11。從表 11 可以看出，盈餘質量可靠性指標 $Attribute^1$ 與權益資本成本呈顯著的正相關關係。如表所示，盈餘質量可靠性水平每提高 1%，企業權益資本成本下降 0.21%。同樣，盈餘質量現金保障性指標 $Attribute^2$ 與權益資本成本也呈顯著的正相關關係。企業盈餘現

金保障性水平每提高1%，企業權益資本成本下降1.36%。盈餘質量穩定性指標 $Attribute^3$ 與權益資本成本在0.000,0的顯著性水平下呈顯著的正相關關係。企業的盈餘穩定性水平每提高1%，權益資本成本就降低0.27%。與模型1迴歸結果類似，盈餘質量安全性指標與權益資本成本的關係與預期不符。從多元迴歸的結果來看，除盈餘質量可靠性指標外，其餘變量與權益資本成本依然呈非常顯著的相關關係。

表11　　　　　　　　　　盈餘質量影響權益資本成本實證檢驗結果

變量	單變量迴歸結果 系數	單變量迴歸結果 t值（P值）	多元迴歸結果 系數	多元迴歸結果 t值（P值）
$Attr^1$	0.212,0	4.106,3 (0.000,0)	0.035,937	1.141,4 (0.254,2)
$Attr^2$	1.355,3	14.638,6 (0.000,0)	1.027,364	13.079,6 (0.000,0)
$Attr^3$	0.274,3	12.872,5 (0.000,0)	0.203,008	11.317,3 (0.000,0)
$Attr^4$	-0.198,2	-4.629,9 (0.000,0)	-0.126,746	-4.657,5 (0.000,0)
Lev	控製		0.054,820	2.003,5 (0.045,7)
DTL	控製		-0.004,441	-7.243,0 (0.000,0)
Size	控製		0.002,297	0.553,6 (0.580,0)
Con	控製		-0.002,647	-0.327,5 (0.743,4)
F-statistic			78.700,35 (0.000,0)	

在控製變量中，企業綜合槓桿系數顯著為負，但系數較小，為0.004。可見，公司綜合槓桿系數對權益資本成本雖有影響，但影響微弱。另外，迴歸結果顯示，資產負債率與權益資本成本呈正相關關係，即公司資產負債率越高，公司權益資本成本也越高。虛擬控製變量公司所有權性質與權益資本成本負相關，但也不顯著。可見，國有企業在中國權益資本市場上已無明顯優勢。

綜上所述，模型迴歸結果證明了盈餘質量越高，企業權益資本成本越低這一假設，即說明了中國權益資本市場能夠識別企業的盈餘質量，對企業盈餘的可靠性水平、現金保障性水平和穩定性水平都比較敏感。與盈餘質量對企業債務資本成本的影響相比，盈餘質量對企業的權益資本成本的影響更為顯著。

3. 盈餘質量和綜合資本成本

本文對企業綜合資本成本分別採用了事後收益法和加權平均法兩種方法計算，而兩者篩選出來的樣本量也有所不同，所以對模型 3 中通過兩種方法計算出來的綜合資本成本與企業盈餘質量分別進行兩次 OLS 迴歸，以便能更加科學地驗證盈餘質量與企業綜合資本成本的關係。迴歸結果分別見表 12 和表 13。

表 12 列示了以事後收益法計算出來的綜合資本成本與盈餘質量各屬性水平指標的實證檢驗結果。從單變量迴歸結果來看，盈餘質量可靠性指標 $Attribute^1$ 與總資本成本呈顯著的正相關關係。如表 12 所示，盈餘質量可靠性水平每提高 1%，企業總資本成本下降 0.03%。同樣，盈餘質量現金保障性指標 $Attribute^2$ 與總資本成本也呈顯著的正相關關係。企業盈餘現金保障性水平每提高 1%，企業總資本成本下降 0.05%。盈餘質量穩定性指標 $Attribute^3$ 與總資本成本同樣在 0.000,0 的顯著性水平下呈顯著的正相關關係。企業的盈餘穩定性水平每提高 1%，企業綜合資本成本就降低 0.04%。與模型 1、模型 2 迴歸結果類似，盈餘質量安全性指標與總資本成本的關係與預期不符。這主要可能是因為越高的風險同時也代表著越高的收益。中國現在的資本市場是喜好收益多於厭惡風險的市場，投資者無明顯的風險厭惡感。從多元迴歸的結果來看，盈餘質量可靠性指標、盈餘質量穩定性指標與總資本成本依然呈顯著的正相關關係，盈餘質量現金保障性指標和盈餘質量安全性指標對總資本成本的影響并不顯著。這可能主要是因為各因變量之間存在一定程度的多重共線性。在控製變量中，企業綜合槓桿系數顯著為負，但系數較小。可見，公司綜合槓桿系數對總資本成本雖有影響，但影響微弱。另外，迴歸結果顯示，資產負債率與企業綜合資本成本呈負相關關係，即公司資產負債率越高，公司總資本成本反而越低。這與之前王兵和陳曉等的研究結論一致，主要解釋可能是公司負債水平高導致債權人加強了對企業的監督，從而降低了所有者與公司管理層之間的代理成本，繼而降低了企業的資本成本。公司規模與總資本成本呈顯著正相關關係。

表 12　　　　　　　　盈餘質量影響總資本成本（方法一）實證檢驗結果

變量	單變量迴歸結果		多元迴歸結果	
	系數	t 值（P 值）	系數	t 值（P 值）
$Attr^1$	0.031,8	4.326,2 (0.000,0)	0.022,318	3.809,7 (0.000,1)
$Attr^2$	0.051,8	4.352,3 (0.000,0)	−0.008,464	−0.832,3 (0.405,4)
$Attr^3$	0.047,4	12.921,4 (0.000,0)	0.045,373	11.276,3 (0.000,0)

表12(續)

變量	單變量迴歸結果		多元迴歸結果	
	系數	t 值（P 值）	系數	t 值（P 值）
	-0.039,0	-7.486,8 (0.000,0)	-2.46E-05	-0.007,0 (0.994,4)
Lev	控制		-0.047,976	-9.823,0 (0.000,0)
DTL	控制		-0.000,164	-4.029,5 (0.000,1)
$Size$	控制		0.006,263	7.987,9 (0.000,0)
Con	控制		-0.005,224	-3.371,6 (0.000,8)
F-statistic			47.468,54 (0.000,0)	

迴歸結果顯示，虛擬控制變量中的公司所有權性質與總資本成本呈顯著負相關關係，但系數較小，為-0.005。可見，企業的所有權性質對企業的資本成本雖有一定影響，但影響微弱。綜合而言，模型迴歸結果證明了盈餘質量越高，企業總資本成本越低這一假設，即說明了現階段中國資本市場能夠識別企業的盈餘質量，對企業盈餘的可靠性水平、現金保障性水平和穩定性水平都比較敏感，但與盈餘質量對企業權益資本成本的影響相比，盈餘質量對企業的權益資本成本的影響更為顯著。這可能主要是因為盈餘質量對企業債務資本成本的影響遠不如其對企業權益資本成本的影響，而綜合了權益資本成本與債務資本成本的總資本成本與盈餘質量的相關性也就降低了。

表13列示了採用加權平均法計算出來的總資本成本與盈餘質量各屬性水平指標的實證檢驗結果。單變量迴歸結果與以事後收益法計算出來的總資本成本和盈餘質量的實證檢驗結果無任何矛盾。在多元迴歸中，控制變量的係數方向雖然相同，但不如事後收益法顯著，這可能與樣本量比較少有關。

表13　　　　盈餘質量影響總資本成本（方法二）的實證檢驗結果

變量	單變量迴歸結果		多元迴歸結果	
	系數	t 值（P 值）	系數	t 值（P 值）
$Atrr^1$	0.129,7	2.622,4 (0.009,4)	0.010,2	0.266,3 (0.790,3)
$Atrr^2$	0.884,5	11.215,8 (0.000,0)	0.685,8	7.959,4 (0.000,0)

表13(續)

變量	單變量迴歸結果		多元迴歸結果	
	係數	t值(P值)	係數	t值(P值)
$Atrr^3$	0.179,2	7.822,6 (0.000,0)	0.086,4	3.910,0 (0.000,1)
$Atrr^4$	-0.136,9	-4.154,0 (0.000,0)	-0.074,0	-2.836,1 (0.005,0)
Lev	控製		0.007,8	0.214,2 (0.830,6)
DTL	控製		-0.002,6	-4.432,3 (0.000,0)
$Size$	控製		0.002,6	0.556,8 (0.578,3)
Con	控製		-0.008,1	-0.842,8 (0.400,3)
$F-statistic$			24.655,78 (0.000,0)	

五、結論、啟示、研究局限及未來研究方向

(一) 主要研究結論

本文分別通過檢驗中國滬深兩市 A 股製造業上市公司盈餘質量對其債務資本成本、權益資本成本及總資本成本的影響後發現，中國上市公司的盈餘質量水平與企業債務資本成本、權益資本成本和總資本成本均呈顯著的負相關關係。從迴歸結果來看，企業盈餘質量對其債務資本的成本雖有明顯影響，但不如對權益資本成本的影響顯著。對企業債務資本成本影響最為顯著的是盈餘的現金保障性，其次是盈餘的穩定性，而盈餘的可靠性和安全性對企業的債務資本成本無明顯影響。這說明，中國的債券市場的規範化進程和中國銀行的信貸風險管理及中國的利率市場化進程取得了一定的成效。但債務資本市場仍需要進一步加強規範，監管方也應進一步加強引導。一方面，市場的監管方應該對企業有更明確的政策導向，使企業深刻地認識到提高盈餘質量會有助於自身資本成本的降低，因為如果企業缺乏改善盈餘質量的動力，即便外部有再多的壓力也無法從根本上解決問題。準則的制定者越傾向於採取嚴厲的財務指標來提高上市公司的整體質量，企業反而有可能採取更多的舞弊措施來達到相關要求。另一方面，相關的市場政策應該從另外一種角度，使銀行及其他金融機構在進行信貸審核時能更加關注借款公司的盈餘質量水平，並以此確定差別化貸款利率。這樣，盈餘質量好的

公司的債務資本成本與盈餘質量差的公司的債務資本成本就有了比較大的差異。如果忽略其盈餘質量，企業將會付出非常大的機會成本。如此，即便沒有監管方的督導和管束，企業也會有非常大的動力去提高盈餘質量。這也將進一步優化中國債務資本市場的資源配置，使更多的資金流向健康穩步發展的企業。

在盈餘質量對企業權益資本成本的影響的檢驗過程中，我們發現盈餘質量對其權益資本成本的影響非常顯著，影響最為顯著的是盈餘的現金保障性水平，其次為盈餘的穩定性和可靠性。這充分說明公司盈餘質量越高，企業權益資本成本越低這一假設在中國股權資本市場上也完全成立。這也在一定程度上說明了現階段中國股權市場能區分上市公司的盈餘質量的好壞，能引導資源優化配置。同時，迴歸結果也顯示，投資者比較偏好盈餘相對來說較穩定的企業。

(二) 研究啟示和建議

本文從理論分析入手，通過實證檢驗，充分說明了盈餘質量越低，企業資本成本越高這一基本假設。本文認為，實證檢驗結果有三點啟示：

首先，市場上的投資者應著重關注公司盈餘質量的好壞，而不能僅僅只從盈餘數字信息上對企業的經營狀況加以判斷。企業盈餘質量越高，其資本成本越低，從而企業投資所要求的最低報酬率也將低於市場上的其他公司。也就是說，盈餘質量較高的企業在市場中相對來說會具有較大的競爭優勢，這也會為其投資者帶來更多的回報。

其次，對公司管理層和治理層而言，應自覺主動地提高自身的盈餘質量水平。公司管理層應該意識到，通過盈餘管理也許可能獲得某些短期利益，但從長遠來看，資本市場會對市場上各公司的盈餘質量的好壞做出辨別。企業提高盈餘質量，從而降低其資本成本，也將在市場上獲得資源優勢，使企業健康可持續發展。

最後，對監管機構而言，應加大市場規範力度，加強投資者保護，督促企業不斷提高盈餘質量，有助於優化資源配置。

(三) 研究局限與未來研究方向

本文為了消除不同行業之間的差別，只選取了製造業一個行業的數據為實證研究對象，而在對資本成本的計算過程中，由於許多公司披露的數據不全，導致樣本量偏少。除此之外，對於債務資本成本的核算，本文雖然剔除了短期借款的利息支出對長期債務的影響，但對短期借款利息支出的估計主要是採用當期的短期借款的平均餘額乘以當年中國人民銀行公布的短期貸款利率的平均值來估算的，計算上還是略有粗糙之處。這是本論文的兩個不足之處。

下一步的研究方向可以考慮研究影響公司盈餘質量的因素對公司資本成本的影響，例如公司治理結構能否影響公司的盈餘質量，是否較差的公司治理會使投資者面臨較大的信息風險，而較好的公司治理則可以降低公司資本成本；會計準則的修訂和頒布是否會影響公司的盈餘質量，從而影響資本成本，對規模不同的公司而言會計準則變

動帶來的影響是否不同等。

參考文獻：

[1] 陳曉，單鑫. 債務融資是否會增加上市企業的融資成本 [J]. 經濟研究，1999 (9)：39-45.

[2] 姜付秀，陸正飛. 多元化與資本成本的關係 [J]. 會計研究，2004 (6)：48-54.

[3] 陸建橋. 中國虧損上市公司盈餘管理實證研究 [J]. 會計研究，1999 (9)：25-35.

[4] 陸正飛，祝繼高，孫便霞. 盈餘管理、會計信息與銀行債務契約 [J]. 管理世界，2008 (3)：55-60.

[5] 李剛，張偉，王豔豔. 會計盈餘質量與權益資本成本關係的實證分析 [J]. 審計與經濟研究，2008 (9)：59-62.

[6] 沈藝峰，肖珉，黃娟娟. 中小投資者法律保護與公司權益資本成本 [J]. 經濟研究，2004 (6)：55-60.

[7] 孫錚，李增泉，王景斌. 所有權性質、會計信息與債務契約——來自中國上市公司的經驗證據 [J]. 管理世界，2004 (10)：88-92.

[8] 汪煒，蔣高峰. 信息披露、透明度與資本成本 [J]. 經濟研究，2004 (7)：107-114.

[9] 王兵. 盈餘質量與資本成本——來自中國上市公司的經驗證據 [J]. 管理科學，2008 (6)：67-73.

[10] 王勇，孫翠平. 國內外盈餘質量研究綜述 [J]. 財會月刊，2009 (36)：88-89.

[11] 夏立軍，方軼強. 政府控製、治理環境與公司價值——來自中國證券市場的經驗證據 [J]. 經濟研究，2004 (5)：66-70.

[12] 徐麗莎. 信息風險、盈餘質量對資本成本的影響分析 [J]. 財會月刊，2008 (5)：19-22.

[13] 許慧. 應計盈餘波動對企業資本成本的影響研究——基於中國上市公司的經驗證據 [J]. 科技管理研究，2010 (17)：131-134.

[14] 姚立傑，夏冬林. 中國銀行能識別借款企業的盈餘質量嗎 [J]. 審計研究，2009 (3)：91-96.

[15] 曾穎，陸正飛. 信息披露質量與股權融資成本 [J]. 經濟研究，2004 (2)：69-79.

[16] AMIHUD Y, H MENDELSON. Asset pricing and the bid-ask spread [J]. Journal of Financial Economics, 1984, 17 (2)：223-249.

[17] BARRY C, S BROWN. Differential information and security market equilibrium [J]. Journal of Financial and Quantitative Analysis, 1984, 20 (4): 407-422.

[18] COASE R.. The nature of the firm [J]. Economica, 1937, 4 (16): 386-405.

[19] CLARKSON P, J GUEDES, R THOMPSON. On the diversifi-cation, observability, and measurement of estimationrisk [J]. Journal of Financial and Quantitative Analysis, 1994, 31 (1): 69-84.

市場需求視角的審計人才培養創新模式研究

審計教研室

一、引言

（一）研究背景

目前，中國高校審計專門人才培養結構單一，缺乏包括對政府審計、內部審計所有審計主體人才的培養功能；從課程設置來看，課程的主要內容中，會計知識和技能仍占主導地位。這種課程設置無法滿足社會對複合型人才培養的需求。

中國《國家中長期教育改革與發展規劃綱要（2010—2020）》提出：「創立高校與科研院所、行業、企業聯合培養人才的新機制。」近年來，中國有少數高校已經開始立足於市場需求，創新人才培養模式。如2011年9月，吉林財經大學金融學院與九臺農村商業銀行簽訂定向委託培養協議書，銀行與學校共同對學生進行培養，考核合格的同學將到九臺農商行工作。現階段，中國高校培養的人才質量與社會需求嚴重脫節，故應研究創新普通本科院校人才模式，建立以需求為導向的專業、課程設置及就業機制。這對將培養高素質應用型人才作為教學目標的獨立學院來說，顯得尤為重要。

（二）研究的主要內容

這個課題蘊涵著豐富的研究內容，我們將課題內容分解為以下三個方面：
(1) 教學內容的改革。
(2) 教學形式的改革。
(3) 教學環節，尤其是實踐教學環節的改革。

在以上課題研究的具體內容中，我們認為該課題選題需要突破的難點有以下兩點：
(1) 審計學專業的教學如何適應當今社會對法律人才需求的變化。

（2）專業教育與應用型人才培養如何有機整合。

二、主要理論觀點

（一）應用型人才培養體系模式、途徑、方法的研究

基於對時代背景的分析，本文認為提高審計學專業學生的實踐水平是順應時代需要，培養富於創新精神、全面發展的世界公民的必然要求。經過多次討論，如圖1所示，我們認為應用型人才培養模式基本上可從四個層面加以考慮：一是培養目標革新；二是培養方案改革；三是培養方式革新；四是實施校企合作。

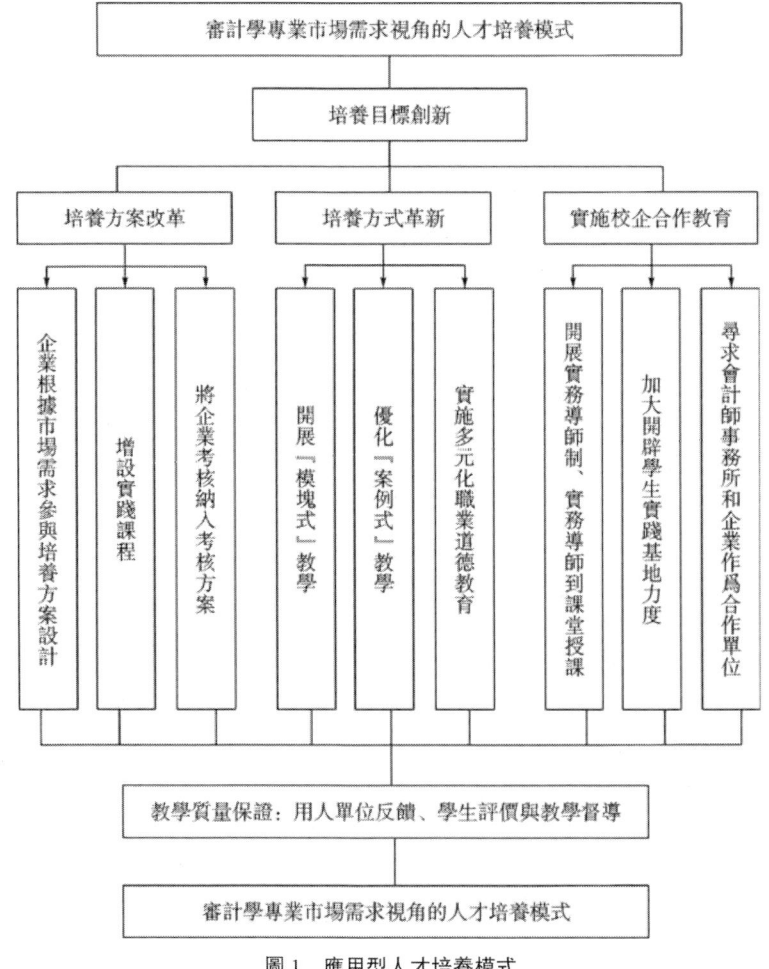

圖1 應用型人才培養模式

對我校與其他高等院校在應用型人才培養諸如課程體系、教育目的、教育模式、教學內容等進行比較研究後發現，其他高等院校在應用型人才培養上均十分重視，教學內容豐富，教學方式多樣，經費投入充足，形成了較為完善的應用型人才培養體系。而我校的研究處於起步和探索階段，在教學內容改革、課程體系設計的科學化和教學方式多樣化等方面存在著差距。

審計學專業學生應用型人才培養是一個系統工程，其中涉及課程設置、教務管理、學生思想政治教育與管理、教學環境的優化、教學經費的投入、教學方法和手段的改革等多方面的內容。這些任務是任何一個部門都無法單獨完成的，必須在學校的統一領導下，充分調動各職能部門的積極性，統籌規劃，周密部署。

在知識經濟時代，信息方面的知識和能力已構成應用型人才培養的重要內容。要使應用型人才的培養取得更好的效果，必須採用現代教育技術和先進的教學手段。以計算機多媒體技術為核心的現代教學媒體的應用為應用型人才培養的未來性提供了支持，為應用型人才培養的全體性開拓了道路，為應用型人才培養的全面性拓寬了視野。

(二) 應用型人才培養重點課程內容體系研究

一是對課程的課堂教學和實踐環節的教學內容、教學方法的研究，這一部分還可由各專業教師針對具體課程繼續展開研究；二是教師在教學實踐環節中如有更為系統的體會與認識，可著手教材的編寫工作。

(三) 應用型人才培養測評體系研究

應用型人才培養應有客觀、科學和完善的測評體系，這樣才能以評促改，使應用型人才的培養收到更好的效果。如建立測評邏輯思維能力、形象思維能力和創造思維能力的若干測評指標，建立創新能力的綜合素質測評方法、創意方案設計測評方法和教學反饋測評方法等。

(四) 應用型人才培養與專業教學的關係

在應用型人才培養與專業教學的關係中，應用型人才培養在專業課教學中處於基礎地位，這是由應用型人才培養的功能決定的。應用型人才培養為專業教學提供良好的能力基礎，為專業教學註入情感激勵，為專業教學提供了行之有效的教學方法。因此，在專業教學中加強應用型人才培養成分的途徑有兩點：一是加強對專業課本身的研究，找準切入點，使專業教學與應用型人才培養緊密聯繫；二是寓「道」於「業」，強化應用型人才培養在專業教學中的重要功能。

三、結論

（一）增強認識是應用型人才培養的關鍵

應用型人才培養的提出和實施具有深刻的社會背景和歷史必然性。這是因為，以經濟全球化和一體化為特徵的現代社會對高等教育提出了新的要求，尤其是中國加入WTO以後，中國的高等教育必須面向世界培養人才。而恰恰相反，由於我們過去的教育體制存在一些主觀和客觀原因，現在的大學教育對應用型人才培養還存在一些亟待解決的問題。例如相當一部分審計學專業學生對知識的掌握僅限於理論和法條的死記硬背，口頭、書面表達能力較差，分析及解決問題能力較差，思維方式單一，知識面狹窄等。這種教育培養出來的人，只是「片面人」，而不是知識、能力、素質綜合發展的「全面人」。這是不能滿足在新的歷史條件下市場經濟對當代大學生的要求的。因而在高等教育的教學改革中，整合學科教育與應用型人才培養，調整并優化學生知識結構，特別是把應用型人才培養作為審計學專業高等教育改革的重要方面，已成為中國高等教育發展的趨勢。還應該看到，中國高等教育中尤其是文科教學中存在的重知識的傳授而忽視能力培養的現狀，導致大學生綜合素質較低。因此，培養具有較強的社會適應能力的綜合型、創新型人才，已成為中國高等教育審計學專業的當務之急。面對21世紀高素質人才需求的挑戰，我們必須加大力度，盡快解決審計學專業大學生在能力培養上的諸多問題。面對新的形勢，審計學專業大學生不僅要學習專業知識，還要有更強的社會適應能力，要有更高的綜合素質，這也是對我們的高校審計學教育提出的直接要求。

（二）構建科學合理的應用型人才的培養課程體系是應用型人才培養的基礎

應用型人才的培養不是學科教育，而是綜合教育。全面發展的教育，是以提高人才素質作為主要內容和目的的教育。應用型人才的培養對學生進行軍訓、「兩課」社會實踐（調查）、審計學專題辯論、畢業實習和畢業論文寫作等鍛煉，以達到提高學生社會適應能力的目的。因此，構建科學合理的應用型人才的培養課程體系必須以專業課的課程內容為依託，使專業教育與應用型人才培養有機整合。另外，從長遠考慮，可專門編寫這方面的教材，為應用型人才的培養提供更好的理論依據。

（三）不斷改革教學方法，採取多途徑、多形式開展應用型人才的培養是實現教學目的的切實保證

應用型人才的培養，是一種新的教育思想和教育觀念的體現。要確立知識能力素

質協調發展、共同提高的人才觀,明確加強應用型人才的培養是高質量人才培養的重要組成部分。必須將應用型人才的培養貫穿審計學專業大學教育的全過程,實現教育的整體優化,最終達到教書育人、管理育人、服務育人、環境育人、全員育人的目的。課題組努力採取靈活機動的教學方式,多渠道、多形式地開展應用型人才的培養。主要採取的方式有第一課堂和第二課堂相結合,實踐教學環節和專業教育相結合,開展豐富多彩的社會實踐活動等。

參考文獻:

[1] 張薇.市場需求導向的審計人才培養模式創新研究 [J].財會研究,2012 (21):69-71.

[2] 劉世林.論中國審計人才需求和高校審計人才培養模式 [J].審計與經濟研究,2006,21 (5):36-41.

[3] 杜建菊,尹高峰.創新型審計人才的高校培養模式研究 [J].會計之友,2011 (17):106-108.

[4] 劉靜,吳昊洋.新時期市場需求變化下審計人才創新培養研究 [J].中國管理信息化,2014 (12):9-10.

[5] 胡淑英.應用型本科會計人才培養模式研究——兼論高校註冊會計師專業教學模式改革 [J].財會通信,2011 (12):137-139.

國家圖書館出版品預行編目(CIP)資料

財會理論與教學研究 / 四川大學錦江學院會計學院 編. -- 第一版.
-- 臺北市：崧燁文化，2018.08

　　面；　公分

ISBN 978-957-681-496-9(平裝)

1.財務會計

　495.4　　　107013266

書　　名：財會理論與教學研究
作　　者：四川大學錦江學院會計學院 編
發 行 人：黃振庭
出 版 者：崧燁文化事業有限公司
發 行 者：崧燁文化事業有限公司
E-mail：sonbookservice@gmail.com
粉絲頁　　　　　　網　址
地　　址：台北市中正區重慶南路一段六十一號八樓 815 室
8F.-815, No.61, Sec. 1, Chongqing S. Rd., Zhongzheng Dist., Taipei City 100, Taiwan (R.O.C.)
電　　話：(02)2370-3310　傳　真：(02) 2370-3210
總 經 銷：紅螞蟻圖書有限公司
地　　址：台北市內湖區舊宗路二段 121 巷 19 號
電　　話：02-2795-3656　傳真：02-2795-4100　網址：
印　　刷：京峯彩色印刷有限公司（京峰數位）

　　本書版權為西南財經大學出版社所有授權崧燁文化事業有限公司獨家發行
　　電子書繁體字版。若有其他相關權利及授權需求請與本公司聯繫。

定價：600 元
發行日期：2018 年 8 月第一版

◎ 本書以POD印製發行